普通高等教育人工智能专业系列教材

人工智能导论
第 2 版

凌 锋 周 苏 主编

机械工业出版社

本书是为高等院校、职业本科院校计算机、人工智能各专业"人工智能导论"课程设计编写的教材，具有丰富的应用特色。全书较为系统、全面地介绍了人工智能相关的概念、理论、技术与应用，可以帮助读者扎实地打好人工智能的专业知识基础。本书共 18 章，内容包括概论、模糊逻辑与大数据思维、智能体与智能代理、知识表示及其方法、规则与专家系统、机器学习及其算法、神经网络与深度学习、创建智能系统的强化学习、数据挖掘与经典算法、计算机视觉与处理、包容体系结构与机器人、自然语言与语音处理、GPT 大语言模型崛起、向动物学习群体智能、智能制造与智能建造、自动规划及其方法、搜索技术与算法、人工智能的发展。

本书既适合高等院校、职业本科院校学生学习，也适合对人工智能相关领域感兴趣的读者阅读参考。

本书配有授课电子课件，需要的教师可登录 www.cmpedu.com 免费注册，审核通过后下载，或联系编辑索取（微信：13146070618；电话：010-88379739）。

图书在版编目（CIP）数据

人工智能导论 / 凌锋，周苏主编. -- 2 版. -- 北京：机械工业出版社，2025.1（2025.6 重印）. --（普通高等教育人工智能专业系列教材）. -- ISBN 978-7-111-77057-2

Ⅰ．TP18

中国国家版本馆 CIP 数据核字第 2024KB7902 号

机械工业出版社（北京市百万庄大街 22 号　邮政编码 100037）
策划编辑：郝建伟　　　　　　责任编辑：郝建伟　张翠翠
责任校对：樊钟英　张　征　　责任印制：张　博
北京建宏印刷有限公司印刷
2025 年 6 月第 2 版第 2 次印刷
184mm×260mm・19.75 印张・490 千字
标准书号：ISBN 978-7-111-77057-2
定价：79.00 元

电话服务　　　　　　　　　　网络服务
客服电话：010-88361066　　　机　工　官　网：www.cmpbook.com
　　　　　010-88379833　　　机　工　官　博：weibo.com/cmp1952
　　　　　010-68326294　　　金　书　网：www.golden-book.com
封底无防伪标均为盗版　　　机工教育服务网：www.cmpedu.com

前　言

作为计算机科学与技术的一个重要的研究与应用分支，人工智能（Artificial Intelligence，AI）的发展经历了几起几落，终于迎来了高速发展、硕果累累的时期。人工智能对世界的影响"将超过迄今为止人类历史上的任何事物"，它可以与任何智能任务产生联系，是真正普遍存在的领域。毫无疑问，一如当年的计算机，之后的网络与因特网，接着的物联网、云计算与大数据，今天，人工智能与这些主题一样，是每名高校学生甚至社会人所必须关注、学习和重视的知识与现实。

人工智能是研究、开发用于模拟、延伸和扩展人的智能的理论、方法、技术及应用系统的一门技术科学。它试图了解人类智能的实质，并生产出新的能以人类智能相似的方式做出反应的智能机器。该领域的研究包括专家系统、机器人、图像识别与处理、自然语言处理等。可以想象，未来人工智能带来的科技产品，将会是人类智慧的"容器"。人工智能不是人的智能，但能像人那样思考，甚至可能超过人的智能。

本书较为系统、全面地介绍了人工智能相关的概念、理论、技术与应用，可以帮助读者扎实地打好人工智能的专业知识基础。

本书每章在编写时都遵循下列要点：

1）课前安排精选的导读案例，以深入浅出的方式引发学习者的学习兴趣。

2）介绍基本观念或解释原理，让学习者能切实理解和掌握人工智能各项知识、技术的基本原理及相关应用。

3）提供浅显易懂的案例，注重培养扎实的基本理论知识，重视培养学习方法。

4）思维与实践并进，为学习者提供低认知负荷的自我评价，让学习者在自我成就中建构人工智能的基本观念与技术。在附录部分提供了作业参考答案，供读者对比思考。

本课程的教学进度设计见"课程教学进度表"（见下表），该表可作为教师授课和学生学习的参考。实际执行时，应按照教学大纲编排教学进度和校历中关于本学期节假日的安排，确定本课程的教学进度。

本课程的教学评测可以从以下几个方面入手，即：

1）每章正文之前的导读案例（18篇）。

2）结合每章的课后作业（四选一标准选择题，18组）。

3）结合平时考勤。

4）任课老师认为必要的其他考核方法。

本书内容全面、知识先进、通俗易懂，适合高等院校、职业本科院校相关专业学生学习，也适合对人工智能相关领域感兴趣的读者阅读参考。

欢迎教师与作者交流，并索取为本书教学配套的相关资料：zhousu@qq.com，QQ：81505050。

本书的编写得到了丽水学院、浙大城市学院、浙江华邦物联技术股份有限公司、浙江商业职业技术学院等多所院校、企业的支持。本书由凌锋、周苏担任主编，参加编写工作的还有俞雪永、王硕苹和王文。

由于作者水平有限，书中难免有疏漏之处，恳请读者批评指正。

周　苏
2024年秋于杭州

课程教学进度表

(20 —20 学年 第 学期)

课程号：_____ 课程名称：人工智能导论 学分：2（3） 周学时：2（3）
总学时：____32～48____ （其中，理论学时： 实践学时： ）
主讲教师：

序号	校历周次	章节（或实训、习题课等）名称与内容	学时	教学方法	课后作业布置
1	1	第1章 概论	2～3		
2	2	第2章 模糊逻辑与大数据思维	2～3		
3	3	第3章 智能体与智能代理	2～3		
4	4	第4章 知识表示及其方法 第5章 规则与专家系统	2～3		
5	5	第6章 机器学习及其算法	2～3		
6	6	第7章 神经网络与深度学习	2～3	导读案例 课文知识	作业
7	7	第8章 创建智能系统的强化学习 第9章 数据挖掘与经典算法	2～3		
8	8	第10章 计算机视觉与处理	2～3		
9	9	第11章 包容体系结构与机器人	2～3		
10	10	第12章 自然语言与语音处理	2～3		
11	11	第13章 GPT大语言模型崛起	2～3		
12	12	第14章 向动物学习群体智能	2～3		
13	13	第15章 智能制造与智能建造	2～3		
14	14	第16章 自动规划及其方法	2～3		
15	15	第17章 搜索技术与算法	2～3		
16	16	第18章 人工智能的发展	2～3		

填表人（签字）： 日期：
系（教研室）主任（签字）： 日期：

目 录

前言
课程教学进度表

第1章 概论 ················· 1
【导读案例】有意义的人工智能时代 ··· 1
1.1 计算的渊源 ··············· 2
　1.1.1 阿拉伯数字 ············ 2
　1.1.2 巴贝奇与数学机器 ········ 3
　1.1.3 "机器人"的由来 ········· 4
1.2 计算机的出现 ············· 4
　1.2.1 为战争而发展的计算机器 ···· 4
　1.2.2 计算机无处不在 ········· 5
　1.2.3 通用计算机 ············ 6
　1.2.4 计算机语言 ············ 7
　1.2.5 计算机建模 ············ 7
　1.2.6 人工智能大师 ··········· 8
1.3 人工的智能行为 ············ 8
　1.3.1 什么是"智能" ·········· 9
　1.3.2 类人行为：图灵测试 ······· 9
　1.3.3 类人思考：认知建模 ······ 10
　1.3.4 理性思考：思维法则 ······ 10
　1.3.5 理性行为：理性智能体 ···· 11
1.4 人工智能学科 ············ 12
　1.4.1 人工智能学科基础 ······· 12
　1.4.2 人工智能定义 ·········· 16
　1.4.3 人工智能的实现途径 ····· 16
1.5 人工智能发展的6个阶段 ····· 17
【作业】 ··················· 19

第2章 模糊逻辑与大数据思维 ····· 22
【导读案例】电商网站的推荐系统 ··· 22
2.1 什么是模糊逻辑 ··········· 23
　2.1.1 甲虫机器人的规则 ······· 23
　2.1.2 模糊逻辑的发明 ········ 24
　2.1.3 制定模糊逻辑的规则 ····· 24
　2.1.4 模糊逻辑的定义 ········ 25
　2.1.5 模糊理论的发展 ········ 26
2.2 模糊逻辑系统 ············ 27
　2.2.1 纯模糊逻辑系统 ········ 27
　2.2.2 高木-关野模糊逻辑系统 ··· 27
　2.2.3 具有模糊产生器及模糊消除器的
　　　　模糊逻辑系统 ·········· 27
2.3 大数据思维与变革 ········· 28
　2.3.1 思维转变之一：样本=总体 ··· 28
　2.3.2 思维转变之二：接受数据的
　　　　混杂性 ··············· 29
　2.3.3 思维转变之三：数据的
　　　　相关关系 ············· 29
2.4 大数据与人工智能 ········· 31
　2.4.1 人工智能与大数据的联系 ··· 31
　2.4.2 人工智能与大数据的区别 ··· 31
　2.4.3 人工智能深化大数据应用 ··· 32
【作业】 ··················· 32

第3章 智能体与智能代理 ········ 35
【导读案例】智能体：下一个颠覆性
　　　　　　AI应用 ··········· 35
3.1 智能体和环境 ············ 36
3.2 智能体的良好行为 ········· 37
　3.2.1 性能度量 ············· 37
　3.2.2 理性 ················ 38
　3.2.3 全知、学习和自主 ······· 39
3.3 环境的本质 ·············· 39
　3.3.1 指定任务环境 ·········· 39
　3.3.2 任务环境的属性 ········ 40
3.4 智能体的结构 ············ 42
　3.4.1 智能体程序 ············ 43
　3.4.2 学习型智能体 ·········· 44
　3.4.3 智能体程序组件的工作 ···· 45

3.5 智能代理技术 ……………………… 46
　3.5.1 智能代理的定义 …………… 46
　3.5.2 智能代理的典型工作过程 …… 47
　3.5.3 智能代理的特点 …………… 47
　3.5.4 系统内的协同合作 ………… 48
3.6 智能代理的典型应用 …………… 49
　3.6.1 股票/债券/期货交易 ……… 49
　3.6.2 医疗诊断 …………………… 49
　3.6.3 搜索引擎 …………………… 50
　3.6.4 实体机器人 ………………… 50
　3.6.5 游戏代理 …………………… 50
【作业】……………………………… 50

第4章 知识表示及其方法 …………… 53
【导读案例】智能体将重构人机
　　　　　　交互 ………………… 53
4.1 什么是知识表示 ………………… 54
　4.1.1 知识的概念 ………………… 54
　4.1.2 知识表示方法 ……………… 56
　4.1.3 表示方法的选择 …………… 57
4.2 图形草图 ………………………… 59
4.3 图和哥尼斯堡桥问题 …………… 60
4.4 搜索树（决策树） ……………… 61
4.5 产生式系统 ……………………… 61
4.6 面向对象 ………………………… 62
4.7 框架法 …………………………… 62
4.8 语义网络 ………………………… 64
　4.8.1 语义网络表示 ……………… 64
　4.8.2 知识图谱 …………………… 65
【作业】……………………………… 67

第5章 规则与专家系统 ……………… 70
【导读案例】人工智能时代的工作
　　　　　　路径 ………………… 70
5.1 专家的技能与特点 ……………… 71
　5.1.1 在自己的领域里作为专家 … 71
　5.1.2 技能获取的5个阶段 ……… 72
　5.1.3 专家的特点 ………………… 73
5.2 规则与策略 ……………………… 73
　5.2.1 制胜策略 …………………… 73
　5.2.2 知识工程 …………………… 75

　5.2.3 知识获取 …………………… 76
5.3 利用规则推导建立专家系统 …… 77
　5.3.1 规则举例 …………………… 77
　5.3.2 建立框架 …………………… 78
　5.3.3 IBM的沃森系统 …………… 79
5.4 专家系统及其发展 ……………… 79
　5.4.1 建立专家系统的思考 ……… 80
　5.4.2 专家系统的特征 …………… 81
　5.4.3 典型的专家系统——ADIS … 81
5.5 专家系统的结构 ………………… 82
　5.5.1 专家系统的功能 …………… 83
　5.5.2 知识库 ……………………… 83
　5.5.3 推理机 ……………………… 83
　5.5.4 其他部分 …………………… 84
　5.5.5 实现方式 …………………… 84
【作业】……………………………… 84

第6章 机器学习及其算法 …………… 87
【导读案例】奈飞的电影推荐引擎 … 87
6.1 什么是机器学习 ………………… 88
　6.1.1 机器学习的发展 …………… 88
　6.1.2 机器学习的定义 …………… 90
　6.1.3 机器学习的研究 …………… 90
6.2 基于学习方式的分类 …………… 92
　6.2.1 监督学习 …………………… 92
　6.2.2 无监督学习 ………………… 93
　6.2.3 强化学习 …………………… 93
　6.2.4 机器学习的其他分类 ……… 93
6.3 机器学习的基本结构 …………… 95
6.4 机器学习算法 …………………… 96
　6.4.1 专注于学习能力 …………… 96
　6.4.2 回归算法 …………………… 97
　6.4.3 基于实例的算法 …………… 98
　6.4.4 决策树算法 ………………… 98
　6.4.5 朴素贝叶斯算法 …………… 99
　6.4.6 聚类算法 …………………… 99
　6.4.7 支持向量机算法 …………… 99
　6.4.8 神经网络算法 ……………… 100
　6.4.9 Boosting与Bagging算法 …… 100
　6.4.10 关联规则算法 …………… 100

6.4.11　EM（期望最大化）算法 ········· 100
6.5　机器学习的应用 ····················· 101
　　6.5.1　数据分析与挖掘 ············· 101
　　6.5.2　模式识别 ······················ 102
　　6.5.3　生物信息学应用 ············· 102
　　6.5.4　物联网 ························ 102
　　6.5.5　聊天机器人 ··················· 102
　　6.5.6　自动驾驶 ······················ 103
【作业】 ······································ 103

第7章　神经网络与深度学习 ············ 106
【导读案例】谷歌大脑 ···················· 106
7.1　动物的中枢神经系统 ··············· 107
　　7.1.1　神经系统的结构 ············· 107
　　7.1.2　神经系统学习机制 ·········· 107
7.2　了解人工神经网络 ·················· 108
　　7.2.1　人工神经网络的研究 ······· 108
　　7.2.2　典型的人工神经网络 ······· 109
　　7.2.3　类脑计算机 ··················· 109
7.3　深度学习的定义 ····················· 110
　　7.3.1　深度学习的优势 ············· 110
　　7.3.2　深度学习的意义 ············· 111
　　7.3.3　神经网络理解图片 ·········· 112
　　7.3.4　训练神经网络 ················ 113
　　7.3.5　深度学习的方法 ············· 113
7.4　卷积神经网络 ························ 115
　　7.4.1　为什么选择卷积 ············· 115
　　7.4.2　卷积神经网络结构 ·········· 117
7.5　迁移学习 ······························ 118
　　7.5.1　基于实例的迁移 ············· 119
　　7.5.2　基于特征的迁移 ············· 119
　　7.5.3　基于共享参数的迁移 ······· 119
7.6　深度学习的应用 ····················· 120
【作业】 ······································ 121

第8章　创建智能系统的强化学习 ······· 124
【导读案例】机器学习帮助拯救濒危
　　　　　　物种 ·························· 124
8.1　强化学习的定义 ····················· 125
　　8.1.1　以奖励假说为基础 ·········· 126
　　8.1.2　片段性任务及连续性任务 ·· 126

8.1.3　强化学习发展历史 ·········· 127
8.1.4　基本模型和原理 ············· 127
8.1.5　网络模型设计 ················ 128
8.1.6　设计考虑 ······················ 129
8.1.7　数据依赖性 ··················· 129
8.2　强化学习与监督学习的区别 ······ 130
　　8.2.1　强化学习与监督学习和无监督
　　　　　学习的不同 ················· 130
　　8.2.2　学习方式 ······················ 131
　　8.2.3　先验知识与标注数据 ······· 132
8.3　强化学习的基础理论 ··············· 132
　　8.3.1　基于模型环境与免模型环境 ·· 133
　　8.3.2　探索与利用 ··················· 133
　　8.3.3　预测与控制 ··················· 134
8.4　强化学习分类 ························ 134
　　8.4.1　从奖励中学习 ················ 134
　　8.4.2　被动强化学习 ················ 135
　　8.4.3　主动强化学习 ················ 135
　　8.4.4　强化学习中的泛化 ·········· 135
　　8.4.5　学徒学习与逆强化学习 ···· 135
8.5　强化学习的应用 ····················· 136
　　8.5.1　游戏博弈 ······················ 137
　　8.5.2　机器人控制 ··················· 137
　　8.5.3　制造业 ························· 137
　　8.5.4　医疗服务业 ··················· 138
　　8.5.5　电子商务 ······················ 138
【作业】 ······································ 139

第9章　数据挖掘与经典算法 ············ 141
【导读案例】评估葡萄酒的品质 ······· 141
9.1　从数据到知识 ························ 143
　　9.1.1　决策树分析 ··················· 143
　　9.1.2　购物车分析 ··················· 144
　　9.1.3　贝叶斯网络 ··················· 144
9.2　数据挖掘方法 ························ 145
　　9.2.1　数据挖掘的发展 ············· 145
　　9.2.2　数据挖掘的对象 ············· 146
　　9.2.3　数据挖掘的步骤 ············· 146
　　9.2.4　数据挖掘分析方法 ·········· 147
9.3　数据挖掘经典算法 ·················· 148

9.3.1 神经网络法 …………………… 148
9.3.2 决策树法 ………………………… 149
9.3.3 遗传算法 ………………………… 149
9.3.4 粗糙集法 ………………………… 149
9.3.5 模糊集法 ………………………… 149
9.3.6 关联规则法 ……………………… 149
9.4 机器学习和数据挖掘 ……………… 150
9.4.1 数据挖掘和机器学习典型
过程 ……………………………… 150
9.4.2 机器学习和数据挖掘应用
案例 ……………………………… 151
【作业】 ………………………………… 153

第10章 计算机视觉与处理 ………… 155
【导读案例】模仿人类视网膜的生物
芯片 …………………………… 155
10.1 模式识别 ………………………… 156
10.2 图像识别 ………………………… 157
10.2.1 人类的图像识别能力 ………… 157
10.2.2 图像识别的基础 ……………… 157
10.2.3 图形识别的模型 ……………… 159
10.2.4 神经网络图像识别 …………… 160
10.3 计算机视觉技术 ………………… 160
10.3.1 什么是机器视觉 ……………… 160
10.3.2 定义计算机视觉 ……………… 161
10.3.3 计算机视觉与机器视觉
的区别 …………………………… 162
10.4 智能图像处理技术 ……………… 163
10.4.1 图像采集 ……………………… 163
10.4.2 图像预处理 …………………… 163
10.4.3 图像分割 ……………………… 163
10.4.4 目标识别和分类 ……………… 164
10.4.5 目标定位和测量 ……………… 164
10.4.6 目标检测和跟踪 ……………… 164
10.5 计算机视觉系统典型功能 ……… 164
10.6 计算机视觉技术的应用 ………… 166
10.6.1 机器视觉的行业应用 ………… 166
10.6.2 检测与机器人视觉应用 ……… 167
10.6.3 布匹生产质量检测 …………… 169
【作业】 ………………………………… 170

第11章 包容体系结构与机器人 …… 172
【导读案例】RoboCup机器人世界杯
足球锦标赛 ………………… 172
11.1 什么是包容体系结构 …………… 173
11.1.1 所谓"中文房间" ……………… 173
11.1.2 传统机器人学 ………………… 174
11.1.3 建立包容体系结构 …………… 174
11.2 包容体系结构的实现 …………… 175
11.2.1 艾伦机器人 …………………… 175
11.2.2 赫伯特机器人 ………………… 176
11.2.3 托托机器人 …………………… 176
11.3 划时代的阿波罗计划 …………… 176
11.4 机器感知 ………………………… 178
11.4.1 机器智能与智能机器 ………… 178
11.4.2 机器思维与思维机器 ………… 178
11.4.3 机器行为与行为机器 ………… 179
11.5 机器人的概念 …………………… 179
11.5.1 机器人的发展 ………………… 180
11.5.2 机器人"三原则" ……………… 180
11.6 机器人的技术问题 ……………… 181
11.6.1 机器人的组成 ………………… 181
11.6.2 机器人的运动 ………………… 183
11.6.3 机器人大狗 …………………… 184
【作业】 ………………………………… 184

第12章 自然语言与语音处理 ……… 187
【导读案例】机器翻译：大数据简单
算法与小数据复杂
算法 …………………………… 187
12.1 语言的问题和可能性 …………… 188
12.2 什么是自然语言处理 …………… 189
12.2.1 自然语言处理的原因 ………… 189
12.2.2 自然语言处理的方法 ………… 190
12.2.3 自然语言处理的任务 ………… 191
12.2.4 语言模型 ……………………… 193
12.3 语法类型与语义分析 …………… 195
12.3.1 语法类型 ……………………… 195
12.3.2 语义分析 ……………………… 196
12.4 处理数据与处理工具 …………… 196

12.4.1	统计NLP语言数据集	196
12.4.2	自然语言处理工具	197
12.4.3	自然语言处理技术难点	197

12.5 语音处理 198
    12.5.1 语音处理的发展 198
    12.5.2 语音理解 198
    12.5.3 语音识别 199

【作业】 200

第13章 GPT大语言模型崛起 203
【导读案例】难以区分的人工智能和人类艺术 203

13.1 自然语言处理的进步 204
    13.1.1 关于ImageNet 204
    13.1.2 自然语言处理的ImageNet时刻 204
    13.1.3 从GPT-1到GPT-3 205
    13.1.4 ChatGPT聊天机器人模型与对策 206
    13.1.5 从文本生成音乐的MusicLM模型 207
    13.1.6 检测AI文本的DetectGPT算法 207

13.2 科普AI大语言模型 208
    13.2.1 大语言模型的能力 208
    13.2.2 国内的大语言模型 209
    13.2.3 获得大模型的机会 212

13.3 ChatGPT的模仿秀 212
    13.3.1 旧的守卫，新的想法 212
    13.3.2 搜索引擎结合LLM 212
    13.3.3 克服简单编造与重复 213

13.4 传统行业的下岗 214
    13.4.1 客服市场，AI本来就很"卷" 214
    13.4.2 伐木场迎来工业革命 215
    13.4.3 新技术，新问题 217

【作业】 217

第14章 向动物学习群体智能 220
【导读案例】"超级蜂群"无人机 220

14.1 向蜜蜂学习群体智能 222

14.2 什么是群体智能 223
    14.2.1 群体人工智能技术 223
    14.2.2 群体智能的两种机制 224
    14.2.3 基本原则与特点 224

14.3 典型算法模型 225
    14.3.1 蚁群算法 226
    14.3.2 搜索机器人 227
    14.3.3 微粒群（鸟群）优化算法 228
    14.3.4 没有机器人的集群 229

14.4 群体智能背后的故事 229
14.5 群体智能的应用与发展 230

【作业】 232

第15章 智能制造与智能建造 234
【导读案例】互联网之父预言：智能眼镜未来将取代手机 234

15.1 智能制造 235
    15.1.1 综合特征 237
    15.1.2 智能技术 238
    15.1.3 测控装置 238
    15.1.4 运作过程 239

15.2 数字孪生 240
    15.2.1 数字孪生的动态仿真 240
    15.2.2 数字孪生的价值 240

15.3 建筑信息模型 242
    15.3.1 BIM基本特性 242
    15.3.2 BIM对工程造价的影响 243
    15.3.3 BIM模型的构架 244
    15.3.4 BIM生态系统 244
    15.3.5 BIM全周期实施规划 245

15.4 智能建造 245
    15.4.1 智能建造的定义 245
    15.4.2 实现智能建造 246

【作业】 247

第16章 自动规划及其方法 250
【导读案例】人与机器更好相处的"阿凡达"之路 250

16.1 规划的概念 253
16.2 人工智能的乌姆普思世界 254
    16.2.1 描述乌姆普思世界 255

16.2.2　探索乌姆普思世界 …………… 255
16.3　什么是自动规划 ………………………… 256
　　16.3.1　定义经典规划 …………………… 257
　　16.3.2　自动规划问题 …………………… 257
16.4　规划方法 ………………………………… 258
　　16.4.1　规划即搜索 ……………………… 258
　　16.4.2　部分有序规划 …………………… 260
　　16.4.3　分级规划 ………………………… 261
　　16.4.4　基于案例的规划 ………………… 261
　　16.4.5　规划方法分析 …………………… 262
16.5　时间、调度和资源 ……………………… 262
　　16.5.1　时间约束和资源约束的表示 …… 262
　　16.5.2　解决调度问题 …………………… 262
16.6　自动规划的应用 ………………………… 263
【作业】 ………………………………………… 265

第17章　搜索技术与算法 …………………… 268
【导读案例】科研变革进入第五范式：
　　　　　　"加速"也要防
　　　　　　"跑偏" ………………………… 268
17.1　关于搜索算法 …………………………… 269
17.2　盲目搜索 ………………………………… 270
　　17.2.1　状态空间图 ……………………… 270
　　17.2.2　回溯算法 ………………………… 272
　　17.2.3　贪婪算法 ………………………… 272
　　17.2.4　旅行销售员问题 ………………… 273
　　17.2.5　深度优先搜索 …………………… 273
　　17.2.6　广度优先搜索 …………………… 274
　　17.2.7　迭代加深搜索 …………………… 274
17.3　知情搜索 ………………………………… 275
　　17.3.1　启发法 …………………………… 275
　　17.3.2　爬山法 …………………………… 277
　　17.3.3　最陡爬坡法 ……………………… 277
　　17.3.4　最佳优先搜索 …………………… 278
　　17.3.5　分支定界法 ……………………… 279
　　17.3.6　A*算法 …………………………… 281

17.4　受到自然启发的搜索 …………………… 281
　　17.4.1　遗传规划 ………………………… 281
　　17.4.2　蚂蚁聚居地优化 ………………… 282
　　17.4.3　模拟退火 ………………………… 282
　　17.4.4　粒子群 …………………………… 282
　　17.4.5　禁忌搜索 ………………………… 283
【作业】 ………………………………………… 283

第18章　人工智能的发展 …………………… 286
【导读案例】AI生成的作品也有
　　　　　　著作权 ………………………… 286
18.1　创新发展与社会影响 …………………… 287
　　18.1.1　人工智能发展的启示 …………… 287
　　18.1.2　人工智能的发展现状与影响 …… 288
18.2　伦理与安全 ……………………………… 289
　　18.2.1　创造智能机器的大猩猩问题 …… 289
　　18.2.2　积极与消极的方面 ……………… 290
　　18.2.3　人才和基础设施短缺 …………… 290
　　18.2.4　设定伦理要求 …………………… 291
　　18.2.5　强力保护个人隐私 ……………… 291
　　18.2.6　机器人权利 ……………………… 292
18.3　人工智能的极限 ………………………… 292
　　18.3.1　由非形式化得出的论据 ………… 293
　　18.3.2　衡量人工智能 …………………… 293
18.4　人工智能架构 …………………………… 294
　　18.4.1　传感器与执行器 ………………… 294
　　18.4.2　通用人工智能 …………………… 294
　　18.4.3　人工智能工程 …………………… 295
18.5　未来的人工智能 ………………………… 295
　　18.5.1　意识与感质 ……………………… 296
　　18.5.2　机器能思考吗 …………………… 297
　　18.5.3　从模仿到理解 …………………… 297
　　18.5.4　未来已来 ………………………… 300
【作业】 ………………………………………… 300

附录　作业参考答案 …………………………… 303
参考文献 ………………………………………… 306

第 1 章　概　　论

【导读案例】有意义的人工智能时代

随着生成式人工智能的出现,人们与人工智能的距离逐渐缩短。过去很少关注相关技术的人们,很快也会成为人工智能工具的用户。

企业将通过开源模型提升人工智能能力。美国著名的福雷斯特研究咨询公司(简称福雷斯特)在一份报告中分析了人工智能趋势。他们曾经预测,到 2024 年,约 85% 的企业将开始通过 GPT-J 和 BERT 等开源模型来扩展其人工智能实力,而不是仅仅依赖 ChatGPT 这样的主流产品(生成的图片见图 1-1);大约有 40% 的企业将积极投资于人工智能治理规则,以提前应对欧盟、美国和中国即将出台的相关法律法规。

图 1-1　由阿里云旗下的 AI 创意平台 "通义万相" 生成的图片

福雷斯特还提醒企业,需要注意员工对人工智能工具的 "影子使用" 问题。尽管他们预测企业在未来几年内对人工智能的投资预算将增加 3 倍,但仍可能无法满足员工的需求。超过一半的员工可能会使用未经内部批准的工具。

人工智能发展的五大方向。除了上述预测之外,人工智能还将有哪些发展趋势? 以下是这份报告中的一些要点:

1)保险公司将开始为受人工智能幻觉伤害的人提供保险服务。

2)人们对人工智能的热情并未减退,生成式人工智能的支出在 2030 年之前都将以每年 36% 的复合增长率快速增加。

3)企业将把人工智能技术从研发转移到生产应用,使其真正落地。

4)将来的 AI 发展策略应侧重于管理和控制 "影子使用" 的风险,考虑如何利用 AI 创造价值。

5)2024 年是 "有意义的人工智能时代",人们更关注其实用性而非炒作。

总之，福雷斯特预测，企业将以更积极的态度制定有意义的人工智能发展战略，并履行相关承诺。同时，还要密切关注与此相关的风险和规定。虽然人工智能充满希望，但也存在许多潜在的风险，人们需要制定相应的策略来应对这些挑战。

随着人工智能技术的不断发展，其应用领域也越来越广泛。未来，人工智能将会得到进一步发展。例如，在医疗领域的疾病诊断、治疗建议、药物研发等方面，人工智能技术会得到广泛应用，并且会更加精准、高效，从而为人们提供更好的医疗服务。

人类，又称智人，即有智慧的人，这是因为智能对于人类来说尤其重要。几千年来，人们一直在试图理解人类是如何思考和行动的，也就是不断地了解人类的大脑是如何凭借它那小部分的物质去感知、理解、预测并操纵一个远比其自身更大、更复杂的世界的。

人工智能（Artificial Intelligence，AI）是计算机科学的一个重要分支，这个领域涉及理解和构建智能实体，并确保这些机器在各种情况下都能有效和安全地行动。人工智能对世界的影响将超过迄今为止人类历史上的任何事物，它包含大量不同的子领域，从学习、推理、感知等通用领域，到下棋、证明数学定理、写诗、驾车或诊断疾病等领域。人工智能可以与任何智能任务产生联系，是真正普遍存在的领域。

1.1 计算的渊源

几千年来，人类一直在利用工具帮助自己思考。最原始的工具之一可能就是小石头了。牧羊人会将与羊群数量一致的小石头放在包里随身携带。当他想要确定是否所有羊都在时，只需要数一只羊掏出一颗石头即可，如果包里的石头还有剩余，那么一定是有羊走丢了。慢慢地，用来代表5、10、12、20等不同数字的石头也出现了，中世纪无处不在的计数板就来源于此。在我国，同样的理念还催生了现代算盘。几个世纪以来，人类发明的计算尺和计算器这样的工具，在一定程度上减轻了人们的脑力劳动量，但应用范围十分有限。

1.1.1 阿拉伯数字

传说在13世纪左右，一个德国商人告诉他的儿子，如果他只是想学加法和减法，上德国的大学就够了，但如果他还想学乘法和除法，那么必须去意大利才行。数千年甚至数万年来，简单的算术为什么如此困难呢？当时，所

扫码看视频

有的数字都是用罗马数字写成的，只要想象一下将VI乘以VII得到XLII的复杂程度，就能想到在纸上计算是完全不可能的，这种复杂的操作需要依赖计数板才能进行。计数板的表面标有网格，有表示个位、十位、百位等的竖列。人们将计数器放在板上，按照规则进行计算，与长除法和长乘法大致相同，这些计数板让算术成为可能，但这个过程一点也不容易。

实际上，印度很早就有人想出了解决这些难题的方法。印度数学家使用一套十位数码，规定每个位置的数字所代表的数位，按个、十、百类推。这一规则与今天的进位制类似，在读到234这个数字时，我们就可以知道它包含了两个100、3个10、个位数4。

这个概念一路向西经过阿拉伯半岛传到欧洲，途中遭遇了无数质疑和抵制的目光。遭受非议最多的就是数字0，在那之前这个数字几乎没有被提及过。有时候，0没有实际意义，比如，出现在数字3前面构成03时，03和3在本质上没有区别。但有些时候它可以与其他数字相乘，构成十位数、百位数甚至更大数位的数字，比如，30和3就完全不同了。与印

度数码不同，每一个罗马数字的值都是恒定不变的，"I"就代表1，"X"就代表10。一开始，0并不被当成数字对待。然而，随着时间的推移，新方法的优势逐渐显现出来，并最终取代了原来的旧体系，从而大幅提高了计算速度和解答复杂问题的能力。

1.1.2 巴贝奇与数学机器

1821年，英国数学家兼发明家查尔斯·巴贝奇开始了对数学机器的研究，这也成为他几乎奋斗一生的事业。当时，人们还没有办法快速解决复杂计算问题，只能通过纸笔运算，过程漫长且极有可能出错。于是，人们针对一些特殊应用制成了相应的速算表格。例如，可以根据给定的贷款利率确定还款额，或计算一定范围内的枪支射角和弹药装载量。但由于这些表格需要手工排版和描绘，因此出错还是在所难免的。

一次，巴贝奇在与好友约翰·赫歇尔费尽心思地检查这样的函数表时，不禁感叹：如果这些计算能通过蒸汽动力执行该有多好！这位天才数学家也因此立志要实现这一目标。

1）差分机。在英国政府的资金支持下，巴贝奇创造了差分机（见图1-2）。差分机与我们熟知的计算机不同，它只能进行诸如编制表格这样的简单计算。差分机体积庞大且结构复杂，重达4吨（t）。然而，由于巴贝奇与工匠在机器零部件方面产生了分歧，英国政府在支出1.75万英镑后也对该项目失去了信心，因此差分机一直都没能最终完成。

在差分机工程停歇的时候，巴贝奇遇见了当时17岁的数学家艾达·拜伦。巴贝奇被艾达的数学能力所折服，邀请艾达参观差分机，艾达也痴迷上了这类机器。

2）分析机。巴贝奇继续进行他的工作，这是一项被称为分析机的更加宏大的工程（见图1-3）。1801年，提花织机首次面世，这是第一台使用凿孔卡纸来记录数据的设备。它的结构特点是利用纸带凿孔控制顶针穿入，代替经纬线组织点。提花织机能够编织出复杂精美的花样，并大大提高了纺织效率。分析机利用类似提花织机所用的凿孔卡纸，可以胜任所有数学计算，很有希望成为真正的机械计算机。

图1-2 巴贝奇的差分机

图1-3 巴贝奇的分析机

1842年，巴贝奇请求艾达帮他将一篇与机器相关的法文文章翻译成英文。艾达按照自己的理解添加了注解，里面包含了一套机器编程系统程序，这也被认为是人类首个出版的计算机程序，艾达因此被人们称为第一位计算机程序员。可以很确定地说，艾达对分析机的了解程度不比除巴贝奇之外的任何人低，然而她却对机器能带来智能产物这一点深感怀疑。她曾写道："分析机不该自命不凡，自诩无论什么问题都能解决。它只能完成我们告诉它应该怎么做的事情，它能遵循分析，但没有能力预测任何解析关系或事实。它的职责就是帮助人们利用那些我们已经熟知了的事情。"

当时，分析机的制造仍然没有完成，甚至设计都不完整，自始至终只是一系列局部图表而已。然而，在研究分析机的过程中，巴贝奇总结了一些原则和提升空间，从而提出了一套全新的差分机设计方案。缺乏资金支持的第二代差分机后来还是被制作了出来。1985—2002年，伦敦科学博物馆根据巴贝奇的设计方案，利用19世纪可以得到的材料，在容差范围内完成了二代差分机的制作，机器也正如巴贝奇预料的那样能正常工作。

1.1.3 "机器人"的由来

公元8年，罗马诗人奥维德完成了他的15卷史诗《变形记》，其中（第十卷，故事七）包含了皮格玛利翁的故事。皮格玛利翁厌弃身边女子的颓靡做派，雕刻了一座象牙少女像并爱上了她（见图1-4），他将雕像当成自己的妻子，给她穿上华美的衣裳，戴上美丽的珠宝，甚至与她同床共枕。维纳斯节来临时，他真挚地祈祷："如果神能够赋予一切，就请将这座象牙雕像变成我的妻子。"维纳斯听到了他的祷告，当他再次回到雕像身边时，惊讶地发现雕像竟变成一位活生生的少女。

图1-4 皮格玛利翁的故事

卡雷尔·恰佩克的《罗素姆的万能机器人》是一部于1920年首次展演的舞台剧。该剧的捷克语剧名被译为英语，其中的"Robot"一词就源于古捷克语，意为"强迫性劳工"。该剧中的机器人（Robot）不是机械装置，而是没有情感的人造生命体。一开始，这些机器人并没有近似人类，直到消灭了人类种族之后，它们才拥有了爱的能力。

1.2 计算机的出现

科学家创造出了汽车、火车、飞机、收音机等无数的技术系统，它们模仿并拓展了人类身体器官的功能。但是，技术系统能不能模仿人类大脑的功能呢？到目前为止，人们对人类大脑还知之甚少，仅仅知道它是由100亿~1000亿个神经细胞组成的器官，模仿它或许是天下最困难的事情了。

20世纪40年代还没有"计算机（Computer）"这个词。在Z3计算机、离散变量自动电子计算机和小规模实验机面世之前，"Computer"指的是做计算的人。这些计算员在桌子前一坐就是一整天，面对一张纸、一份打印的指示手册，可能还有一台机械加法机，按照指令一步步地费力工作，最后得出一个结果。

1.2.1 为战争而发展的计算机器

面对当时的冲突，战争的双方都会通过无线电发送命令甚至是战略信息，而这些信号也可能被敌方截获。为了防止信息泄露，军方会对信号进行加密。能否破解敌方编码关乎着很多人的性命，自动化破解过程显然大有裨益。于是，一些数学家开始致力于尽可能快地解决复杂数学问题。

早期的计算机，诸如英国曼彻斯特大学研制的小规模实验机（SSEM）和美国陆军弹道研究实验室研制的离散变量自动电子计算机（EDVAC），已经具备了真正计算机的特性，它们是通用的。此外，它们的存储器还会对程序和数据进行存储。

Z3（Zusc Z3）计算机是第二次世界大战期间德国研制成功的，比同盟国所有计算机都要先进。作为通用计算机，它与现代计算机唯一不同之处是其利用纸带而非存储器来存储程序。1943 年，Z3 计算机在盟军对柏林的空袭中毁于一旦。

到第二次世界大战结束时，人们已经制造出了两台机器，它们可以被看作现代计算机的源头。一台是美国的电子数字积分计算机（ENIAC，见图 1-5），它被誉为世界上第一台通用电子数字计算机；另一台是英国的巨人计算机（Colossus）。这两台计算机都不能像今天的计算机一样进行编程，配置新任务时需要进行移动电线和推动开关等一系列操作。但受其制造经验的启发，第二次世界大战结束后仅用了 3 年时间，第一台真正意义上的计算机就成功问世了。

ENIAC 计算机专为美国陆军军械部队所造，主要用于计算大炮射程表，对氢弹研制背后的数学计算也做出了重要贡献。

在第二次世界大战期间，人们为完成特定任务而研制的计算机，如同差分机一样只能进行一项计算工作，如果目标任务改变就必须重新再设计一台。因此，为了简化操作，人们推出了电子数字积分计算机，它由一系列零部件构成，通过不同的线路组合可以进行不同计算。由此，在面对新任务时，人们只要将一台机器的线路重新组合即可。

图 1-5　世界上第一台通用电子数字积分计算机——ENIAC

1.2.2　计算机无处不在

今天，计算机几乎存在于所有电子设备之中，这是因为它通常比其他设备都要便宜，这类计算机被称为嵌入式计算机（见图 1-6）。

嵌入式计算机只用一个简单的芯片就可以实现所有功能。这类计算机的运行速度不同、体积大小不一，但从根本上讲，它们的功能都是一样的。例如，烤面包机内嵌的计算机存储器可能无法运行电子制表程序，它也没有显示屏、键盘和鼠标供人机交互使用，但这些只是物理限制。如果为其配备更高级的存储器和合适的外围设备，那么它同样能够用来运行指定的任何程序。事实上，这类计算机大部分只在工厂进行一次编程，这样做是为了对运行的程序进行加密，同时降低可能因改编程序而发生的售后服务成本。

图 1-6　嵌入式计算机

机器人其实就是配有特殊外围设备的电子设备，如手臂和轮子，以帮助其与外部环境进行交互。机器人内部的计算机能够运行程序,它的摄像头拍摄物体影像后,相关程序通过数据中心里的照片就可以对影像进行区分,以此来帮助机器人在现实环境中辨认物体。

1.2.3 通用计算机

电子计算机通称电脑,简称计算机,是一种通用的信息处理机器,它可以执行能够充分详细描述的任何过程。用于描述解决特定问题的步骤称为算法,算法可以转换成软件(程序)以确定硬件(物理机)能做什么。创建软件的过程称为编程。

我国的第一台电子计算机诞生于1958年。在2023年6月的榜单中,我国有两家入围全球超算前十强,神威·太湖之光(见图1-7)和天河二号分别位列第七和第十。

全球有100多家量子计算公司投入了巨大的人力和物力进行研制。量子计算机是一类遵循量子力学规律进行高速数学和逻辑运算(量子算法)、存储及处理量子信息的物理装置。量子计算机的特点主要有运行速度更快,处置信息能力更强,应用范围更广等。信息处理量越多,对于量子计算机实施运算也就更加有利,也就更能确保运算具备精准性。

图1-7 神威·太湖之光

美国IBM公司在2019年将其商用量子计算机交付部署。中国科学院量子信息重点实验室的科技成果转化平台合肥本源量子科技公司在2020年已上线国内首台国产超导量子计算机"本源悟源",并通过云平台面向全球用户提供量子计算服务;2021年2月8日,具有自主知识产权的量子计算机操作系统"本源司南"发布。至今,本源量子已研发出多台国产量子计算机,并成功交付给用户使用,使我国成为世界上第三个具备量子计算机整机交付能力的国家,这是我国继实现"量子优越性"之后又一次牢固确立在国际量子计算研究领域的领先地位。2022年,本源量子发布国内首个量子计算机和超级计算机协同计算系统解决方案,可以双向发挥量子计算机和超级计算机的优势。2022年8月25日,百度发布集量子硬件、量子软件、量子应用于一体的产业级超导量子计算机"乾始"。量子计算机已经成为各国竞争的焦点之一。

计算机到底是什么机器?一个计算设备怎么能执行这么多不同的任务呢?现代计算机可以被定义为"在可改变的程序的控制下,存储和操纵信息的机器"。该定义有两个关键要素:

第一,计算机是用于操纵信息的设备。这意味着人们可以将信息存入计算机,计算机将信息转换为新的、有用的形式,然后显示或以其他方式输出。

第二,计算机在可改变的程序的控制下运行。计算机不是唯一能操纵信息的机器。一个例子是,人们用简单的计算器来运算一组数字时,就执行了输入信息(数字)、处理信息(如计算连续的总和)、输出信息(如显示)。另一个简单的例子是油泵,给油箱加油时,油泵利用某些输入(当前每升汽油的价格和来自传感器的信号)读取汽油流入汽车油箱的速率。油泵将这个输入转换为加了多少汽油和应付多少钱的信息。但是,计算器或油泵并不是完整的计算机,尽管这些设备实际上可能包含嵌入式计算机。与通用计算机不同,它们被构建为执行单个特定任务。

1.2.4　计算机语言

就像词汇构成语言一样，计算机可理解的指令构成了计算机语言，也就是机器代码，这是一种用二进制数值表示的复杂语言，由人类写入则十分困难。

小规模实验机、离散变量自动电子计算机以及后来出现的大多数计算机，都将程序和程序运行数据存储在同一存储器中，这就意味着有些程序可以编写和修改其他一些程序。在计算机的帮助下，人们可以设计出更有表现力、更加优雅的语言，并指示机器将其翻译为读取-执行周期能够理解的模式。

计算机语言有许多种，有些计算机语言有助于操控文本，有些则能够有效处理结构化数据或是简明应用数学概念。大部分计算机语言（但并非所有）由规则和计算构成，这也是大部分人所理解的计算机。

例如，Python 是由荷兰的吉多·范罗苏姆于 20 世纪 90 年代初设计的一种程序设计语言，它提供了高效的高级数据结构，能简单高效地面向对象编程。Python 语法和动态类型以及解释型语言的本质，使它成为多数平台上写脚本和快速开发应用的编程语言。随着版本的不断更新和语言新功能的添加，Python 逐渐被用于独立、大型的项目的开发。Python 适合新手学习，其解释器易于扩展，可以用 C、C++或其他通过 C 调用的语言扩展新的功能和数据类型。Python 丰富的标准库提供了适用于各个主要系统平台的源码或机器码。

1.2.5　计算机建模

计算机科学家常常会谈及建立某个过程或物体的模型，这并不是说要拿卡纸和软木来制作一个实际的复制品。这里，"模型"是一个数学术语，意思是写出事件运作的所有方程式并进行计算，这样就可以在没有真实模型的情况下完成实验测试。由于计算机运行十分迅速，因此，与真正的实验操作相比，计算机建模能够更快地得出答案。但在某些情况下进行实验可能是不实际的，气候变化就是一个典型的例子，根本没有第二个地球或是时间可供人们开展实验。计算机模型可以非常简单，也可以非常复杂，完全取决于人们想要探索的信息是什么。

假设我们要对橡皮球运动进行物理学建模。在理想环境中，掉落的橡皮球总是会反弹到其掉落高度的一定高度。如果从 1 m 处掉落，那么它可能会反弹至 0.5 m，下一次反弹的高度可能只有 0.25 m，再下一次 0.125 m，以此类推。反弹所需的时间是从掉落物体的物理运动中得出的。理想小球在停止运动前会进行无限次弹跳，但由于每次弹跳的时间递减，所以小球会在有限时间内结束有限次数的弹跳。不过，理想的小球并不存在。在计算上建立这样的模型十分容易，但并不精确。因为小球弹跳的次数不仅取决于球本身，还与反弹触及的表面有关。此外，小球在每次弹跳的过程中还会因反弹摩擦力和空气阻力丢失部分能量。将所有这些因素都囊括进模型当中，需要大量研究和物理学背景作为支撑，但这并不是不可完成的任务。

现在假设要计算球拍击球后网球在球场上弹跳的路径，我们需要考虑球可能会以不同角度接触不同平面，以及球本身的旋转。此外，每次弹跳都会对球内空气进行加热并改变其特性，要建立这样的模型就更加困难。

最后，假设我们要设计某种装备，能够将橡皮球以极快的速度朝定点射出，速度太快可能会导致球在冲击力的作用下破碎。我们需要对小球的构成材料进行建模,并且追踪每一块散开的小球碎片。在建立起足够精确的模型之前,我们甚至需要模拟橡皮球的每一个原子。在现有的计算机上,这样的模型的运行速度一定会十分缓慢,但也是有可能建立起来的,因为我们已经了解物理和化学的基本原理。

人工智能最根本也最宏伟的目标之一就是建立人脑般的计算机模型。完美模型固然最好,但精确性稍逊的模型也同样十分有效。

1.2.6 人工智能大师

艾伦·麦席森·图灵(见图1-8),出生于英国伦敦帕丁顿,毕业于普林斯顿大学,是英国数学家、逻辑学家,被誉为"计算机科学之父""人工智能之父",他是计算机逻辑的奠基者。1950年,图灵在其论文《计算机器与智能》中提出了著名的"图灵机"和"图灵测试"等重要概念,首次提出了机器具备思维的可能性。他还预言,到20世纪末一定会出现可以通过图灵测试的计算机。图灵的思想为现代计算机的逻辑工作方式奠定了基础。为了纪念图灵对计算机科学的巨大贡献,1966年,美国计算机协会(ACM)设立一年一度的"图灵奖",这被誉为"计算机界的诺贝尔奖",以表彰在计算机科学事业中做出重要贡献的人。

约翰·冯·诺依曼(见图1-9),出生于匈牙利,毕业于苏黎世联邦工业大学,是数学家,现代计算机、博弈论、核武器和生化武器等领域的科学全才,被后人称为"现代计算机之父"和"博弈论之父"。他在泛函分析、遍历理论、几何学、拓扑学和数值分析等众多数学领域及计算机学、量子力学和经济学中都有重大成就,也为第一颗原子弹和第一台电子计算机的研制做出了巨大贡献。

图1-8 计算机科学之父、
人工智能之父——图灵

图1-9 现代计算机之父、
博弈论之父——冯·诺依曼

1.3 人工的智能行为

显然,人工智能就是人造的智能,它是科学和工程的产物。我们也会进一步考虑什么是人力所能及的,或者人自身的智能程度是否达到可以创造人工智能的地步,等等。不过,生物学这里不讨论,因为基因工程与人工智能的科学基础全然不同。人们可以在器皿中培育脑细胞,但这只能算是天然大脑的一部分。所有人工智能的研究都围绕着计算机展开,其全部技术也都是在计算机中执行的。

历史上,研究人员研究过不同版本的人工智能。有些是通过复制人类行为来定义智能,而另一些则是用"理性"来抽象定义智能。智能主题的本身也各不相同:一些人将智能视为内部思维过程和推理的属性,而另一些人则关注智能的外部特征,也就是智能行为。

从人与理性以及思想与行为这两个维度来看,有4种可能的组合,即类人行为、类人思考、理性思考和理性行为。类人智能(前两者)在某种程度上是与心理学相关的经验科学,包括对真实人类行为和思维过程的观察与假设;而理性主义方法(后两者)涉及数学和工程的结合,并与统计学、控制理论和经济学相联系。

1.3.1 什么是"智能"

"智能"涉及诸如意识、自我、思维(包括无意识的思维)等问题。事实上,人们应该了解的是人类本身的智能,但我们对自身智能及构成人的智能的必要元素的了解有限,很难准确地定义出什么是"人工"制造的"智能"。因此,人工智能的研究往往涉及对人的智能本身的研究,其他关于动物或人造系统的智能也普遍被认为是与人工智能相关的研究课题。

《牛津英语词典》对智能的定义是"获取和应用知识与技能的能力",这显然取决于记忆。也许人工智能领域已经影响了人们对智力的一般性认识,人们会根据对实际情况的指导作用来判断知识的重要程度。人工智能的一个重要领域就是存储知识以供计算机使用。

例如,棋局是程序员研究的早期问题之一。他们认为,就国际象棋而言,只有人类才能获胜。1997年,IBM机器"深蓝"击败了国际象棋大师加里·卡斯帕罗夫,但深蓝并没有显示出任何人类特质,只是对这一任务进行快速有效的编程而已。

1.3.2 类人行为:图灵测试

1950年,图灵提出了一套检测机器智能的思维实验测试,也就是后来广为人知的图灵测试,用以回避"机器能思考吗"这个哲学上模糊的问题。在实验中,人类测试者用书面语言分别与被测试计算机和被测试人类各交谈5min,随后判断哪个是计算机,哪个是人类。如果测试者无法分辨回答是来自人类还是来自计算机,那么这个计算机就算通过了测试(见图1-10)。从那时至今,每一年,所有参加测试的程序中最接近人类的那一个会被授予勒布纳人工智能奖,它们的表现确实越来越好了,但还没有出现任何程序能够如图灵预测的那样出色。

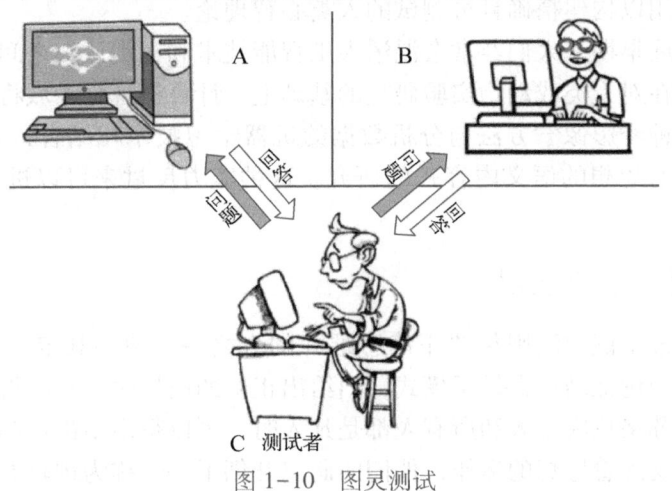

图1-10 图灵测试

目前，为计算机编程，使计算机能够通过严格测试，尚有大量工作要做。计算机需要具备下列能力：
- 自然语言处理，以使用人类语言成功地交流；
- 知识表示，以存储它所知道或听到的内容；
- 自动推理，以回答问题并得出新的结论；
- 机器学习，以适应新的环境、检测和推断模式。

图灵测试认为没有必要进行物理模拟来证明智能，而其他研究者提出的完全图灵测试则需要与真实世界中的对象进行交互。为了通过完全图灵测试，机器人还需要具备下列能力：
- 计算机视觉和语音识别功能，以感知世界；
- 机器人学，以操纵对象并行动。

上面的6个方面构成了人工智能的大部分内容。不过，人工智能研究人员很少把精力用在通过图灵测试上，他们认为研究智能的基本原理更重要。例如，当工程师和发明家停止模仿鸟类，转而使用风洞并学习空气动力学时，对"人工飞行"的探索就取得了成功。

1.3.3 类人思考：认知建模

我们必须知道人类是如何思考的，才能评价程序是否像人类一样思考。可以通过3种方式来了解人类的思维：

1）内省——在进行思维活动时捕获思维；
2）心理实验——观察一个人的行为；
3）大脑成像——观察大脑的活动。

一旦我们有了足够精确的心智理论，就有可能把这个理论表达为计算机程序。如果程序的输入/输出行为与相应的人类行为相匹配，那么就表明程序的某些机制也可能在人类中存在。

例如，开发通用问题求解器的艾伦·纽厄尔和赫伯特·西蒙并不满足于让他们的程序正确地求解问题，他们更关心的是将推理步骤的顺序和时机与求解相同问题的人类测试者进行比较。认知科学本身是一个引人入胜的跨学科领域，其中汇集了人工智能的计算机模型和心理学的实验技术，用以构建精确且可测试的人类心智理论。

在人工智能发展早期，人们经常会混淆人工智能技术和人类认知之间的异同，但真正的认知科学必须建立在对人类或动物实验研究的基础上。计算机视觉领域将神经生理学证据整合到计算模型中，神经影像学方法与分析数据的机器学习技术相结合，开启了"读心"能力（即查明人类内心思想的语义内容）的研究。这种能力反过来可以进一步揭示人类认知的运作方式。

1.3.4 理性思考：思维法则

亚里士多德是最早试图法则化"正确思维"的人之一，他将其定义为无可辩驳的推理过程。他的三段论为论证结构提供了模式，当给出正确的前提时，总能得出正确的结论。例如，当给出前提：苏格拉底是人和所有人都是凡人时，可以得出结论：苏格拉底是凡人。这些思维法则被认为支配着思想的运作，他们的研究开创了一个称为逻辑的领域。

19世纪的逻辑学家建立了一套精确的符号系统，用于描述世界上的物体及其之间的关系。这与普通算术表示系统形成对比，后者只提供关于数的描述。到1965年，任何用逻辑符号描述的可解问题在原则上都可以用程序求解。人工智能的逻辑主义希望在此类程序的基础上创建智能系统。

按照常规理解，逻辑要求关于世界的认知是确定的，而实际上这很难实现。例如，我们对政治或战争规则的了解远不如对象棋或算术规则的了解。概率论填补了这一鸿沟，允许我们在掌握不确定信息的情况下进行严格的推理。原则上，它允许我们构建全面的理性思维模型，从原始的感知到对世界运作方式的理解，再到对未来的预测。但它无法形成智能行为。为此，我们还需要关于理性行为的理论，仅靠理性思考是不够的。

1.3.5 理性行为：理性智能体

智能体（Agent）就是某种能够采取行动的东西。当然，所有计算机程序都可以完成一些任务，但人们期望计算机智能体能够完成更多的任务：自主运行、感知环境、持续存在、适应变化以及制定和实现目标。理性智能体需要为取得最佳结果或存在不确定性时取得最佳期望结果而采取行动。

基于人工智能的"思维法则"方法做出正确的推断，有时是理性智能体的一部分。因为采取理性行为的一种方式是推断出某个给定的行为是最优的，然后根据这个结论采取行动。但是，理性行为并不一定与推断有关。例如，从火炉前退缩是一种反射作用，这通常比经过深思熟虑后采取的较慢动作更为成功。

通过图灵测试所需的所有技能也使智能体得以采取理性行为。知识表示和推理能让智能体做出较好的决策。我们需要具备生成易于理解的自然语言句子的能力，以便在复杂的社会中生存。我们学习不仅是为了博学多才，更是为了提升产生高效行为的能力。

与其他方法相比，基于人工智能的理性智能体方法有两个优点。首先，它比"思维法则"方法更普适，因为正确推断只是实现理性的可能机制之一。其次，它更适合科学发展。理性的标准在数学上是明确定义且完全普适的。我们经常可以从这个标准规范中得出被证明能够实现的智能体设计，而在很大程度上还做不到把模仿人类行为或思维过程作为目标的设计。

由于上述原因，在人工智能发展的大部分历程中，基于理性智能体的方法占据了上风。最初，理性智能体建立在逻辑的基础上，为了实现特定目标制定了明确的规划。后来，基于概率论和机器学习的方法使智能体可以在不确定性下做出决策，以获得最佳期望结果。

简而言之，人工智能专注于研究和构建做正确事情的智能体，其中，正确的事情是我们提供给智能体的目标定义。这种通用范式非常普遍，称为标准模型。它不仅适用于人工智能领域，也适用于其他领域。在控制理论中，控制器使代价函数最小化；在运筹学中，策略使奖励的总和最大化；在统计学中，决策规则使损失函数最小；在经济学中，决策者追求效用或某种意义的社会福利最大化。然而在复杂环境中，完美理性（总是采取精确的最优动作）是不可行的，它的计算代价太高，因此需要对标准模型做一些重要的改进，但完美理性仍然是理论分析的良好出发点。

1.4 人工智能学科

人工智能是计算机科学的一个分支，它企图了解智能的实质，并生产出一种新的能与人类智能相似的方式做出反应的智能机器。自诞生以来，人工智能的理论和技术日益成熟，应用领域也不断扩大。可以设想，未来人工智能带来的科技产品将会是人类智慧的"容器"。

1.4.1 人工智能学科基础

为人工智能提供思想、观点和技术的主要学科有哲学、数学、经济学、神经科学、心理学、计算机工程、控制论、语言学等。

1) 哲学。古代先哲亚里士多德（前384—前322年）制定了一套精确的法则来统御思维的理性部分，他发展了一套非正式的三段论系统进行适当的推理，原则上允许人们在给定初始前提下机械地得出结论。

拉蒙·鲁尔（约1232—1315年）试图使用实际的机械设备（一组可以旋转成不同排列的纸盘）来实现一种推理系统。大约在1500年，列奥纳多·达·芬奇（1452—1519年）设计了一台机械计算器，虽然当时并未制造，但当代人的重构表明该设计是可行的。第一台已知的计算器是在1623年前后由德国科学家威廉·席卡德（1592—1635年）制造的。布莱兹·帕斯卡（1623—1662年）于1642年建造了滚轮式加法器。托马斯·霍布斯（1588—1679年）提出了会思考的机器的想法，他设想"心脏无非就是发条，神经只是一些游丝，而关节不过是一些齿轮"，他还认为"推理就是一种数值计算，也就是相加减"。

勒内·笛卡儿（1596—1650年）首次清晰地讨论了思维与物质之间的区别。他认为，人类思维（灵魂或者精神）的一部分处于自然之外，不受物理定律的约束。但是，动物不具备这种二元特性，可以被视为机器。唯物主义认为大脑根据物理定律的运作构成了思维，自由意志仅仅是实体对可选决策的感知。

如果给定可以操纵知识的实体思维，那么接下来的问题就是建立知识的来源。弗朗西斯·培根（1561—1626年）提出了"知识归根到底都来源于经验"。大卫·休谟（1711—1776年）提出了归纳法原则：通过暴露要素之间的重复联系获得一般规则。

以路德维希·维特根斯坦（1889—1951年）和伯特兰·罗素（1872—1970年）的工作为基础，著名的维也纳学派的哲学家和数学家发展了逻辑实证主义学说，他们认为所有知识都可以通过逻辑理论来描述，最终与对应于感知输入的观察语句相联系，因此结合了理性主义和经验主义。

鲁道夫·卡纳普（1891—1970年）和卡尔·亨佩尔（1905—1997年）的确证理论试图通过量化应分配给逻辑语句的信念度来分析从经验中获取的知识。卡纳普最先提出将思维视为计算过程。

思维的哲学图景中的最后一个要素是知识与动作之间的联系。这个问题对人工智能来说至关重要，因为智能不仅需要推理，还需要动作。而且，只有理解了什么样的行为是合理的，才能构建行为合理的（或理性的）智能体。亚里士多德在《论动物的运动》一书中指出，动作的合理性是通过目标和动作结果的知识之间的逻辑联系来证明的，并进一步提出了一个算法。后来，纽厄尔和西蒙在通用问题求解器程序中实现了亚里士多德的算法，称为贪婪回归规划系统。在人工智能理论研究的前几十年中，基于逻辑规划以实现确定目标的方法占据主导地位。

2）数学。人工智能需要逻辑和概率的数学化，由此引入了一个新的数学分支——计算。

形式化逻辑思想的数学发展始于乔治·布尔（1815—1864年）的工作，他提出了命题和布尔逻辑的细节。1879年，戈特洛布·弗雷格（1848—1925年）将布尔逻辑扩展到包括对象和关系，创建了沿用至今的一阶逻辑（文本和几何特征的神秘组合）。一阶逻辑除了在人工智能研究的早期发挥了核心作用外，还激发了哥德尔和图灵的工作，支撑了计算本身。

概率论可以被视为信息不确定情况下的广义逻辑，这对人工智能非常重要。吉罗拉莫·卡尔达诺（1501—1576年）首先提出了概率的概念，并根据赌博事件的可能结果对其进行了刻画。1654年，布莱兹·帕斯卡（1623—1662年）展示了如何预测一个未完成的赌博游戏的结局，并为赌徒分配平均收益。概率很快成为定量科学的重要组成部分，用于处理不确定的度量和不完备的理论。雅各布·伯努利（1654—1705年）等人发展了这一理论，并引入了新的统计方法、托马斯·贝叶斯（1702—1761年）提出了根据新证据更新概率的法则，贝叶斯法是人工智能系统的重要工具。

概率的形式化结合数据的可用性，使统计学成为一个新研究领域，最早的应用之一是1662年约翰·格兰特对伦敦人口普查数据的分析。罗纳德·费舍尔（1890—1962年）被认为是第一位现代统计学家，他汇总了概率、实验设计、数据分析和计算等思想。

"算法"一词源自一位9世纪的数学家穆罕默德·本·穆萨·阿尔·花剌子模，他的著作还将阿拉伯数字和代数引入了欧洲。布尔等人讨论了逻辑演绎的算法，到19世纪末，人们开始努力将一般的数学推理形式化为逻辑演绎。

图灵试图准确地描述哪些函数是可计算的，即能够通过有效的过程进行计算，提出将图灵机可计算的函数作为可计算性的一般概念。图灵还表明，存在某些任何图灵机都无法计算的函数。

尽管可计算性对理解计算很重要，但易处理性的概念对人工智能的影响更大。粗略地说，如果解决一个问题实例所需的时间随着问题规模呈指数级增长，那么这个问题就是难处理的。在20世纪60年代中期，复杂性的多项式增长和指数级增长之间的区别首次被强调。因为指数级增长意味着即使是中等规模的问题实例，也无法在合理的时间内解决，所以易处理性很重要。尽管计算机的速度在不断提高，但对资源的谨慎使用和必要的缺陷将成为智能系统的特征。

3）经济学。起源于1776年，当时亚当·斯密（1723—1790年）在《国富论》一书中建议将经济视为由许多关注自身利益的独立主体组成，但他并不主张将金融贪婪作为道德立场。

大多数人认为经济学就是关于钱的。第一个对不确定性下的决策确实与赌注的货币价值相关。后来丹尼尔·伯努利提出了基于期望效用最大化的原则，并指出额外货币的边际效用会随着一个人获得更多的货币而减少，从而解释了大众的投资选择。

里昂·瓦尔拉斯为效用理论提供了一个更为普适的基础，即对任何结果（不仅仅是货币）的投机偏好。这一理论的进一步改进，使经济学不再是研究金钱的学科，而是研究欲望和偏好。

决策论结合了概率论和效用理论，为在不确定性下做出个体决策提供了一个形式化完整的框架。这适用于"大型"经济体，其中的每个主体都无须关注其他独立主体的行为。对"小型"经济体而言更像是一场博弈：一个参与者的行为可以显著影响另一个参与者的效用（积极或消极的）。冯·诺依曼和摩根斯特恩对博弈论的研究得出了令人惊讶的结果，即对于某些博弈，理性智能体应该采用随机的策略。与决策论不同，博弈论并没有为行为的选择提供明确的指示。

当行为的收益不是立即产生的，而是在几个连续的行为后产生时，应该如何做出理性的决策这个课题在运筹学领域得到探讨。理查德·贝尔曼的工作将一类序贯决策问题进行了形式化，称为马尔可夫决策过程，用于解决复杂决策。

经济学和运筹学的工作对理性智能体的概念做出了很大贡献，但是多年来的人工智能研究是沿着完全独立的道路发展的。原因之一是做出理性决策显然是复杂的。人工智能的先驱赫伯特·西蒙（1916—2001年）凭借其早期工作在1978年获得了诺贝尔经济学奖，他指出基于满意度的决策模型能够做出"够好"的决策，而不是费力地计算最优决策，这样可以更好地描述实际的人类行为。自20世纪90年代以来，人工智能的决策理论技术重新引起了人们的兴趣。

4）神经科学。尽管大脑进行思考的确切方式还是科学的奥秘之一，但大脑确实能思考这一现实已经被人们接受了数千年。到18世纪中叶，大脑被广泛认为是意识的所在地，而之前意识所在地的候选位置包括心脏和脾脏。

1861年，保罗·布罗卡（1824—1880年）在大脑左半球发现一个局部区域负责语音的产生，从而开始了对大脑功能组织的研究。那时，人们已经知道大脑主要由神经细胞或神经元组成。现在人们普遍认为认知功能是由这些结构的电化学反应产生的。也就是说，一组简单的细胞就可以产生思维、行为和意识，即大脑产生思想。现在，人们有了一些关于大脑区域和身体部位之间映射关系的数据，这些部位是受大脑控制或者是接收感官输入的。

1929年，汉斯·伯杰发明了脑电图仪（EEG），开启了对完整大脑活动的测量。功能磁共振成像（fMRI）的发展为神经科学家提供了前所未有的大脑活动的详细图像，从而使测量能够以有趣的方式与正在进行的认知过程相对应。神经元活动的单细胞电记录技术和光遗传学方法的进展增强了这些功能，从而可以测量和控制被修改为对光敏感的单个神经元。

用于传感和运动控制的脑机接口的发展不仅有望恢复残疾人的功能，还揭示了神经系统许多方面的奥秘，这项工作的一项重要发现是大脑能够自我调整，使自己成功与外部设备进行交互，就像对待另一个感觉器官或肢体一样。

大脑和数字计算机有不同的特性。计算机的周期时间比大脑快一百万倍。虽然与高端个人计算机相比，大脑拥有更多的存储和互连，但最大的超级计算机在某些指标上已经与大脑相当。

5）心理学。科学心理学的起源可以追溯到德国物理学家赫尔曼·冯·赫尔姆霍茨的工作，他将科学方法应用于人类视觉研究。

认知心理学认为大脑是一个信息处理设备，感知涉及一种无意识的逻辑推断形式。剑桥大学应用心理学系的弗雷德里克·巴特利特及其学生指出了知识型智能体的3个关键步骤：

① 刺激必须转化为一种内在表示。
② 认知过程处理表示，从而产生新的内部表示。

③ 这些过程反过来又被重新转化为行为。

计算机建模的发展导致了认知科学的诞生。现在的心理学家普遍认为"认知理论就像一个计算机程序",也就是说,认知理论应该从信息处理的角度来描述认知功能的运作。

人机交互的先驱之一道格·恩格巴特倡导智能增强的理念。他认为,计算机应该增强人类的能力,而不是完全自动化人类的任务。1968年,恩格巴特首次展示了计算机鼠标、窗口系统、超文本和视频会议,所有这些都是为了展示人类知识工作者可以通过某些智能增强(IA)来完成工作。

今天,人们更倾向于将 IA 和 AI 视为同一枚硬币的两面,IA 以人为中心,AI 以机器为中心。前者强调人类控制,而后者强调机器的智能行为。

6) 计算机工程。现代数字电子计算机是由 3 个国家的科学家独立且几乎同时发明的。从那时起,每一代计算机硬件的更新都带来了速度和容量的提升以及价格的下降,这是摩尔定律所描述的趋势——大约每 18 个月 CPU 的性能就会翻一番。但是,功耗问题导致制造商开始增加 CPU 的核数,而不是提高 CPU 的时钟频率。人们预期,未来性能的增加将来自于大量的并行性,这体现了与大脑特性奇妙的一致性。在应对不确定的世界时,基于这一理念设计硬件,不需要 64 位的数字精度,只要 16 位甚至 8 位就足够了,这可以使处理速度更快。

已经出现了一些针对人工智能应用进行调整的硬件,如图形处理单元(GPU)、张量处理单元(TPU)和晶圆级引擎(WSE)。从 20 世纪 60 年代到 2012 年,用于训练顶级机器学习应用的计算能力遵循摩尔定律。从 2012 年到 2018 年,数字增长了 30 万倍,大约每 100 天就翻一番。在 2014 年花一整天训练的机器学习模型,在 2018 年只需 2 min 就可以训练完成。尽管量子计算还未广泛实用,但它有望为人工智能算法的一些重要子方向进行更显著的加速。

人工智能还得益于计算机软件方面的发展,计算机软件提供了编写现代程序所需的操作系统、编程语言和工具。

7) 控制论。古希腊工程师克特西比乌斯(约公元前 250 年)建造了第一个自我控制的机器——一台水钟,它拥有一个可以保持恒定水流速度的调节器。这一发明改变了人造物可以做什么的定义。在此之前,只有生物才能根据环境的变化来改变自己的行为。

控制理论发展的核心人物诺伯特·维纳(1894—1964 年)和他的同事认为,具有目的的行为源于试图最小化"错误"的调节机制,即当前状态和目标状态之间的差异。20 世纪 40 年代后期,维纳与沃伦·麦卡洛克、沃尔特·皮茨和约翰·冯·诺依曼一起组织了一系列有影响力的会议,探索关于认知的新数学和计算模型,使大众意识到了人工智能机器的可能性。与此同时,英国控制论专家罗斯·艾什比在其《大脑设计》一书中指出,可以通过自我平衡设备来实现智能,该设备使用恰当的反馈回路来实现稳定的自适应行为。

现代控制理论,特别是被称为随机最优控制的分支,其目标是设计随时间最小化代价函数的系统,这与人工智能的标准模型——设计性能最优的系统大致相符。微积分和矩阵代数是控制理论的工具,它们适用于固定的连续变量集描述的系统,而人工智能的建立在一定程度上就是为了避开这些可感知的局限性。逻辑推理和计算工具使人工智能研究人员能够考虑语言、视觉和符号规划等问题,因为这些问题完全超出了控制理论家的研究范围。

8) 语言学。1957 年,斯金纳对语言学习的行为主义方法做了全面详细的描述。语言学家诺姆·乔姆斯基以句法模型为基础的理论可以解释语言创造力，而且它足够形式化，原则上可以被程序化。

现代语言学和人工智能几乎同时"诞生"并一起成长，交叉于一个被称为计算语言学或自然语言处理的混合领域。对于语言，需要理解其主题和上下文，而不仅仅是理解句子结构，这个观点直到20世纪60年代才得到广泛认可。知识表示（关于如何将知识转化为计算机可以推理的形式的研究）的大部分早期工作与语言相关联，并受到语言学研究的启发，而语言学研究反过来又与数十年的语言哲学分析工作有关联。

1.4.2 人工智能定义

扫码看视频

作为计算机科学的一个分支，人工智能是研究、开发用于模拟、延伸和扩展人的智能的理论、方法、技术及应用系统的一门新的技术科学，是一门自然科学、社会科学和技术科学交叉的边缘学科。它涉及的学科内容包括哲学和认知科学、数学、神经生理学、心理学、计算机科学、信息论、控制论、不定性论、仿生学、社会结构学与科学发展观等。

人工智能研究领域的一个较早流行的定义是由约翰·麦卡锡在1956年的达特茅斯会议上提出的，即人工智能就是要让机器的行为看起来像是人类所表现出的智能行为一样。另一个定义指出：人工智能是人造机器所表现出来的智能性。总体来讲，对人工智能的定义大多可划分为4类，即机器"像人一样思考""像人一样行动""理性地思考"和"理性地行动"。这里的"行动"应广义地理解为采取行动，或制定行动的决策，而不是肢体动作。

尼尔逊教授对人工智能下了这样一个定义："人工智能是关于知识的学科——怎样表示知识以及怎样获得知识并使用知识的科学。"而温斯顿教授认为："人工智能就是研究如何使计算机去做过去只有人才能做的智能工作。"这些说法反映了人工智能学科的基本思想和基本内容，即人工智能是研究人类智能活动的规律，其构造具有一定智能的人工系统，研究如何让计算机去完成以往需要人的智力才能胜任的工作，也就是研究如何应用计算机的软/硬件来模拟人类某些智能行为的基本理论、方法和技术。

可以把人工智能定义为一种工具，用来帮助或者替代人类思维。它可视作一项计算机程序，可以独立存在于数据中心、个人计算机，也可以通过诸如机器人之类的设备体现出来。它具备智能的外在特征，有能力在特定环境中有目的地获取和应用知识与技能。人工智能是对人的意识、思维的信息过程的模拟。人工智能不是人的智能，但能像人那样思考，甚至也可能超过人的智能。

20世纪70年代以来，人工智能被称为世界三大尖端技术之一（空间技术、能源技术、人工智能），也被认为是21世纪的三大尖端技术（基因工程、纳米科学、人工智能）之一，这是因为近几十年来人工智能获得了迅速的发展，在很多学科领域都获得了广泛应用，取得了丰硕成果。

1.4.3 人工智能的实现途径

对于人的思维模拟的研究可以从两个方向进行：一是结构模拟，仿照人脑的结构机制制造出"类人脑"的机器；二是功能模拟，从人脑的功能过程进行模拟。现代电子计算机的产生便是对人脑思维功能的模拟，是对人脑思维的信息过程的模拟。

实现人工智能有 3 种途径，即强人工智能、弱人工智能和实用型人工智能。

第一种途径是强人工智能，又称多元智能。研究人员希望人工智能最终能成为多元智能并且超越大部分人类的能力。有些人认为要达成以上目标，可能需要拟人化的特性，如人工意识或人工大脑，这被认为是人工智能的完整性：即为了解决其中一个问题，必须解决全部的问题。即使一个简单和特定的任务，如机器翻译，要求机器按照作者的论点（推理），知道什么被人谈论（知识），忠实地再现作者的意图（情感计算）。因此，机器翻译被认为具有人工智能完整性。

强人工智能的观点认为有可能制造出真正能推理和解决问题的智能机器，并且这样的机器被认为是有知觉的，有自我意识的。强人工智能有两类：

1）类人的人工智能，即机器的思考和推理就像人的思维一样。

2）非类人的人工智能，即机器产生了和人完全不一样的知觉和意识，使用和人完全不一样的推理方式。

强人工智能即便可以实现也很难被证实。为了创建具备强人工智能的计算机程序，我们首先必须清楚了解人类思维的工作原理，而想要实现这样的目标，还有很长的路要走。

第二种途径是弱人工智能，认为不可能制造出能真正地推理和解决问题的智能机器，这些机器只不过看起来像是智能的，但是并不真正拥有智能，也不会有自主意识。

弱人工智能只要求机器能够拥有智能行为，具体的实施细节并不重要。深蓝就是在这样的理念下产生的，它并没有试图模仿国际象棋大师的思维，仅仅遵循既定的操作步骤。倘若人类和计算机遵照同样的步骤，那么比赛时间将会大大延长，因为计算机每秒验算的可能走位就高达 2 亿个，就算思维惊人的象棋大师也不太可能达到这样的速度。人类拥有高度发达的战略意识，这种意识将需要考虑的走位限制在几步或是几十步以内，而计算机的考虑数以百万计。就弱人工智能而言，这种差异无关紧要，能证明计算机比人类更会下象棋就足够了。

如今，主流的研究活动都集中在弱人工智能上，并且一般认为这一研究领域已经取得可观的成就，而强人工智能的研究则处于停滞不前的状态。

第三种途径是实用型人工智能。研究者将目标放低，不再试图创造出像人类一般智慧的机器。眼下我们已经知道如何创造出能模拟昆虫行为的机器人（见图 1-11）。机械家蝇看起来似乎并没有什么用，但即使是这样的机器人，在完成某些特定任务时也是可以发挥很大作用的。比如，一群如狗大小、具备蚂蚁智商的机器人在清理碎石和在灾区找寻幸存者时就能够发挥很大的作用。

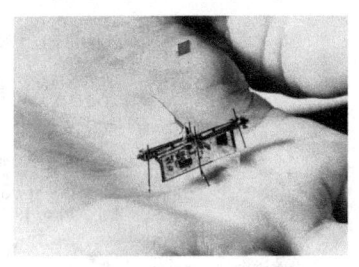

图 1-11 华盛顿大学研制的靠激光束驱动的 RoboFly 昆虫机器人

随着模型变得越来越精细，机器能够模仿的生物越来越高等，最终我们可能必须接受这样的事实：机器似乎变得像人类一样智慧了。也许实用型人工智能与强人工智能殊途同归，但考虑到复杂性，我们就不会相信机器人能有自我意识。

1.5 人工智能发展的 6 个阶段

电子计算机的诞生使信息存储和处理的各个方面都发生了革命，计算机理论的发展产生了计算机科学并最终促使了人工智能的出现。计算机这个用电子方式处理数据的发明，为人工智能的可能实现提供了一种媒介。

总结人工智能历史里程碑的快速方法之一是列举相关的图灵奖得主。获得图灵奖的人工智能有：马文·明斯基（1969 年图灵奖得主）和约翰·麦卡锡（1971 年图灵奖得主），定义了基于表示和推理的领域基础；艾伦·纽厄尔和赫伯特·西蒙（1975 年图灵奖得主），提出了关于问题求解和人类认知的符号模型；爱德华·费根鲍姆和劳伊·雷迪（1994 年图灵奖得主），开发了通过对人类知识编码来解决真实世界问题的专家系统；莱斯利·瓦伦特（2010 年图灵奖得主），对众多计算理论（包括 PAC 学习、枚举复杂性、代数计算和并行与分布式计算）做出了变革性的贡献；朱迪亚·珀尔（2011 年图灵奖得主）提出了通过原则性的方式处理不确定性的概率因果推理技术；约书亚·本吉奥、杰弗里·辛顿和杨立昆（2018 年图灵奖得主），将"深度学习"（多层神经网络）作为现代计算的关键部分。

回顾图灵奖 50 余年的历史可以发现，人工智能一直是图灵奖不断鼓励、不断发现的重要话题。图灵的思考是计算机的起点，直到 80 年后，炙手可热的人工智能仍能从他的思考里找到启迪。

虽然计算机为人工智能提供了必要的技术基础，但人们直到 20 世纪 50 年代早期才注意到人类智能与机器之间的联系。人工智能 60 余年的发展历程颇具周折，大致可以划分为以下 6 个阶段（见图 1-12）。

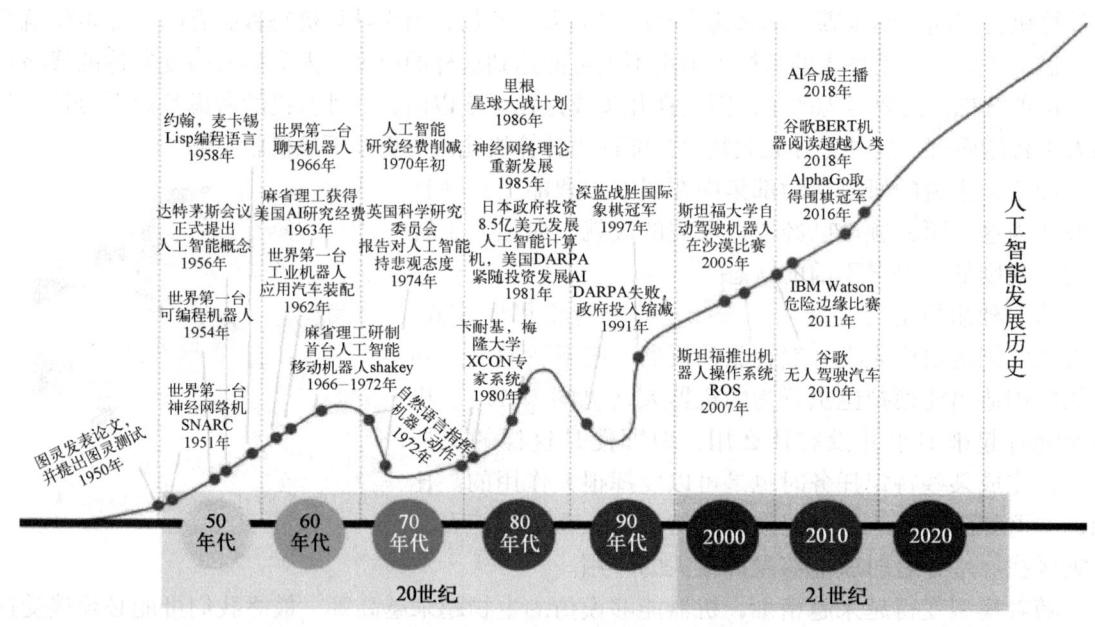

图 1-12　人工智能发展历史

一是起步发展期：1956 年—20 世纪 60 年代初。人工智能的概念在首次被提出后，相继取得了一批令人瞩目的研究成果，如机器定理证明、跳棋程序、LISP 表处理语言等，掀起了人工智能发展的第一个高潮。

二是反思发展期：20 世纪 60—70 年代初。人工智能发展初期的突破性进展大大提升了人们对人工智能的期望，人们开始尝试更具挑战性的任务，并提出了一些不切实际的研发目标。然而，接二连三的失败和预期目标的落空（如无法用机器证明两个连续函数之和还是连续函数、机器翻译闹出笑话等），使人工智能的发展走入了低谷。

三是应用发展期：20世纪70年代初—80年代中期。20世纪70年代出现的专家系统模拟人类专家的知识和经验解决特定领域的问题，实现了人工智能从理论研究走向实际应用、从一般推理策略探讨转向运用专门知识的重大突破。专家系统在医疗、化学、地质等领域取得成功，推动人工智能走入了应用发展的新高潮。

四是低迷发展期：20世纪80年代中期—90年代中期。随着人工智能的应用规模不断扩大，专家系统存在的应用领域狭窄、缺乏常识性知识、知识获取困难、推理方法单一、缺乏分布式功能、难以与现有数据库兼容等问题逐渐暴露出来。

五是稳步发展期：20世纪90年代中期—2010年。由于网络技术特别是因特网技术的发展，信息与数据的汇聚不断加速，加快了人工智能的创新研究，促使人工智能技术进一步走向实用化。1997年IBM深蓝超级计算机战胜了国际象棋世界冠军卡斯帕罗夫，2008年IBM提出"智慧地球"的概念，这些都是这一时期的标志性事件。

六是蓬勃发展期：2011年至今。随着因特网、云计算、物联网、大数据等信息技术的发展，泛在感知数据和图形处理器（GPU）等计算平台推动以神经网络深度学习为代表的人工智能技术的飞速发展，大幅跨越科学与应用之间的"技术鸿沟"，图像分类、语音识别、知识问答、人机对弈、无人驾驶等具有广阔应用前景的人工智能技术突破了从"不能用、不好用"到"可以用"的技术瓶颈，人工智能发展进入爆发式增长的新高潮。

"AlphaGo之父"哈萨比斯表示："我提醒诸位，必须正确地使用人工智能。正确的两个原则是：人工智能必须用来造福全人类，而不能用于非法用途；人工智能技术不能仅为少数公司和少数人所使用，必须共享。"

【作业】

1. 人工智能（AI）领域涉及理解和构建（　　），并确保这些机器在各种情况下都能有效和安全地行动。
   A. 综合部件　　　　　B. 实体算法　　　　　C. 智慧软体　　　　　D. 智能实体

2. 人工智能对世界的影响将超过迄今为止人类历史上的任何事物，它包含大量不同的子领域，从（　　）等通用领域到下棋、证明数学定理、写诗、驾车或诊断疾病等。
   ①自然　　　　　②学习　　　　　③推理　　　　　④感知
   A. ②③④　　　　　B. ①②③　　　　　C. ①②④　　　　　D. ①③④

3. 几千年来，人类一直在利用工具帮助其思考。最原始的工具之一可能就是（　　）了。中世纪无处不在的计数板就直接来源于此。
   A. 算盘　　　　　B. 小石头　　　　　C. 电脑　　　　　D. 计算器

4. 传说在13世纪左右，想学加法和减法上德国的学校就足够了，但如果还想要学习乘法和除法，那么就必须去意大利才行，这是因为当时（　　）。
   A. 德国没有大学　　　　　　　　　B. 意大利人更聪明
   C. 意大利文化比德国文化高明　　　D. 所有数字都用罗马数字写成

5. 今天人们所使用的十进制是（　　）数学家想出的方法。这个概念一路向西传到欧洲，曾经遭遇无数质疑和抵制，最终取代了原来的旧数制，大大提高了人们的计算速度和解答复杂问题的能力。
  A. 西班牙   B. 中国   C. 印度   D. 埃及

6. 1821 年，英国数学家兼发明家查尔斯·巴贝奇开始了对数学机器的研究，他研制的第一台数学机器称为（　　）。
  A. 千分尺   B. 差分机   C. 计算器   D. 分析机

7. 1842 年，巴贝奇请求艾达帮他将一篇与机器相关的法文文章翻译成英文。艾达在翻译注解中包含了一套机器编程系统程序，艾达也被后人称为第一位（　　）。
  A. 计算机程序员   B. 法文翻译家
  C. 机械工程师   D. 数据科学家

8. "机器人（Robot）"的称呼最初源于（　　）。
  A. 1946 年图灵的一篇论文   B. 1920 年卡雷尔·恰佩克的一部舞台剧
  C. 1968 年冯·诺依曼的一部手稿 D. 1934 年卡斯特罗的一次演讲

9. 最初，"计算机（Computer）"这个词指的是（　　）。
  A. 计算的机器 B. 做计算的人 C. 电脑   D. 计算桌

10. 被誉为世界上第一台通用电子数字积分计算机的是（　　）。
  A. ENIAC   B. Colossus   C. Ada   D. SSEM

11. 今天，计算机几乎存在于所有的电子设备之中，只是因为它比其他设备都要（　　），这类计算机通常被称为嵌入式计算机。
  A. 易用   B. 稳定   C. 快速   D. 便宜

12. 现代计算机可以被定义为"在可改变的程序的控制下，存储和操纵信息的机器"。该定义有（　　）两个关键要素。
  ① 计算机是用于操纵信息的设备
  ② 计算机复杂，难懂，难以被仿制
  ③ 计算机是唯一能操纵信息的机器
  ④ 计算机在可改变的程序的控制下运行
  A. ②③   B. ①④   C. ①②   D. ③④

13. 就像词汇构成语言一样，计算机理解的（　　）构成了计算机语言，也就是机器代码，这是一种用数值表示的复杂语言。
  A. 指令   B. 编号   C. 符号   D. 函数

14. 计算机科学家常常会谈及建立某个过程或物体的模型，这个"模型"指的是（　　）。
  A. 类似航模这样的手工艺品
  B. 机械制造业中的模具
  C. 写出事件运作的所有方程式并进行计算
  D. 拿卡纸和软木制作的一个复制品

15. 人工智能最根本也最宏伟的目标之一就是建立（　　）的计算机模型。完美模型固然最好，但精确性稍逊的模型也同样十分有效。
  A. 模拟自然 B. 复杂机器 C. 动物智慧 D. 人脑那样

16. 历史上，研究人员研究过几种不同版本的人工智能。（　　）是在某种程度上与心理学相关的经验科学，包括对真实人类行为和思维过程的观察与假设。

　　A. 动物智慧　　　　　B. 理性主义　　　　　C. 类人智能　　　　　D. 灵活浪漫

17. 历史上，研究人员研究过几种不同版本的人工智能。追求（　　）涉及数学和工程的结合，并与统计学、控制理论和经济学相联系。

　　A. 动物智慧　　　　　B. 理性主义　　　　　C. 类人智能　　　　　D. 灵活浪漫

18. 目前，为计算机编程，使计算机能够通过严格的图灵测试，尚有大量工作要做。除了自然语言处理之外，计算机还需要具备（　　）能力。

　　① 知识表示　　　　② 节约成本　　　　③ 自动推理　　　　④ 机器学习

　　A. ①②④　　　　　B. ②③④　　　　　C. ①②③　　　　　D. ①③④

19. 其他研究者提出的完全图灵测试需要与真实世界中的对象进行交互。为了通过完全图灵测试，除了达到图灵测试的要求之外，"对象"还需要具备（　　）能力。

　　① 计算机视觉和语音识别功能，以感知世界

　　② 机器人学，以操纵对象并行动

　　③ 简化运算，以减少运行成本

　　④ 自动编程，提高运筹与数据分析水平

　　A. ①②　　　　　　B. ③④　　　　　　C. ①③　　　　　　D. ②④

20. 我们必须知道人类是如何思考的，才能评价程序是否可以像人类一样思考。可以通过（　　）3种方式来了解人类的思维。

　　① 外延　　　　　　② 内省　　　　　　③ 心理实验　　　　④ 大脑成像

　　A. ①③④　　　　　B. ①③④　　　　　C. ②③④　　　　　D. ①②③

第 2 章　模糊逻辑与大数据思维

【导读案例】电商网站的推荐系统

虽然知名电商亚马逊的故事大多数人都耳熟能详，但只有少数人知道它的书评内容最初是由人工完成的。当时，它聘请了一个由 20 多名书评家和编辑组成的团队，他们写书评、推荐新书，挑选非常有特色的新书标题放在亚马逊的网页上。这个团队创立了"亚马逊的声音"这个板块，成为当时公司皇冠上的一颗宝石，是其竞争优势的重要来源。《华尔街日报》的一篇文章中热情地称他们为全美最有影响力的书评家，因为他们使得书籍销量猛增。

亚马逊公司的创始人及总裁杰夫·贝索斯决定尝试一个极富创造力的想法：根据客户个人以前的购物喜好，为其推荐相关的书籍。

亚马逊从每一个客户那里收集了大量的数据。比如，他们购买了什么书籍，哪些书他们只浏览却没有购买，他们浏览了多久，哪些书是被一起购买的。因为客户的信息数据量非常大，所以亚马逊必须先用传统的方法对其进行处理，通过样本分析找到客户之间的相似性。但这些推荐信息非常原始，就如同你在买一件婴儿用品时会被淹没在一堆差不多的婴儿用品中一样。马库斯回忆说："推荐信息时往往提供与你以前购买的物品有微小差异的产品，并且循环往复。"

亚马逊的格雷格·林登很快就找到了一个解决方案。他意识到，推荐系统实际上并没有必要把顾客与其他顾客进行对比，这样做在技术上也比较烦琐。它需要做的是找到产品之间的关联性。1998 年，林登和他的同事申请了著名的"逐项操作"协同过滤技术的专利。

因为估算可以提前进行，所以推荐系统不仅快，而且适用于各种各样的产品。因此，当亚马逊跨界销售除书以外的其他商品时，也可以对电影或烤面包机等产品进行推荐。由于系统中使用了所有的数据，推荐会更理想。林登回忆道："在组里有句玩笑话，说的是如果系统运作良好，那么亚马逊应该只推荐你一本书，而这本书就是你将要买的下一本书。"

现在，公司必须决定什么应该出现在网站上，是亚马逊内部书评家写的个人建议和评论，还是由机器生成的个性化推荐和畅销书排行榜。

林登做了一个关于评论家所创造的销售业绩和计算机生成内容所产生的销售业绩的对比测试，他发现两者之间相差甚远。他解释说，通过数据推荐产品所增加的销售远远超过书评家的贡献。计算机可能不知道为什么喜欢海明威作品的客户会购买菲茨杰拉德的书。但是这似乎并不重要，重要的是销量。最后，编辑们看到了销售额分析，亚马逊也不得不放弃每次的在线评论，最终书评组被解散了。林登回忆说："书评团队被打败、被解散，我感到非常难过。但是，数据没有说谎，人工评论的成本是非常高的。"

后来，据说亚马逊销售额的三分之一都来自于它的个性化推荐系统。有了它，亚马逊不仅使很多大型书店和音乐唱片商店歇业，而且当地数百个自认为有自己风格的书商也受到了转型之风的影响。

知道人们为什么对这些信息感兴趣可能是有用的，但是，知道"是什么"可以创造点击率，这种洞察力足以重塑很多行业，不仅仅是电子商务。所有行业中的销售人员早就被告知，他们需要了解是什么让客户做出了选择，需要把握客户做决定背后的真正原因，因此专业技能和多年的经验受到高度重视。亚马逊的推荐系统梳理出了有趣的相关关系，但不知道背后的原因——知道是什么就够了，没必要知道为什么。

模糊逻辑模仿人脑的不确定性概念判断和推理思维方式，对于模型未知或不能确定的描述系统等，应用模糊集合和模糊规则进行推理，表达过渡性界限或定性知识经验，实行模糊综合判断，推理解决常规方法难以对付的规则型模糊信息问题（模糊推理过程见图 2-1）。

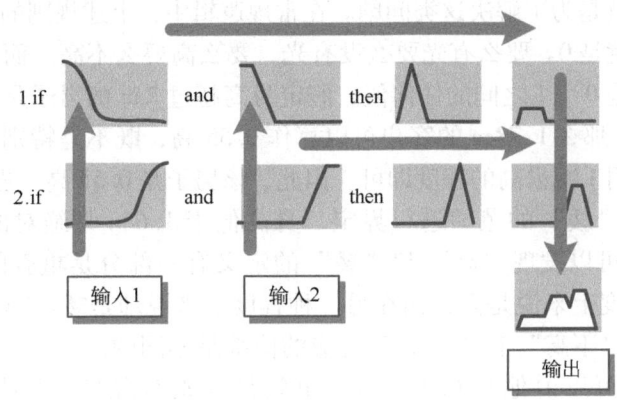

图 2-1 模糊推理过程示意图

2.1 什么是模糊逻辑

扫码看视频

计算机的二进制逻辑通常只有两种状态，一句陈述要么是真，要么是假。然而，现实生活中却很少有这样一刀切的情况。一个人如果不饿不一定就是饿，有点饿和饿昏头不是一回事儿，有点冷比冻僵了的程度要轻得多。如果我们将含义的所有层次都纳入考虑范畴，那么写入计算机程序的规则将会变得过分复杂、难懂。

2.1.1 甲虫机器人的规则

昆虫的许多本能可以帮助其应对不同的环境。它可能倾向于远离光线，隐藏在树叶和岩石下，这样不容易被捕食者发现。然而，它也会朝食物移动，否则就会饿死。如果我们要制作一个甲虫机器人，就可以赋予其如下规则：

如果光线亮度高于 50%，食物质量低于 50%，那么远离，否则接近。

如果食物和光线所占的百分比一致会怎么样？吃饱了的昆虫会为了保持安全继续藏匿在黑暗中，而饥饿的昆虫就会冒险去接近食物。光越亮，越危险；食物质量越高，昆虫越容易冒险。可以根据这一情况制定出更多规则，例如：

如果饥饿和光线都高于 75%，食物质量低于 25%，那么远离，否则接近。

但是这些规则都无法很好地把握极值。如果光线为 76%，食物质量为 24%，那么机器人就会饿死，虽然这仅仅与所设置的规则相差 1%。当然，也可以设置更多规则来应对极值和特殊情况，但这样的操作很快就会使程序变成无法理解的一团乱麻。可是，在不让其变复杂的前提下，怎么能够处理所有变数呢？

2.1.2 模糊逻辑的发明

假设我们正在经营一家婚姻介绍所。一个客户的要求是高个子但不富有的男子。我们的记录中有一名男子，身高 1.78 米（m），年收入是一般平均水平的两倍，应该将这名男子介绍给客户吗？如何判断什么是个子高？什么是富有？怎样对资料库中的男子进行打分来找到最符合的对象？身高和收入之间不能简单加减，就像苹果和橙子不能混为一谈一样。

模糊逻辑的发明就是为了解决这类问题。在常规逻辑中，上述规则的情况只有两种，不是对就是错，即不是 1 就是 0。要么有光要么没有光，要么高要么不高。而在模糊逻辑中，每一种情况的真值都可以是 0～1 之间的任何值。假定身高超过 2 m 的男子是绝对的高个子，身高低于 1.7 m 的为不高，那么 1.78 m 的客户可以算作 0.55 高，既不是特别高，但是也不矮。要计算他不高的程度，用 1 减去高的程度即可。因此，该男子 0.55 高，也就是 0.45 不高。

我们同样可以对"矮"的范畴进行界定。身高低于 1.6 m 是绝对的矮个子，身高超过 1.75 m 为不矮。由此可以发现"高"和"矮"的定义有一部分是重叠的，也就意味着处于中间值的人在某种程度上来说是高，而在另一种程度上来说却是矮。"矮"和"不高"是两个概念，"高""矮""不高"和"不矮"对应的值都是不同的。

类似地，我们也可以说他是 0.2 富有，也就是 0.8 不富有。女性客户的要求是"高 AND 不富有"，所以我们需要计算"0.55 AND 0.8"，结果是 0.44。通过检索所有各选项，找到得分最高者就可以介绍给客户了。

在模糊逻辑中进行 AND 与 OR 运算时的计算方法不同，如何选择应当根据数字所起的作用决定。本例中是将两个数字相乘。另一种纯数学方式就是选择两者中的最小值。然而，如果采取这样的方式，那么较大的值将不影响结果。同样身高的男子，一个 0.5 不富有，另一个 0.8 不富有，其运算结果都是一样的。

同样，我们也可以为甲虫机器人设置规则，如果饥饿且光线不太亮，那么就朝食物进发。以上这些例子展示了可以利用模糊逻辑解决的问题类型。

2.1.3 制定模糊逻辑的规则

人工智能中的专家系统是利用人类专长建立起来的，可以提供程序使用的明确规则。系统可能会说"如果温度高于 95 ℃ 超过 2 min，或是高于 97 ℃ 超过 1 min，那么可以断定恒温器损坏了"。但是更多情况下它们会说"如果温度过高的情况持续太久，那么恒温器可能已经损坏"，这时需要由程序员填入具体数字。而利用模糊逻辑，则完全可以制定与专家所言一致的规则。

如果温度过高且温度过高的时间过长，那么恒温器已经损坏。

程序将对"恒温器已经损坏"这一命题进行赋值，取值在 0～1 之间。如果温度只是稍微偏高，并且没有持续太长时间，那么命题真值可能约为 0.1，即不太可能，而其他规则得出的值可能更高。比如，假设另一条规则判定输入冷却器损坏真值为 0.95，那么程序将报告造成故障最可能的原因就是输入冷却器，这些数据被称作可能性。与概率不同，0.1 并不意味着恒温器有 10% 的概率已经损坏。高个子真值 0.55 也只代表他个子高的可能性，这仅仅是人们衡量可能性的一种方式。类似地，如果是 10%，那么肯定恒温器损坏；如果是 95%，那么肯定问题出在输入冷却器。

更加复杂的专家系统可能用于决定银行是否应该向客户提供贷款，其规则如下：

如果薪水高且工作稳定性高，那么风险低。

如果薪水低或者工作稳定性低，那么风险中等。

如果信用评分低，那么风险高。

这一部分的程序可能得出以下数据：

风险低 = 0.1

风险中等 = 0.3

风险高 = 0.7

通过数学算法，这 3 组数据可以转化为评估风险的单个数字，这一过程被称为去模糊化。从上述数据还是可以看出借贷的风险程度可能为中等偏上。

模糊逻辑的另一个用途就是控制机械装置，例如，控制供暖系统的部分规则如下：

如果温度高，那么停止供暖。

如果温度非常低，那么加强供暖。

如果温度低且升温慢，那么加强供暖。

如果温度低且升温快，那么中等供暖。

如果温度稍微偏低且升温慢，那么中等供暖。

如果温度稍微偏低且升温快，那么停止供暖。

运行所有这些规则后，就可以得到应该停止供暖、中等供暖，以及加强供暖等的可能性。将这些可能性转化为单个数据后就可以相应地设置加热器了。

模糊控制系统管控设备状态，并生成控制信号，不断调整以维持理想状态。在设备非线性的情况下，某种控制可能会因设备状态产生不同的影响，而模糊控制系统的优势在此时就能得以展现。

2.1.4 模糊逻辑的定义

所谓"模糊逻辑"，是建立在多值逻辑基础上的运用模糊集合的方法来研究模糊性思维、语言形式及其规律的科学。模糊逻辑善于表达界限不清晰的定性知识与经验，它可区分模糊集合，处理模糊关系，模拟人脑实施规则型推理，解决种种不确定问题。

模糊逻辑十分有趣的原因有两点。首先，它是将人类专长转化为自动化系统的有力途径，且运作良好。利用模糊逻辑建立的专家系统和控制程序能够解决利用数学计算和常规逻辑系统难以解决的问题。其次，模糊逻辑与人类思维运作模式十分匹配。它能够成功吸收人类专长，因为专家们的表达方式恰好与其向程序注入信息的模式相符。模糊逻辑以重叠的模糊类别表达世界，这也正是我们思考的方式。

传统的人工智能基于一些"清晰"的规则，给出的结果往往是很详细的，比如一个具体的房价预测值。而模糊逻辑模拟人的思考方式，对预测的房价值给出一个是高了还是低了的结果。不少创建智能的途径，都是依赖人类程序员以不同形式编写的系列规则。程序员能够参与不同领域程序的编写，归根结底还是依赖规则的执行。这些规则的存在也正是试图以我们理解的思考过程来建立一个思考程序（见图 2-2）。

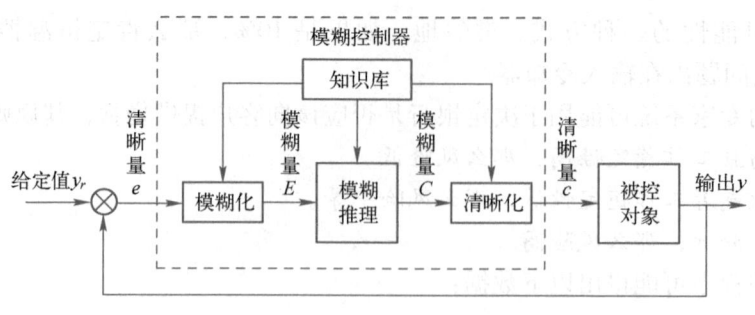

图 2-2 模糊逻辑系统

2.1.5 模糊理论的发展

1965 年，美国加利福尼亚大学自动控制理论专家查德在关于"模糊控制"的一系列论著中，首先提出了模糊集合的概念，标志着模糊数学的诞生。建立在二值逻辑基础上的原有的逻辑与数学，难以描述和处理现实世界中许多模糊性的对象，模糊数学与模糊逻辑实质上是要对模糊性对象进行精确的描述和处理。

模糊集合的引入，可将人的判断、思维过程用比较简单的数学形式直接表达出来，从而使对复杂系统做出合乎实际的、符合人类思维方式的处理成为可能，为经典模糊控制器的形成奠定了基础。1974 年，英国人马丹尼使用模糊控制语言建成的控制器、控制锅炉和蒸汽机，取得了良好的效果，他的实验研究标志着模糊控制的诞生。

查德为了建立模糊性对象的数学模型，把只取 0 和 1 二值的普通集合概念推广为在 [0,1] 区间上取无穷多值的模糊集合概念，并用"隶属度"这一概念来精确地刻画元素与模糊集合之间的关系。正因为模糊集合是以连续的无穷多值为依据的，所以模糊逻辑可看作运用无穷连续值的模糊集合去研究模糊性对象的科学。把模糊数学的基本概念和方法运用到逻辑领域中，产生了模糊逻辑变量、模糊逻辑函数等概念。对模糊联结词与模糊真值表也做了相应的对比研究。查德还开展了模糊假言推理等似然推理研究，有些成果已直接应用于模糊控制器的研制。

创立和研究模糊逻辑的主要意义有：

1）运用模糊逻辑变量、模糊逻辑函数和似然推理等新思想、新理论，为寻找解决模糊性问题的突破口奠定了理论基础，从逻辑思想上为研究模糊性对象指明了方向。

2）模糊逻辑在原有的布尔代数、二值逻辑等数学和逻辑工具难以描述与处理的自动控制过程、疑难病症的诊断、大系统的研究等方面，都具有独到之处。

3）在方法论上，为人类从精确性到模糊性、从确定性到不确定性的研究提供了正确的研究方法。此外，在数学基础研究方面，模糊逻辑有助于解决某些悖论，对辩证逻辑的研究也会产生深远的影响。当然，模糊逻辑理论本身还有待进一步系统化、完整化、规范化。

在经典模糊控制系统稳态性能的改善方面，对于模糊集成控制、模糊自适应控制、专家模糊控制与多变量模糊控制的研究，特别是针对复杂系统的自学习与参数（或规则）自调整模糊系统方面的研究，尤其受到各国学者的重视。将神经网络和模糊控制技术相结合、取长补短，从而形成了模糊神经网络技术。由此组成一个更接近于人脑的智能信息处理系统，其发展前景十分诱人。

2.2 模糊逻辑系统

模糊逻辑系统是指利用模糊概念和模糊逻辑构成的系统。当它被用来充当控制器时，就称为模糊逻辑控制器。由于在选择模糊概念和模糊逻辑上的随意性，可以构造出多种多样的模糊逻辑系统。常见的模糊逻辑系统有3类：纯模糊逻辑系统、高木-关野模糊逻辑系统和具有模糊产生器及模糊消除器的模糊逻辑系统。

2.2.1 纯模糊逻辑系统

纯模糊逻辑系统是其他类型的模糊逻辑系统的核心部分，它提供了一种量化语言信息和在模糊逻辑原则下利用这类语言信息的一般化模式（见图2-3）。

纯模糊逻辑系统也可以解释为一个映射关系，其结构图中的中间部分具有类似于线性变换中变换矩阵的映射功能。纯模糊逻辑系统的缺点在于它的输入和输出均为模糊集合，这不利于工程应用。但是，它为其他具有应用价值的模糊逻辑系统提供了一个基本的样板，由此可以构造出其他具有实用性质的模糊逻辑系统。

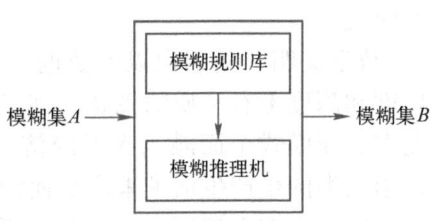

图2-3 纯模糊逻辑系统结构图

2.2.2 高木-关野模糊逻辑系统

高木-关野模糊逻辑系统（简称T-S模糊逻辑系统）是将纯模糊逻辑系统中的每一条模糊规则的后件（即THEN以后的部分）加以定量化后形成的，也就是说，T-S模糊逻辑系统中的模糊规则，其前件是迷糊的，后件是确定的。这种模糊逻辑系统已经在许多实际问题中得到成功的应用，它的优点是模糊逻辑系统的输出为精确值，其中的参数也可以用参数估计、适应机构等方法加以确定。但是，由于模糊规则后件的确定性，因此T-S模糊逻辑系统不能方便地利用更多的语言信息和模糊原则，限制了其应用的灵活性。

2.2.3 具有模糊产生器及模糊消除器的模糊逻辑系统

具有模糊产生器及模糊消除器的模糊逻辑系统由马丹尼首先提出，其结构图如图2-4所示，它是把纯模糊逻辑系统的输入端和输出端分别接上模糊产生器和模糊消除器后构成的。

具有模糊产生器及模糊消除器的模糊逻辑系统具有以下显著优点：

1) 这种模糊逻辑系统提供了一种描述领域专家知识的模糊规则的一般化方法。

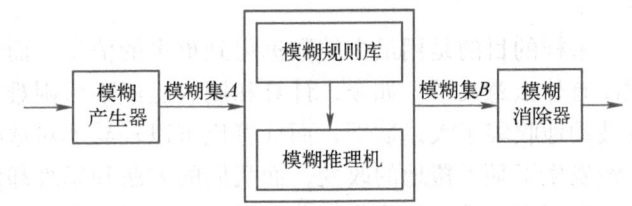

图2-4 具有模糊产生器及模糊消除器的模糊逻辑系统结构图

2) 使用者在设计其中的模糊产生器、模糊推理机和模糊消除器时具有很大的自由度，因此可以根据实际情况找到一个最适合的模糊逻辑系统。

3)其输入、输出均为精确值,因此适合在工程领域中应用。

这类模糊逻辑系统已经在许多工业过程和商业产品中得到成功应用,如用在电冰箱、电饭锅、洗衣机、空调等家用电器的自动控制中,用在洗衣机中感知装载量和清洁剂浓度并据此调整它们的洗涤周期,还广泛运用在游戏的开发中。

2.3　大数据思维与变革

扫码看视频

生产资料是人类文明的核心。农业时代的生产资料是土地,工业时代的生产资料是机器,数字时代的生产资料是数据。劳动方式是人类文明的重要表征。渔猎农耕时代形成的是以手工劳动为主要方式的"手工文明",工业时代发展为以机器劳动为主要方式的"机器文明",智能时代则基于数字劳动来不断推动和丰富着"数字文明"。

"数字文明"折射出以大数据、人工智能等为代表的数字技术对世界和人类的影响,在广度和深度上有了质的飞跃,到了塑造人类文明新形态的高度。数字技术正以新理念、新业态、新模式全面融入人类经济、政治、文化、社会、生态文明建设的各领域和全过程,给人类的生产生活带来广泛而深刻的影响。以数字技术为基座的互联网,促进交流、提高效率,也在重塑制度、催生变革,从而影响社会思潮和人类文明进程。这是不可逆转的时代趋势。

在人工智能时代,数据处理变得更加容易、快速,而"大数据"在于发现和理解信息内容及信息与信息之间的关系,其精髓是我们分析信息时的3个思维转变,这3个转变相互联系和相互作用。

2.3.1　思维转变之一:样本=总体

很长时间以来,因为记录、存储和分析数据的工具不够好,所以为了让分析变得简单,当面临大量数据时,通常都依赖于采样分析。但是采样分析是信息缺乏和信息流通受限制的模拟数据时代的产物。如今,信息技术的条件已经有了非常大的提高,虽然人类可以处理的数据依然是有限的,但是可以处理的数据量已经大大地增加,而且未来会越来越多。

大数据时代的第一个转变是要分析与某事物相关的所有数据,而不是依靠分析少量的数据样本。

采样的目的是用最少的数据得到更多的信息,而当我们可以处理海量数据的时候,采样就没有什么意义了。如今,计算和制表已经不再困难,感应器、手机导航、网站点击和微信等被动地收集了大量数据,而计算机可以轻易地对这些数据进行处理。但是,数据处理技术已经发生了翻天覆地的改变,而我们的方法和思维却没有跟上这种改变。

在很多领域,从收集部分数据到收集尽可能多的数据的转变已经发生。如果可能的话,我们会收集所有的数据,即"样本=总体",这是指我们能对数据进行深度探讨。

例如,谷歌流感趋势预测不是依赖于随机样本,而是分析了全美国几十亿条互联网检索记录。分析整个数据库,而不是对一个小样本进行分析,能够提高微观层面分析的准确性,甚至能够推测出某个特定城市的流感状况。

通过使用所有的数据，我们可以发现如果不然，则将出现在大量数据中淹没掉的情况。例如，信用卡诈骗是通过观察异常情况来识别的，只有掌握了所有的数据才能做到这一点。在这种情况下，异常值是最有用的信息，可以把它与正常交易情况进行对比。而且，因为交易是即时的，所以数据分析也应该是即时的。

因为大数据是建立在掌握所有数据至少是尽可能多的数据的基础上的，所以可以正确地考察细节并进行新的分析。在任何细微的层面，我们都可以用大数据去论证新的假设。当然，有些时候还是可以使用样本分析法的，毕竟我们仍然生活在一个资源有限的时代。但是更多的时候，利用手中掌握的所有数据成了最好也是可行的选择。于是，慢慢地，我们会完全抛弃样本分析。

2.3.2　思维转变之二：接受数据的混杂性

当我们测量事物的能力受限时，关注最重要的事情和获取最精确的结果是可取的。直到今天，我们的数字技术依然建立在精准的基础上。假设只要使用电子数据表格将数据排序，数据库引擎就可以找出和我们检索的内容完全一致的检索记录。这种思维方式适用于掌握"小数据量"的情况，因为需要分析的数据很少，所以必须尽可能精准地量化我们的记录。在某些方面，我们已经意识到了差别。例如，一个小商店在晚上打烊的时候要把收银台里的每分钱都数清楚，但是我们不会也不可能用"分"这个单位去精确度量国民生产总值。随着规模的扩大，对精确度的痴迷将会减弱。

针对小数据量和特定事情，追求精确性依然是可行的，比如一个人的银行账户上是否有足够的钱开具支票。但是，在大数据时代，很多时候，追求精确度已经变得不可行甚至不受欢迎了。大数据纷繁多样，优劣掺杂，分布在全球多个服务器上。拥有了大数据，我们不再需要对一个现象刨根究底，只要掌握大体的发展方向即可。当然，我们也不是完全放弃了精确度，只是不再沉迷于此。适当忽略微观层面上的精确度会让我们在宏观层面拥有更好的洞察力。

大数据时代的第二个转变是我们乐于接受数据的纷繁复杂，而不再一味追求精确性。

在越来越多的情况下，使用所有可获取的数据变得更为可能，但为此也要付出一定的代价。数据量的大幅增加会造成结果的不准确，与此同时，一些错误的数据也会混进数据库。然而，重点是我们能够努力避免这些问题。

2.3.3　思维转变之三：数据的相关关系

这是因前两个转变而促成的。寻找因果关系是人类长久以来的习惯，即使确定因果关系很困难而且用途不大，人类还是习惯性地寻找缘由。相反，在大数据时代，我们无须再紧盯事物之间的因果关系，而应该寻找事物之间的相关关系，这会给我们提供非常新颖且有价值的观点。相关关系也许不能准确地告知我们某件事情为何会发生，但是它会提醒我们这件事情正在发生。在很多时候，寻找数据间的关联并利用这种关联就足够了。这些思想上的重大转变导致了第三个转变。

大数据时代的第三个转变是人们尝试着不再探求难以捉摸的因果关系，转而关注事物的相关关系。

例如，如果数百万条电子医疗记录都显示橙汁和阿司匹林的特定组合可以治疗癌症，那么找出具体的药理机制就没有这种治疗方法本身来得重要。同样，只要我们知道什么时候是买机票的最佳时机，就算不知道机票价格疯狂变动的原因也无所谓了。大数据告诉我们"是什么"，而不是"为什么"。在大数据时代，我们不必知道现象背后的原因，只要让数据自己发声即可。我们不再需要在还没有收集数据之前，就把分析建立在早已设立的少量假设的基础之上。让数据发声，我们会注意到很多以前从来没有意识到的联系的存在。

不像因果关系，证明相关关系的实验耗资少，费时也少。与之相比，分析相关关系，我们既有数学方法，也有统计学方法。同时，数字工具也能帮我们准确地找出相关关系。

相关关系分析本身的意义重大，同时它也为研究因果关系奠定了基础。通过找出可能相关的事物，可以在此基础上进行进一步的因果关系分析。如果存在因果关系，那么我们再进一步找出原因。这种便捷的机制通过实验降低了因果分析的成本。我们也可以从相互联系中找到一些重要的变量，这些变量可以用到验证因果关系的实验中去。

相关关系很有用，不仅是因为它能为我们提供新的视角，而且提供的视角都很清晰。而我们一旦把因果关系考虑进来，这些视角就有可能被蒙蔽掉。

例如，Kaggle 是一家为所有人提供数据挖掘竞赛平台的公司，举办了关于二手车的质量竞赛。经销商提供参加比赛的二手车数据，统计学家们用这些数据建立一个算法系统来预测经销商拍卖的哪些车有可能出现质量问题。相关关系分析表明，橙色的车有质量问题的可能性只有其他车的一半。

当我们读到这里的时候，不禁也会思考其中的原因。难道是因为橙色车的车主更爱车，所以车被保护得更好吗？或是这种颜色的车子在制造方面更精良些吗？还是因为橙色的车更显眼，出车祸的概率更小，所以转手的时候各方面的性能保持得更好？

马上，我们就陷入了各种各样的谜一样的假设中。若要找出相关关系，我们可以用数学方法，但如果是因果关系，这却是行不通的。所以，我们没必要一定要找出相关关系背后的原因，当我们知道了"是什么"的时候，"为什么"其实就没那么重要了，否则就会催生一些滑稽的想法。比方上面提到的例子里，我们是不是应该建议车主把车漆成橙色呢？毕竟，这样就说明车子的质量更过硬。

考虑到这些，如果把以确凿数据为基础的相关关系和通过快速思维构想出的因果关系相比，前者就更具有说服力。但在越来越多的情况下，快速清晰的相关关系分析甚至比慢速的因果分析更有用和更有效。慢速的因果分析集中体现为通过严格控制的实验来验证的因果关系，而这必然是非常耗时耗力的。

近年来，科学家一直在试图减少这些实验的花费，比如，通过巧妙地结合相似的调查做成"类似实验"。这样一来，因果关系的调查成本就会降低，但还是很难与相关关系体现的优越性相抗衡。还有，在专家进行因果关系的调查时，相关关系分析本来就会起到帮助的作用。在大多数情况下，一旦我们完成了对大数据的相关关系分析，而又不再满足于仅仅知道"是什么"时，就会继续向更深层次研究因果关系，找出背后的"为什么"。

因果关系还是有用的，但是它将不再被看成意义来源的基础。在大数据时代，即使在很多情况下，我们依然指望用因果关系来说明我们所发现的相互联系，但是，我们知道，因果关系只是一种特殊的相关关系。相反，大数据推动了相关关系分析。相关关系分析通常情况下能取代因果关系而起作用，即使在不可取代的情况下，它也能指导因果关系来起作用。

2.4 大数据与人工智能

人工智能和大数据是紧密相关的热门技术，两者既有联系，又有区别。人工智能的发展早于大数据，在20世纪50年代就已经开始，而大数据的概念直到2010年左右才形成。人工智能受到人们的关注要远早于大数据，其影响力也要大于大数据。

2.4.1 人工智能与大数据的联系

在大数据时代，面对海量数据，传统的人工智能算法所依赖的单机存储和单机算法已经无能为力，建立在集群技术之上的大数据技术（主要是分布式存储和分布式计算）可以为人工智能提供强大的存储能力和计算能力。

人工智能，特别是机器学习，需要数据来建立其智能。例如，机器学习图像识别应用程序可以查看数以万计的飞机图像，了解飞机的构成，以便将来能够识别出它们。人工智能应用的数据越多，其获得的结果就越准确。如今，大数据为人工智能提供了海量数据，使人工智能技术有了长足发展，甚至可以说，没有大数据就没有人工智能。

人工智能技术立足于神经网络，同时发展出多层神经网络，从而可以进行深度学习，这决定了它更为灵活且可以根据不同的训练数据而拥有自优化的能力。"机器学习""深度学习""强化学习"等技术的发展推动着人工智能的进步。以计算机视觉为例，作为一个数据复杂领域，传统的浅层算法识别准确率并不高。自深度学习出现以后，通过寻找合适的特征来让机器识别物体，计算机视觉的图像识别精准度从70%提升到95%。人工智能的快速演进，不仅需要理论研究，还需要大量的数据作为支撑。

2.4.2 人工智能与大数据的区别

人工智能与大数据存在着明显的区别。人工智能是一种计算形式，它允许机器执行认知功能，如对输入起作用或做出反应，类似于人类的做法。而大数据是一种传统计算，只是寻找结果，不会根据结果采取行动。

另外，两者要达成的目标和实现目标的手段不同。大数据主要是为了获得洞察力，通过数据的对比分析来掌握和推演出更优的方案。以视频推送为例，我们之所以会接收到不同的推送内容，是因为大数据可以根据人们日常观看的内容综合考虑观看习惯，推断出哪些内容更可能产生同样的感觉，并将其推送给我们。而人工智能的开发，是为了辅助和代替我们来更快、更好地完成某些任务或进行某些决定。不管是汽车自动驾驶、软件自我调整，还是医学样本检查工作，完成相同的任务，人工智能总是比人类的速度更快、错误更少，它能通过机器学习的方法掌握我们日常进行的重复性的事项，并以计算机的处理优势来高效地达成目标。

大数据定义了非常大的数据集和极其多样的数据。在大数据集中，可以存在结构化数据（如关系数据库中的事务数据），以及非结构化数据（如图像、电子邮件数据、传感器数据等）。大数据需要在数据变得有用之前进行清洗、结构化和集成的原始输入，而人工智能则是输出，即处理数据产生的智能。这使得两者有着本质上的不同。

虽然有很大区别，但人工智能和大数据仍然能够很好地协同工作。这是因为人工智能需要数据来建立其智能,特别是机器学习。

2.4.3 人工智能深化大数据应用

人工智能与大数据密不可分。大数据的许多应用可以归因于人工智能。随着人工智能的快速应用和普及,大数据不断积累,深度学习和强化学习等算法也不断优化。数据技术将与人工智能技术更紧密地结合在一起,它将具有理解、分析、发现数据和对数据做出决策的能力,从而能够从数据中获得更准确、更深入的知识,挖掘数据背后的价值,并产生新的知识。

人工智能是一种计算形式,它允许机器执行认知功能,如对输入起作用或做出反应,类似于人类的做法。传统的计算应用程序也会对数据做出反应,但反应和响应都必须采用人工编码。如果出现任何类型的差错,就像意外的结果一样,应用程序无法做出反应。而人工智能系统不断改变它们的行为,以适应调查结果的变化并修改它们的反应。

支持人工智能的机器旨在分析和解释数据,然后根据这些解释解决问题。通过机器学习,计算机会学习如何对某个结果采取行动或做出反应,并知道在未来采取相同的行动。

人工智能实现的最大飞跃是大规模并行处理器的出现,特别是 GPU,它是具有数千个内核的大规模并行处理单元,而不是 CPU 中的几十个并行处理单元。这大大加快了现有的人工智能算法的速度。大数据可以采用这些处理器,机器学习算法可以学习如何重现某种行为,包括收集数据以加速机器。人工智能不会像人类那样推断出结论,它需要通过试验和错误学习,需要大量的数据来训练人工智能。人工智能是总的概念,机器学习、深度学习都是实现人工智能的重要途径,大数据是重要的推动力。

【作业】

1. 模糊逻辑模仿人脑的不确定性概念判断、推理思维方式,实行模糊综合判断,推理解决常规方法难以对付的(　　)型模糊信息问题。
   A. 随机　　　　　B. 规则　　　　　C. 条理　　　　　D. 逻辑

2. 大数据是人工智能的基础。大数据时代,人们对待数据的思维方式会发生(　　)3个变化。
   ① 人们更加重视数据的精确性,重视个别关键数据
   ② 人们处理的数据从样本数据变成全部数据
   ③ 由于是全样本数据,因此人们不得不接受数据的混杂性,而放弃对精确性的追求
   ④ 人类通过对大数据的处理放弃对因果关系的渴求,转而关注相关关系
   A. ①③④　　　　B. ①②④　　　　C. ②③④　　　　D. ①②③

3. 计算机的二进制逻辑通常只有两种状态:要么是真,要么是假。现实生活中(　　)这么一刀切的情况。
   A. 很少有　　　　B. 常见　　　　　C. 基本都是　　　D. 完全都是

4. 常规逻辑的规则情况只有两种,即不是 1 就是 0。而在模糊逻辑中,每一种情况的真值都可以是 0~1 中间的(　　)值。
   A. 某个　　　　　B. 某一组　　　　C. 任何　　　　　D. 特定

5. 专家系统是利用人类专长建立起来的，可以提供程序使用的明确规则。而利用模糊逻辑，则可以制定与专家所言（　　）规则。

　　A. 更多的　　　　B. 相反的　　　　C. 不同的　　　　D. 一致的

6. 所谓"模糊逻辑"，是建立在（　　）逻辑基础上的运用模糊集合的方法来研究模糊性思维、语言形式及其规律的科学。

　　A. 单值　　　　B. 多值　　　　C. 形式　　　　D. 数理

7. 模糊逻辑善于表达界限不清晰的定性知识与经验，它区分模糊集合，处理模糊关系，模拟人脑实施规则型推理，解决种种（　　）问题。

　　A. 不确定　　　　B. 确定　　　　C. 精确　　　　D. 重要

8. 建立在二值逻辑基础上的原有的逻辑与数学，难以描述和处理现实世界中许多（　　），模糊数学与模糊逻辑就是要对其进行精确的描述和处理。

　　A. 极值现象　　　　B. 重复对象　　　　C. 复杂问题　　　　D. 模糊性对象

9. （　　）的引入，可将人的判断、思维过程用简单数学形式表达出来，从而使对复杂系统做出合乎实际的、符合人类思维方式的处理成为可能，为经典模糊控制器的形成奠定了基础。

　　A. 精确计算　　　　B. 统计科学　　　　C. 模糊集合　　　　D. 随机抽样

10. 1965年，美国加利福尼亚大学自动控制理论专家查德在关于（　　）的一系列论著中首先提出了模糊集合的概念，标志着模糊数学的诞生。

　　A. 数值方法　　　　B. 模糊控制　　　　C. 逻辑运算　　　　D. 数字理论

11. 创立和研究模糊逻辑的主要意义在于（　　）。

① 运用模糊逻辑变量、模糊逻辑函数和似然推理等新思想、新理论，从逻辑思想上为研究模糊性对象指明了方向

② 在数学基础研究方面，模糊逻辑发展完善，无须进一步优化

③ 在原有的布尔代数、二值逻辑等数学和逻辑工具难以描述与处理的自动控制过程、疑难病症的诊断、大系统的研究等方面，都具有独到之处

④ 在方法论上，从精确性到模糊性、从确定性到不确定性的研究提供了正确的研究方法

　　A. ①③④　　　　B. ①②④　　　　C. ①②③　　　　D. ②③④

12. 模糊逻辑系统是指利用模糊概念和模糊逻辑构成的系统。最常见的模糊逻辑系统有（　　）3类。

① 纯模糊逻辑系统

② 高木-关野模糊逻辑系统

③ 具有模糊产生器及模糊消除器的模糊逻辑系统

④ 高斯复合模糊逻辑系统

　　A. ①③④　　　　B. ①②④　　　　C. ②③④　　　　D. ①②③

13. 生产资料是人类文明的核心。农业时代的生产资料是土地，工业时代的生产资料是机器，数字时代的生产资料是（　　）。

　　A. 能源　　　　B. 数据　　　　C. 信息　　　　D. 物资

14. 劳动方式是人类文明的重要表征。智能时代基于数字劳动来不断推动和丰富着

"（　　）"。

　　A．信息文明　　　　B．机器文明　　　　C．数字文明　　　　D．手工文明

15．当面临大量数据时，社会都依赖于采样分析。但是采样分析是（　　）时代的产物。

　　A．电脑　　　　　　B．青铜器　　　　　C．模拟数据　　　　D．云

16．因为大数据是建立在（　　），所以我们可以正确地考察细节并进行新的分析。

　　A．掌握所有数据，至少是尽可能多的数据的基础上的

　　B．掌握少量精确数据基础上的，尽可能多地收集其他数据

　　C．掌握少量数据，至少是尽可能精确的数据的基础上的

　　D．尽可能掌握精确数据基础上的

17．直到今天，我们的数字技术依然建立在精准的基础上，这种思维方式适用于掌握（　　）的情况。

　　A．多数据量　　　　B．大数据量　　　　C．无数据量　　　　D．小数据量

18．寻找（　　）是人类长久以来的习惯，即使确定这样的关系很困难而且用途不大，人类还是习惯性地寻找缘由。

　　A．相关关系　　　　B．因果关系　　　　C．信息关系　　　　D．组织关系

19．在大数据时代，我们无须再紧盯事物之间的（　　），而应该寻找事物之间的（　　），这会给我们提供非常新颖且有价值的观点。

　　A．因果关系　相关关系　　　　　　　　B．相关关系　因果关系

　　C．复杂关系　简单关系　　　　　　　　D．简单关系　复杂关系

20．人工智能，特别是机器学习，需要（　　）来建立其智能，甚至可以说，没有它就没有人工智能。

　　A．网络　　　　　　B．算法　　　　　　C．专家　　　　　　D．数据

第3章 智能体与智能代理

【导读案例】智能体：下一个颠覆性 AI 应用

如今，越来越多的人开始关注智能体的发展。而基于大语言模型的智能体则是 AI 领域接下来的重要应用方向。还处于发展早期阶段的自主 AI 是人们值得期待的未来愿景。

GPT（Generative Pretrained Transformer，生成式预训练转换器）是一种基于 Transformer 架构设计的、经过预先训练的自然语言处理深度学习模型，可以用来生成文本内容，完成诸如语言翻译、文本生成、问答系统等任务。每个 GPT 都需要有杀手级的应用。GPT-3 之后的 AI 浪潮不是"炒作"，其最有力的标志之一是杀手级应用已经显现，例如：

- 用于写作的生成文本：Jasper AI 在两年内实现了从 0 到 7500 万美元的年度重复销售额。
- 非艺术家的生成艺术：Midjourney/Stable Diffusion Multiverses。
- 用于知识工作者的协作伙伴：GitHub 的 CopilotX 和 Copilot for X。
- 对话式人工智能用户体验：ChatGPT/Bing Chat 以及大量小众需求的文档问答初创公司。

以这些应用作为背景，下一个杀手级应用已经出现，那就是自主智能体。

1. 自主人工智能简史：每一次微小的卷积都可以使我们变得更聪明

在神经生物学中，每一次对大脑进行微小改进的卷积，都会让人们变得更聪明一点。

所谓两个函数的卷积，本质上就是先将一个函数翻转，然后进行滑动叠加。在连续情况下，叠加指的是对两个函数的乘积求积分，在离散情况下就是加权求和。整体看来是这样的过程：

翻转→滑动→叠加→滑动→叠加→滑动→叠加→……

多次滑动得到的一系列叠加值，就构成了卷积函数。

类似地，人工智能通过"卷积"进步（见图3-1），其关键自主能力按大致的时间顺序排列。

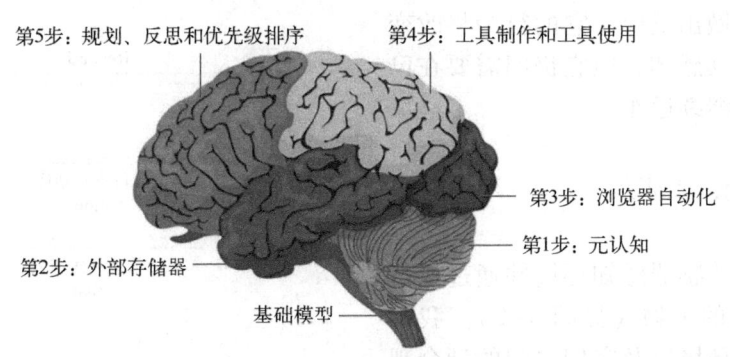

图3-1 按时间顺序排列的 AI "卷积"进步

一切都始于 LLM（大语言模型）的进化和广泛普及。这些模型的庞大规模最终使以下 3 个主要特征成为可能：

1) 完美的自然语言理解和生成。
2) 世界知识（1750 亿个参数可以存储 320 GB，相当于 15 个维基百科）。
3) 出现了类似上下文学习的重要能力。

这导致了早期提示工程师的崛起，研究者们探索了创造性的单次提示。

2. 自主人工智能是必杀技：技术的进步是思考

是什么让软件对人类有价值？软件最明显的价值驱动因素之一是自动化。所有人都永远不会拥有足够的货币、时间，而无论是通过巧妙的系统设计、雇佣他人还是编程机器，都能够节省人们的时间，并通过并行执行更多任务来提高人们的产出能力。事实上，这可以被视为技术和文明的核心定义，阿尔弗雷德·诺思·怀特黑德指出："文明的进步是通过增加我们无须考虑就能执行的操作数量来实现的"。

没有你的输入，ChatGPT 就无法执行任何操作，但一旦输入了正确的提示，它就可以为你做很多研究，尤其是使用插件。

默认情况下，AutoGPT 需要输入一个目标并单击"是"以批准它采取的每一步操作，但这比编写响应要容易得多。AutoGPT 还有有限（运行 N 步）和无限（无限运行）的"连续模式"，这些模式完全自主，但很可能出错，因此必须进行密切监控。

技术和文明的进步需要人们能够在不考虑或者少考虑的情况下完成工作，因此，显然具有尽可能多的信任和可靠性的完全自治是最终目标。在接下来的 10 年里，人们将对其智能体产生足够的信任，从一个 AI 对多人的范式转变为一个 AI 对一个人，然后转变为一个人对多个 AI，这个过程将加速类似于从 20 世纪 60 年代到 21 世纪 10 年代计算产业化的版本，因为在比特与原子之间进行迭代和操控更加容易。

智能体是人工智能领域中一个很重要的概念，它是指能自主活动的软件或者硬件实体。任何能够独立思考并可以同环境交互的实体都可以抽象为智能体。

另一方面，所谓智能代理（Intelligent Agent，IA），在社会科学中是指一个理性并且自主的人或其他系统，它根据感知世界得到的信息来做出动作以影响这个世界。这一定义在计算机智能代理中同样适用。代理必须理性，根据可得的信息做出正确的决定；代理也必须自主，它与世界的关系包括感知世界的过程，它做出的决定源于对世界的感知及自身经历。我们不期望智能代理能像象棋程序一样获得最完美、最完备的信息，它的一部分任务就是理解周边环境，随后做出反应。它的行为将改变环境，随即改变其感知，但它仍旧需要在已经改变的世界中继续运作。

3.1 智能体和环境

智能体通过传感器感知环境并通过执行器作用于该环境的事物（见图 3-2）。我们从检查智能体、环境以及它们之间的耦合观察到某些智能体比其他智能体表现得更好，可以自然而然地引出理性智能体的概念，即行为

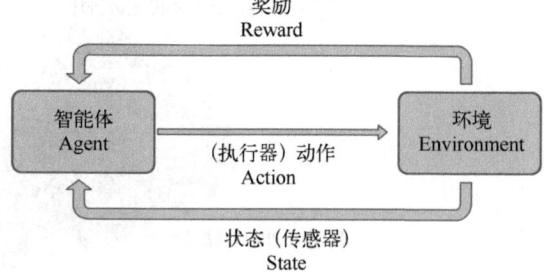

图 3-2 智能体通过传感器和执行器与环境交互

尽可能好。智能体的行为取决于环境的性质。

一个人类智能体以眼睛、耳朵和其他器官作为传感器，以手、腿、声道等作为执行器。机器人智能体以摄像头和红外测距仪作为传感器，各种电动机作为执行器。软件智能体接收文件内容、网络数据包和人工输入（如键盘、鼠标、触摸屏、语音）并作为传感输入，并通过写入文件、发送网络数据包、显示信息或生成声音对环境进行操作。环境可以是一切，甚至是整个宇宙。实际上，我们在设计智能体时关心的只是宇宙中某一部分的状态，即影响智能体感知以及受智能体动作影响的部分。

术语"感知"用来表示智能体的传感器知觉的内容。一般而言，一个智能体在任何给定时刻的动作选择，都可能取决于其内置知识和迄今为止观察到的整个感知序列，而不是它未感知到的事物。从数学上讲，智能体的行为由智能体函数描述，该函数将任意给定的感知序列映射到一个动作。

可以想象，将描述任何给定智能体的智能体函数制成表格，对大多数智能体来说会是一个非常大的表，事实上是无限的（除非限制所考虑的感知序列的长度）。给定一个要进行实验的智能体，原则上可以通过尝试所有可能的感知序列并记录智能体响应的动作来构建此表，当然，该表只是该智能体的外部特征。在内部，人工智能体的智能体函数将由智能体程序实现。区别这两种观点很重要，智能体函数是一种抽象的数学描述，而智能体程序则是一个具体的实现，可以在某些物理系统中运行。

为了阐明这些想法，我们举一个简单的例子——真空吸尘器。在一个由方格组成的世界中包含一个机器人真空吸尘器智能体，其中的方格可能是脏的，也可能是干净的。考虑只有两个方格（方格 A 和方格 B）的情况，真空吸尘器智能体可以感知它在哪个方格中，以及方格中是否干净。从方格 A 开始，智能体可选的操作包括向右移动、向左移动、吸尘或什么都不做（其实，真正的机器人不太可能会有"向右移动"和"向左移动"这样的动作，而是采用"向前旋转轮子"和"向后旋转轮子"这样的动作）。一个非常简单的智能体函数如下：如果当前方格是脏的，就吸尘；否则，移动到另一个方格。

智能体主要作为分析系统的工具，而不是将世界划分为智能体和非智能体的绝对表征。在某种意义上，工程的所有领域都可以被视为设计与世界互动的人工制品，人工智能运行在最有趣的一端。在这一端，人工制品具有重要的计算资源，任务环境需要非凡的决策。

3.2 智能体的良好行为

理性智能体是做正确事情的事物。人工智能通常通过结果来评估智能体的行为。当智能体进入环境时，它会根据接受的感知产生一个动作序列，这会导致环境经历一系列的状态。如果序列是理想的，则智能体表现良好。这个概念由性能度量描述，评估任何给定环境状态的序列。

扫码看视频

3.2.1 性能度量

人类有适用于自身的理性概念，它与成功选择产生环境状态序列的行动有关，而这些环境状态序列从人类的角度来看是可取的。但是，机器没有自己的欲望和偏好，在最初，性能度量是在机器设计者或者机器受众的头脑中。一些智能体设计具有性能度量的显式表示，而在其他设计中，性能度量完全是隐式的，智能体可能会做正确的事情，但它不知道为什么。

应该确保"施以机器的目的是我们真正想要的"，但是正确地制定性能度量可能非常困难。例如，考虑真空吸尘器智能体，我们可能会用单个 8 小时班次中清理的灰尘量来度量其性能。然而，一个理性的智能体可以首先清理灰尘，然后将其全部倾倒在地板上，接着再次清理，如此反复，从而最大化这一性能度量值。更合适的性能度量是奖励拥有干净地板的智能体。例如，在每个时间步中，每个干净的方格可以获得 1 分（可能会对耗电和产生的噪声进行惩罚）。作为一般规则，更好的做法是根据一个人在环境中真正想要实现的目标，而不是根据一个人认为智能体应该如何表现来设计性能度量。

即使避免了明显的缺陷，一些棘手的问题也会仍然存在。例如，"干净地板"的概念是基于一段时间内的平均整洁度。然而，两个不同的智能体可以达到相同的平均整洁度，其中一个智能体的工作始终保持一般水平，而另一个智能体短时间的工作效率很高，但需要长时间的休息。哪种工作方式更可取，这似乎是保洁工作的一个课题，实际上还是一个具有深远影响的哲学问题。

3.2.2 理性

在任何时候，理性都取决于以下 4 方面：
1）定义成功标准的性能度量。
2）智能体对环境的先验知识。
3）智能体可以执行的动作。
4）智能体到目前为止的感知序列。

于是，对理性智能体的定义是：对于每个可能的感知序列，给定感知序列提供的证据和智能体所拥有的任何先验知识，理性智能体应该选择一个期望最大化其性能度量的动作。

考虑一个简单的真空吸尘器智能体。如果一个方格是脏的，就清理它；如果不脏，就移动到另一个方格。那么它是理性智能体吗？首先，我们需要说明性能度量是什么，对环境了解多少，以及智能体具有哪些传感器和执行器。假设：

- 在 1000 个时间步的生命周期内，性能度量在每个时间步为每个干净的方格奖励 1 分。
- 环境的"地理信息"是先验的，但灰尘的分布和智能体的初始位置不是先验的，干净的方格会继续保持干净，吸尘动作会清理当前方格，向左或向右的动作可使智能体移动一个方格，如果该动作会让智能体移动到环境之外，那么智能体将保持在原来的位置。
- 可用的动作仅有向右、向左和吸尘。
- 智能体能够正确感知其位置以及该位置是否有灰尘。

在这种情况下，智能体确实是理性的，它的预期性能至少与任何其他智能体一样。

显然，同一个智能体在不同的情况下可能会变得不理性。例如，在清除所有灰尘后，该智能体会毫无必要地反复来回。如果考虑对每个动作罚 1 分，那么智能体的表现就会很差。在确定所有方格都干净的情况下，一个好的智能体不会做任何事情。如果干净的方格再次变脏，那么智能体应该偶尔检查，并在必要时重新清理。如果环境地理信息是未知的，那么智能体需要对其进行探索。

3.2.3 全知、学习和自主

我们需要仔细区分理性和全知。全知的智能体能预知其行动的实际结果,并据此采取行动,但在现实中,全知是不可能的,理性不等同于完美。理性使期望性能最大化,而完美使实际性能最大化。不要求完美不仅仅是对智能体公平的问题,关键是,如果期望一个智能体所做的事情是最好的行动,就不可能设计一个符合规范的智能体。因此,对理性的定义并不需要全知,因为理性决策只取决于迄今为止的感知序列。我们还必须确保没有无意中允许智能体进行低智的行动。

理性智能体不仅要收集信息,还要尽可能多地从它所感知到的东西中学习。智能体的初始配置可以反映对环境的一些先验知识,但随着智能体获得的经验越来越多,这可能会被修改和增强。在一些极端情况下,环境完全是先验已知的和完全可预测的。这种情况下,智能体不需要感知或学习,只需正确地运行。当然,这样的智能体是脆弱的。

如果在某种程度上智能体依赖于其设计者的先验知识,而不是其自身的感知和学习过程,说明该智能体缺乏自主性。一个理性的智能体应该是自主的,它应该学习如何弥补部分或不正确的先验知识,例如,学习预测何时何地会出现额外灰尘的真空吸尘器就比不能学习预测的要好。

实际上,很少从一开始就要求智能体完全自主,除非设计者提供一些帮助,否则,当智能体几乎没有经验时,它将不得不随机行动。正如进化为动物提供了足够的内建反射,使其能够有足够长的时间来学习一样,为人工智能体提供一些初始知识和学习能力也是合理的。在充分体验相应环境后,理性智能体的行为可以有效地独立于其先验知识。因此,通过学习能够让我们设计单个理性智能体,它能在各种各样的环境中取得成功。

3.3 环境的本质

有了理性的定义,构建理性智能体还必须考虑任务环境,它本质上是"问题",理性智能体则是"解决方案"。首先指定任务环境,然后展示任务环境的多种形式。任务环境的性质直接影响智能体程序的恰当设计。

3.3.1 指定任务环境

讨论简单真空吸尘器智能体的理性时,必须为其指定性能度量、环境以及智能体的执行器和传感器(Performance,Environment,Actuator,Sensor,PEAS)描述,这些都在任务环境的范畴下。设计智能体时,第一步始终是尽可能完整地指定任务环境。

我们来考虑一个更复杂的问题:自动驾驶出租车司机的任务环境 PEAS 描述(见表3-1)。

表3-1 自动驾驶出租车司机的任务环境 PEAS 描述

智能体类型	性能度量	环 境	执 行 器	传 感 器
自动驾驶出租车司机	安全、速度快、合法、舒适旅程、最大化利润、对其他道路用户的影响最小化	道路、其他交通工具、警察、行人、客户、天气	转向器、加速器、制动、信号、喇叭、显示、语音	摄像头、雷达、速度表、北斗导航、发动机传感器、加速度表、送话器、触摸屏

首先，对于自动驾驶追求的性能度量，理想的标准包括到达正确的目的地，尽量减少油耗和磨损，尽量减少行程时间或成本，尽量减少违反交通法规和对其他驾驶员的干扰，最大限度地提高安全性和乘客舒适度，并最大化利润。显然，其中有一些目标是相互冲突的，需要权衡。

接下来，出租车将面临什么样的驾驶环境？出租车司机必须能够在各种道路上行驶，如乡村车道、城市小巷以及多个车道的高速公路，以及道路上有其他交通工具、行人、流浪动物、道路工程、警车、水坑和坑洼等情况时。出租车还必须与潜在乘客以及实际乘客互动。另外，还有一些可选项，如出租车可以选择在很少下雪的南方或者经常下雪的北方运营。显然，环境越受限，设计问题就越容易解决。

自动驾驶出租车的执行器包括可供人类驾驶员使用的器件，如通过加速器控制发动机及控制转向和制动。此外，它还需要输出到显示屏或语音合成器，以便与驾驶员及乘客进行对话，或许还需要某种方式与其他车辆进行礼貌的或其他方式的沟通。

出租车的基本传感器包括一个或多个摄像头（以便观察），以及激光雷达和超声波传感器（以便检测其他车辆和障碍物的距离）。为了避免超速，出租车应该有一个速度表。而为了正确控制车辆（特别是在弯道上），它应该有一个加速度表。要确定车辆的机械状态，需要发动机、燃油和电气系统的传感器常规阵列。像许多人类驾驶者一样，自动驾驶可能需要获取北斗导航信号，这样就不会迷路。最后，乘客需要触摸屏或语音输入才能说明其目的地。

表 3-2 中简要列举了一些其他智能体类型的基本 PEAS 元素示例。这些示例包括物理环境和虚拟环境。注意，虚拟环境可能与"真实"世界一样复杂。例如，在拍卖和转售网站上进行交易的软件智能体，它可以为数百万其他用户和数十亿对象提供交易业务。

表 3-2 其他智能体类型的基本 PEAS 元素示例

智能体类型	性能度量	环境	执行器	传感器
医学诊断系统	治愈患者、降低费用	患者、医院、工作人员	用于问题、测试、诊断、治疗的显示器	用于症状和检验结果的触摸屏/语音输入
卫星图像分析系统	正确分类对象和地形	轨道卫星、下行链路、天气	场景分类显示器	高分辨率数字照相机
零件选取机器人	零件在正确箱子中的比例	零件输送带、箱子	有关节的手臂和手	摄像头、触觉和关节角度传感器
提炼厂控制器	纯度、产量、安全	提炼厂、原料、操作员	阀门、泵、加热器、搅拌器、显示器	温度传感器、气压感器、流量传感器、化学传感器
交互英语教师	学生的考试分数	一组学生、考试机构	用于练习、反馈、发言的显示器	键盘输入、语音

3.3.2 任务环境的属性

人工智能中可能出现的任务环境范围非常广泛。然而可以确定少量的维度，并根据这些维度对任务环境进行分类。这些维度在很大程度上决定了恰当的智能体设计以及智能体实现的主要技术系列的适用性。首先我们列出维度，然后分析任务环境，并阐明思路。

完全可观测与部分可观测：如果智能体的传感器能让它在每个时间点都能访问环境的完

整状态，那么就说任务环境是完全可观测的。如果传感器检测到与动作选择相关的所有方面，那么任务环境就是有效的、完全可观测的，而所谓的相关又取决于性能度量标准。完全可观测的环境很容易处理，因为智能体不需要维护任何内部状态来追踪世界。由于传感器噪声大且不准确，或者由于传感器数据中缺少部分状态，因此环境可能是部分可观测。例如，只有一个局部灰尘传感器的真空吸尘器无法判断其他方格是否有灰尘，自动驾驶出租车无法感知其他司机的想法。如果智能体根本没有传感器，那么环境就是不可观测的。在这种情况下，智能体的困境可能是无解的，但智能体的目标仍然可能实现。

单智能体与多智能体：单智能体和多智能体环境之间的区别似乎足够简单。例如，独自解决纵横字谜的智能体显然处于单智能体环境中，而下国际象棋的智能体则处于二智能体环境中。然而，这里也有一些微妙的问题，例如，我们已经描述了如何将一个实体视为智能体，但没有解释哪些实体必须视为智能体。智能体 A（如出租车司机）是否必须将对象 B（另一辆车）视为智能体，还是可以仅将其视为根据物理定律运行的对象，类似于海滩上的波浪或随风飘动的树叶？

例如，国际象棋中的对手实体 B 正试图最大化其性能度量，根据国际象棋规则，这将最小化智能体 A 的性能度量。因此，国际象棋可以看作一个竞争性的多智能体环境。但是，在出租车驾驶环境中，避免碰撞可使所有智能体的性能度量最大化，因此它可以看作一个部分合作的多智能体环境，它还具有部分竞争性，如一个停车位只能停一辆车。

多智能体环境中的智能体设计问题通常与单智能体环境下的有较大差异。例如，在多智能体环境中，通信通常作为一种理性行为出现；在某些竞争环境中，随机行为是理性的，因为它避免了一些可预测的陷阱。

确定性与非确定性：如果环境的下一个状态完全由当前状态和智能体执行的动作决定，那么就说环境是确定性的，否则是非确定性的。原则上，在完全可观测的确定性环境中，智能体不需要担心非确定性。然而，如果环境是部分可观测的，那么它可能是非确定性的。

大多数真实情况非常复杂，不可能追踪所有未观测到的方面；出于实际目的，必须将其视为非确定性的。从这个意义上讲，出租车驾驶显然是非确定性的，因为人们永远无法准确地预测交通行为，如轮胎可能会意外爆胎，发动机可能会在没有警告的情况下失灵等。虽然描述的真空吸尘器世界是确定性的，但可能包括非确定性因素，如随机出现的灰尘和不可靠的吸力机制等。

注意到"随机"与"非确定性"不同。如果环境模型显式地处理概率（如"明天的降雨可能性为 25%"），那么它是随机的；如果可能性没有被量化，那么它是非确定性的（如"明天有可能下雨"）。

回合式与序贯：在回合式任务环境中，智能体的经验被划分为原子式的回合，每接收一个感知，都会执行单个动作。重要的是，下一个回合并不依赖于前几个回合采取的动作。许多分类任务是回合式的。例如，在装配流水线上检测缺陷零件的智能体，它需要根据当前零件做出每个决策，而无须考虑以前的决策，而且当前的决策并不影响下一个零件是否有缺陷。但是，在序贯环境中，当前决策可能会影响未来的所有决策。国际象棋和出租车驾驶是序贯的：在这两种情况下，短期行为可能会产生长期影响。回合式环境下的智能体不需要提前思考，所以要比序贯环境简单很多。

静态与动态：如果环境在智能体思考时发生了变化，就说该智能体的环境是动态的，否则是静态的。静态环境容易处理，因为智能体在决定某个操作时不需要一直关注世界，也不需要担心时间的流逝。但是，动态环境会不断地询问智能体想要采取什么行动，如果它还没有决定，那么就什么都不做。如果环境本身不会随着时间的推移而改变，但智能体的性能分数会改变，就说环境是半动态的。驾驶出租车显然是动态的，因为驾驶算法在计划下一步该做什么时，其他车辆和出租车本身在不断移动。在用时钟计时的情况下，国际象棋是半动态的，而填字游戏是静态的。

离散与连续：离散与连续的区别适用于环境的状态、处理时间的方式以及智能体的感知和动作。例如，国际象棋环境具有有限数量的不同状态（不包括时钟），国际象棋也有一组离散的感知和动作。驾驶出租车是一个连续状态和连续时间的问题，出租车和其他车辆的速度与位置是一系列连续的值，并随着时间平稳地变化。出租车的驾驶动作也是连续的（转向角等）。严格来说，来自数字照相机的输入是离散的，但通常被视为表示连续变化的强度和位置。

已知与未知：已知与未知的区别在于智能体（或设计者）对环境"物理定律"的认知状态。在已知环境中，所有行动的结果（如果环境是非确定性的，则对应结果的概率）都是既定的。显然，如果环境未知，智能体将不得不了解它是如何工作的，才能做出正确的决策。

最困难的情况是部分可观测的、多智能体的、非确定性的、序贯的、动态的、连续的且未知的。表3-3列出了许多熟悉环境的属性，这些属性并不是一成不变的。例如，将患者的患病过程作为智能体建模并不适合，所以我们将医疗诊断任务列为单智能体，但是医疗诊断系统还可能会应对顽固的病人和多疑的工作人员，因此环境还具有多智能体的方面。此外，如果将任务设想为根据症状列表进行诊断，那么医疗诊断是回合式的；如果任务包括提出一系列测试、评估治疗过程中的进展、处理多个患者等，那么就是序贯的。

表3-3 任务环境的示例及其特征

任务环境	可观测	智能体	确定性	回合式	静态	离散
填字游戏	完全	单	确定性	序贯	静态	离散
限时国际象棋	完全	多	确定性	序贯	半动态	离散
扑克	部分	多	非确定性	序贯	静态	离散
西洋双陆棋	完全	多	非确定性	序贯	静态	离散
驾驶出租车	部分	多	非确定性	序贯	动态	连续
医疗诊断	部分	单	非确定性	序贯	动态	连续
图片分析	完全	单	确定性	回合式	半动态	连续
零件选取机器人	部分	单	非确定性	回合式	动态	连续
提炼厂控制器	部分	单	非确定性	序贯	动态	连续
交互英语教师	部分	多	非确定性	序贯	动态	离散

3.4 智能体的结构

下面来讨论智能体内部是如何工作的。人工智能的工作是设计一个智能体程序来实现智能体函数，即从感知到动作的映射。假设该程序将运行在某种具有物理传感器和执行器的计算设备上，则称之为智能体架构。

$$智能体 = 架构 + 程序$$

显然，我们选择的程序必须适合相应的架构。如果程序打算推荐步行这样的动作，那么对应的架构最好有腿。架构可能只是一台普通 PC，也可能是一辆带有多台车载计算机、摄像头和其他传感器的机器人汽车。通常，架构使程序可以使用来自传感器的感知，然后运行程序，并将程序生成的动作反馈给执行器。

3.4.1 智能体程序

我们考虑的智能体程序都有相同的框架：它们将当前感知作为传感器的输入，并将动作返回给执行器。注意，智能体程序框架还有其他选择。例如，可以让智能体程序作为与环境异步运行的协程。每个这样的协程都有一个输入端口和一个输出端口，并由一个循环组成。该循环读取输入端口的感知，并将动作写到输出端口。

注意智能体程序（将当前感知作为输入）和智能体函数（可能依赖整个感知历史）之间的差异。因为环境中没有其他可用信息，所以智能体程序别无选择，只能将当前感知作为输入。如果智能体的动作需要依赖于整个感知序列，那么智能体必须记住历史感知。

人工智能面临的关键挑战是找出编写程序的方法，尽可能地从一个小程序而不是从一个大表中产生理性行为。有 4 种基本的智能体程序，它们体现了几乎所有智能系统的基本原理，每种智能体程序都以特定的方式组合特定的组件来产生动作。

1) 简单反射型智能体。它是最简单的智能体，根据当前感知选择动作，忽略感知历史的其余部分。

2) 基于模型的反射型智能体。处理部分可观测性的最有效的方法是让智能体追踪它现在观测不到的部分世界。也就是说，智能体应该维护某种依赖于感知历史的内部状态，从而反映当前状态的一些未观测到的方面。对于刹车问题，内部状态范围不仅限于摄像头拍摄图像的前一帧，而是要让智能体能够检测车辆边缘的两个红灯何时同时亮起或熄灭。对于其他驾驶任务，如变道，如果智能体无法同时看到其他车辆，则需要追踪它们的位置。

随着时间的推移，更新这些内部状态信息需要在智能体程序中以某种形式来编码两种知识。

首先，需要一些关于世界如何随时间变化的信息，这些信息大致可以分为两部分：智能体行为的影响和世界如何独立于智能体而发展。例如，当智能体顺时针转动方向盘时，汽车就会向右转；而下雨时，汽车的摄像头就会被淋湿。这种关于"世界如何运转"的知识（无论是在简单的布尔电路中还是在完整的科学理论中实现）被称为世界的转移模型。

其次，我们需要一些关于世界状态如何反映在智能体感知中的信息。例如，当前面的汽车开始刹车时，前向摄像头的图像中会出现一个或多个亮起的红色区域；当摄像头被淋湿时，图像中会出现水滴状物体并部分遮挡道路。这种知识称为传感器模型。

转移模型和传感器模型结合在一起，让智能体能够在传感器受限的情况下尽可能地跟踪世界的状态。使用此类模型的智能体称为基于模型的智能体。

3) 基于目标的智能体。即使了解了环境的现状也并不总是能决定做什么。例如，在一个路口，出租车可以左转、右转或直行。正确的决定取决于出租车要去哪里。换句话说，除了当前状态的描述之外，智能体还需要某种描述理想情况的目标信息，如设定特定的目的地。智能体程序可以将其与模型相结合，并选择实现目标的动作。

4）**基于效用的智能体**。在大多数环境中，仅靠目标并不足以产生高质量的行为。例如，许多动作序列都能使出租车到达目的地，但有些动作序列比其他动作序列更快、更安全、更可靠或者更便宜。这个时候，目标只是在"快乐"和"不快乐"状态之间提供了一个粗略的二元区别。更一般的性能度量应该允许根据不同世界状态的"快乐"程度来对智能体进行比较。经济学家和计算机科学家通常用**效用**这个词来代替"快乐"。

性能度量会给任何给定的环境状态序列打分，因此它可以很容易地区分到达出租车目的地所采取的更可取和更不可取的方式。智能体的效用函数本质上是性能度量的内部化。如果内部效用函数和外部性能度量一致，那么可根据外部性能度量选择动作，以使其效用最大化的智能体是理性的。

3.4.2 学习型智能体

在图灵早期的著名论文中，曾经考虑了手动编程实现智能机器的想法。他估计了这可能需要多少工作量，并得出结论。他提出的方法是构造学习型机器，然后教它们。在人工智能的许多领域，这是目前创建最先进系统的首选方法。任何类型的智能体（基于模型、基于目标、基于效用等）都可以构建（或不构建）成学习型智能体。

学习还有另一个优势：它可以让智能体能够在最初未知的环境中运作，并变得比其最初的能力更强。学习型智能体可分为4个概念组件（见图3-3），其中，"性能元素"框表示我们之前认为的整个智能体程序，"学习元素"框可以修改该程序以提升其性能。最重要的区别在于负责提升的学习元素和负责选择外部行动的性能元素。性能元素是我们之前认为的整个智能体，它接受感知并决定动作。学习元素使用来自评估者对智能

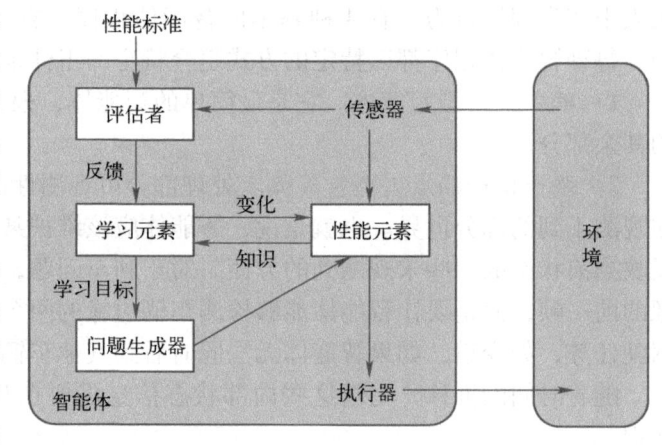

图3-3 通用学习型智能体

体表现的反馈，并以此确定应该如何修改性能元素以在未来做得更好。

学习元素的设计在很大程度上取决于性能元素的设计。当设计者试图设计一个学习某种能力的智能体时，第一个问题是"一旦智能体学会了如何做，它将使用什么样的性能元素"。给定性能元素的设计，可以构造学习机制来改进智能体的每个部分。

评估者告诉学习元素：智能体在固定性能标准方面的表现如何。评估者是必要的，因为感知本身并不会指示智能体是否成功。例如，国际象棋程序可能会收到一个感知，提示它已"将死"对手，但它需要一个性能标准来指示这是一件好事。确定性能标准很重要，从概念上讲，应该把它看作完全在智能体之外，智能体不能修改性能标准以适应自己的行为。

学习型智能体的最后一个组件是问题生成器。它负责建议动作，这些动作将获得全新和信息丰富的经验。如果性能元素完全根据自己的方式，那么它会继续选择已知的最好的动

作。但如果智能体愿意进行一些探索，并在短期内做一些可能不太理想的动作，那么从长远来看，它可能会发现更好的动作。

学习元素可以对智能体图中显示的任何"知识"组件进行更改。最简单的情况是直接从感知序列学习。观察成对接续的环境状态可以让智能体了解"我的动作做了什么"以及"世界如何演变"以响应其动作。例如，如果自动驾驶出租车在湿滑路面上行驶时进行一定程度的制动（刹车），那么它很快就会发现实际减速多少，以及它是否滑出路面。问题生成器可能会识别出模型中需要改进的某些部分，并建议进行实验，如在不同条件下的不同路面上尝试刹车。

无论外部性能标准如何，改进基于模型的智能体的组件，使其更好地符合现实总是一个好主意。从计算的角度来看，在某些情况下简单但稍微不准确的模型比完美但极其复杂的模型更好。当智能体试图学习反射组件或效用函数时，需要外部标准的信息。从某种意义上说，性能标准将传入感知的一部分，并区分为奖励或惩罚，以提供对智能体行为质量的直接反馈。

更一般地说，人类的选择可以提供有关人类偏好的信息。例如，假设出租车不知道人们通常不喜欢噪声，于是决定不停地按扬声器（喇叭）以确保行人知道它即将到来。随之而来的人类行为，如盖住耳朵、说脏话甚至可能剪断喇叭上的电线，将为智能体提供更新其效用函数的证据。

总之，智能体有各种各样的组件，这些组件可以在智能体程序中以多种方式表示，因此学习方法之间存在很大差异。然而，主题仍然是统一的：智能体中的学习可以概括为对智能体的各个组件进行修改的过程，使各组件与可用的反馈信息更接近，从而提升智能体的整体性能。

3.4.3 智能体程序组件的工作

智能体程序由各种组件组成，组件表示了智能体所处环境的各种处理方式。可以通过一个复杂性和表达能力不断增强的方式来描述，即原子表示、因子化表示和结构化表示。例如，考虑一个特定的智能体组件，处理"我的动作会导致什么"。这个组件描述了采取动作的结果可能在环境中引起的变化（见图3-4）。

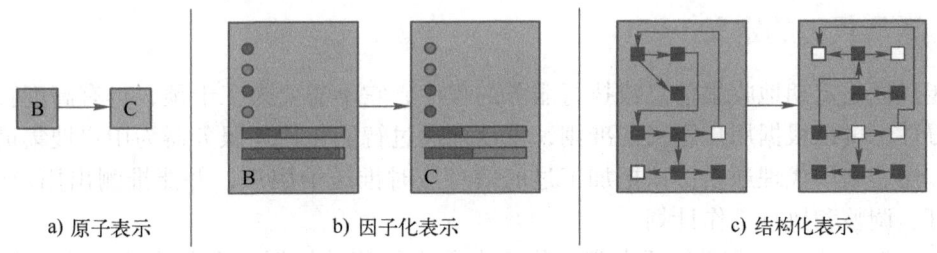

a) 原子表示　　b) 因子化表示　　c) 结构化表示

图3-4　表示状态及其转移的3种方法

图3-4a中，原子被表示为一个没有内部结构的状态（如B或C）黑盒；图3-4b中，因子化表示状态由属性值向量组成，值可以是布尔值、实值或一组固定符号中的一个；图3-4c中，结构化表示状态包括对象，每个对象都可能有自己的属性以及与其他对象的关系。

在**原子表示**中，世界的每一个状态都是不可分割的，它没有内部结构。考虑这样一个任务：通过城市序列找到一条从某个国家的一端到另一端的行车路线。为了解决这个问题，将世界状态简化为所处城市的名称就足够了，这就是单一知识原子，也是一个"黑盒"，唯一可分辨的属性是与另一个黑盒相同或不同。搜索和博弈中的标准算法、隐马尔可夫模型以及马尔可夫决策过程都基于原子表示。

因子化表示将每个状态拆分为一组固定的变量或属性，每个变量或属性都可以有一个值。考虑同一个驾驶问题，即我们需要关注的不仅仅是一个城市或另一个城市的原子位置，可能还需要关注油箱中的汽油量、当前的北斗导航坐标、油量警示灯是否工作、通行费、收音机频道等。两个不同的原子状态没有任何共同点（只是不同的黑盒），但两个不同的因子化状态却可以共享某些属性（如位于某个导航位置），而其他属性不同（如有大量汽油或没有汽油），这使得研究将一种状态转换为另一种状态变得更加容易。人工智能的许多重要领域都基于因子化表示，包括约束满足算法、命题逻辑、规划、贝叶斯网络以及各种机器学习算法。

此外，我们还需要将世界理解为存在着相互关联的事物，而不仅仅是具有值的变量。例如，我们可能注意到前面有一辆卡车正在倒车进入一个奶牛场的车道，但一头奶牛挡住了卡车的路。这时就需要一个**结构化表示**，可以明确描述诸如奶牛和卡车之类的对象及其各种不同的关系。结构化表示是关系数据库和一阶逻辑、一阶概率模型与大部分自然语言理解的基础。事实上，人类用自然语言表达的大部分内容都与对象及其关系有关。

3.5 智能代理技术

大部分的人工智能应用都是一个独立和庞大的程序系统，通常系统在前期的实验性操作取得成功之后，却无法按比例放大至所需要的规模，因为系统将变得太过庞大而使行动太慢。当然，也可以利用其他途径来扩大规模，但常常又伴随着难以理解甚至无法理解作为代价。因此，人们开发了智能代理来解决这些问题。智能代理的复杂性源于不同简单程序间的相互作用。由于程序本身很小，行动范围有限，所以系统是能够被理解的。

扫码看视频

3.5.1 智能代理的定义

智能代理是定期地收集信息或执行服务的程序，它不需要人工干预，具有高度智能性和自主学习性，可以根据用户定义的准则，主动地通过智能化代理服务器为用户搜集最感兴趣的信息，然后利用代理通信协议把加工过的信息按时推送给用户，并能推测出用户的意图，自主制订、调整和执行工作计划。

通常，广义的智能代理包括人类、物理世界中的移动机器人和信息世界中的软件机器人，而狭义的智能代理则专指信息世界中的软件机器人，它是代表用户或其他程序以主动服务的方式完成一组操作的机动计算实体（主动服务包括主动适应性和主动代理）。总之，智能代理是指收集信息或提供其他相关服务的程序，它不需要人的即时干预即可定时完成所需功能，可以看作利用传感器感知环境并使用效应器作用于环境的任何实体。

在因特网中，智能代理程序可以根据所提供的参数，按一定周期，搜索整个因特网或它的一部分，收集用户感兴趣的信息。有些代理还可以基于注册信息和用法分析在网站上将信息私人化。其他类型的代理包括定点监测，然后等网站进行更新或者寻找到其他的事情以后告知用户，分析代理不仅收集信息，还为用户整理和提供信息。智能代理把信息交给用户的方法通常称为推技术。

斯坦福大学的海尔斯·罗斯认为"智能代理持续地执行3项功能：感知环境中的动态条件，执行动作影响环境，进行推理以解释感知信息、求解问题、产生推理和决定动作"。他认为，智能代理应在动作选择过程中进行推理和规划。

3.5.2 智能代理的典型工作过程

智能代理的典型工作过程如图3-5所示。

第1步：智能代理通过感知器收集外部环境信息。

第2步：智能代理根据环境做出决策。

第3步：智能代理通过执行决策影响外部环境。

智能代理会不断重复这一过程直到目标达成，这一过程被称为"感知执行循环"。

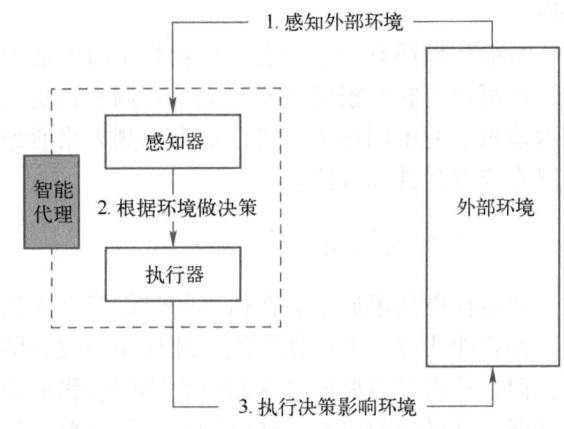

图3-5 智能代理的典型工作过程

3.5.3 智能代理的特点

智能代理是可以进行高级的、复杂的自动处理的软件。它在用户没有明确具体要求的情况下，根据用户需要，代替用户进行各种复杂的工作，如信息查询、数据筛选及管理，并能推测用户的意图，自主制订、调整和执行工作计划。智能代理可应用于广泛的领域，是信息检索领域开发智能化、个性化信息检索的重要技术之一。

一般地，智能代理的特点包括：

1）智能性。是指代理的推理和学习能力，它描述了智能代理接收用户目标指令并代表用户完成任务的能力，如理解用户用自然语言表达的对信息资源和计算资源的需求，帮助用户在一定程度上克服信息内容的语言障碍，捕捉用户的偏好和兴趣，推测用户的意图并为其代劳等。它能处理复杂的、难度高的任务，自动拒绝一些不合理或可能给用户带来危害的要求，而且具有从经验中不断学习的能力。它可以适当地进行自我调节，提高处理问题的能力。

2）代理性。主要是指智能代理的自主与协调工作能力。在功能上是用户的某种代理，它可以代替用户完成一些任务，并将结果主动反馈给用户。其表现为智能代理从事行为的自动化程度，即操作行为可以离开人或代理程序的干预，但代理在其系统中必须通过操作行为加以控制，当其他代理提出请求时，只有代理自己才能决定是接受还是拒绝这种请求。

3）移动性。是指智能代理在网络之间的迁移能力。它可以在网络上漫游到任何目标主机，并在目标主机上进行信息处理操作，最后将结果集中返回到起点，而且能随计算机用户的移动而移动。必要时，智能代理能够同其他代理和人进行交流，并且都可以从事自己的操作,以及帮助其他代理和人。

4) 主动性。能根据用户的需求和环境的变化主动向用户报告并提供服务。

5) 协作性。能通过各种通信协议和其他智能体进行信息交流,并相互协调,共同完成复杂的任务。

6) 个性化。通过个性化的渲染和设置,用户会在浏览商品的过程中逐步提高购买欲。如果将智能代理技术应用到电子商务系统中,则可以为用户提供一个不受时空限制的交易场所。

智能代理还有一个特点,那就是学习的能力。它们身处现实世界,并接收行为效果的反馈,这可以让它们根据之前的决策来调整自身行为。例如,负责行走的代理可以学习在地毯或木地板上的不同行走模式;负责预测未来股票走势的代理可以根据股价实际上涨或下跌的情况来修改其计算方法。

3.5.4 系统内的协同合作

智能代理技术通常会在适当的时候帮助人们完成迫切需要完成的任务,如 Office 助手就是一种智能代理。人们在智能代理程序中设置的一些独立模块甚至可以在不同的计算机上运行,但依然需要遵循所设计的层次协同合作原理。通过离散各个部分,智能代理的复杂度大大降低,这样的程序编写和维护都更加简单。虽然整个程序很复杂,但通过系统内的协同合作,这种复杂性是可划分的,完全可以修改某些模块而不影响任何其他模块。

例如,手机制造企业通常由好几个不同的部门组成。如研发部门设计新手机,生产部门制作手机,销售团队进行销售。营销人员需要宣传推广新手机,执行主管则要保证他们不出差错。如果企业想要获得成功,则需要各个部门的密切沟通交流。为了设计出人们乐于购买的产品,研发部门需要市场营销方面的信息;只有与生产部门沟通,研发团队才能保证其设计是可以付诸实践的;想要在销售中获利,销售团队就必须从生产部门了解产品生产成本;销售团队需要与市场部门沟通,了解用户的承受能力与期望;任何时候都会有许多不同的产品设计在同时进行,生产部门也会同时制造好几种不同型号的产品;执行主管需要决定重点推广哪一种设计以及需要制作多少种不同型号的产品。

如同手机制造企业一样,在人工智能领域中,多个智能代理在一个系统中协同作业,每个智能代理都负责自己最擅长的工作。为了执行任务,它们需要与其他做不同工作的智能代理沟通。每个智能代理都对环境进行感知,它们的环境由任务所决定。

例如,我们通过一个藏在暗处的甲虫机器人来了解智能代理系统内的协同合作。我们想为甲虫机器人配置各种强大的功能,需要考虑的问题有:装备腿还是轮子,它如何感知环境,感知后如何认识到外面既有食物也有明亮的光线,决定朝食物进发后如何操控移动,需要根据不同接触面调整行走方式吗,如何识别并躲避障碍物,等等。人工智能的研究人员曾经思考过各种问题,也在一定程度上解决了这些问题。然而,问题各不相同,对应的解决方案也是五花八门。

所有相关的智能代理独立程序彼此间需要交谈,这通常是通过传递信息来完成的。负责传感器的智能代理将告诉构图代理有光或是有食物,在决定移动方向后,构图代理计算出最佳路径,并告诉行走代理应该朝什么方向前进。一条信息就是一个数据块,既可以发送给某个特定代理,也可以群发给所有代理,数据块中仅包含必要的信息。假设一条信息发送给了不止一个代理,那么根据配置需要,只有负责的代理才会对其进行处理,其他代理将直接忽略该信息。行走代理既不关心在哪里可以找到食物,也没有能力对这一信息做出任何反应。

3.6 智能代理的典型应用

智能代理可分为4种类型:信息代理、检测和监视代理、数据挖掘代理、用户或个人代理。

3.6.1 股票/债券/期货交易

智能代理系统的一个适用场景是股票市场。代理被用于分析市场行情,生成买卖指令建议,甚至直接买入和卖出股票。某些独立代理还会监控股票市场并生成统计数据,监测异常价格变动,找寻适合买入或卖出的股票,管理用户投资组合所代表的整体风险并与用户互动。

交易智能代理(见图3-6)根据获取的新闻资讯和其他环境数据做出交易决策,并执行交易过程。这一细分领域就是量化交易研究的内容。

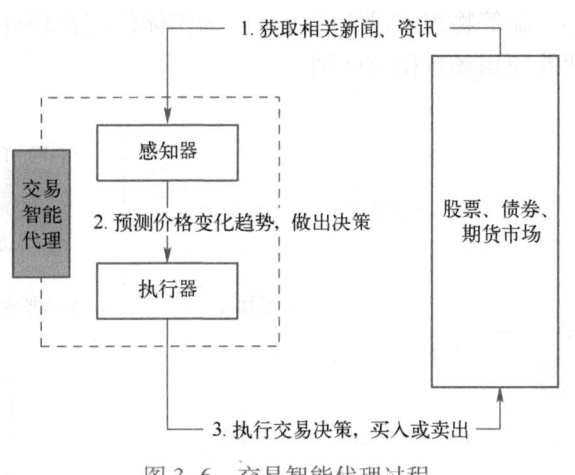

图3-6 交易智能代理过程

3.6.2 医疗诊断

医疗诊断的智能代理以病人的检查结果——血压、心率、体温等作为输入来推测病情,推测的诊断结果将告知医生,并由医生根据诊断结果给予病人恰当的治疗。这一场景中,病人和医生同时作为外部环境,只是代理的输入和输出不同(见图3-7)。

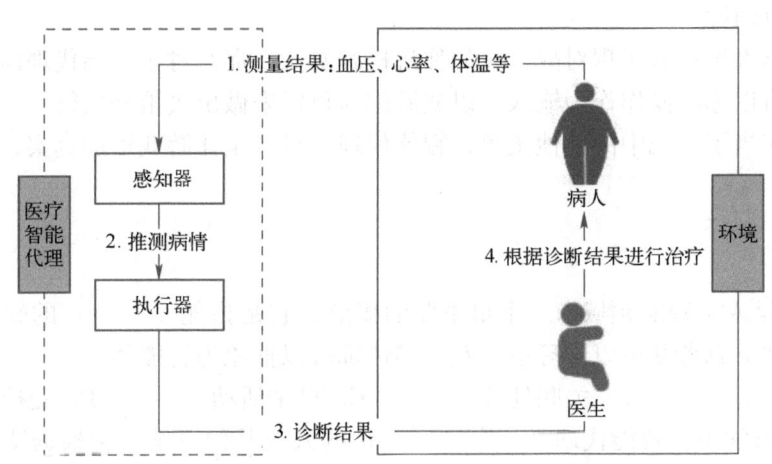

图3-7 医疗诊断过程

3.6.3 搜索引擎

搜索引擎智能代理的输入包括网页和搜索用户,它以网络爬虫抓取的网页作为输入存入数据库,在用户搜索时从数据库中检索匹配最合适的网页返回给用户(见图3-8)。

3.6.4 实体机器人

作为实体机器人的智能代理在与环境的交互过程中(见图3-9),获知环境是通过摄像头、送话器(麦克风)、触觉传感器等物理外设实现的,执行决策也是轮子、机器臂、扬声器、腿等物理外设完成的,因为实体使用物理外设与周围环境交互,所以与其他单纯的人工智能应用场景稍有区别。

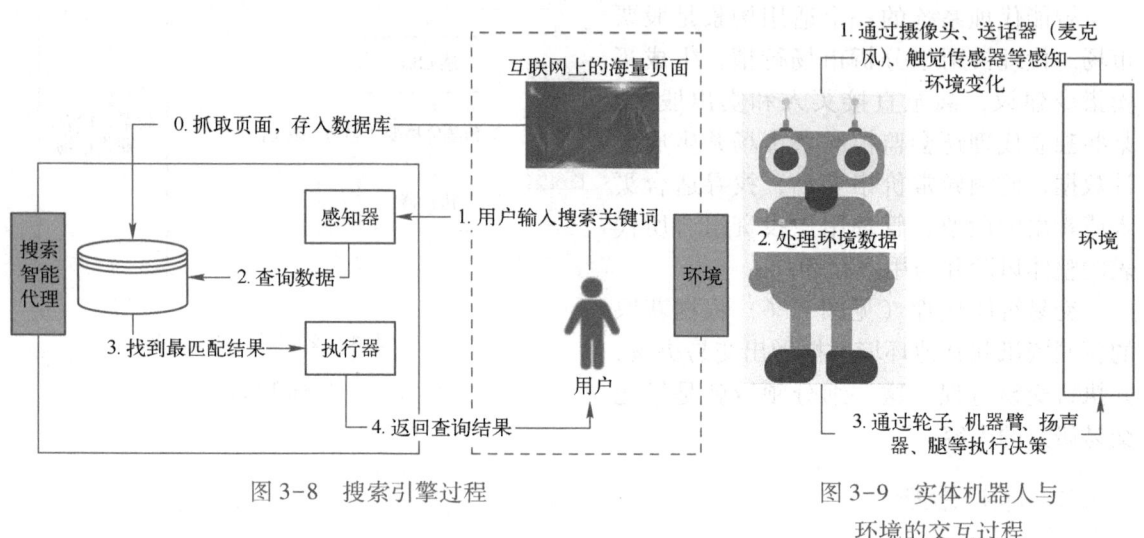

图3-8 搜索引擎过程　　图3-9 实体机器人与环境的交互过程

3.6.5 游戏代理

游戏代理有两种:

一种用于与人类玩家实现对战,比如你玩棋牌游戏,那么对于智能代理而言,你就是环境,智能代理将以你的操作作为输入,以战胜你为目标来做出决策并执行。

另一种则充当了游戏中的其他角色,智能代理的目的是让游戏更加真实,更富可玩性。

【作业】

1. 智能体是人工智能领域中一个很重要的概念,它是指能(　　)的软件或者硬件实体,任何能够独立思考并可以同环境交互的实体都可以抽象为智能体。
　　A. 独立计算　　　　B. 关联处理　　　　C. 自主活动　　　　D. 受控移动
2. 在社会科学中,智能代理是一个(　　)的人或其他系统,它根据感知世界得到的信息做出举动来影响这个世界。
　　A. 理性且自主　　　B. 感性且自主　　　C. 理性且集中　　　D. 感性且集中

3. 任何通过（　　）感知环境并通过（　　）作用于该环境的事物都可以被视为智能体。
   A. 执行器　传感器　　　　　　　　　B. 传感器　执行器
   C. 分析器　控制器　　　　　　　　　D. 控制器　分析器
4. 使用术语（　　）来表示智能体的传感器知觉的内容。一般而言，一个智能体在任何给定时刻的动作选择，都可能取决于其内置知识和迄今为止观察到的整个信息序列。
   A. 感知　　　　B. 视线　　　　C. 关联　　　　D. 体验
5. 在内部，人工智能体的（　　）将由（　　）实现，区别这两种观点很重要，前者是一种抽象的数学描述，而后者是一个具体的实现，可以在某些物理系统中运行。
   A. 执行器　服务器　　　　　　　　　B. 服务器　执行器
   C. 智能体程序　智能体函数　　　　　D. 智能体函数　智能体程序
6. 事实上，机器没有自己的欲望和偏好，在最初，（　　）是在机器设计者的头脑中或者是在机器受众的头脑中。
   A. 感知条件　　B. 视觉效果　　C. 性能度量　　D. 体验感受
7. 对智能体来说，任何时候，理性取决于对智能体定义成功标准的性能度量以及（　　）等4个方面。
   ① 在物质方面的积累　　　　　　　② 对环境的先验知识
   ③ 可以执行的动作　　　　　　　　④ 到目前为止的感知序列
   A. ①②③　　　B. ②③④　　　C. ①②④　　　D. ①③④
8. 在设计智能体时，第一步始终是尽可能完整地指定任务环境，它（PEAS）包括传感器以及（　　）。
   ① 性能　　　　② 环境　　　　③ 函数　　　　④ 执行器
   A. ①②④　　　B. ①③④　　　C. ①②③　　　D. ②③④
9. 如果智能体的传感器能让它在每个时间点都能访问环境的完整状态，那么就说任务环境是（　　）的。
   A. 有限可观测　B. 非可观测　　C. 有效可观测　D. 完全可观测
10. 在（　　）环境中，通信通常作为一种理性行为出现：在某些竞争环境中，随机行为是理性的，因为它避免了一些可预测性的陷阱。
    A. 单智能体　　B. 多智能体　　C. 复合智能体　D. 离线智能体
11. 如果环境的下一个状态完全由当前状态和智能体执行的动作决定，那么就说环境是（　　）。
    A. 静态的　　　B. 动态的　　　C. 确定性的　　D. 非确定性的
12. 通常，大部分人工智能应用都是一个（　　）的程序系统，在前期实验性操作成功的基础上，无法按比例放大至可用规模。
    A. 独立和细小　B. 关联和具体　C. 关联和庞大　D. 独立和庞大
13. 有4种基本的智能体程序，它们体现了几乎所有智能系统的基本原理，每种智能体程序都以特定的方式组合特定的组件来产生动作。其中，简单反射型是最简单的智能体，其他基本形式还有（　　）。
    ① 基于动态理论型　　　　　　　　② 基于目标型

③ 基于模型反射型   ④ 基于效用型
A. ②③④   B. ①②③   C. ①②④   D. ①③④

14. 斯坦福大学的海耶斯·罗斯认为：智能代理持续地执行（　　）3项功能。
① 感知环境中的动态条件
② 执行动作影响环境
③ 进行推理以解释感知信息，求解问题，产生推理和决定动作
④ 感知环境中的静态参数
A. ①②④   B. ①③④   C. ②③④   D. ①②③

15. 智能代理是一套辅助人和充当他们代表的软件，一般具有（　　）等多个特点。
① 代理性   ② 临时性   ③ 智能性   ④ 移动性
A. ①②④   B. ①③④   C. ①②③   D. ②③④

16. 人们在智能代理程序中设置的一些（　　）甚至可以在不同的计算机上运行，但依然遵循所设计的层次协同合作原理。
A. 串联信号   B. 关联数据   C. 独立模块   D. 随机函数

17. 通过离散各个部分，智能代理的（　　）大大降低，使程序编写和维护更加简单。通过系统内的协同合作，完全可以修改某些模块而不影响任何其他模块。
A. 复杂度   B. 关联度   C. 独立性   D. 随机性

18. 在人工智能领域中，多个（　　）在一个系统中协同作业，各自负责自己最擅长的工作。为了执行任务，它们需要与其他做不同工作的个体沟通。各自都对环境进行感知，其环境由任务所决定。
A. 复杂组件   B. 关联程序   C. 机器人组   D. 智能代理

19. 所有相关的智能代理独立程序彼此间需要交流，这通常是通过（　　）来完成的。
A. 随机组合   B. 传递信息   C. 直接控制   D. 系统中断

20. 智能代理系统的适用场景有很多，包括（　　）。
① 有限元计算   ② 实体机器人   ③ 游戏代理   ④ 股票、期货交易
A. ①③④   B. ①②④   C. ①②③   D. ②③④

第4章 知识表示及其方法

【导读案例】智能体将重构人机交互

未来，AI智能体将重构人机交互模式，具身智能会成为颠覆制造业的下一个浪潮，智算中心将连点成面，人工智能算力网络统筹加速部署，"模型即服务"成为AI产业生态构建的核心。

如今，人工智能已成为推动数字经济创新发展的主要驱动力，率先在数字内容与媒体、金融信息服务、数字化零售、智慧医疗和智能制造等领域释放产业价值。专家预测，接下来，人工智能行业将有十大趋势。

第一，中国人工智能产业将在未来的10～15年取得长足发展，多项产业要素将全球领先。随着数字经济产业的高速发展，中国人工智能产业与实体经济正加速融合，预计到2035年，我国人工智能产业将完成从示范应用探索期向规模应用成熟期的转化。

第二，"数字中点"将在生成式AI加持下提前10年到来。"数字中点"是指数字化率达到50%的时间节点。预计到2035年，企业数字化率将突破85%，这将进一步促生全新的工作方式，提高企业的商业效能，全面构建数字经济时代下人类的生产生活方式，经济效益将进一步释放。

第三，大模型将借助多模态技术实现全面感知。2023年，人工智能产业界的高频词莫过于大模型。截至2023年12月，我国已发布10亿级参数规模以上的大模型多达234个，大模型的参数量和参数规模均呈现指数级增长。未来，随着多模态的数据处理和多模态感知的融合等技术的不断发展，大模型也将从现在的文本、图片、音频和视频等单模型向多模型不断转变与融合，大模型将借助多模态技术实现全面感知。

第四，AI智能体将重构人机交互模式。AI智能体在任务解决、服务创作及智能客服等场景中得到初步应用，但随着接口对齐、复杂任务规划、工作记忆等技术的发展，AI智能体应用场景将不断拓展，人机交互方式将从传统的图形界面转向更自然的人机交互，届时AI智能体将重构人机交互方式。

第五，具身智能将成为颠覆制造业的下一个浪潮。所谓"具身"，是指具有支持感觉和运动的物理身体，而"具身智能"则是指有身体并支持物理交互的智能体，如家用服务机器人、无人车等。具身智能与物理世界的硬件、实体融合，集成传感、机器视觉、机器人操作、智能控制、无线通信、物联网等多学科交叉技术，具备感知外界环境、自主决策和行动等能力。随着大模型在语义理解、视觉感知及逻辑推理等方面的迭代与成熟，具身智能将在感知、推理、泛化能力上进一步突破，届时具身智能将推动制造业在生产效能、质量控制和成本节约等方面实现跨越式提升。

第六，智算中心将连点成面，人工智能算力网络统筹加速部署。建设大规模智算中心已成为人工智能赋能产业及高质量发展的关键技术要素，未来将会把现已布设在各区域的智算中心有机连接起来，构建新型算力网络，实现人工智能跨区域间的感知、分配、调度，并提高高性能算力，支撑人工智能产业发展，带动区域经济进一步高质量发展。

第七，行业应用将加速 AI 原生转型，场景赋能持续创新。当前各行业不能满足依托于云计算平台进行单一的部署和运维，而是要在设计之初积极融入人工智能的核心逻辑。邹德宝预测，随着人工智能技术在各行业的广泛应用及试错，以及企业与云服务商在生成式 AI 平台、开发工具等方面的紧密合作，未来越来越多的企业将完成由云原生向 AI 原生的升级转型。

第八，AI 人才将从"算法型"向"复合应用型"跃升。人才是贯穿人工智能产业迭代、产品创新、场景应用全周期的核心要素之一。未来，随着人工智能技术的不断迭代和发展，人工智能场景的耦合度不断加深，人工智能人才也将从单一的算法型转向复合应用型。能主动用 AI 大模型赋能业务的跨领域人才、能开拓应用场景的 AI 算法人才和懂 AI 大模型的管理决策型人才等复合应用型人才将成为人工智能领域的主要人才需求。

第九，AI 治理将打造更可信、可控的产业应用。大模型是颠覆型技术，引发了人们对人工智能的风险忧虑。随着生成式人工智能服务管理暂行办法的颁布，国家也在持续加强人工智能安全治理能力的建设，未来将加快推动基于语料数据黑名单、"代码规制代码"的算法监管技术和伦理治理等路线的 AI 治理，驱动打造更可信、可控、可解释的 AI 应用。

第十，MaaS（模型即服务）将成为 AI 产业生态构建的核心。MaaS 通过大模型技术开发预训练模型，并提供标准化的 API（应用程序编程接口），实现算法便携化。MaaS 生态随着大模型的发展逐渐成型，上游企业通过提供预训练模型，以此作为人工智能技术的底座，下游行业则基于此开发个性化、符合自身行业生产及应用的应用模型，从而使得人工智能从"手工作坊"转变为"制式工厂"形态，因此 MaaS 将会成为构建人工智能产业生态的核心驱动力。

知识是信息接收者通过对信息的提炼和推理而获得的正确结论，是人对自然世界、人类社会以及思维方式和运动规律的认识与掌握，是人的大脑通过思维重新组合和系统化的信息集合。知识与知识表示是人工智能中的一项重要的基本技术，它决定着人工智能如何进行知识学习。

4.1 什么是知识表示

在信息时代，有许多可以处理和存储大量信息的计算机系统。信息包括数据和事实。数据、事实、信息和知识之间存在着层次关系。最简单的信息片是数据，从数据中，我们可以建立事实，进而获得信息。人们将知识定义为"处理信息以实现智能决策"，这个时代的挑战就是将信息转换成知识，使之可以用于智能决策。

4.1.1 知识的概念

从便于表示和运用的角度出发，可将知识分为 4 种类型。

1) 对象（事实）：物理对象和物理概念，反映某一对象或某一类对象的属性，例如，桌子结构=高度、宽度、深度。

2) 事件和事件序列（关于过程的知识）：时间元素和因果关系。不光有当前状态和行为的描述，还有对其发展的变化及其相关条件、因果关系等描述的知识。

3）执行（办事、操作等行为）：不仅包括如何完成（步骤）事情的信息，也包括主导执行的逻辑或算法的信息，如下棋、证明定理、医疗诊断等。

4）元知识：即知识的知识，包括关于各种事实的知识，可靠性和相对重要性的知识，关于如何表示知识和运用知识的知识。例如，如果你在考试前一天晚上死记硬背，那么关于这个主题的知识，你的记忆大概率不会持续太久。以规则形式表示的元知识称为元规则，用来指导规则的选用。运用元知识进行的推理称为元推理。

这里的知识含义和我们一般认识的知识含义有所区别，它是指以某种结构化方式表示的概念、事件和过程。因此，并不是日常生活中的所有知识都能够得以体现的，只有限定了范围和结构，经过编码改造的知识才能成为人工智能知识表示中的知识。

数据、事实、信息和知识的分层关系如图 4-1 所示。数据可以是没有附加任何意义或单位的数字。事实是具有单位的数字。信息则将事实转化为意义。最终，知识是高阶的信息表示和处理，方便做出复杂的决策和理解。

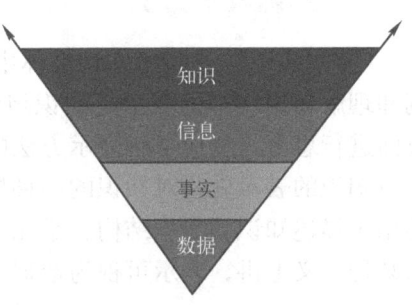

图 4-1 数据、事实、信息和知识的分层关系

表 4-1 中的 3 个示例显示了数据、事实、信息和知识如何在日常生活中协同工作。

表 4-1 知识层次结构的示例

举 例	数 据	事 实	信 息	知 识
游泳条件	21	21℃	如果室外的温度是 21℃	如果温度超过了 21℃，那么你可以去游泳
兵役	18	18 岁	合格年龄是 18 岁	如果年龄大于或等于 18 岁，那么你就有资格服兵役
找到教授的办公室	232 室	张小明教授在综合楼 232 室	综合楼位于校园西南侧	从西大门进入校园，朝东走时，综合楼是你右手边的第二座建筑物。从建筑物的正门进入，张小明教授的办公室在二楼，在你右手边的后面一间

示例 1：你尝试确定条件是否适合在户外游泳。所拥有的数据是整数 21。在数据中添加一个单位时，你就拥有了事实：温度是 21℃。为了将这一事实转化为信息，需赋予事实意义：外部温度是 21℃。应用条件到这条信息中，你就得到了知识：如果温度超过 21℃，就可以去游泳。

示例 2：你想解释谁有资格服兵役。数据：整数 18；事实：18 岁；信息：18 岁是资格年龄；知识：如果你的年龄大于或等于 18 岁，那么就有资格服兵役。根据对条件真实性的测试，做出决定（或动作）就是我们所知的规则（或 if-then 规则）。

可以将示例 2 声明为规则：如果征募依旧在进行中，你年满 18 岁或大于 18 岁且没有任何严重的慢性疾病，就有资格服兵役。

示例 3：你想去校园拜访张小明教授。你只知道他是数学教授。大学网站可能提供了原始数据：232 室，即张小明教授在综合楼 232 室。你了解到综合楼坐落在校园的西南侧。最终，你了解到很多信息，获得了知识：从西大门进入校园；假设你向东走，则综合楼是第二座建筑。进入主入口后，张小明教授的办公室在二楼、你的右手边。很明显，仅凭数据"232 室"不足以找到教授的办公室。知道办公室在综合楼的 232 室，这也没有太大帮助。如果校园中有许多建筑物，或者你不确定从校园的哪一边（东、南、西或北）进入，那么从提供的信息中也不足以找到综合楼。但是，如果信息能够得到仔细处理（设计），那么创建一个有逻辑、可理解的解决方案，就可以很轻松地找到教授的办公室。

4.1.2 知识表示方法

"知识表示"是指把知识客体中的知识因子与知识关联起来，便于人们识别和理解知识。知识表示是知识组织的前提和基础。下面从内涵和外延方法方面进行思考，从而了解表示方法的选择、产生式系统、面向对象等概念。

知识的表示就是对知识的一种描述，或者说是对知识的一组约定，一种计算机可以接受的用于描述知识的数据结构，是能够完成对专家的知识进行计算机处理的一系列技术手段。从某种意义上讲，表示可视为数据结构及其处理机制的综合：

$$表示 = 数据结构 + 处理机制$$

知识表示包含两层含义：

1）用给定的知识结构，按一定的原则、组织表示知识。
2）解释所表示知识的含义。

对于人类而言，一个好的知识表示应该具有以下特征：

1）它应该是透明的，即容易理解。
2）无论是通过语言、视觉、触觉、声音或者这些的组合，都会对我们的感官产生影响。
3）从所表示的世界的真实情况方面考查，它讲述的故事应该让人容易理解。

良好的表示可以充分利用机器庞大的存储器和极快的处理速度，即充分利用其计算能力（具有每秒执行数十亿计算的能力）。知识表示的选择与问题的解理所当然地绑定在一起，以至于可以通过一种表示使问题的约束和挑战变得显而易见（并且得到理解），但是如果使用另一种表示方法，这些约束和挑战就会隐藏起来，使问题变得复杂而难以求解。

一般来说，对于同一种知识可以采用不同的表示方法。反过来，一种知识表示模式可以表达多种不同的知识。但在解决某一问题时，不同的表示方法可能产生不同的效果。人工智能中的知识表示方法注重知识的运用，可以粗略地将其分为叙述式表示法和过程式表示法两大类。

1. 叙述式表示法

把知识表示为一个静态的事实集合，并附有处理它们的一些通用程序，即叙述式表示描述事实性知识，给出客观事物所涉及的对象是什么。对于叙述式的知识表示，它的表示与知识运用（推理）是分开处理的。

叙述式表示法易于表示"做什么"，其优点是：

1）形式简单，采用数据结构表示知识，清晰明确，易于理解，增加了知识的可读性。
2）模块性好，减少了知识间的联系，便于知识的获取、修改和扩充。
3）可独立使用，并可用于不同目的。

其缺点是不能直接执行，需要其他程序解释它的含义，因此执行速度较慢。

2. 过程式表示法

将知识用使用它的过程来表示,即过程式表示描述规则和控制结构知识,给出一些客观规律,告诉"怎么做",一般可用一段计算机程序来描述。

例如,矩阵求逆程序,其中表示了矩阵的逆和求解方法的知识。这种知识是隐含在程序之中的,机器无法从程序的编码中抽出这些知识。

过程式表示法一般表示"如何做"的知识。其优点有:

1)可以被计算机直接执行,处理速度快。
2)便于表达如何处理问题的知识,易于表达怎样高效处理问题的启发性知识。

其缺点是:不易表达大量的知识,且表示的知识难于修改和理解。

3. 知识表示的过程

知识表示的过程如图 4-2 所示。其中的"知识Ⅰ"是指隐性知识或者使用其他表示方法表示的显性知识;"知识Ⅱ"是指使用该种知识表示方法表示后的显性知识。"知识Ⅰ"与"知识Ⅱ"的深层结构一致,只是表示形式不同。所以,知识表示的过程就是把隐性知识转化为显性知识的过程,或者是把知识由一种表示形式转化为另一种表示形式的过程。

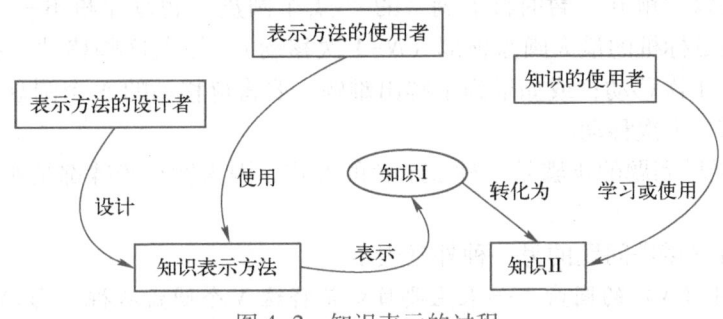

图 4-2 知识表示的过程

知识表示系统通常由两种元素组成:数据结构(包含树、列表和堆栈等结构)和为了使用知识而需要的解释性程序(如搜索、排序和组合)。换句话说,系统中必须有便利的用于存储知识的结构,有用以快速访问和处理知识的方式,这样才能进行计算,从而得到问题的解、决策和动作。

4.1.3 表示方法的选择

下面来看汉诺塔问题的博弈树(见图 4-3)。这里涉及 3 个圆盘。问题的目标是将所有 3 个圆盘从桩 A 转移到桩 C。这个问题有两个约束:①一次只能移动一个圆盘;②大圆盘不能放在小圆盘上面。

在计算机科学中,这个问题通常用于说明递归。我们将从多个角度,特别是知识表示的角度,来考虑这个问题的解。首先,考虑对于转移 3 个圆盘到桩 C 这个特定问题的实际解。

获取解需要 7 个动作,具体如下:

1)将圆盘 1 移动到 C。

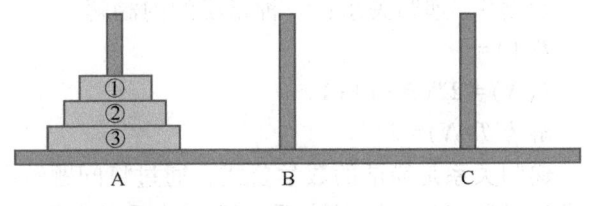

图 4-3 汉诺塔问题

2）将圆盘 2 移动到 B。
3）将圆盘 1 移动到 B。
4）将圆盘 3 移动到 C。
5）将圆盘 1 移动到 A（解开）。
6）将圆盘 2 移动到 C。
7）将圆盘 1 移动到 C。

这个解也是步数最少的解。也就是说，从起始状态到达目标状态，这种方法的移动次数最少。解决这个难题所需的移动次数具体取决于所涉及的圆盘数量。

如果要移动 65 个圆盘来构造类似的塔，则要移动 $2^{64}-1$ 次，即使移动 1 个圆盘只需要 1 s，也需要 $2^{64}-1$ 秒，即超过了 6418270000 年。

我们可以用语言表达算法来解决任何数量的圆盘问题，然后根据所涉及的数学知识来检查解是否正确。

示例1 概述求解汉诺塔问题的步骤。

首先，隔离出原始桩中的最大圆盘。这允许最大的圆盘自行移动到目标桩（一步移动）。接下来，可以"解开"暂时桩上剩余的 $N-1$ 个圆盘（也就是桩 B——这要求 $N-1$ 次移动），并移动到目标桩的最大圆盘顶部（$N-1$ 次移动）。加上这些移动，我们可以得知总共需要 $2\times(N-1)+1$ 次移动；或如果为了解出难题，要将待移动的 N 个圆盘从起始桩移动到目标桩，这需要 2^N-1 次移动。

概述求解汉诺塔问题的步骤是一种表示解的方式，因为所有步骤都是明确给出的，所以步骤是外延表示。

示例2 求解汉诺塔问题的另一种外延表示。

对于任何数目（N）的圆盘，如果主要目标是将这 N 个圆盘从桩 A 移动到桩 C，那么可能需要完成下列步骤：

1）将 $N-1$ 个圆盘移动到中间桩（B），这需要 $2^{(N-1)}-1$ 次移动 [例如，对于 3 个圆盘，需要移动两个圆盘（$2^2-1=3$ 次）到桩 B]。
2）将最大的圆盘从桩 A 移动到桩 C（目标）。
3）将 $N-1$ 个圆盘从桩 B 移动到桩 C（目标，这需要移动 3 次）。

总之，移动 3 个圆盘，需要 7 步；移动 4 个圆盘，需要 16 步；移动 5 个圆盘，需要 31 步（15+15+1）；移动 6 个圆盘，需要 63 步（31+31+1）；等等。

示例3 内涵解：对解的更紧凑（内涵）的描述。

为了解决 N 个圆盘的汉诺塔问题，需要 2^N-1 次移动，包括 $2\times 2^{(N-1)}-1$（将 $N-1$ 个圆盘移动到桩 B 或移出桩 B）+1 次移动（将待移动的大圆盘移动到桩 C）。

示例4 递归关系：一种紧凑的内涵解。

$T(1)=1$

$T(N)=2T(N-1)+1$

解为 $T(N)=2^{N-1}$。

递归关系是简洁的数学公式，通过将问题解中的某个步骤与前面几个步骤联系起来表示所发生过程（递归）的本质。递归关系通常用于分析递归算法（如快速排序、归并排序和选择排序）的运行时间。

示例 5　伪代码：为了描述汉诺塔问题，可以使用下面的伪代码（其中 n 是圆盘数）。
Start 是开始桩
Int 是中间桩
Dest 是目标桩或目的桩
TOH（n, Start, Int, Dest）
　　IF n=1, then 将圆盘从 Start 移动到 Dest
　　　Else TOH（n-1, Start, Dest, Int）
　　　　　TOH（1, Start, Int, Dest）
　　　　　TOH（n-1, Int, Start, Dest）

求解汉诺塔问题说明了一些不同形式的知识表示，所有这些知识表示都涉及递归或者说是公式或模式的重复，但是用了不同的参数。确定最好的解取决于谁是学习者以及其喜欢学习的程度。每一种内涵表示也是问题简化的一个示例。看起来庞大或复杂的问题被分解成相对较小、可管理的问题，并且这些问题的解是可执行、可理解的。

4.2　图形草图

图片可以非常经济、精确地表示知识，一幅相关的图片或图形可以相对简洁地传达故事或消息。图形草图是一种非正式的绘图，或者说是对场景、过程、心情或系统的概括。

考虑图 4-4 所示的图形，它试图说明"计算生态学"问题。你不必是计算机专家，就可以理解在网络上工作时计算机可能会遇到问题的各种情况。这时，计算机遇到问题的范围不是很相关（太多的细节）。我们知道在网络上工作的计算机会有问题这就足够了。因此，图片已经达到了目的，所以对需要传达的信息而言，这是一个令人满意的知识表示方案。

人类大脑处理信息的能力有其局限性，受到有限的人类记忆能力和计算能力的约束。对于具有足够复杂度的问题（AI 类型的问题），其解决方案受限于人类执行解和理解解所必需的计算量和内存量。复杂问题

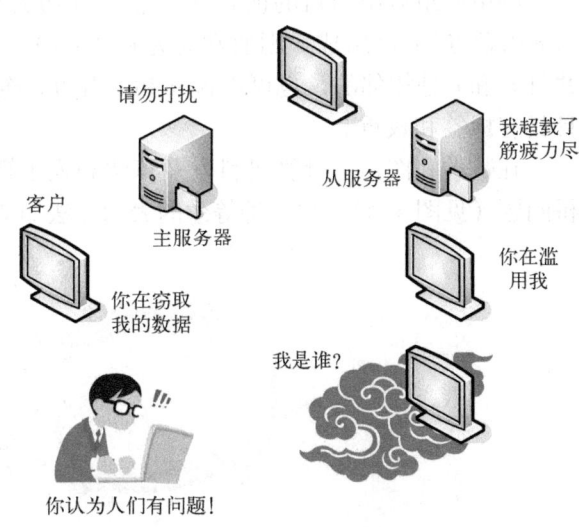

图 4-4　计算生态学的问题

的解也应该是 100% 正确的，它们的粒度（指人类计算能力的约束）应该是可控的。

当然，人类并不能在大脑中保持完整、数以百万计的棋局。一个只有 4 枚棋子的国际象棋残局，如国王和车对抗国王和骑士（KRKN），棋局就超过 300 万种。然而，在模式识别的帮助下，通过对称、问题约束和一些领域专用知识，问题得到了简化，人类就可以理解这样的数据库。

据估计，在足够复杂的领域，如计算机科学、数学、医学、国际象棋、小提琴演奏等领域，人类需要大约 10 年的学徒生涯才能真正掌握这些领域。人们也估计，国际象棋大师在

他们的大脑中存储了大约 5 万种模式。事实上，模式（规则）数量与人类领域专家在上述的任何一个领域所积累的特定领域的事实数量大致相同。

表 4-2 中的例子解释了人类访问所存储的比较信息、执行计算以及在一生中可能积累的知识等方面的极限。例如，人们每秒可以发送 30 比特的信息，而普通的计算机每秒可以发送数万亿比特的信息。

表 4-2　人类大脑信息处理的一些参数

活　动	速率和大小
沿任何输入或输出通道传输的信息速率	30 比特每秒
50 岁以前明确存储的最大信息量	10^{10} 比特
在脑力劳动中，大脑每秒辨别的数目	18 个
在短期记忆中，可以保持的地址数目	7 个
在长期记忆中，访问可寻址"块"的时间	2 秒（s）
一个"块"中的连续元素从长期记忆到短期记忆的转换速率	3 个元素每秒

4.3　图和哥尼斯堡桥问题

图由一组有限数目的顶点（节点）和边集合组成，每条边都由不同的点对组成。如果边 e 由顶点 $\{u,v\}$ 组成，则通常写为 $e=(u,v)$，表示 u 连接到了 v（也可以认为 v 连接到 u），并且 u 和 v 是相邻的，也可以说 u 和 v 由边 e 连接。图可以是有向的，也可以是无向的，并且具有标签和权重。

在数学和图论、计算机科学及算法和人工智能领域，一个著名的图的问题就是哥尼斯堡桥问题（见图 4-5）。另一种等效的表示方法如图 4-5 右边的图所示，即把问题描述为数学图。

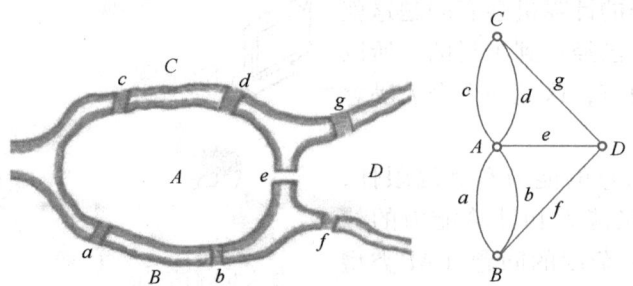

图 4-5　欧拉简化后的哥尼斯堡 7 桥图

这个问题是能不能找到一条简单的路径，从与连接桥梁的陆地区域 A、B、C 或 D 的任何节点（点）开始，跨过 7 座桥一次且仅一次，然后回到起始点。瑞士著名的数学家莱昂哈德·欧拉，即"图论之父"，解决了这个问题，他的结论是，由于每个节点的度（进出节点的边数目）必须是偶数，因此这条路径不存在。

一些人很容易理解，也更喜欢图 4-5 左边的地图，另一些人则更喜欢相对正式的、使用数学表示的图。但是，在推导这个问题的解时，大多数人都认为右边的抽象图有助于更好地理解所谓的欧拉性质。总之，图是知识表示的重要工具，是表示状态、替代路径和可度量路径的自然方式。

4.4 搜索树（决策树）

对于需要执行分析方法，诸如深度优先搜索和广度优先搜索（穷尽的方法）以及启发式搜索（如最佳优先搜索和 A * 算法），这样的问题使用搜索树表示最合适。在知识表示中，所使用的另一种类型的搜索树是决策树。

决策树是一种特殊类型的搜索树（见图 4-6），可以从根节点开始，在一些可供选择的节点中选择，找到问题的解。逻辑上，决策树将问题空间拆分成单独路径，在搜索解的过程中或在搜索问题答案的过程中，可以独立地追踪这些单独路径。

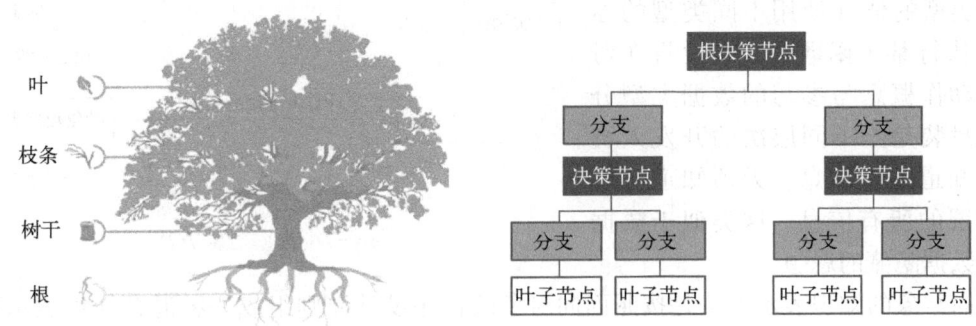

图 4-6　决策树

4.5 产生式系统

本质上人工智能与决策相关。之所以将人工智能方法和问题与普通的计算机科学问题分开，是因为人工智能通常需要做出智能决定来解决问题。对于做出明智决定的计算机系统或个人而言，他们需要一种好的方式来评估要求做出决策的环境（即问题或条件）。产生式系统通常可以使用如下一个形式规则集来表示：

IF［条件］THEN［动作］

这个控制系统表现为规则解释器、定序器和数据库。数据库作为上下文缓冲区，允许记录触发规则的条件，并在这个条件下触发规则。产生式系统通常也称为条件-动作、前件-后件、模式-动作或情境-响应对。以下是一些产生式规则：

- if［在驾驶时，你看到具有 STOP 标志的校车］，then［迅速靠右边停车］。
- if［如果出局者少于 2 个，跑垒员在第一垒］，then［触击球 // 棒球比赛 //］。
- if［这已经过了凌晨 2:00，并且你必须开车］，then［确保你喝咖啡提神了］。
- if［膝盖疼痛，并且在服用了一些止痛药后，这些疼痛没有消失］，then［请务必联系医生］。

一种更复杂的典型格式的规则例子如下。

- if［室外超出了 21℃，并且如果你有短裤和网球拍］，then［建议你打网球］。

产生式系统的条件-结果形式是一种比较简单的表示知识的方法。if 后面部分描述了规则的先决条件,而 then 后面部分描述了规则的结论。规则表示方法主要用于描述知识和陈述各种过程知识之间的控制及其相互作用的机制。

4.6 面向对象

面向对象是一种编程范式（见图4-7），它可以直观、自然地反映人类经验，它基于继承、多态性和封装的概念。

继承是类之间的关系,子类可以继承一个或多个通用超类的数据和方法。多态具有一个特征,即变量可以取不同类型的值（使用不同类型的参数）来执行某个函数。多态性将在对象上的动作概念与参与的数据类型分开了。封装是指不同层次的开发人员只需要知道某些信息,无须知道从底层到顶层的所有信息。这类似于数据抽象和数据隐藏的思想。

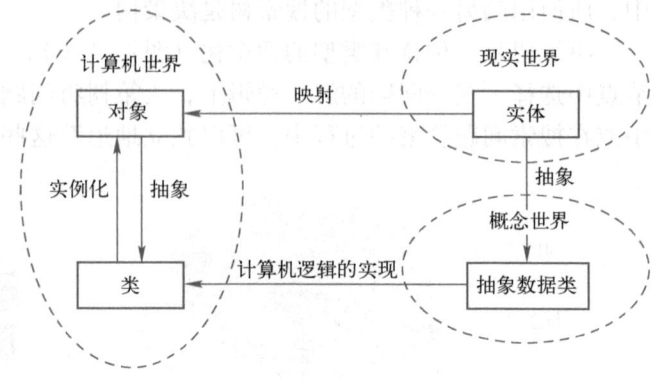

图4-7 面向对象方法

面向对象的知识表示方法是按照面向对象的程序设计原则组成一种混合知识表示形式,就是以对象为中心,把对象的属性、动态行为、领域知识和处理方法等有关知识封装在表达对象的结构中。在这种方法中,知识的基本单位就是对象,每一个对象都由一组属性、关系和方法的集合组成。一个对象的属性集和关系集的值描述了该对象所具有的知识。与该对象相关的方法集,操作属性集和关系集上的值,表示该对象作用于知识上的知识处理方法,其中包括知识的获取方法、推理方法、消息传递方法以及更新方法。

类描述了其对象集合的共有数据和行为,对象是类的实例。例如,一个典型的大学程序具有一个名为学生的类,这个类包含与成绩单、学费账单和家庭住址相关的数据。从这个类中创建的对象可能是李小明,这个学生这学期上了两门数学课,他还欠了1320元的学费,住在团结路。除了这个类,人们也可以将对象组织成超类和子类。超类和子类的组织方式自然地体现了人类对世界层次化的思考,同时也使得对层次的操作和改变非常自然。

可见,即使在知识表示、支持人工智能（框架、脚本和语义网络）工作的方案中,也可以清晰地看到有关这种面向对象的思想的内容。面向对象编程语言的普及,如 Java、C++、Python,表明面向对象是表示知识的有效和有用的方式,特别当构建复杂信息结构以利用公共属性时更是如此。

4.7 框架法

框架法也是一种知识表示形式,是把某一特殊事件或对象的所有知识储存在一起的一种复杂的数据结构。其主体是固定的,表示某个固定的概念、对象或事件,其下层由一些槽组成,表示主体每个方面的属性。框架是一种层次的数据结构,框架下层的槽可以看作一种子框架,子框架本身还可以进一步分层次为侧面。槽和侧面具有的属性值分别称为槽值和侧面值。槽值可以是逻辑型或数字型的，具体的值可以是程序、条件、默认值或一个子框架。相互关联的框架连接起来组成框架系统，或称框架网络。

框架法有利于将信息组织到系统中，这样可以利用现实世界的特征很轻松地将系统构建起来。框架法旨在提供直接方式来表达关于世界的信息，它有利于描述典型情境，因此人们用框架来表达期望、目标和规划，使得人类和机器可以更好地理解所发生的事情。

例如，用框架表示某个地震事件："[虚拟新华社 3 月 15 日电] 昨日，在云南玉溪地区发生地震，造成财产损失约 10 万元，统计部门如果需要详细的损失数字可电询 62332931。另据专家认为震级不会超过 4 级，并认为此次地震活动地处无人区，不会造成人员伤亡。"报纸上使用"空槽填补"方法来表示事件（框架的基本部分），很快就可以生成事件的报告。

还有一些示例可以是儿童的生日聚会、车祸、参观医生的办公室或给汽车加油。这是普通的事件，只不过在细节上会有所变化。

例如，孩子的生日聚会总是涉及某个年龄的孩子，这个聚会在特定的地点和时间举行。为了规划聚会，可以创建一个框架，其中包括儿童姓名、年龄、日期、聚会地点、聚会时间、聚会人数和所使用的道具。

图 4-8 所示为如何构造这样的框架，并带有空槽，各自的类型以及如何在空槽处填上数值。

插槽	插槽类型
孩子姓名	字符串
年龄（现）	整型
出生日期	日期
聚会地点	地址
聚会时间	时间
聚会人数	整型
道具	在气球、标志、灯光和音乐中选择

框架名	插槽	插槽值
大卫	Is-A	儿童
	生日	11/10/16
	位置	水晶宫
	年龄	8
托尼	Is-A	儿童
	生日	11/30/16
吉尔	生日	11/10/16
	位置	水晶宫
保罗	生日	11/10/15
	年龄	9
	位置	水晶宫
儿童	年龄	<15

图 4-8　儿童生日聚会的框架

人工智能搜索的任务是构建相对应的上下文，并在适当的问题环境中触发它们。框架有一些吸引人的地方，因为它具有以下特征。

1）程序提供了默认值，当信息可用时，程序员重写了默认值。
2）框架适合于查询系统。一旦找到合适的框架，搜索信息填入空槽就变得十分简单。

4.8 语义网络

语义网络是知识表示中最重要的通用形式之一，是一种表达能力强而且灵活的知识表示方法。它是通过概念及其语义关系来表达知识的一种网络图。从图论的观点看，它是一个"带标识的有向图"。语义网络利用节点和带标记的边构成的有向图来描述事件、概念、状况、动作及客体之间的关系。带标记的有向图能十分自然地描述客体之间的关系。

4.8.1 语义网络表示

用节点（圆或框）表示对象、概念、事件或情形，用带箭头的线表示节点之间的关系，帮助讲述故事。作为知识表示的一种形式，语义网络对计算机程序员和研究人员大有用途，但是缺少集合成员关系和精度这两个元素。在其他形式的知识表示（如逻辑）中，这两个元素是直接可用的。图 4-9 所示为这样的一个例子。我们看到，玛丽拥有托比，托比是一只狗。狗是宠物的子集，所以狗可以是宠物。我们在这里看到了多重继承，玛丽拥有托比，并且玛丽拥有一只宠物，在这个宠物集中，托比恰好是其中的一个成员。托比是被称为狗的对象类中的一个成员。玛丽的狗碰巧是一只宠物，但是并不是所有的狗都是宠物。

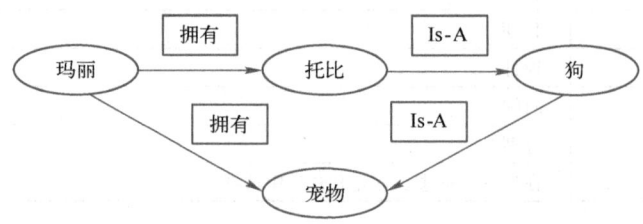

图 4-9 多重继承的语义网络表示

在知识表示领域里，Is-A 指的是类的父子继承关系，如类 D 是另一个类 B 的子类（类 B 是类 D 的父类）。尽管在真实世界中，Is-A 并不总是表示真实的内容，但是语义网络中经常使用 Is-A 关系。有时候，这可能代表集合成员，其他时候，这可能意味着平等。例如，企鹅是一种（Is-A）鸟，我们知道鸟可以飞，但是企鹅不会飞。这是因为，虽然大多数鸟类（超类）可以飞行，但并不是所有的鸟都可以飞（子类）。虽然语义网络是表示世界的直观方式，但是这不代表它们必须考虑关于真实世界的许多细节。

图 4-10 详细说明了表示一所大学的一个更复杂的语义网络。该学院由学生、各个学院、行政管理部门和图书馆组成。大学可能拥有一些学院，其中有一个学院是计算机科学学院。学院包括教师和工作人员。学生上课，做记录，组建俱乐部。学生必须完成作业，从教师处获得评分；教师布置作业，并给出评分。通过课程、课程代码和分数，学生和教师被联系在一起。

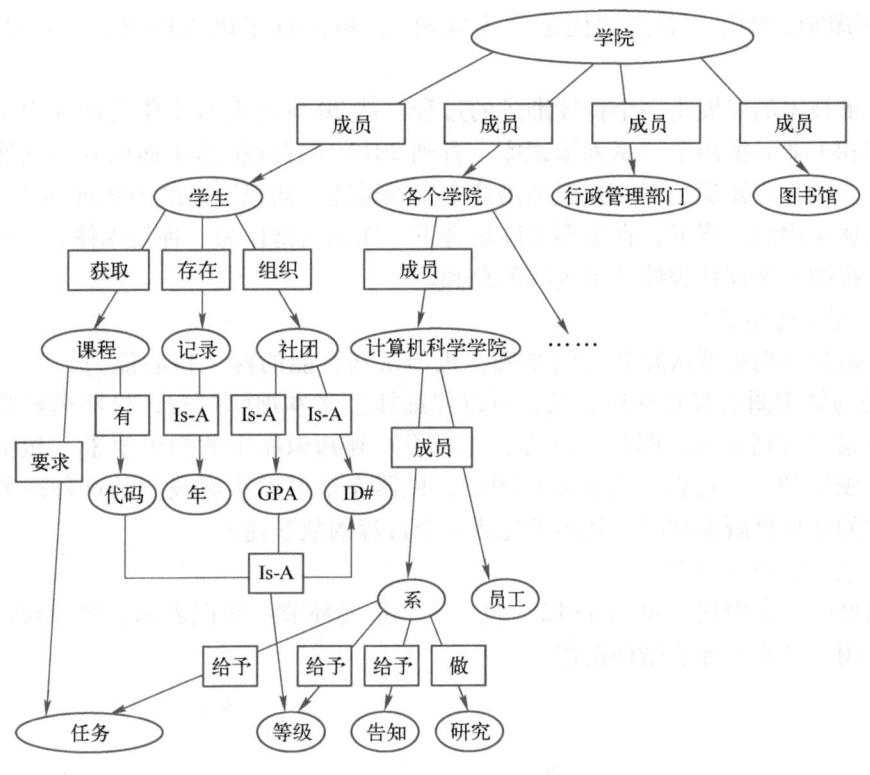

图 4-10　大学的语义网络表示

4.8.2　知识图谱

知识图谱本质上就是一种大规模语义网络。理解知识图谱的概念，有两个关键词。

首先是语义网络，表达了各种各样的实体、概念及其之间的各类语义关联（见图 4-11）。比如"C 罗"是一个实体，"金球奖"也是一个实体，它们之间有一个语义关系是"获得奖项"。"运动员""足球运动员"都是概念，后者是前者的子类。

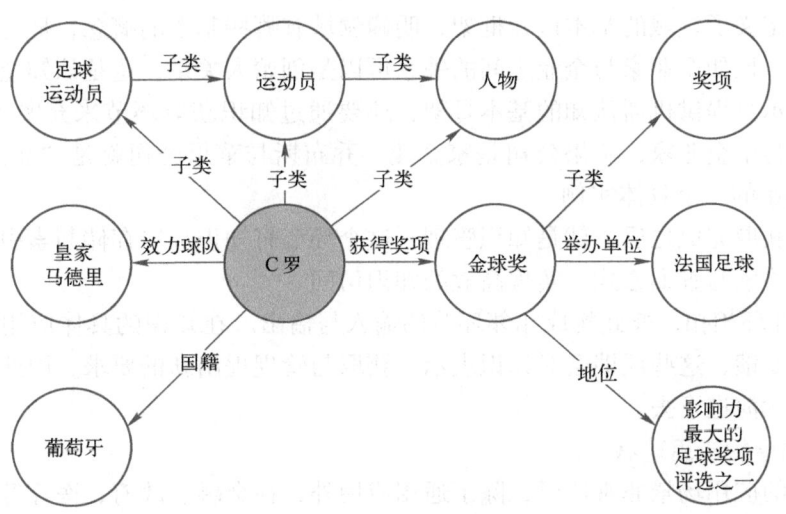

图 4-11　知识图谱示例

理解知识图谱的第二个关键词是"大规模"。相比较于语义网络，知识图谱的规模更大。

知识图谱技术的发展是一个持续渐进的过程。从20世纪七八十年代的知识工程兴盛开始，学术界和工业界推出了一系列知识库，直到2012年谷歌推出了面向互联网搜索的大规模的知识库，被称为知识图谱。知识图谱技术发展迅速，知识图谱的内涵远远超越了其作为语义网络的狭义内涵。当下，在更多实际场合下，知识图谱作为一种技术体系，指代大数据时代知识工程的一系列代表性技术进展的总和。

1. 知识图谱的重要性

知识图谱是实现机器认知智能的基础。机器认知智能的两个核心能力，即"理解"和"解释"，均与知识图谱有着密切关系。可以仔细体会文本理解过程，机器理解数据的本质是建立从数据（包括文本、图片、语音、视频等）到知识库中的知识要素（包括实体、概念和关系）映射的一个过程。有了知识图谱，机器完全可以重现我们的这种理解与解释过程。有一定的计算机研究基础，就不难完成这个过程的数学建模。

2. 知识图谱的生命周期

知识图谱的生命周期（见图4-12）包含4个重要环节：知识表示、知识获取、知识管理与知识应用。这4个环节循环迭代。

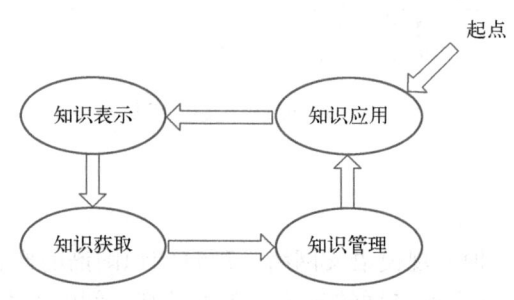

图4-12 知识图谱的生命周期

知识应用明确应用场景，明确知识的应用方式。

知识表示定义了领域的基本认知框架，明确领域有哪些基本的概念，概念之间有哪些基本的语义关联。比如企业家与企业之间的关系可以是创始人关系，这是认知企业领域的基本知识。知识表示只提供机器认知的基本骨架，还要通过知识获取环节来充实大量知识实例。又比如乔布斯是个企业家，苹果公司是家企业，乔布斯与苹果公司就是"企业家-创始人-企业"这个关系的一个具体实例。

知识实例获取完成之后，就是知识管理。这个环节将知识加以存储与索引，并为上层应用提供高效的检索与查询方式，实现高效的知识访问。

4个环节环环相扣，彼此构成相邻环节的输入与输出。在知识的具体应用过程中，会不断得到用户的反馈，这些反馈会对知识表示、获取与管理提出新的要求，因此整个生命周期会不断迭代持续演进下去。

3. 知识图谱的应用现状

知识图谱的应用场景非常广泛，除了通用应用外，在金融、政府、医疗等领域也有特殊的应用（见图4-13）。

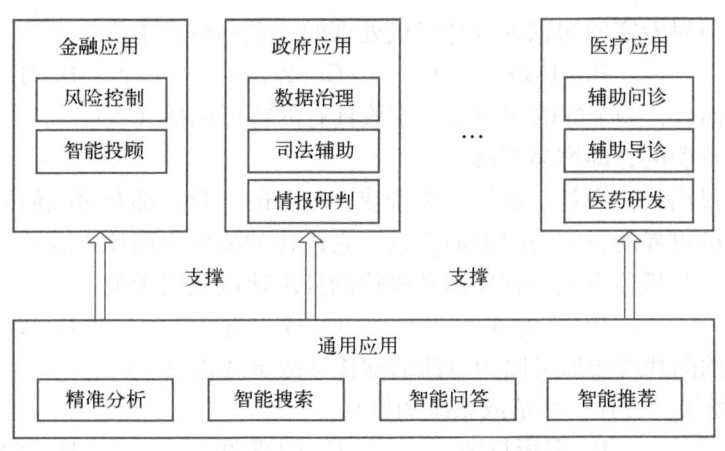

图 4-13 知识图谱的应用

通用领域的应用主要包括精准分析、智能搜索、智能问答、智能推荐等。

【作业】

1. 知识是信息（　　）通过对信息的提炼和推理而获得的正确结论，是人对自然世界、人类社会以及思维方式与运动规律的认识与掌握，是人类大脑通过思维重新组合和系统化的信息集合。

　A. 数据库　　　　　B. 聚合商　　　　　C. 生产者　　　　　D. 接收者

2. 知识与知识表示是人工智能中的一项重要的基本技术，它决定着人工智能如何进行（　　）。

　A. 知识学习　　　　B. 知识存储　　　　C. 知识产生　　　　D. 知识爆炸

3. 在信息时代，有许多可以处理和存储大量信息的计算机系统。信息包括数据和事实。数据、事实、信息和知识之间存在着（　　）关系。

　A. 因果　　　　　　B. 重叠　　　　　　C. 层次　　　　　　D. 网状

4. 下列关于知识的叙述中，正确的是（　　）。

① 知识是信息接收者通过对信息的提炼和推理而获得的正确结论
② 知识是铭刻在书本上不朽的真理
③ 知识是人对自然世界、人类社会以及思维方式与运动规律的认识与掌握
④ 知识是人的大脑通过思维重新组合和系统化的信息集合

　A. ①②④　　　　　B. ①③④　　　　　C. ①②③　　　　　D. ②③④

5. 在人工智能中，从便于表示和运用的角度出发，将知识分为（　　）。

① 对象　　　　　② 执行　　　　　③ 元知识　　　　　④ 事件和事件序列

　A. ①②③④　　　B. ①②③　　　　　C. ②③④　　　　　D. ①②④

6. 以下关于"知识表示"的叙述中合适的是（　　）。

① 是指把知识客体中的知识因子与知识关联起来，便于人们识别和理解知识
② 是对知识的一种描述，或者说是一种计算机可以接受的用于描述知识的数据结构
③ 在知识组织的基础上产生知识表示方法

④ 是能够完成对专家的知识进行计算机处理的一系列技术手段
   A. ①③④　　　　B. ①②④　　　　C. ②③④　　　　D. ①②③

7. 对于人类而言，一个好的知识表示应该具有的特征包括（　　）。
① 它应该是透明的，即容易理解
② 无论是通过语言、视觉、触觉、声音或者这些的组合，都会对我们的感官产生影响
③ 从所表示的世界的真实情况方面考查，它讲述的故事应该让人容易理解
④ 良好的表示与机器庞大的存储器和极快的处理速度其实无关
   A. ①③④　　　　B. ①②④　　　　C. ①②③　　　　D. ②③④

8. 一幅相关的图片或图形可以相对简洁地传达故事或消息。（　　）是一种非正式的绘图，或者说是对场景、过程、心情或系统的概括。
   A. 螺旋图　　　　B. 图形草图　　　C. 圆饼图　　　　D. 场景图

9. （　　）是知识表示的重要工具，因为它是表示状态、替代路径和可度量路径的自然方式。
   A. 数组　　　　　B. 表　　　　　　C. 图　　　　　　D. 线段

10. 如果需要应用如最佳优先搜索算法这样的分析方法，那么使用（　　）表示最合适。
   A. 搜索树　　　　B. 计算器　　　　C. 矩阵　　　　　D. 图形

11. 本质上，人工智能与决策相关。如果需要一种好的方式来评估要求做出决策的环境，（　　）通常使用"if［条件］then［动作］"形式规则集来表示。
   A. 搜索树　　　　B. 产生式系统　　C. 图形　　　　　D. 框架法

12. （　　）是一种基于继承、多态性和封装概念的编程范式，这种范式可以直观、自然地反映人类经验。
   A. 产生式系统　　B. 框架法　　　　C. 面向对象　　　D. 图形

13. （　　）的知识表示方法是一种以对象为中心，把对象的属性、动态行为、领域知识和处理方法等有关知识封装在表达对象的结构中的混合知识表示形式。
   A. 产生式系统　　B. 图形　　　　　C. 搜索树　　　　D. 面向对象

14. （　　）知识表示方法把某一特殊事件或对象的所有知识储存在一种复杂的数据结构中。
   A. 框架法　　　　B. 产生式系统　　C. 搜索树　　　　D. 面向对象

15. （　　）是知识表示中最重要的通用形式之一，它是通过概念及其语义关系来表达知识的一种网络图。
   A. 框架法　　　　B. 语义网络　　　C. 搜索树　　　　D. 面向对象

16. 语义网络利用（　　）构成的有向图描述事件、概念、状况、动作及客体之间的关系。带标记的有向图能十分自然地描述客体之间的关系。
① 节点　　　　　　② 顶点　　　　　　③ 无标记边　　　　④ 带标记边
   A. ③④　　　　　B. ①②　　　　　C. ①④　　　　　D. ②③

17. 作为知识表示的一种形式，语义网络对计算机程序员和研究人员大有用途，但是缺少（　　）这两个元素。在其他形式的知识表示中，它们是直接可用的。
① 规模　　　　　　② 精度　　　　　　③ 准确性　　　　　④ 集合成员关系

A. ③④　　　　　B. ①②　　　　　C. ①③　　　　　D. ②④

18. 理解知识图谱的概念，有两个关键词，即（　　）。
① 语义网络　　② 大规模　　③ 高精度　　④ 广泛性
A. ①②　　　　　B. ①③　　　　　C. ②④　　　　　D. ③④

19. 知识图谱是实现机器认知智能的基础。机器认知智能的两个核心能力，即（　　），均与知识图谱有着密切关系。
① 扩展　　　　② 理解　　　　③ 解释　　　　④ 反馈
A. ①④　　　　　B. ②③　　　　　C. ①③　　　　　D. ②④

20. 知识图谱系统的生命周期包含 4 个重要环节，即知识表示和（　　）。这 4 个环节循环迭代。
① 知识获取　　② 知识计算　　③ 知识管理　　④ 知识应用
A. ②③④　　　　B. ①②③　　　　C. ①③④　　　　D. ①②④

第5章 规则与专家系统

【导读案例】 人工智能时代的工作路径

谷歌母公司 Alphabet 的董事会成员马蒂·查韦斯分享了他对人工智能发展的观点,并对工作者和企业如何适应生成型 AI 时代提出了建议。

查韦斯在 2023 年的 CNBC 工作峰会上表示:"我们已经进入了国际象棋棋盘的后半部分。"他引用了在棋盘上放置谷粒并在每个后续方格上将数量加倍的概念,以形象地描述 AI 的指数级增长。"计算机变得越来越快,越来越多的数据被标记。我所看到的每件事,大约每 3 个月就会翻一番,因此现在是从事计算机科学的最佳时期。"

查韦斯认为,这一科学将重构整个行业。哈佛大学教授亚瑟·布鲁克斯也表示,生成型 AI 不会简单地取代工作,而是将工作拆解并以新的形式重新组合。在这波自动化浪潮中,白领是最容易受到 AI 威胁的,并且至少会以目前在早期办公中看到的方式被重新塑造。

查韦斯认为,专业服务公司可能会问:"我如何在 AI 面前保卫业务?"但这是一个错误的问题,他们应该问自己如何将大量任务自动化,并重新构思提供这些服务的含义。他对工作者的职业建议也类似。

查韦斯分享了 3 种应对 AI 的职业策略,并适用于年轻人:

1)告诉计算机该做什么。"成为计算机科学家或工程师。这很有趣。"

2)与告诉计算机该做什么的人合作,并使用计算机和工具来提高自己的工作效率。"我在华尔街看到很多人采用这种策略,"查韦斯说,"他们帮助自动化交易,这样就可以去做更高层次的事情,这些人拥有非常棒的职业生涯。"

3)唯一他不建议任何人采用的是,以保障工作的名义阻碍进步,并混淆或阻碍那些寻求自动化工作流程的人。"我目睹过它的失败。不要与计算机竞争。"

查韦斯的建议对公司也是类似的:"董事会和公司领导层需要审视他们所有的业务,从头到尾查看所有不同的工作流程,如果你的业务中有一个工作流程具有以下特征:它是例行的,重复的……它以各种不同的数据作为输入,如 PDF、Excel 和非结构化的网页和语音,它的输出是定制的,可能是高度定制的……。如果有一个符合这些标准的工作流程,那么现在就应该利用市场上的人工智能工具对其进行研究,并考虑是否能让员工发挥更大的作用。"

专家系统可以被看作一类具有专门知识和经验的计算机智能程序系统,它是早期人工智能的一个重要分支,实现了人工智能从理论研究走向实际应用、从一般推理策略探讨转向运用专门知识的重大突破。专家系统一般采用人工智能中的知识表示和知识推理技术,根据系统中的知识与经验进行推理和判断,从而模拟通常由人类领域专家才能解决的复杂问题决策过程。

5.1 专家的技能与特点

事实上，大多数人只有在自己的专业领域才是专家。因此，虽然国际象棋大师通过数十年的实践和研究，积累和建立起来约50000种规则的模式，但他们不是创建生活中其他事物的启发法、规则、方法的大师，对于数学博士、医生或律师来说也是如此。每个人都是处理自己领域信息的专家，但是这些技能不能确保他们能够处理一般信息或其他专业领域的特定、专门的知识。人们在掌握任何特定领域知识之前，都需要长期学习。

5.1.1 在自己的领域里作为专家

人类专家有多种方式来应对知识爆炸。首先，结构化知识库，这样可以让求解者在相对狭窄的语境中进行操作。其次，明确提出个人所应具有的知识，这些知识是关于专有领域知识的最好的利用方法，也就是所谓的元知识。因为知识表示的统一性，人们可以将问题求解者的全部能力都应用在元知识上，这种应用方式与人们将其应用于基础知识的方式完全相同，所以知识表示的统一性给人们带来了很大的回报。最后，人们试图利用似乎存在的冗余性。这种冗余性对人类求解问题和人们的认知至关重要。虽然我们也可以用其他几种方法实现这一点，但是这些方法的利用大部分都会受到限制。通常情况下，人们可以明确一些条件，虽然这些条件没有一个能够唯一地确定解决方案，但是同时满足这些条件却可以得到唯一的方案。

下面来看在一个庞大的立体停车场中寻找汽车的例子。

有了位置（中央列、外列、列尾等）、车的特征（其颜色、形状、风格等）以及将车停在停车场的哪个区域（接近建筑、出口、柱子、墙等）这些知识，可以帮助人们快速地找到汽车。人们会使用3种截然不同的方法。

1）使用信息（如收据上的号码、票据以及停车场里提供的信息）。使用这种方法时，人们并没有使用任何智能。就像可以借助汽车的导航系统到达目的地一样，不需要对要去的地方有任何地理上的理解。

2）使用所提供的票据上的信息，以及有关汽车及其位置的某些模式的组合。例如，票据上显示车停在7B区，同时你也记得这距离目前的位置不是很远、车是亮黄色的，并且车型比较大。因为没有很多大型的黄车，所以这使得你的汽车很快从其他的汽车中脱颖而出（见图5-1）。

图5-1 模式和信息可以帮助我们识别事物

3）人类不依赖于任何具体的信息，而是完全依赖于记忆和模式这种脆弱的方法。

上述这3种方法说明了人类在处理信息方面的优势。人类具有内置的随机访问和关联的机制。为了到第3层提车，我们不需要线性地从第1层探索到第3层，而机器人则必须很明确地被告知跳过3层以下的楼层。记忆允许我们利用车辆本身的特征（约束），如车是黄色的、大型的、旧的、周围的车并不是很多。模式与信息的结合可以帮助我们减少搜索（类似于上面提到的约束和元知识）。因此，我们知道车在某一层（票据上是这样说的），但是也记得自己是如何停放汽车的（很紧密地停放或是很随意地停放），汽车周围可能有什么车，所选择停车点有什么其他显著的特征。

5.1.2 技能获取的5个阶段

伯克利的两位哲学家兄弟胡伯特·德雷福斯和斯图尔特·德雷福斯提出了这样一条评判想法：在机器上，人们很难解释或发展人类的"专有技术"。虽然我们知道如何骑自行车、如何开车，以及知道许多其他基本的事情（如走路、说话等），但是在解释如何实现这些动作时，我们的表现可能会大打折扣。德雷福斯兄弟将"知道什么事"与"知道如何做"区分开来。"知道什么事"指的是事实知识，如遵循一套说明或步骤，但是这不等同于"知道如何做"。获得"专有技术"后，就变成了隐藏在潜意识中的东西。我们需要通过实践来弥补记忆的不足。

这里所讨论的专有技术基于"从新手到专家的过程中有5个技能获取阶段"这个前提，即新手、熟手、胜任、精通、专家。

阶段1：新手只遵循规则，对任务领域没有连贯的了解。规则没有上下文，无须理解，只需要具备遵循规则的能力来完成任务即可。例如，在驾驶时遵循一系列步骤到达某个地方。

阶段2：熟手开始从经验中学到更多的知识，并能够使用上下文线索。例如，当学习用咖啡机制作咖啡时，我们遵循说明书的规则，但是也可用嗅觉来告诉自己咖啡制作好了。换句话说，在任务环境中，可以通过所感知到的线索来学习。

阶段3：胜任的技能执行者不仅需要遵循规则，也需要对任务环境有一个明确的了解。他能够通过借鉴规则的层次结构做出决定，并且认识到模式（称为"一小部分因素"或"这些元素系列"）。胜任执行者可能是面向目标的，并且可能根据条件改变自己的行为。例如，胜任的驾驶员知道如何根据天气条件改变驾驶方式，包括速度、齿轮、挡风玻璃刮水器、镜子等。此时，执行者会发展出凭直觉感知的知识或专有技术。这个层次的执行者依然是基于分析将要素结合起来，基于经验做出最好的决定。

阶段4：精通的问题求解者不仅能够认识到情况是什么及合适的选择是什么，还能够深思熟虑，找到最佳方式，实施解决方案。例如，医生知道患者的症状意味着什么，并且能够仔细考虑可能的治疗选项。

阶段5：专家基于成熟的以及对实践的理解，一般都会知道该怎么做。应对环境时，专家非常超然，没有看到问题就去努力解决这些问题，他也不焦灼于在未来去精心制订计划。"我们在走路、谈话、开车或进行大多数社交活动时，通常不做出深思熟虑的决定。"专家与他们所工作的环境或舞台融为一体。驾驶员不仅是在驾驶汽车，也在"驾驶自己"；飞行员不仅是开飞机，也是在"飞行"；国际象棋大师不仅是下棋者，还是一个"机会、威胁、优势、弱点、希望和恐惧世界中"的参与者。当事情正常进行时，专家不解决问题，不做决定，而是正常地进行工作。精通或专家级别的人，以一种无法解释的方式，基于先前具体的经验做出判断,也就是说,专家没有通过有意识的分析和重组而做出行动。

德雷福斯兄弟认为,在许多方面,如视觉、解释判断,包括人脑整体工作的方式,机器都比人脑差。没有这些能力,机器将永远比不上人类(大脑和思想)。虽然机器可能是优秀的符号操作器(逻辑机器或推理引擎),但是它们缺乏对整体识别及在一些类似图片之间进行区分的能力,而人类拥有这些能力。例如,在面部识别方面,机器无法捕获所有特征,而人类将会捕获到所有特征,无论这些特征是明确的还是隐藏的。

5.1.3 专家的特点

专家具有一定的特点和技术,这使得他们能够在其问题领域表现出非常高的解决问题的水平。一个关键的杰出特征就是,他们能出色地完成工作。为此,他们要能够完成如下工作:

- 解决问题——这是根本的能力。没有这种能力,专家就不能称为专家。专家能够解释其决策过程。
- 解释结果——专家必须能够以顾问的身份提供服务并解释其理由。因此,他们必须对任务领域有深刻的理解。专家了解基本原则,理解这些原则与现有问题的关系,并能够将这些原则应用到新的问题上。
- 学习——人类专家不断学习,从而提高自己的能力。在人工智能领域,人们希望机器能得到这些专有技能,学习也许是人类专有技能中最困难的一种技能。
- 重构知识——人们可以改进自己的知识来适应新的问题环境,这是人的一个独特特征。在这个意义上,专家级的人类问题求解者非常灵活并具有适应性。
- 打破规则——在某些情况下,例外才是规则。真正的人类专家知道其学科中的异常情况。例如,当药剂师为病人写处方时,他知道什么样的药剂或药物不能与先前的处方药物发生很好的相互作用(即"配伍禁忌")。
- 了解自己的局限——人类专家知道他们能做什么、不能做什么。他们不接受超出其能力的任务或远离其标准区域的任务。
- 平稳降级——在面对困难的问题时,人类专家不会崩溃,也就是说,他们不会"出现故障"。

5.2 规则与策略

最初尝试创建人工智能的研究人员曾经认为,人们所需要的不过是足够的规则而已。从一开始人们就十分清楚,创造与人类完全相似的思维需要编写大量的规则,甚至多过计算机能够处理的极限,于是开始向这一目标不断迈进。

扫码看视频

5.2.1 制胜策略

一般认为只有人类才能进行像下象棋这样的游戏,所以这就成为人工智能研究者首先要着手解决的问题。

计算机在编程后能够进行的第一批游戏都是具备制胜策略的。比如,在游戏"21点"中,第一个玩家首先说"1",随后第二个玩家的数字需要比前一个数大1、2或3,两位玩家交替报数。但玩家所报的数字不能大于 21，若有玩家说出"21"，则对方获胜。举例如下：

小芳：1

小明：3

小芳：6

小明：9

小芳：11

小明：14

小芳：17

小明：19

小芳：20

小明：21

小芳获胜。

从上例中可以看出，"21 点"游戏的制胜策略就是确保自己成为喊出"20"的玩家，因为只有这样，对手才不得不喊出"21"并输掉比赛。这个游戏对计算机编程来说十分简单，这种情况下，计算机程序和人类的推理过程完全一致。但这样的程序既无趣，也没有展现出智能所在。

如果不存在制胜策略，那么计算机会寻找能够实现的最优方案。我们必须假设对手会做出对其最有利的选择，当然，也希望将最优选择掌握在自己手中。所以，在考虑接下来的每一步行动时，会将获胜概率最低的数字抛弃，在考虑对手的行动时，会更加关注那些会导致我们失败的选择，这就是**极大极小化策略**——在自己回合中争取利益最大化，在对手回合中则考虑利益最小化。

对于更复杂的游戏来说，玩家需要考虑的可能性和玩法的数目都会庞大得多。据说，每一场国际象棋棋局（见图 5-2）的可能棋盘走位数目用指数形式表示是 10^{45}。面对这样巨大的数字，即使是深蓝这样的计算机，每秒能够预估 2 亿个走位，也就是需要 2×10^{24} 年才能够决定第一步棋。

图 5-2 国际象棋棋局

所有耗时更短的程序都只考虑有限数字的棋子移动，再对棋盘分布做战略评估。一盘棋局的任何一个时刻平均都有 30 个落子方式，因此，只看每个选手走两步棋就涉及 81 万个棋盘位置，走 3 步棋则是 7.29 亿个位置，但这仍然是可行的。然而，只预估后续 3 步棋的选手是不可能下好象棋的。如果采集了足够多的棋盘信息，计算机程序就能提前预测何种方式可以取得成功，看起来优势不大的序列则会被早早丢弃。人们认为，大幅修剪获胜无望的序列能够帮助计算机深入评估哪些是更具优势的选择，然而事实上，对特定移动进行全面精准的评估比评估所有移动还要耗时。

优秀的人类选手在走每一步棋时会考虑 40 个左右的棋盘位置，他们根据经验就可以判断哪些选择是值得思索的。对于一个水平欠佳的选手来说，评估棋子移动并制定战略是象棋中最困难的部分。不能像优秀的棋手一样判断哪些移动是有利的,可能随时都会忽略超过一半的可选方案(大部分还是正确方案),这对计算机程序而言也是困难所在。

5.2.2 知识工程

知识工程(见图5-3)产生于社会科学与自然科学的相互交叉及科学技术与工程技术的相互渗透,它研究如何将计算机和通信技术结合而组成新的教育、控制系统,研究的中心是"智能软件服务",即编制程序、提供软件服务。

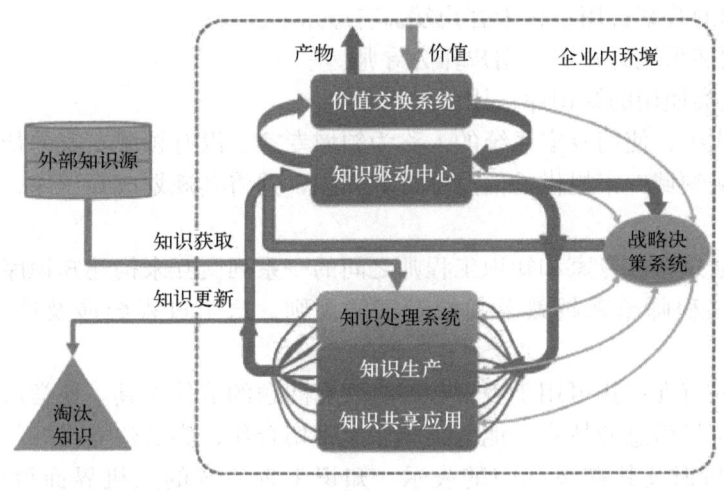

图 5-3　知识工程系统

知识工程的产生说明人类所专有的文化、科学、知识、思想等同现代机器的关系空前密切。这不仅促进了计算机产品的更新换代,更重要的是,它必将对社会生产力新的飞跃、社会生活新的变化发生深远的影响。

建立成功的知识工程系统的关键是使用以下方法:

1)生成和测试。人们尝试、测试和采用这种方法已有几十年之久,其有效性不言而喻。

2)情景-动作规则的使用。也就是产生式规则或基于知识的系统,这种表示有助于专家系统的有效构建,易于修改知识,易于解释等。这种方法的本质在于一条规则必须捕获"一大块"领域知识,其本身或其中的内涵必须对领域专家有意义。

3)领域专有知识。关键的是知识,而不是推理引擎。知识在组织和约束搜索中起着至关重要的作用。使用规则和框架容易表示和操控知识。

4)知识库的灵活性。知识库包括了许多规则,应当适当选择这些规则的粒度。也就是说,这些规则要足够小,让人可以理解,但是也要充分大,这样对领域专家才有意义。按照这种方式,知识能够灵活地应对改变,可以很容易地得到修改、添加或删除。

5)推理路线。在构建智能体时,领域专家非常明确知识构建的意义、意图,这似乎是一条重要的组织原则。

6)多种知识来源。将看似无关的、多个来源的知识条目整合起来,这对于推理路线的维护和开发是必要的。

7）解释。系统能够解释其推理路线的能力很重要，这是系统调试和扩展所必需的。这是一条很重要的知识工程原则，解释的结构及适当的复杂程度也是非常重要的。

基于人工智能知识表达方式的专家系统倾向于将计算组件与基于知识的组件分开，所以不同于传统计算机科学的程序。就专家系统而言，推理引擎不同于知识库。知识数据库通常包括规则，这些规则"由模式匹配来调用，同时任务环境具有一些特征，如用户可以添加、修改或删除任务环境"。

用户可能以如下3种典型的不同方式来使用知识库。

1）获取问题的答案：用户作为客户端。
2）改进或增加系统的知识：用户作为导师。
3）收集供人类使用的知识库：用户作为学生。

在第2种方式中，使用专家系统的人称为领域专家。没有领域专家的帮助，建立专家系统是不可能的。从领域专家提供的信息中提取知识，并将其规划成知识库，这类人员就是知识工程师。

知识工程是通过领域专家和知识工程师之间的一系列交互来构建知识库的过程。随着时间的推移，知识工程师越来越熟悉领域专家的规则，这个过程会涉及许多规则的迭代和改进。

知识工程师一直在寻找可用于表示和解决现有问题的最佳工具。他尝试组织知识，开发推理方法，构建符号信息的技术。他与领域专家密切合作，尝试建立最好的专家系统，根据需要重新概念化知识及其在系统中的表示。知识工程系统的人机界面得到改善，系统的"语言处理"让人类用户觉得更加舒适，系统的推理过程使用户更加容易理解。

5.2.3 知识获取

从人类领域专家的头脑中提取知识，并将这些知识组织到可用的系统中，这一过程称为知识获取，这个任务一直被认为是很困难的。实质上这表示了专家对问题的理解，这对专家系统的能力至关重要，也是构建专家系统面临的最大挑战。

虽然书籍、数据库、报告或记录可以作为知识来源，但是大多数项目最重要的来源之一是领域专业人员或专家。从专家处获取知识的过程也称为知识引导，这个过程可以以交换想法的交互式讨论进行，也可以以采访或案例研究的形式进行。在后一种形式中，人们观察专家如何试图去解决一个真正的问题。无论使用什么方法，人们的目标都是揭示专家的知识，更好地了解专家解决问题的技能。

专家通常具备如下特点：

1）他们往往在自己的领域非常专业，并且往往使用具体领域的语言。
2）他们有大量的启发式知识——这些知识是不确定的以及不精确的。
3）他们不擅于表达自己。
4）他们运用多种来源的知识，力争表现出色。

知识获取是构建专家系统的瓶颈，知识的识别和编码是遇到的最复杂、最艰巨的任务之一。创建一个重大评估系统所需要的努力往往是以人年为单位的。知识工程师的工作就是作为一个中间人帮助建立专家系统。由于知识工程师对领域知识的了解远远少于专家，因此阻碍了将专业知识转移到工作中的过程。

自 20 世纪 70 年代以来，人们尝试了多种自动化知识获取的技术，如机器学习、数据挖掘和神经网络。事实证明，这些方法在某些情况下很成功。例如，有一个著名的大豆作物诊断案例，在这个案例中，从植物病理学家雅各布森（领域专家）提供的原始描述符集和确定诊断的患病植物的训练集开始，程序合成了诊断规则集。意想不到的发现是，机器合成的规则集超出了由雅各布森制定的规则。雅各布森通过部分成功实验来尝试改进他的规则，结果机器的规则具有 99% 的准确性，于是他放弃了自己的努力而采用机器合成的规则作为其专业工作。

专家系统的知识有如下 5 种主要的分类：
1) 过程性知识——规则、策略、议程和程序。
2) 陈述性知识——概念、对象和事实。
3) 元知识——关于其他类型的知识以及如何使用知识的知识。
4) 启发式知识——经验法则。
5) 结构化知识——规则集、概念关系、对象关系。

可能的不同形式的知识来源是专家、终端用户、报告、书籍、法规、在线信息、计划和指南。虽然收集和解释知识的过程可能只需要几个小时，但是解释、分析和设计一个新的知识模型可能需要很长时间。

人们将浅层知识（可能基于直觉）转化为深层知识（可能隐藏在专家的潜意识中）的过程称为知识编译问题。知识引导中拓展的技能有助于促进知识的获取。

5.3 利用规则推导建立专家系统

利用规则的另一条探索路线就是专家系统。用户在输入一列数据后，这类系统能够通过数据推导出事实结论。其中一种应用场景就是医学诊断专家，他们输入病人体现出来的所有症状，然后由计算机对病因进行诊断。然而，建立这类系统的前期尝试均以失败告终，原因归根结底还是知识。医学专家无法将他们了解的所有实际情况以完整、有逻辑的形式重现，想要对现有系统进行信息补充就要重写部分程序。所需要的就是能够独立展示医学事实与程序本身的途径，就像聊天机器人需要的通用数据库那样。

5.3.1 规则举例

假设要建设一套处理家庭日常问题的专家系统，在与专家沟通后，我们编写了一长串规则，举例如下：

如果发生断电，那么所有电灯和家用电器都会停止工作。
如果保险丝（熔丝）熔断，那么所有电灯或者所有家用电器停止工作。
如果一个灯泡故障，那么一盏电灯停止工作。
如果一件家用电器故障，那么一件家用电器停止工作。
发生断电时，你应当等待。
保险丝熔断时，你应当修理/更换保险丝。
一个灯泡故障时，你应当更换那个灯泡。
一件家用电器故障时，你应当修理那件家用电器。

同时，还要加入如下的一些常识性规则：

如果所有电灯停止工作，那么每一盏电灯都停止工作。

如果所有家用电器停止工作，那么每一件家用电器都停止工作。

如果所有电灯和家用电器停止工作，那么所有电灯都停止工作。

如果所有电灯和家用电器停止工作，那么所有家用电器都停止工作。

最初的专家系统将这些规则整理为数据，并将其变成程序的主要组成部分，最终计算机理解的可能如下：

如果问题是一盏电灯停止工作，那么应当询问是否所有电灯都停止了工作。如果其他电灯正常工作，那么告诉用户应当更换故障电灯的灯泡。如果其他电灯同样停止工作，那么应当询问家用电器是否工作。如果家用电器同样停止工作，那么应当告诉用户发生了断电，他们应该等待。否则告诉用户修理/更换保险丝。

如果问题是一件家用电器停止工作，那么应当询问是否所有家用电器都停止了工作。如果其他家用电器正常工作，那么应当告诉用户修理故障的电器。如果其他家用电器同样停止工作，那么应当询问电灯是否工作。如果电灯同样停止工作，那么应当告诉用户发生了断电。他们应该等待。否则告诉用户修理/更换保险丝。

就创建这类专家系统而言，这是十分有效的方式，但过于僵化。我们不能提出诸如"断电的表现有哪些"这类问题，同样也不能轻易地对系统知识进行补充。假设系统创建完成的后一天，专家们突然表示遗漏了一些信息。不断追问之后，可以发现如下新规则：

如果接地漏电，断路器跳闸，那么所有电灯和家用电器都停止工作。

如果发生断电，那么同一条街上的其他家庭的电灯也不亮。

接地漏电，断路器跳闸时，你应当重置那个断路器。

现在需要回看系统，找到与电灯和家用电器停止工作对应的段落，在正确的地方插入用以解决接地漏电、断路器跳闸的新指令。做出这些改变十分复杂，并且极其容易出错。

除此之外，我们还可以独立于程序设置这些规则，再编写程序，从而利用这些规则搜索意见建议。程序会像人类一样先做出假设再证明假设来进行具体操作。如果已知电灯停止工作，那么它会搜索所有可能导致这一情况发生的原因，也就是灯泡故障或所有电灯停止工作。为了验证后者，可以继续追问用户其他电灯的情况。如果其他电灯正常工作，那么就可以确定是灯泡故障，并建议用户进行更换。倘若我们必须改变一些程序，那么也可以在不触及程序的前提下完成。

事实上，同样的程序也可以适用于完全不同的其他规则，如诊断车辆故障或决定是否向银行客户提供贷款。

5.3.2　建立框架

对能够以"是"或"否"回答的逻辑问题，编写出所有规则就完全可以应对。但在面对复杂问题时，则需要更加灵活的方案。如果想让聊天机器人有能力进行闲聊，就必须为其配置大量关于这个世界的背景知识。它需要了解各种事实，比如，天空是蓝色的，柠檬可以加入茶中食用而橘子不行，这些都能通过框架得以实现。程序了解的每一个概念都有对应的框架，框架内包括大量的个体关系。例如，苏，27岁，在医院工作。

在聊天机器人开始聊天之前，必须为其补充大量背景知识，但它自身也可以在谈话过程中不断接收新的信息。在与苏交谈的过程中，聊天机器人会发现她的丈夫名叫杰克。随即它将为杰克建立一个新的框架，并在苏和杰克的框架下标记两者的关系。程序可以确定杰克也是人类，所以建立他与人类框架之间的联系，然后，它就可以知道杰克有两条手臂和两条腿，因为这是所有人类的共性。当然，杰克可能刚巧做过截肢手术，这时程序就将这一情况认定为是它失礼了，而这恰恰也是人类可能会犯的错误。表示歉意后，程序就会在杰克的框架下进行标记，虽然人类正常情况下都有两条腿，但杰克只有一条腿。与人类交谈越多，程序自我学习的也越多。人类儿童可能需要十多年才能流畅地与人交流，但计算机的阅读速度超过所有人类，它所需要的几乎一切知识都能在因特网中找到。

5.3.3 IBM 的沃森系统

2011 年，IBM 计算机沃森击败两名人类选手，赢得了智力问答电视节目《危险边缘》比赛的胜利。它不仅能够理解用自然英语提出的问题，还能对一个从两百万页英语中提取出的数据库进行搜索，寻找正确答案。在理解问题后，沃森将搜索数据库信息，并判断一系列可能的答案。每一个答案又会经过成百上千种不同方式的验证来确定正确与否。

沃森曾利用往期节目中出现过的题目进行了好几个小时的操练和学习。根据学习经验，它按照正确的可能性对通过核查的答案进行分类。这与象棋程序测试不同，走位差别可能并不大，但沃森面对的不是虚拟的游戏和完美的数据，而是真实的世界和不完善的数据。

IBM 将沃森的技术应用于客户关系、医疗保健和财政金融方面的产品中，仅供医生和电话服务中心的接线员使用，但之后会通过智能手机应用程序直接向公众开放。

对整理和存储知识来说，框架非常实用，但它却同样面临着困扰象棋程序的难题。为了让计算机能够就任何话题自由交谈，人类必须为其配置足够多的知识信息，而这些信息所需的框架数目可能比合理时间内能找到的极限还要多。计算机沃森的体积差不多是一间房子的大小，而现代工具的体积已经缩小到正常台式机的规模了。而人类大脑其实是一个速度十分缓慢的处理器，信号在其中传递的速度约是 120 m/s，远达不到光速。例如，如果让我们说出一个红色头发的人的名字，我们不会有意识地列举出所有认识的人，再回忆谁的头发是红色的，这时人们会思考一定还有别的能够更有效地获取知识的途径。

计算机沃森无法与人交谈，它只能理解语言，能够理解问题和参考资料，它给出的答案十分精确，并且附带其对答案可信度的衡量。

5.4 专家系统及其发展

专家系统应用计算机中存储的人类知识，解决一般需要专家才能处理的问题，它能模仿人类专家解决特定问题时的推理过程，因而可供非专家增强解决问题的能力，同时专家也可把它视为具备专业知识的助理。人类社会中的专家资源相当稀少，有了专家系统，就可以使珍贵的专家知识获得普遍的应用。

扫码看视频

专家系统因其在计算机科学和现实世界中的贡献而曾经被视为人工智能中最古老、最成功、最知名和最受欢迎的领域。专家系统出现在 20 世纪 70 年代，当时整个人工智能领域正处在发展的低谷，人们批判人工智能不能生成实时、真实世界的工作系统。这个时期，由于人们在各个方面均不同程度地取得了一些重要成就，因此使人们对人工智能又产生了一定的兴趣。

5.4.1 建立专家系统的思考

当人们考虑建立专家系统时，思考的第一个问题是领域和问题是否合适。在开始建立专家系统之前应该思考的问题包括：

1)"在这个领域，传统编程可以有效地解决问题吗？"如果答案为"是"，那么专家系统可能不是最佳选择。那些没有有效算法、结构不好的问题最适合于构建专家系统。

2)"领域的界限明确吗？"如果领域中的问题需要利用其他领域的专业知识，那么最好定义一个明确的领域。例如，比起宇航员对外层空间的了解，宇航员对任务的了解必须更多，如飞行技术、营养、计算机控制、电气系统等。

3)"有使用专家系统的需求和愿望吗？"系统必须有用户（市场），专家本人也必须赞成创建系统。

4)"是否至少有一个愿意合作的人类专家？"没有人类专家，肯定不可能创建这个系统。人类专家必须支持建设系统，必须意识到必需的合作和所需的时间，愿意投入大量的时间来建设专家系统。

5)"人类专家是否可以解释知识，这样知识工程师就可以理解知识了？"这是一种决定性的试验。人类专家是否可以足够清晰地解释所使用的技术术语，是否可以让知识工程师可以理解这些术语，并将它们转化为计算机代码。

6)"解决问题的知识主要是启发式的且不确定的吗？"基于知识和经验以及上面描述的"专有技术"，这样的领域特别适用于专家系统。

专家系统偏重处理不确定的和不精确的知识。也就是说，它们可能在一部分时间内正确工作，并且输入的数据可能不正确、不完整、不一致或有其他缺陷。有时，专家系统只是给出一些答案，甚至不是最佳答案。他们注意到，虽然起初看起来可能让人惊讶，也许令人不安，但是通过进一步的思考，这种表现与专家系统的概念是一致的。

迄今为止，人们建立了数以千计的专家系统，其涵盖的领域包括农学、环境、气象学、商业、金融、军事、认证、地理、矿业、化学、图像处理、能源、通信、信息管理、科学、计算机系统、法律、安全、教育、制造业、空间技术、电子、数学、交通、工程、医药。这些系统集成了经过测试的方法来处理大量特定领域的数据，包括数据库、数据挖掘和机器学习。

建设这些专家系统的目的包括：
- 分析。给定数据，确定问题的原因。
- 控制。确保系统和硬件按照规格执行，实施控制任务。
- 设计。在某些约束下配置系统。根据给定要求形成所需的方案和图样。
- 诊断。根据输入信息来找到对象的故障和缺陷，推断系统故障。
- 指导。分析、调试学生的错误并提供建议性的指导。
- 解释。从数据推断出情景描述。可用于分析符号数据，阐述这些数据的实际意义。
- 监视。将观察值与预期值进行比较，完成实时监测任务。
- 计划。根据给定目标或条件设计动作，拟定行动计划。
- 预测。根据对象过去和现在的情况来推断对象的未来演变结果。
- 规定。为系统故障推荐解决方案。

- 选择。从多种可能性中确定最佳选择。
- 模拟。模拟系统组件之间的交互。
- 教育。结合诊断和调试给出故障排除方案，制定并实施纠正某类故障的规划，用于教学和培训。

5.4.2 专家系统的特征

让我们思考并比较专家系统中的这些特征：

- 解决问题——专家系统当然有能力解决其领域的问题。有时候，它们甚至解决了人类专家无法解决的问题，或提出人类专家没有考虑过的解决方案。
- 学习——虽然学习不是专家系统的主要特征，但是如果需要，人们就可以通过改进知识库或推理引擎来教授专家系统。机器学习是人工智能的另一个主题领域。
- 重构知识——虽然这种能力可能存在于专家系统中，但是本质上，它要求在知识表示方面做出改变，这对机器来说比较困难。
- 打破规则——对于机器而言，使用人类专家的方式，以一种直观、知情的方式打破规则比较困难；相反，机器会将新规则作为特例添加到现有规则中。
- 了解自己的局限——一般来说，当某个问题超出了其专长的领域时，专家系统和程序也许能够在因特网的帮助下参考其他程序找到解决方案。
- 平稳降级——专家系统一般会解释哪里出了问题、试图确定什么内容以及已经确定了什么内容，而不是保持计算机屏幕不动或变成白屏。

专家系统的其他典型特征包括：

- 推理引擎和知识库的分离。为了避免重复，保持程序的效率是非常重要的。
- 尽可能使用统一表示。太多的表示可能会导致组合爆炸，并且"模糊了系统的实际操作"。
- 保持简单的推理引擎。这样可以防止程序员深陷泥沼，并且更容易确定哪些知识对系统性能至关重要。
- 利用冗余性。尽可能地将多种相关信息汇集起来，以避免知识的不完整和不精确。

尽管专家系统有诸多优点，但也有一些众所周知的弱点。例如，虽然它们知道水在100℃沸腾，但是可能不知道沸水可以变成蒸汽，蒸汽又可以运行涡轮机。

20世纪60年代初，出现了运用逻辑学和模拟心理活动的一些通用问题求解程序，它们可以证明定理和进行逻辑推理。但是这些通用方法无法解决大的实际问题，很难把实际问题改造成适合于计算机解决的形式，对于解题所需的巨大的搜索空间也难以处理。随着知识工程的研究，专家系统的理论和技术不断发展，应用渗透到几乎各个领域，包括化学、数学、物理、生物、医学、农业、气象、地质勘探、军事、工程技术、法律、商业、空间技术、自动控制、计算机设计和制造等众多领域，开发了几千个的专家系统，其中不少在功能上已达到甚至超过同领域中人类专家的水平，并在实际应用中产生了巨大的经济效益。

5.4.3 典型的专家系统——ADIS

1997年，美国联邦调查局的刑事司法信息服务部门（CJIS）成立牙科工作组（DTF），以促进创建自动牙科识别系统（ADIS）。ADIS的目的是为数字化X光片和摄影图像提供自动搜索与匹配功能，这样就可以为牙科取证机构生成一个简短的清单。

系统架构背后的理念是利用高级特征来快速检索候选人名单。潜在的匹配搜索组件使用这张清单，然后使用低级的图像特征缩短匹配清单、优化候选清单。因此，架构包括记录预处理组件、潜在匹配搜索组件和图像比较组件。

记录预处理组件处理以下 5 种任务：

1）记录种植牙胶片。
2）加强胶片，补偿可能的低对比度。
3）将胶片进行分类，分成咬翼视图、根尖周视图或全景视图。
4）在胶片中将牙齿进行分隔。
5）在对应的位置进行标记，注明牙齿。

ADIS 有 3 种操作模式：配置模式、识别模式和维护模式。配置模式用于微调。客户使用识别模式获取所提交记录的匹配信息。维护模式用于上传新参考记录到数据库服务器，并且能够对预处理服务器进行更新。如今，系统真正达到了 85% 的验收率。

在那些定义明确的领域中存在着大量人类的专业技能和知识，但知识主要是启发式的，并且具有不确定性，这样的领域使用专家系统最理想。虽然专家系统的表现方式不一定与人类专家相同，但构建专家系统的前提是，它们以某种方式模仿或建模人类专家的求解问题和做出决定的技能。专家系统通常包括一个解释装置，也就是将尝试解释用什么样的推理链来得出结论。

5.5 专家系统的结构

专家系统是一个基于知识的系统，它利用人类专家提供的专门知识来模拟人类专家的思维过程，解决对人类专家来说都相当困难的问题。通常，一个高性能专家系统应具备如下特征：

1）启发性。不仅能使用逻辑知识，也能使用启发性知识，它运用规范的专门知识和直觉的评判知识进行判断、推理和联想，实现问题求解。

2）透明性。它使用户在对专家系统结构不了解的情况下进行相互交往，并了解知识的内容和推理思路，系统还能回答用户的一些有关系统自身行为的问题。

3）灵活性。专家系统的知识与推理机构的分离，使系统不断接纳新的知识，从而确保系统内的知识不断增长以满足商业和研究的需要。

专家系统一般由人机交互界面、知识库、推理机、解释器、综合数据库、知识获取 6 个部分构成（见图 5-4）。其中，尤以知识库与推理机相互分离而别具特色。专家系统的体系结构随专家系统的类型、功能和规模的不同而有所差异。图中的箭头方向为数据流动的方向。

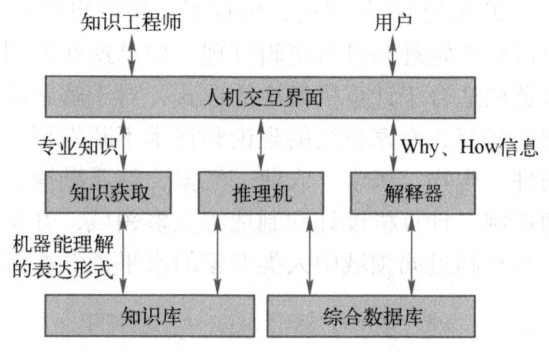

图 5-4 专家系统的一般结构

5.5.1 专家系统的功能

根据定义，专家系统应具备以下几个功能：

1）存储问题求解所需的知识。

2）存储具体问题求解的初始数据和推理过程中涉及的各种信息，如中间结果、目标、字母表以及假设等。

3）根据当前输入的数据，利用已有的知识，按照一定的推理策略，去解决当前问题，并能控制和协调整个系统。

4）能够对推理过程、结论或系统自身行为做出必要的解释，如解题步骤、处理策略、选择处理方法的理由、系统求解某种问题的能力、组织和管理其自身知识等。

5）提供知识获取，机器学习以及知识库的修改、扩充和完善等维护手段。只有这样才能更有效地提高系统的问题求解能力及准确性。

6）提供一种用户接口，既便于用户使用，又便于分析和理解用户的各种要求和请求。

存放知识和运用知识进行问题求解是专家系统的两个最基本的功能。用户通过人机界面回答系统的提问，推理机将用户输入的信息与知识库中各个规则的条件进行匹配，并把匹配结论存放到综合数据库中。最后，专家系统将最终结论呈现给用户。专家系统可以通过解释器向用户解释以下问题：系统为什么要向用户提出该问题（Why）？计算机是如何得出最终结论的（How）？

领域专家或知识工程师通过专门的软件工具来实现专家系统中知识的获取、充实和完善。

5.5.2 知识库

为了使计算机能运用专家的领域知识，必须要采用一定的方式表示知识。人工智能中的知识表示形式有产生式规则、语义网络、框架、状态空间、逻辑模式、脚本、过程、面向对象等。基于规则的产生式系统是目前实现知识运用最基本的方法。产生式系统由综合数据库、知识库和推理机3个主要部分组成，综合数据库包含求解问题的世界范围内的事实和断言。

产生式规则以 if…then…的形式出现，if 后面跟的是条件（前件），then 后面跟的是结论（后件），条件与结论均可以通过逻辑运算 AND、OR、NOT 进行复合。在这里，对产生式规则的理解非常简单：如果前提条件得到满足，就产生相应的动作或结论。

知识库用来存放专家提供的知识，包含所有用"如果：〈前提〉，于是：〈结果〉"（if-then 规则）形式表达的知识规则。推理机（又称规则解释器）的任务是运用控制策略找到可以应用的规则。专家系统的问题求解过程是通过知识库中的知识来模拟专家的思维方式的，因此，知识库是专家系统质量是否优越的关键所在，即知识库中知识的质量和数量决定着专家系统的质量水平，也是专家系统设计的"瓶颈"问题。一般来说，专家系统中的知识库与专家系统程序是相互独立的，用户可以通过改变、完善知识库中的知识内容来提高专家系统的性能。通过知识获取，可以扩充和修改知识库中的内容，也可以实现自动学习功能。

5.5.3 推理机

推理机针对当前问题的条件或已知信息反复匹配知识库中的规则，获得新的结论，以得到问题求解结果。推理方式有正向推理和反向推理两种。

正向链的策略是寻找出前提可以同数据库中的事实或断言相匹配的那些规则，并运用冲突的消除策略，从这些都可满足的规则中挑选出一个来执行，从而改变原来数据库的内容。这样反复地进行寻找，直到数据库的事实与目标一致即找到解答，或者没有规则可以与之匹配时才停止。

逆向链的策略是从选定的目标出发，寻找执行后可以达到目标的规则。如果规则的前提与数据库中的事实相匹配，问题就得到解决；否则把这个前提作为新的子目标，并对新的子目标寻找可以运用的规则，执行逆向序列的前提，直到最后运用的规则的前提可以与数据库中的事实相匹配，或者直到没有规则可以应用时，系统便以对话形式请求用户回答并输入必需的事实。

可见，推理机就如同专家解决问题的思维方式，知识库就是通过推理机来实现其价值的。

5.5.4 其他部分

人机交互界面是系统与用户进行交流时的界面。通过该界面，用户输入基本信息、回答系统提出的相关问题，并输出推理结果及相关的解释等。

解释器能够根据用户的提问，对结论、求解过程做出说明。

综合数据库专门用于存储推理过程中所需的原始数据、中间结果和最终结论，往往作为暂时的存储区。

知识获取是专家系统知识库是否优越的关键，也是专家系统设计的"瓶颈"问题。通过知识获取，专家系统可以扩充和修改知识库中的内容，也可以实现自动学习功能。

5.5.5 实现方式

早期的专家系统采用通用的程序设计语言（如Pascal）和人工智能语言（如Lisp、Prolog、Smalltalk等），通过人工智能专家与领域专家的合作，直接编程来实现。其研制周期长，难度大，但灵活实用，至今还在为人工智能专家所使用。大部分专家系统的研制工作已采用专家系统开发环境或专家系统开发工具来实现，领域专家可以选用合适的工具开发自己的专家系统，大大缩短了专家系统的研制周期，从而为专家系统在各领域的广泛应用提供条件。

按知识表示技术，专家系统可分为基于逻辑的专家系统、基于规则的专家系统、基于语义网络的专家系统和基于框架的专家系统。专家系统技术已经被广泛应用在工程、科学、医药、军事、商业等方面，而且成果相当丰硕，甚至在某些应用领域还超过人类专家的智能与判断。

现阶段国内外专家系统的应用大都还停留在相对狭义的以规则推理为基础的阶段，应用也更多针对的是实验室研究以及一些轻量级应用，还远不能满足大型商业应用的需求，以实现对实时智能推理及大数据处理的需求。

【作业】

1. 作为早期人工智能的一个重要分支，（　　）实现了人工智能从理论研究走向实际应用、从一般推理策略探讨转向运用专门知识的重大突破。

  A. 专家系统   B. 精确算法   C. 软件工程   D. 智能机器

2. 事实上，大多数人（ ）专家，这与早期的人类观点相反。

  A. 都可以成为   B. 可以在各个领域成为

  C. 无师自通，自成   D. 只有在自己的专业领域才是

3. 国际象棋大师（ ）创建生活中其他事物启发法、规则、方法的大师，对于数学博士、医生或律师来说也是如此。

  A. 大部分是   B. 基本不是   C. 通常都是   D. 没有可能成为

4. 我们所知道的是，人们在掌握任何特定领域知识之前，（ ）。

  A. 都需要长期学习   B. 通常都是天才

  C. 只要勤奋工作就行   D. 只要生活幸福就行

5. 德雷福斯兄弟认为：专有技术基于"从新手到专家的过程中有 5 个技能获取阶段"这个前提，即新手、熟手、（ ）、精通、专家。

  A. 能手   B. 高人   C. 胜任   D. 行家

6. 德雷福斯兄弟认为，在许多方面，如视觉、解释判断方面，包括（ ），机器都比人脑差。没有这些能力，机器将永远比不上人类（大脑和思想）。

  A. 图像显示质量   B. 人脑整体工作的方式

  C. 声音抒发的音色   D. 运算速度与精度

7. 专家的一个关键的杰出特征就是，他们能出色地完成工作。要做到这一点，他们要能够完成的工作包括（ ）。

  ① 转述问题   ② 解决问题   ③ 解释结果   ④ 学习

  A. ②③④   B. ①②③   C. ①②④   D. ①③④

8. 专家系统一般采用（ ）表示和推理技术，根据系统中的知识与经验进行推理和判断，来模拟通常由人类领域专家才能解决的复杂问题决策过程。

  A. 逻辑   B. 知识   C. 信息   D. 条件

9. 最初尝试创建人工智能的研究人员曾经认为，建立专家系统所需要的不过是（ ）而已。

  A. 少量的规则   B. 精确的算法   C. 足够的规则   D. 模糊的算法

10. 计算机在编程后能够进行的第一批游戏都是具备制胜策略的。比如，"21 点"游戏的制胜策略就是确保自己成为喊出（ ）的玩家。

  A. 20   B. 21   C. 18   D. 19

11. 如果不存在制胜策略，计算机就会寻找能够实现的最优方案。所谓"极大极小化策略"，就是在自己的回合中争取获得（ ）利益，在对手回合中则考虑（ ）利益。

  A. 最小化，最大化   B. 最大化，最小化

  C. 最小化，最小化   D. 最大化，最大化

12. 人们设想，在利用规则推导建立的医学诊断专家系统中，在用户输入数据后，能够通过数据推导出对病因的诊断。但前期的尝试均以失败告终，归根结底还是因为缺乏（ ）。

  A. 金钱   B. 物质资源   C. 人手   D. 知识

13. 总体来说，专家系统因其在计算机科学和现实世界中的贡献而被视为早期人工智能发展中（　　）、最成功、最知名和最受欢迎的领域。

　　A. 最古老　　　　　B. 最年轻　　　　　C. 最专一　　　　　D. 最简单

14. 专家系统出现在20世纪70年代，当时整个人工智能领域正处在发展的（　　）。

　　A. 高潮　　　　　　B. 第三阶段　　　　C. 低谷　　　　　　D. 爆发时期

15. 在人工智能领域，人们希望机器能得到专有技能，而（　　）也许是人类专有技能中最困难的一种技能。

　　A. 运算　　　　　　B. 学习　　　　　　C. 显示　　　　　　D. 智能

16. 当人们考虑建立专家系统时，思考的第一个问题是（　　）是否合适。

　　A. 费用和收益　　　B. 时间和进度　　　C. 形象和成果　　　D. 领域和问题

17. 与其他人工智能系统不同，专家系统偏重处理（　　）的知识。

　　A. 确定但不精确　　　　　　　　　　　B. 不确定但一定精确
　　C. 不确定和不精确　　　　　　　　　　D. 确定并且精确

18. 专家系统是一个基于知识的系统。通常，一个高性能专家系统应具备的特征包括（　　）。

　　① 启发性　　　　　② 直观性　　　　　③ 透明性　　　　　④ 灵活性
　　A. ①③④　　　　　B. ①②④　　　　　C. ①②③　　　　　D. ②③④

19. 专家系统一般由人机交互界面、综合数据库、知识获取、（　　）6个部分构成，其体系结构随类型、功能和规模的不同而有所差异。

　　① 自动机　　　　　② 知识库　　　　　③ 推理机　　　　　④ 解释器
　　A. ①②④　　　　　B. ①③④　　　　　C. ①②③　　　　　D. ②③④

20. 按知识表示技术，专家系统可分为基于规则、（　　）等的专家系统，已经被广泛应用在工程、科学、医药、军事、商业等方面。

　　① 基于逻辑　　　　　　　　　　　　　② 基于语义网络
　　③ 基于框架　　　　　　　　　　　　　④ 基于精确算法
　　A. ②③④　　　　　B. ①②③　　　　　C. ①②④　　　　　D. ①③④

第6章 机器学习及其算法

【导读案例】 奈飞的电影推荐引擎

成立于1997年的世界最大的在线影片租赁服务商奈飞的主要业务是提供互联网随机选择流媒体播放,以及DVD、蓝光光碟在线出租业务。

2011年,奈飞的网络电影销量占据美国用户在线电影总销量的45%。2017年4月26日,奈飞与爱奇艺达成在剧集、动漫、纪录片、真人秀等领域的内容授权合作。2018年6月,奈飞进军漫画世界。

2012年9月21日,奈飞宣布,来自186个国家和地区的4万多个团队经过近3年的较量,一个分别来自奥地利、加拿大、以色列和美国的计算机、统计和人工智能专家组成的BPC团队夺得了奈飞大奖。获奖团队由原本是竞争对手的3个团队重新组团而成。获奖团队成功地将奈飞的影片推荐引擎的推荐效率提高了10%。奈飞大奖的参赛者们不断改进影片推荐效率,其客户为此获益。这项比赛的规则要求获胜团队公开他们采用的推荐算法,这样很多商业都能从中获益。

第一个奈飞大奖成功地解决了一个巨大的挑战,为提供了50个以上评级的观众准确地预测他们的电影欣赏口味。随着100万美金大奖的颁发,奈飞很快宣布了第二个百万美金大奖,希望世界上的计算机专家和机器学习专家能够继续改进推荐引擎的效率。新的百万大奖的目标是为那些不经常做影片评级或者根本不做评级的用户推荐影片,要求使用一些隐藏着观众口味的地理数据和行为数据来进行预测。同样,获胜者需要公开他们的算法。如果解决了这个问题,奈飞就能够很快地向新客户推荐影片,而不需要等待客户提供大量的评级数据才做出推荐。

新的比赛所用的数据集中有1亿条数据,包括评级数据、顾客年龄、性别、居住地区邮编和以前观看过的影片。所有的数据都是匿名的,没有办法关联到奈飞的任何一个用户。

推荐引擎是奈飞公司的一个关键服务,1000多万用户都能在一个个性化网页上对影片做出1~5的评级。奈飞将这些评级放在一个巨大的数据集里,该数据集容量超过了30亿条。奈飞使用推荐算法和软件来标识具有相似品味的观众对影片可能做出的评级。几年来,奈飞已经使用参赛选手的方法提高了影片推荐的效率,得到很多影片评论家和用户的好评。

机器学习是使计算机具有智能的根本途径,它是一门涉及概率论、统计学、逼近论、凸分析、算法复杂度理论等多领域的交叉学科。它专门研究计算机怎样模拟或实现人类的学习行为,以获取新的知识或技能,重新组织已有的知识结构,使之不断改善自身的性能。

机器学习的历史可以追溯到17世纪,贝叶斯、拉普拉斯关于最小二乘法的推导和马尔可夫链构成了机器学习广泛使用的工具和基础。

6.1 什么是机器学习

如今，一些手机提供了智能语音助手，一些电子邮箱使用了垃圾邮件过滤器（软件），等等。如果读者使用过类似这样的服务，那么事实上已经在利用机器学习了。作为人工智能的一个分支（见图6-1），机器学习所涉及的应用范围包括语言处理、图像识别和智能规划等。

6.1.1 机器学习的发展

机器学习最早可以追溯到英国数学家贝叶斯在1763年发表的贝叶斯定理，这是关于随机事件 A 和 B 的条件概率（或边缘概率）的一则数学定理，是机器学习的基本思想。其中，$P(A|B)$ 是指在 B 发生的情况下 A 发生的可能性，即根据以前的信息寻找最可能发生的事件。

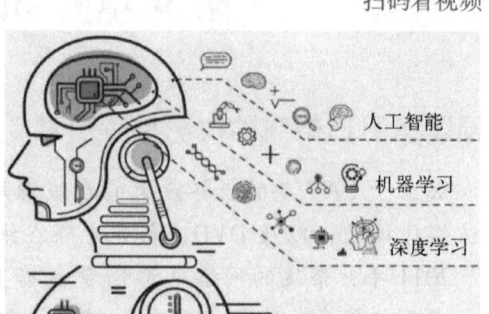

图6-1 机器学习是人工智能的一个分支

$$P(B_i|A) = \frac{P(B_i)P(A|B_i)}{\sum_{j=1}^{n} P(B_j)P(A|B_j)}$$

从20世纪50年代研究机器学习以来，不同时期的研究途径和目标并不相同，大体上可以划分为4个阶段。

第一阶段是20世纪50年代中叶到60年代中叶，属于热烈时期，主要研究"有无知识的学习"，关注系统的执行能力。这个时期通过对机器的环境及其相应性能参数的改变来检测系统所反馈的数据，系统受到程序的影响而改变自身的组织，最后会选择一个最优的环境生存。这个时期最具代表性的研究是塞缪特的下棋程序。

第二阶段从20世纪60年代中叶到70年代中叶，称为机器学习的冷静时期，主要研究将各领域的知识植入系统里，通过机器模拟人类学习的过程，同时采用图结构及逻辑结构方面的知识进行系统描述。在这一研究阶段，主要用各种符号来表示机器语言，研究人员在进行实验时意识到学习是一个长期的过程，从这种系统环境中无法学到更加深入的知识。因此，研究人员将各专家的知识加入系统里。经过实践，证明这种方法取得了一定的成效。这一阶段具有代表性的研究有海耶斯-罗斯等的结构学习系统方法。

第三阶段从20世纪70年代中叶到80年代中叶，称为复兴时期。在此期间，人们从学习单个概念扩展到学习多个概念，探索不同的学习策略和方法，开始把学习系统与各种应用结合起来，并取得很大的成功。同时，专家系统在知识获取方面的需求也极大地刺激了机器学习的研究和发展。在出现第一个专家学习系统之后，示例归纳学习系统成为研究的主流，自动知识获取成为机器学习应用的研究目标。1980年，卡内基·梅隆大学（CMU）召开了第一届机器学习国际研讨会，标志着机器学习研究已在全世界兴起。此后，机器学习开始得到大量的应用。1984年，西蒙等20多位人工智能专家共同撰文编写的《机器学习文集（第二卷）》出版，国际性杂志《机器学习》创刊，更加显示出机器学习突飞猛进的发展趋势。

这一阶段代表性的研究有莫斯托的指导式学习、莱纳特的数学概念发现程序、兰利的 BACON 程序及其改进程序。

第四阶段起步于 20 世纪 80 年代中叶，机器学习的这个新阶段具有如下特点：

1) 机器学习成为新的边缘学科，它综合应用了心理学、生物学、神经生理学、数学、自动化和计算机科学等，形成了机器学习理论基础。

2) 融合各种学习方法，且形式多样的集成学习系统研究正在兴起（见图 6-2）。特别是连接符号的学习耦合，可以更好地解决连续性信号处理中知识与技能的获取与求精问题而受到重视。

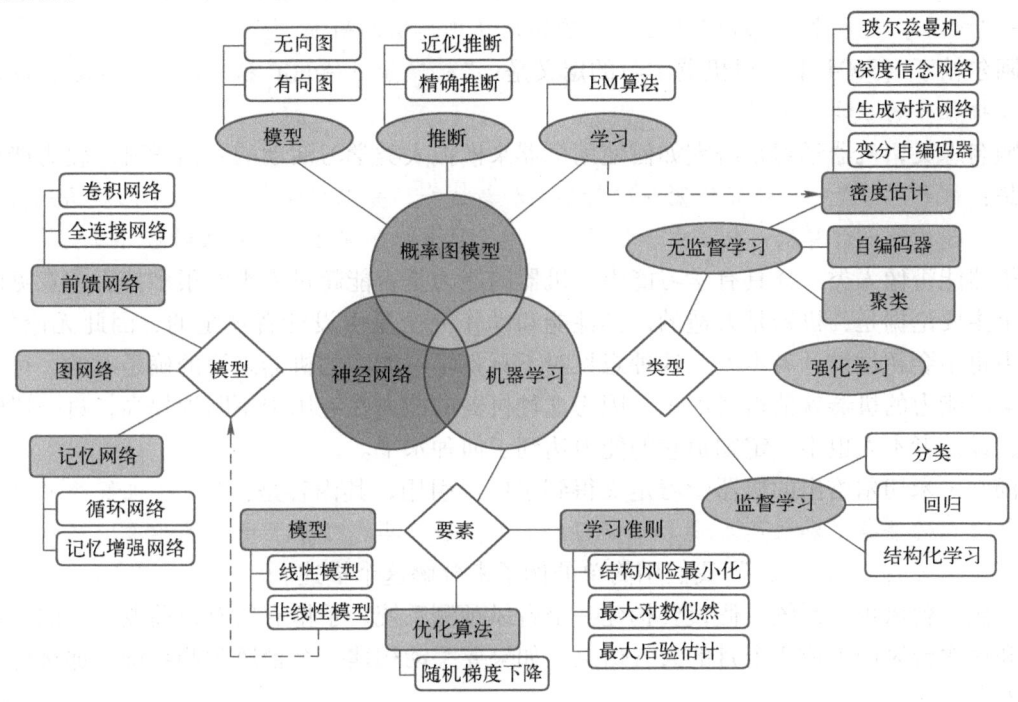

图 6-2 机器学习融合了各种学习方法

3) 机器学习与人工智能各种基础问题的统一性观点正在形成。例如，学习与问题求解结合进行，知识表达便于学习的观点产生了通用智能系统的组块学习。类比学习与问题求解结合的基于案例方法已成为经验学习的重要方向。

4) 各种学习方法的应用范围不断扩大，一部分已形成商品。归纳学习的知识获取工具已在诊断专家系统中广泛使用，连接学习在声图文识别中占优势，分析学习用于设计型专家系统，遗传算法与强化学习在工程控制中有较好的应用前景，与符号系统耦合的神经网络学习在企业智能管理与智能机器人运动规划中也发挥着作用。

5) 与机器学习有关的学术活动空前活跃。国际上除每年举行的机器学习研讨会外，还有计算机学习理论会议以及遗传算法会议等。

机器学习在 1997 年达到一个巅峰，当时，IBM 深蓝计算机在一场国际象棋比赛中击败了世界冠军加里·卡斯帕罗夫。之后，谷歌开发专注于围棋游戏的阿尔法狗（AlphaGo）。尽管围棋被认为过于复杂，但在 2016 年，阿尔法狗获得了胜利，在一场 5 局比赛中击败了世界冠军李世石。

6.1.2 机器学习的定义

学习是人类具有的一种重要的智能行为，而机器学习多学科交叉，使用计算机作为工具，致力于真实实时的模拟人类学习方式，并将现有内容进行知识结构划分来有效提高学习效率。

兰利（1996年）的定义是："机器学习是一门人工智能的科学，该领域的主要研究对象是人工智能，特别是如何在经验学习中改善具体算法的性能。"

汤姆·米切尔（1997年）对信息论中的一些概念有详细的解释，其中定义机器学习时提到："机器学习是对能通过经验自动改进的计算机算法的研究。"

阿尔帕丁（2004年）对机器学习的定义是："机器学习使用数据或以往的经验，以此优化计算机程序的性能标准。"

顾名思义，机器学习是研究如何使用机器来模拟人类学习活动的一门学科。较为严格的提法是：机器学习是一门研究机器获取新知识和新技能，并识别现有知识的学问。这里所说的"机器"，指的就是计算机，包括电子计算机、中子计算机、光子计算机或神经计算机等。

机器能否像人类一样具有学习能力？机器的能力是否能超过人类？很多持否定意见的人的一个主要论据是：机器是人造的，其性能和动作完全是由设计者规定的，因此无论如何，其能力也不会超过设计者本人。这种意见对不具备学习能力的机器来说的确是对的，可是对具备学习能力的机器就值得考虑了，因为这种机器的能力在应用中不断地提高，过一段时间之后，设计者本人也不一定知道它的能力达到了何种水平。

汤姆·米切尔给出的机器学习定义得到了广泛引用，其内容是："计算机程序可以在给定某种类别的任务 T 和性能度量 P 下学习经验 E，如果其在任务 T 中的性能恰好可以用 P 度量，则随着经验 E 而提高。"我们用简单的例子来分解这个描述。

示例：台风预测系统。假设要构建一个台风预测系统，手里有所有以前发生过的台风的数据和这次台风产生前 3 个月的天气信息。如果要手动构建一个台风预测系统，那么应该怎么做？

首先是清洗所有的数据，找到数据里面的模式，进而查找产生台风的条件。

我们既可以将模型条件数据（如气温高于 40℃，湿度在 80~100，等等）输入到系统里面生成输出，也可以让系统自己通过这些条件数据产生合适的输出。

可以把所有以前的数据输入系统里面来预测未来是否会有台风。基于系统条件的取值评估系统性能（正确预测台风的次数），可以将系统预测结果作为反馈继续多次迭代以上步骤。

根据米切尔的解释来定义这个预测系统：任务是确定可能产生台风的气象条件。性能 P 是在系统所有给定的条件下有多少次正确预测台风，经验 E 是系统的迭代次数。

6.1.3 机器学习的研究

机器学习是人工智能中研究怎样使用计算机模拟或实现人类学习活动的科学，其理论和方法已被广泛应用于解决工程应用和科学领域的复杂问题。自 20 世纪 80 年代以来，机器学习作为实现人工智能的途径，在人工智能界引起了广泛的兴趣。历经数十年的曲折发展，机器学习以深度学习为代表，借鉴人脑的多分层结构、神经元的连接交互信息的逐层分析处理机制，以及自适应、自学习的强大并行信息处理能力，在很多方面收获了突破性进展，其中最有代表性的是图像识别领域。

机器学习的研究主要分为两个方向：第一个是传统机器学习的研究，第二个是大数据环境下机器学习的研究。

1. 传统机器学习的研究

传统机器学习主要研究学习机制，注重探索模拟人的学习机制，研究内容包括决策树、随机森林、人工神经网络、贝叶斯学习等方面。

决策树是机器学习常见的一种方法。20 世纪末期，机器学习研究者罗斯·昆兰将香农的信息论引入决策树算法中，提出了 ID3 算法。1984 年，I. 科诺年科、E. 罗斯卡和 I. 布拉特科在 ID3 算法的基础上提出了 AS-SISTANT 算法，这种算法允许类别的取值之间有交集。同年，A. 哈特提出 Chi-Squa 统计算法，采用一种基于属性与类别关联程度的统计量。1984 年，L. 布雷曼、C. 通、R. 奥尔申和 J. 弗雷德曼提出决策树剪枝概念，极大地改善了决策树的性能。1993 年，昆兰在 ID3 算法的基础上提出一种改进算法，即 C4.5 算法，克服了 ID3 算法属性偏向问题，通过对连续属性进行剪枝，在一定程度上避免了"过度适合"现象。但是该算法将连续属性离散化时，需要遍历该属性的所有值，降低了效率，并且要求训练样本集驻留在内存，不适合处理大规模数据集。2010 年，Xie 提出一种 CART 算法，这是一种决策树学习方法，既可以用于分类任务，也能用于回归预测。CART 算法可以处理无序的数据，采用基尼系数作为测试属性的选择标准。CART 算法生成的决策树精确度较高，但当其生成的决策树复杂度超过一定程度后，随着复杂度的提高，分类精确度会降低。CART 算法已经在许多领域得到应用。近几年来，模糊决策树也得到了蓬勃发展。考虑到属性间的相关性，研究者提出分层回归算法、约束分层归纳算法和功能树算法，这 3 种都是基于多分类器组合的决策树算法，对属性间可能存在的相关性进行了部分实验和研究，但是这些研究并没有从总体上阐述属性间的相关性是如何影响决策树性能的。此外，还有很多其他的算法，如 Zhang. J 于 2014 年提出的基于粗糙集的优化算法、Wang. R 在 2015 年提出的基于极端学习树的算法模型等。

随机森林（RF）作为机器学习的重要算法之一，是一种利用多个树分类器进行分类和预测的方法。随机森林算法研究的发展十分迅速，已经在生物信息学、生态学、医学、遗传学、遥感地理学等多领域开展应用性研究。

人工神经网络（Artificial Neural Networks，ANN）是一种具有非线性适应性信息处理能力的算法，可克服传统人工智能方法对于直觉（如模式、语音识别、非结构化信息处理方面）的缺陷，得到了迅速发展。

2. 大数据环境下机器学习的研究

大数据环境下的机器学习主要研究如何有效利用信息，注重从巨量数据中获取隐藏的、有效的、可理解的知识。大数据的价值体现主要集中在数据的转向以及数据的信息处理能力方面。在大数据产业蓬勃发展的今天，对数据的转换、处理、存储等带来了更好的技术支持，对产业升级和新产业的诞生形成了一种推动力量，让大数据能够针对可发现事物的程序进行自动规划，实现人类用户与计算机信息之间的协调。大数据环境下的机器学习算法，依据一定的性能标准对学习结果的重要程度予以忽视。它采用分布式和并行计算的方式进行分治策略的实施，规避噪声数据和冗余带来的干扰，降低存储耗费，同时提高学习算法的运行效率。

随着各行业对数据分析需求的持续增加，通过机器学习高效地获取知识，已逐渐成为当今机器学习技术发展的主要推动力。大数据时代的机器学习更强调"学习本身是手段",机器学习成为一种支持和服务技术。如何基于机器学习对复杂多样的数据进行深层次的分析,从而更高效地利用信息,成为当前大数据环境下机器学习研究的主要方向。所以,机器学习越来越朝着智能数据分析的方向发展,成为智能数据分析技术的一个重要源泉。另外,在大数据时代,随着数据产生速度的持续加快,数据的体量有了前所未有的增长,需要分析的新的数据种类也在不断涌现,如文本的理解、文本情感的分析、图像的检索和理解、图形和网络数据的分析等。这些使得大数据机器学习和数据挖掘等智能计算技术在大数据智能化分析处理应用中具有极其重要的作用。

6.2 基于学习方式的分类

机器学习的核心是"使用算法解析数据,从中学习,然后对世界上的某件事情做出决定或预测"。这意味着,与其显式地编写程序来执行某些任务,不如教计算机学会如何开发一个算法来完成任务。机器学习有 3 种主要类型,即监督学习、无监督学习和强化学习(见图 6-3)。

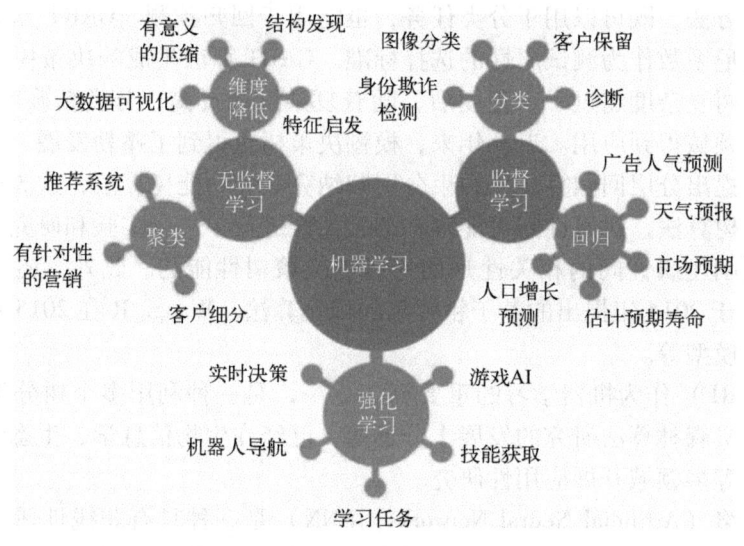

图 6-3 机器学习的 3 种主要类型

6.2.1 监督学习

监督学习,也称有导师学习,是指输入数据中有导师信号,以概率函数、代数函数或人工神经网络为基函数模型,采用迭代计算方法,学习结果为函数。监督学习涉及一组标记数据,计算机可以使用特定的模式来识别每种标记类型的新样本,即在机器学习过程中提供对错指示,一般是在数据组中包含最终结果。可以通过算法让机器自我减少误差。监督学习从给定的训练数据集中学习出一个函数,当接收到一个新的数据时,可以根据这个函数预测结果。监督学习的训练集要求包括输入和输出,也可以说是特征和目标,目标是由人标注的。

监督学习的主要类型是分类和回归。

在分类中，机器被训练成将一个组划分为特定的类，一个简单例子就是电子邮件中的垃圾邮件过滤器。过滤器分析用户以前标记为垃圾邮件的电子邮件，并将它们与新邮件进行比较，如果它们有一定的百分比匹配，那么这些新邮件将被标记为垃圾邮件并发送到适当的文件夹中。

在回归中，机器使用先前的（标记的）数据来预测未来，天气应用是回归的好例子。使用气象事件的历史数据（即平均气温、湿度和降水量），通过手机天气预报 App 可以查看当前天气，并对未来一段时间的天气进行预测。

6.2.2　无监督学习

无监督学习又称无导师学习、归纳性学习，是指输入数据中无导师信号，采用聚类方法，学习结果为类别。典型的无监督学习有发现学习、聚类、竞争学习等。无监督学习通过循环和递减运算来减小误差，达到分类的目的。在无监督学习中，数据是无标签的。由于大多数真实世界的数据都没有标签，因此这样的算法就特别有用。

无监督学习分为聚类和降维。聚类用于根据属性和行为对象进行分组。这与分类不同，因为这些组不是用户提供的。聚类的一个例子是将一个组划分成不同的子组（如基于年龄和婚姻状况），然后应用到有针对性的营销方案中。降维通过找到共同点来减少数据集的变量。大多数的大数据可视化使用降维来识别趋势和规则。

6.2.3　强化学习

强化学习也称增强学习，是指以环境反馈（奖/惩信号）作为输入，以统计和动态规划技术为指导的一种学习方法。强化学习使用机器的历史和经验来做出决定，其经典应用是玩游戏。与监督学习和非监督学习不同，强化学习不涉及提供"正确的"答案或输出。相反，它只关注性能，这反映了人类是如何根据积极和消极的结果学习的，它很快就学会了不要重复这一动作。同样的道理，一台下棋的计算机可以学会不把它的国王移到对手的棋子可以进入的空间。然后，国际象棋的这一基本教训就可以被扩展和推断出来，直到机器能够对战并最终击败人类顶级玩家为止。

机器学习使用特定的算法和编程方法来实现人工智能。有了机器学习，我们可以将代码量缩小到以前的一小部分。作为机器学习的子集，深度学习专注于模仿人类大脑来进行学习活动。

6.2.4　机器学习的其他分类

几十年来，研究发表的机器学习方法种类很多，根据强调面的不同，可以有多种分类方法。

1. 基于学习策略的分类

基于学习策略，机器学习分为模拟人脑的和直接采用数学方法的。

（1）模拟人脑的机器学习

符号学习：模拟人脑的宏观心理级学习过程，以认知心理学原理为基础，以符号数据为输入，以符号运算为方法，用推理过程在图或状态空间中搜索，学习的目标为概念或规则等。符号学习的典型方法有记忆学习、示例学习、演绎学习、类比学习、解释学习等。

神经网络学习（或连接学习）：模拟人脑的微观生理级学习过程，以脑和神经科学原理为基础，以人工神经网络为函数结构模型，以数值数据为输入，以数值运算为方法，用迭代过程在系数向量空间中搜索，学习的目标为函数。典型的神经网络学习有权值修正学习、拓扑结构学习。

（2）直接采用数学方法的机器学习

直接采用数学方法的机器学习主要有统计机器学习。

统计机器学习基于对数据的初步认识以及学习目的的分析，选择合适的数学模型，拟定超参数，并输入样本数据，依据一定的策略，运用合适的学习算法对模型进行训练，最后运用训练好的模型对数据进行分析预测。

统计机器学习有3个要素：

1）模型：在未进行训练前，其可能的参数有多个甚至无穷多个，故可能的模型也有多个甚至无穷多个，这些模型构成的集合就是假设空间。

2）策略：即从假设空间中挑选出参数最优的模型的准则。模型的分类或预测结果与实际情况的误差（损失函数）越小，模型就越好。那么策略就是误差最小。

3）算法：即从假设空间中挑选模型的方法（等同于求解最佳的模型参数）。机器学习的参数求解通常都会转化为最优化问题，故学习算法通常是最优化算法，如最速梯度下降法、牛顿法以及拟牛顿法等。

2. 基于学习方法的分类

基于学习方法，机器学习有归纳、演绎、类比和分析等类别。

1）归纳学习。

符号归纳学习：典型的有示例学习、决策树学习。

函数归纳学习（发现学习）：典型的有神经网络学习、示例学习、发现学习、统计学习。

2）演绎学习。

3）类比学习：典型的有案例（范例）学习。

4）分析学习：典型的有解释学习、宏操作学习。

3. 基于数据形式的分类

基于数据形式，机器学习分为结构化方法和非结构化方法。

1）结构化学习：以结构化数据为输入，以数值计算或符号推演为方法。典型的有神经网络学习、统计学习、决策树学习、规则学习。

2）非结构化学习：以非结构化数据为输入，典型的有类比学习、案例学习、解释学习、文本挖掘、图像挖掘、Web挖掘等。

4. 基于学习目标的分类

基于学习目标，机器学习分为概念、规则、函数、类别、贝叶斯网络等方法。

1）概念学习：学习目标和结果为概念，或者说是获得概念的学习。典型的有示例学习。

2）规则学习：学习目标和结果为规则，或者说是获得规则的学习。典型的有决策树学习。

3）函数学习：学习的目标和结果为函数，或者说是获得函数的学习。典型的有神经网络学习。

4）类别学习：学习目标和结果为对象类，或者说是获得类别的学习。典型的有聚类分析。

5）贝叶斯网络学习：学习目标和结果是贝叶斯网络，或者说是获得贝叶斯网络的学习。其又可分为结构学习和多数学习。

6.3 机器学习的基本结构

机器学习的基本流程是数据预处理→模型学习→模型评估→新样本预测。机器学习与人脑思考过程的对比如图6-4所示。

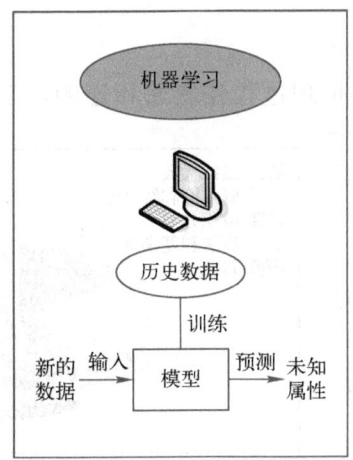 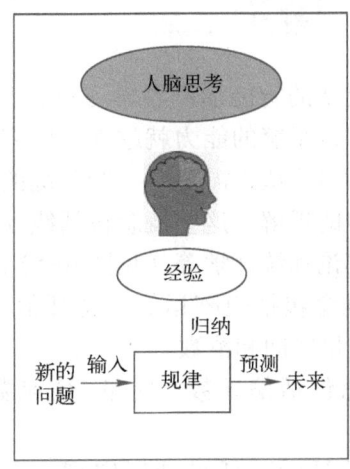

图6-4 机器学习与人脑思考过程的对比

在学习系统的基本结构中，环境向系统的学习部分提供某些信息，学习部分利用这些信息修改知识库，以增强系统执行部分完成任务的效能，执行部分则根据知识库完成任务，同时把获得的信息反馈给学习部分。在具体的应用中，环境、知识库和执行部分决定了工作内容，确定了学习部分所需要解决的问题。

1）环境。向系统提供信息，更具体地说，信息的质量是影响学习系统设计的最重要的因素。知识库里存放的是指导执行部分动作的一般原则，但环境向学习系统提供的信息却是各种各样的。如果信息的质量比较高，与一般原则的差别比较小，则学习部分比较容易处理。如果向学习系统提供的是杂乱无章的指导执行具体动作的具体信息，则学习系统需要在获得足够的数据之后删除不必要的细节，并进行总结推广，形成指导动作的一般原则，放入知识库。这样，学习部分的任务就比较繁重，设计起来也较为困难。

因为学习系统获得的信息往往是不完全的，所以学习系统所进行的推理并不完全是可靠的，它总结出来的规则可能正确，也可能不正确，这要通过执行效果加以检验。正确的规则能使系统的效能提高，应予保留；不正确的规则，应予修改或从数据库中删除。

2）知识库。这是影响学习系统设计的第二个因素。知识的表示有多种形式，比如特征向量、一阶逻辑语句、产生式规则、语义网络和框架等。这些表示方式各有其特点，在选择表示方式时要兼顾以下4个方面：

① 表达能力强。
② 易于推理。
③ 容易修改知识库。
④ 知识表示易于扩展。

学习系统不能在没有任何知识的情况下凭空获取知识，每一个学习系统都要求具有某些知识来理解环境提供的信息，分析比较，做出假设，检验并修改这些假设。因此，更确切地说，学习系统是对现有知识的扩展和改进。

3）执行部分。这是整个学习系统的核心，因为执行部分的动作就是学习部分力求改进的动作。同执行部分有关的问题有3个：复杂性、反馈和透明性。

6.4 机器学习算法

扫码看视频

学习是一项复杂的智能活动，学习过程与推理过程是紧密相连的。学习中所用的推理越多，系统的能力就越强。要完全理解大多数机器学习算法，需要对一些关键的数学概念有一个基本的理解，这些概念包括线性代数、微积分、概率论和统计学等（见图6-5）。

- 线性代数概念包括矩阵运算、特征值/特征向量、向量空间和范数。
- 微积分概念包括偏导数、向量-值函数、方向梯度。
- 概率论和统计学包括贝叶斯定理、组合学、抽样方法。

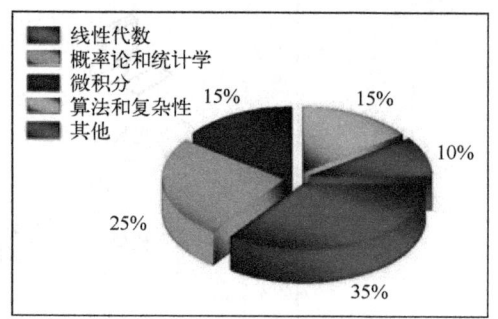

图6-5 机器学习所需的数学主题的重要性

6.4.1 专注于学习能力

机器学习专注于让人工智能具备学习任务的能力，使人工智能能够使用数据来教自己。程序员是通过机器学习算法来实现这一目标的。这些算法是人工智能学习行为所基于的模型。算法与训练数据集一起使人工智能能够进行学习。

例如，学习如何识别猫与狗的照片。人工智能将算法设置的模型应用于包含猫和狗图像的数据集。随着时间的推移，人工智能将学习如何更准确、更轻松地识别狗与猫，而无须人工输入。

1. 算法的特征与要素

算法能够对一定规范的输入在有限时间内获得所要求的输出。如果一个算法有缺陷，或者不适合于某个问题，那么执行这个算法就不会解决这个问题。不同的算法可能用不同的时间、空间或效率来完成同样的任务。

一个算法应该具有以下5个重要特征：

1）有穷性。是指算法必须能在执行有限个步骤之后终止。
2）确切性。算法的每一步骤必须有确切的定义。
3）输入项。一个算法有0个或多个输入，以刻画运算对象的初始情况。所谓0个输入，是指算法本身给出了初始条件。

4）输出项。一个算法有一个或多个输出，以反映对输入数据加工后的结果。没有输出的算法是毫无意义的。

5）可行性。算法中执行的任何计算步骤都可以被分解为基本的可执行的操作步，即每个计算步都可以在有限时间内完成（也称为有效性）。

算法的要素主要是：

1）数据对象的运算和操作：计算机可以执行的基本操作是以指令的形式描述的。一个计算机系统能执行的所有指令的集合，称为该计算机系统的指令系统。一个计算机的基本运算和操作有如下4类：

① 算术运算：加、减、乘、除运算。
② 逻辑运算：与、或、非运算。
③ 关系运算：大于、小于、等于、不等于运算。
④ 数据传输：输入、输出、赋值运算。

2）算法的控制结构：一个算法的功能结构不仅取决于所选用的操作，而且还与各操作之间的执行顺序有关。

2. 算法的评定

同一问题可用不同的算法解决，而算法的质量优劣将影响到算法乃至程序的效率。算法分析的目的在于选择合适的算法和改进算法。算法评价主要从时间复杂度和空间复杂度来考虑：

1）时间复杂度。是指执行算法所需要的计算工作量。一般来说，计算机算法是问题规模的正相关函数。

2）空间复杂度。是指算法需要消耗的内存空间。其计算和表示方法与时间复杂度类似，一般都用复杂度的渐近性来表示。同时间复杂度相比，空间复杂度的分析要简单得多。

3）正确性。是评价一个算法优劣的最重要的标准。

4）可读性。是指一个算法可供人们阅读的容易程度。

5）健壮性。是指一个算法对不合理数据输入的反应能力和处理能力，也称为容错性。

6.4.2 回归算法

回归分析是一种建模和分析数据的预测性的技术工具，它研究的是因变量（目标）和自变量（预测器）之间的关系，通常用于预测分析、时间序列模型及发现变量之间的因果关系。我们使用曲线/线来拟合数据点，在这种方式下，从曲线/线到数据点的距离差异最小（见图6-6）。例如，司机的鲁莽驾驶与道路交通事故数量之间的关系，最好的研究方法就是回归。回归分析是建模和分析数据的重要工具。回归分析主要有线性回归、逻辑回归、多项式回归、逐步回归、岭回归、套索回归、弹性网络回归7种常用的技术。

比如，在当前的经济条件下，我们要估计一家公司的销售额增长情况。现在，你有公司最新的数据，这些数据显示出销售额增长大约是经济增长的2.5倍。那么使用回归分析，就可以根据当前和过去的信息来预测公司未来的销售情况。

使用回归分析的好处很多，具体如下：

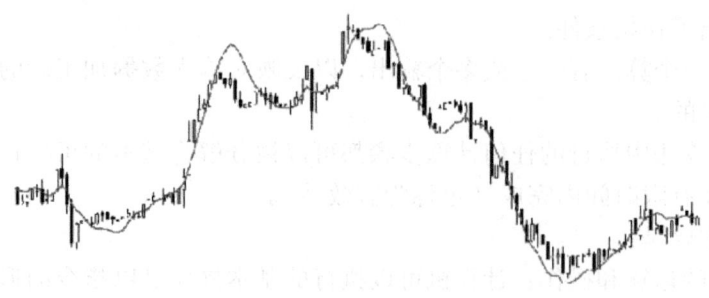

图 6-6　回归分析的曲线拟合

1）它表明自变量和因变量之间的显著关系。
2）它表明多个自变量对一个因变量的影响强度。

回归分析也允许我们去比较那些衡量不同尺度的变量之间的相互影响，如价格变动与促销活动数量之间的联系。这些有利于帮助市场研究人员、数据分析人员以及数据科学家排除并估计出一组最佳的变量，用来构建预测模型。

6.4.3　基于实例的算法

最著名的基于实例的算法是 k-最近邻（K-Nearest Neighbor，KNN）算法，它是机器学习中最基础和简单的算法之一，既能用于分类，也能用于回归。KNN 算法有一个十分特别的地方：没有一个显式的学习过程，工作原理是利用训练数据对特征向量空间进行划分，并将其划分的结果作为其最终的算法模型。即基于实例的分析，使用提供数据的特定实例来预测结果。KNN 适用于分类，比较数据点的距离，并为每个点分配最接近的组。

6.4.4　决策树算法

决策树算法将一组"弱"学习器集合在一起，形成一种强算法，这些学习器组织在树状结构中，相互分支，将输入空间分成不同的区域，每个区域都有独立参数的算法。决策树算法充分利用了树形模型，根节点到一个叶子节点是一条分类的路径规则，每个叶子节点都象征着一个判断类别。先将样本分成不同的子集，再进行分割递推，直至每个子集都得到同类型的样本，从根节点开始测试，到子树，再到叶子节点，即可得出预测类别。此方法的特点是结构简单、处理数据效率较高。

在图 6-7 所示的例子中，我们可以发现许多共同的特征，但它们都不足以单独识别动物。然而，当我们把所有这些观察结合在一起时，就能形成一个更完整的画面，并做出更准确的预测。

一种流行的决策树算法是随机森林算法。在该算法中，弱学习器是随机选择的，通过学习往往可以获得一个强预测器。控制数据树生成的方式有多种，根据前人的经验，大多数时候更倾向于选择分裂属性和剪枝，但这并不能解决所有问题，偶尔会遇到噪声或分裂属性过多的问题。基于这种情况，总结每次的结果可以得到数据的估计误差，将它和测试样本的估计误差相结合可以评估组合树学习器的拟合及预测精度。此方法的优点有很多，可以产生高精度的分类器，并能够处理大量的变数，也可以平衡分类资料集之间的误差。

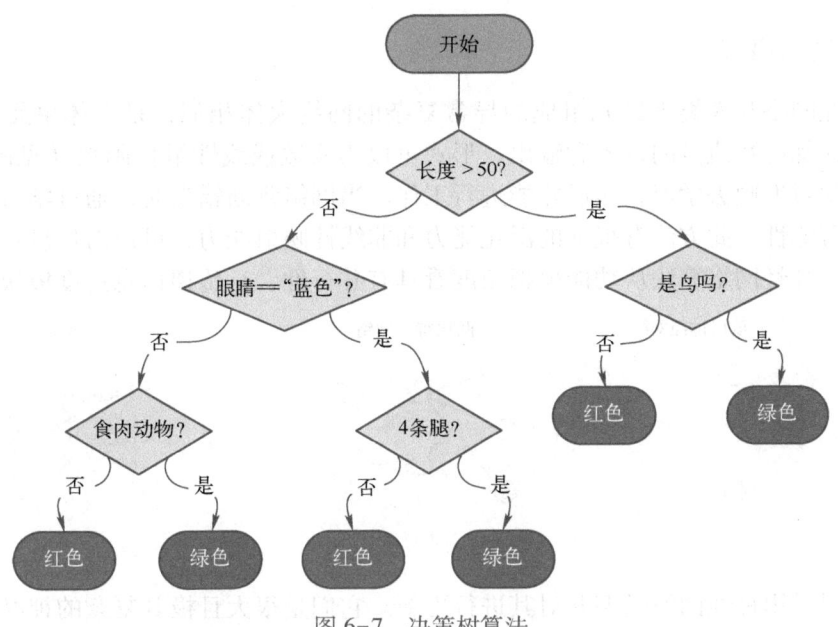

图 6-7　决策树算法

6.4.5　朴素贝叶斯算法

朴素贝叶斯经常用于文本分析算法，是一种由一系列算法组成的分类算法，各种算法有一个共同的原则，即被分类的每个特征都与任何其他特征的值无关，这些"特征"中的每一个都独立地贡献概率，而不管特征之间的任何相关性。然而，特征并不总是独立的，这通常被视为朴素贝叶斯算法的缺点。简而言之，朴素贝叶斯算法允许使用概率给出一组特征来预测一个类。与其他常见的分类方法相比，朴素贝叶斯算法需要的训练很少。在进行预测之前必须完成的唯一工作是找到特征的个体概率分布的参数，这通常可以快速且确定地完成。这意味着即使对于高维数据点或大量数据点，朴素贝叶斯分类器也可以表现良好。例如，大多数垃圾邮件过滤器使用朴素贝叶斯算法，它们使用用户输入的类标记数据来比较新数据并对其进行适当分类。

6.4.6　聚类算法

聚类算法可以发现元素之间的共性并对它们进行相应的分组，常用的聚类算法是 k 均值聚类算法。在 k 均值聚类算法中，分析人员选择簇数（k），并根据物理距离将元素分组为适当的聚类。

6.4.7　支持向量机算法

支持向量机是统计学习领域中的一个代表性算法，但它与传统方式的思维方法有很多的不同，可通过输入空间、提高维度将问题简化，从而将问题归结为线性可分的经典解问题。其基本思想是：首先，利用一种变换将空间高维化，当然这种变换是非线性的；然后，在新的复杂空间中取最优线性分类表面。由此种方式获得的分类函数在形式上类似于神经网络算法。支持向量机应用于垃圾邮件识别、人脸识别等多种分类问题。

6.4.8 神经网络算法

人工神经网络与人类神经元组成的异常复杂的网络大体相似,是个体单元互相连接而成,每个单元都有数值量的输入和输出,形式可以为实数或线性组合函数(见图6-8)。它先要以一种学习准则去学习,然后才能进行工作。当网络判断错误时,通过学习使其减少犯同样错误的可能性。此方法有很强的泛化能力和非线性映射能力,可以对信息量少的系统进行模型处理。神经网络算法从功能模拟角度看具有并行性,且传递信息速度极快。

图6-8 神经网络算法

深度学习采用神经网络模型并对其进行更新。它们是很大且极其复杂的神经网络,使用少量的标记数据和更多的未标记数据。神经网络和深度学习有许多输入,它们经过几个隐藏层后才产生一个或多个输出。这些连接形成一个特定的循环,模仿人脑处理信息和建立逻辑连接的方式。此外,随着算法的运行,隐藏层往往变得更小、更细微。

一旦选定了算法,就还有一个非常重要的步骤,即可视化和交流结果。虽然与算法编程的细节相比,这看起来比较简单,但是,如果没有人能够理解,那么惊人的洞察力又有什么用呢?

6.4.9 Boosting 与 Bagging 算法

Boosting(提高)是一种通用的增强基础算法性能的回归分析算法,不需构造一个高精度的回归分析,只需一个粗糙的基础算法即可,反复调整基础算法就可以得到较好的组合回归模型。它可以将弱学习算法提高为强学习算法,并可以应用到其他基础回归算法(如线性回归、神经网络等)来提高精度。

Bagging(装袋)和前一种算法大体相似但又略有差别,主要思想是给出已知的弱学习算法和训练集。它需要经过多轮的计算,才可以得到预测函数列,最后采用投票方式对示例进行判别。

6.4.10 关联规则算法

关联规则使用规则去描述两个变量或多个变量之间的关系,是客观反映数据本身性质的方法。它是机器学习的一大类任务,可分为两个阶段,先从资料集中找到高频项目组,再去研究它们的关联规则。其得到的分析结果即是对变量间规律的总结。

6.4.11 EM(期望最大化)算法

在进行机器学习的过程中需要用到极大似然估计等参数估计方法,在有潜在变量的情况下,通常选择EM(Expectation-Maximum,期望最大化)算法,不直接对函数对象进行极大估计，而是添加一些数据进行简化计算，再进行极大化模拟。它是针对本身受限制或比较难直接处理的数据的极大似然估计算法。

EM 算法曾入选"数据挖掘十大算法"，是最常见的隐变量估计方法，在机器学习中有着极为广泛的用途。EM 算法是一种迭代优化策略。由于它的计算方法中的每一次迭代都分两步，其中一步为期望步（E 步），另一步为极大步（M 步），所以被称为 EM 算法。EM 算法最初是为了解决数据缺失情况下的参数估计问题，其基本思想是：首先根据已经给出的观测数据估计出模型参数的值，然后依据上一步估计出的参数值估计缺失数据的值，接着根据估计出的缺失数据和之前已经观测到的数据重新对参数值进行估计，反复迭代，直至最后收敛，迭代结束。

6.5 机器学习的应用

机器学习的主要目的是从使用者和输入数据等处获得知识或技能，重新组织已有的知识结构，使之不断改善自身的性能，从而减少错误，帮助解决更多问题，提高解决问题的效率。例如，机器翻译中最重要的过程是学习人类怎样翻译语言，程序通过阅读大量翻译内容来实现对语言的理解。以汉语和日语来举例，机器学习的原理很简单，当一个相同的词语在几个句子中出现时，只要通过对比日语版本翻译中同样在每个句子中都出现的短语便可知道它的日语翻译是什么（见图 6-9）。

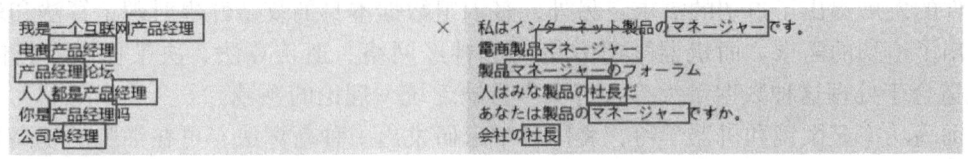

图 6-9 汉语和日语

按照这种方式不难推测：
1)"产品经理"一词的日语可翻译为"製品のマネージャー"。
2)"经理"则一般翻译为"社长"。

机器学习在识别词汇时可以不追求完全匹配，只要匹配达到一定比例便可认为这是一种可能的翻译方式。

机器学习应用广泛，无论是在军事领域还是在民用领域，都有机器学习算法"施展"的机会。

6.5.1 数据分析与挖掘

"数据挖掘"和"数据分析"通常被相提并论，并在许多场合被认为是可以相互替代的术语。无论是数据分析还是数据挖掘，都是"识别出巨量数据中有效的、新颖的、潜在有用的、最终可理解的、模式的非平凡过程"，帮助人们收集、分析数据，使之成为信息并做出判断，因此，可以将这两项合称为数据分析与挖掘。

数据分析与挖掘技术是机器学习算法和数据存取技术的结合，利用机器学习提供的统计分析、知识发现等手段分析海量数据，同时利用数据存取机制实现数据的高效读写。机器学习在数据分析与挖掘领域中拥有无可取代的地位。

6.5.2 模式识别

模式识别起源于工程领域，而机器学习起源于计算机科学，这两个不同学科的结合带来了模式识别领域的调整和发展。模式识别研究主要集中在两个方面。

1）研究生物体（包括人）是如何感知对象的，属于认识科学的范畴。

2）在给定的任务下，如何用计算机实现模式识别的理论和方法，这些是机器学习的长项，也是机器学习研究的内容之一。

模式识别的应用领域广泛，包括计算机视觉、医学图像分析、光学文字识别、自然语言处理、语音识别、手写识别、生物特征识别、文件分类、搜索引擎等，而这些领域也正是机器学习大展身手的舞台，因此模式识别与机器学习的关系越来越密切。

6.5.3 生物信息学应用

随着基因组和其他测序项目的不断发展，生物信息学研究的重点正逐步从积累数据转移到如何解释这些数据。在未来，生物学的新发现将极大地依赖于我们在多个维度和不同尺度下对多样化的数据进行组合和关联的分析能力，而不再仅仅依赖于对传统领域的继续关注。序列数据将与结构和功能基因表达数据、生化反应通路数据、临床数据等一系列数据相互集成。如此大量的数据，在生物信息的存储、获取、处理、浏览及可视化等方面，都对理论算法和软件的发展提出了迫切的需求。另外，基因组数据本身的复杂性也对理论算法和软件的发展提出了迫切的需求。而机器学习方法（如神经网络、遗传算法、决策树和支持向量机等）正适合于处理这种数据量大、含有噪声且缺乏统一理论的领域。

借助高功率显微镜和机器学习，美国科学家研发出一种新算法，可在细胞的超高分辨率图像中快速揭示细胞内部结构，自动识别大约 30 种不同类型的细胞器和其他结构。

6.5.4 物联网

物联网（IoT）包括家里和办公室里联网的物理设备。流行的物联网设备，比如智能灯泡，其销售额在过去几年里猛增。随着机器学习的进步，物联网设备比以往任何时候都更聪明、更复杂。机器学习有两个主要的与物联网相关的应用：使设备变得更好和收集用户的数据。让设备变得更好是非常简单的：使用机器学习来个性化用户的环境，比如，用面部识别软件来感知哪个是房间，并相应地调整温度。收集数据更加简单，通过在用户的家中保持网络连接设备（如亚马逊回声）的通电和监听即可，如亚马逊这样的公司，收集关键的人口统计信息后，将其传递给广告商。

6.5.5 聊天机器人

在过去的几年里，我们看到了聊天机器人的激增，成熟的语言处理算法每天都在改进它们。聊天机器人被公司用在他们自己的移动应用程序和第三方应用上，以提供比人类更快、更高效的虚拟客户服务。

如 Siri 这样的**虚拟助手**，当使用语音发出指令后，它会协助查找信息。对于回答，虚拟助手会查找信息，回忆相关查询，或向其他资源（如电话应用程序）发送命令以收集信息。

我们甚至可以指导虚拟助手执行某些任务,如"设置7点的闹钟"等。

电子邮件客户端使用了许多垃圾邮件过滤方法。为了确保这些垃圾邮件过滤器能够不断更新,为它们使用了机器学习技术。多层感知器和决策树归纳等是由机器学习提供支持的一些垃圾邮件和恶意软件过滤技术。每天可检测到超过325000个恶意软件,每个恶意软件的代码都与之前版本的90%～98%相似。可根据机器学习驱动的系统安全程序理解编码模式。因此,垃圾邮件和恶意软件过滤技术可以轻松检测到2%～10%变异的新恶意软件,并提供针对它们的保护。

据报道,"世界四大会计师事务所"之一的德勤公司向其在欧洲和中东地区的7.5万名员工推出一款自主研发的AI聊天机器人——PairD,人类员工可以用它在PowerPoint中创建演示文稿,以及编写电子邮件和代码,以提高生产效率。

6.5.6 自动驾驶

如今,不少大型企业正在开发无人驾驶汽车(见图6-10)。这些汽车使用了通过机器学习实现导航、维护和安全程序的技术。一个例子是交通标志传感器,它使用监督学习算法来识别和解析交通标志,并将它们与一组带有标记的标准标志进行比较。这样,汽车就能看到停车标志,并认识到它实际上意味着什么。

图 6-10 无人驾驶汽车

生活中,我们经常使用卫星导航服务。当这样做时,我们当前的位置和速度被保存在中央服务器上来进行流量管理。之后使用这些数据来构建当前流量的映射。通过机器学习可以解决配备卫星导航的汽车数量较少的问题,这种情况下的机器学习有助于根据估计找到拥挤的区域。

【作业】

1. 机器学习是使计算机具有智能的根本途径,是一门涉及概率论、统计学、逼近论、凸分析、算法复杂度理论等多领域的( )学科,专门研究计算机怎样模拟或实现人类的学习行为。

A. 重复　　　　B. 交叉　　　　C. 复合　　　　D. 独立

2. 机器学习最早的发展可以追溯到（　　）。

A. 英国数学家贝叶斯在 1763 年发表的贝叶斯定理

B. 1950 年，计算机科学家图灵发明的图灵测试

C. 1952 年，亚瑟·塞缪尔创建的一个简单的下棋游戏程序

D. 唐纳德·米奇在 1963 年推出的强化学习的 tic-tac-toe（井字棋）程序

3. 20 世纪 50 年代中叶到 60 年代中叶，属于机器学习的（　　）时期。这个时期通过对机器的环境及其相应性能参数的改变来检测系统所反馈的数据，最后选择一个最优的环境生存。

A. 衰退　　　　B. 复兴　　　　C. 冷静　　　　D. 热烈

4. 从 20 世纪 60 年代中叶到 70 年代中叶，被称为机器学习的（　　）时期，主要研究将领域知识植入系统，通过机器模拟人类学习，同时采用图结构及逻辑结构方面的知识进行系统描述。

A. 衰退　　　　B. 复兴　　　　C. 冷静　　　　D. 热烈

5. 从 20 世纪 70 年代中叶到 80 年代中叶，称为（　　）时期。在此期间，人们从学习单个概念扩展到学习多个概念，探索不同的学习策略和学习方法，开始把学习系统与各种应用结合起来。

A. 衰退　　　　B. 复兴　　　　C. 冷静　　　　D. 热烈

6. 20 世纪 80 年代中叶，机器学习进入新阶段的主要特点包括（　　）。

① 机器学习成为新的边缘学科，融合各种学习方法

② 机器学习与人工智能各种基础问题的统一性观点正在形成

③ 与机器学习有关的商业活动和市场销售空前活跃

④ 各种学习方法的应用范围不断扩大，一部分已形成商品

A. ①②④　　　B. ①③④　　　C. ②③④　　　D. ①②③

7. 学习是人类具有的一种重要的智能行为，社会学家、逻辑学家和心理学家都各有其不同的看法。关于机器学习，合适的定义是（　　）。

① 兰利的定义是："机器学习是一门人工智能的科学，该领域的主要研究对象是人工智能，特别是如何在经验学习中改善具体算法的性能"

② 汤姆·米切尔的定义是："机器学习是对能通过经验自动改进的计算机算法的研究"

③ 阿尔帕丁的定义是："机器学习是用数据或以往的经验以优化计算机程序的性能标准"

④ 马丁·路德金的定义是："机器学习是一门研究算法获取新知识和新技能并识别现有知识的学问"

A. ①③④　　　B. ①②④　　　C. ①②③　　　D. ②③④

8. （　　）机器学习主要研究学习机制，注重探索模拟人的学习机制，研究内容包括决策树、随机森林、人工神经网络、贝叶斯学习等方面。

A. 大数据　　　B. 经典　　　　C. 创新　　　　D. 传统

9. （　　）环境下的机器学习主要是研究如何有效利用信息，注重从巨量数据中获取隐藏的、有效的、可理解的知识。

A. 大数据　　　B. 经典　　　　C. 创新　　　　D. 传统

10. （　　）作为机器学习的重要算法之一，是一种利用多个树分类器进行分类和预测的方法。

A. 大数据块　　B. 神经网络　　C. 随机森林　　D. 传统聚焦

11. （　　）是一种具有非线性适应性信息处理能力的算法，可克服传统人工智能方法对于直觉方面的缺陷，得到迅速发展。

A. 大数据块　　B. 神经网络　　C. 随机森林　　D. 传统聚焦

12. 机器学习的核心是"使用（　　）解析数据，从中学习，然后对世界上的某件事情做出决定或预测"。

A. 程序　　　　B. 函数　　　　C. 算法　　　　D. 模块

13. 有3种主要类型的机器学习：监督学习、无监督学习和（　　）学习，各自有着不同的特点。

A. 重复　　　　B. 强化　　　　C. 自主　　　　D. 优化

14. （　　）学习是指输入数据中有导师信号，以概率函数、代数函数或人工神经网络为基函数模型，采用迭代计算方法，学习结果为函数。

A. 无监督　　　B. 强化　　　　C. 自主　　　　D. 监督

15. 监督学习的主要类型是（　　）。

A. 分类和回归　B. 聚类和回归　C. 分类和降维　D. 聚类和降维

16. 无监督学习又称归纳性学习，分为（　　）。

A. 分类和回归　B. 聚类和回归　C. 分类和降维　D. 聚类和降维

17. 强化学习使用机器的历史和经验来做出决定，其经典应用是（　　）。

A. 文字处理　　B. 数据挖掘　　C. 游戏娱乐　　D. 自动控制

18. 要完全理解大多数机器学习算法，需要对一些关键的数学概念有一个基本的理解。机器学习使用的数学知识主要包括（　　）。

① 线性代数　　② 微积分　　　③ 概率统计　　④ 微分方程

A. ①③④　　　B. ①②③　　　C. ②③④　　　D. ①②④

19. 机器学习的（　　）是一种建模和分析数据的预测性技术工具，它研究因变量（目标）和自变量（预测器）之间的关系，通常用于预测分析、时间序列模型以及发现变量之间的因果关系。

A. 回归分析　　B. 决策树　　　C. 神经网络　　D. k-最近邻

20. 最著名的基于实例的算法是（　　）（KNN）算法，它是机器学习中最基础和简单的算法之一，既能用于分类，也能用于回归。

A. 回归分析　　B. 决策树　　　C. 神经网络　　D. k-最近邻

第7章 神经网络与深度学习

【导读案例】谷歌大脑

谷歌大脑是"Google X 实验室"的一个人工智能技术的主要研究项目——具备自我学习功能的模拟人脑软件。Google X 部门的科学家们通过将 1.6 万片处理器相连接，建造出了全球为数不多的最大中枢网络系统。

谷歌大脑通过模拟人类的大脑细胞相互交流和影响设计，它可以通过观看 YouTube 视频（美国的一家在线视频服务提供商）学习识别人脸、猫脸以及其他事物。这项技术使谷歌产品变得更加智能化，而首先受益的是语音识别产品。当数据被送达这个神经网络的时候，不同神经元之间的关系就会发生改变，而这也使得神经网络能够得到对某些特定数据的反应机制。

通过应用这个神经网络，谷歌的软件已经能够更准确地识别讲话内容，而语音识别技术对于谷歌自己的智能手机安卓操作系统来说非常重要。这一技术也可以用于谷歌为苹果 iPhone 开发的应用程序。神经网络能够让更多的用户拥有完美的、没有错误的使用体验。随着时间的推移，谷歌的其他产品也能随之受益。如谷歌的图像搜索工具，能够更好地理解一幅图片，而不需要依赖文字描述。谷歌无人驾驶汽车、谷歌眼镜也能通过使用这一软件而得到提升，因为它们可以更好地感知真实世界中的数据。

"神经网络"在机器学习领域已经应用数十年，并已广泛应用于包括国际象棋、人脸识别等各种智能软件中。而谷歌的工程师已经在这一领域建立了不需要人类协助就能自学的神经网络。这种自学能力也使得谷歌的神经网络可以应用于商业，而非仅仅作为研究示范使用。谷歌的神经网络可以自己决定关注数据的哪部分特征，注意哪些模式，而并不需要人类决策。通常，颜色、特殊形状等对于识别对象来说十分重要。

现实生活中常常会有这样的问题：由于缺乏足够的先验知识，因此难以人工标注类别或进行人工类别标注的成本太高。很自然地，就希望计算机能代替我们完成这些工作，或至少提供一些帮助。根据类别未知（没有被标记）的训练样本解决模式识别中的各种问题，称之为无监督学习。

深度学习是机器学习的分支，也是无监督学习的一种，它是一种以人工神经网络为架构、对数据进行表征学习的算法。深度学习基于现有的数据进行学习操作，其动机在于建立、模拟人脑进行分析学习的神经网络，它模仿人脑的机制来解释数据，如图像、声音和文本。已有多种深度学习框架，如深度神经网络、卷积神经网络、深度置信网络和递归神经网络，被应用在计算机视觉、语音识别、自然语言处理与生物信息学等领域，并获得了极好的效果，推动了人工智能进入工业化大生产阶段，具有很强的通用性，同时具备标准化、自动化和模块化的基本特征。

7.1 动物的中枢神经系统

每当开始一项新的研究时,都应该先了解是否已经存在现成可借鉴的解决方案。例如,假设在 1902 年莱特兄弟成功进行飞行实验的前一年,你突发奇想要设计一个人造飞行器,那么,你首先应该注意到,在自然界中飞行的"机器"实际上是存在的(鸟)。由此得到启发,你的飞行器设计方案中可能要有两个大翼。同样,如果你想设计人工智能系统,那么就要学习并分析这个星球上最自然的智能系统之一,即人脑神经系统。

7.1.1 神经系统的结构

动物的中枢神经系统由被称为神经细胞或神经元的细胞组成。和所有细胞一样,它们具有含 DNA(脱氧核糖核酸)的细胞核及含其他物质的细胞膜,细胞可以通过 DNA 复制的过程简单地复制遗传信息。它们比其他的大多数细胞的体积要大得多,这些神经元能够将从脚趾接收到的感觉由脊柱底部传至全身。例如,长颈鹿颈部的神经元能够伸展至其身体的每个角落。神经元一般由 3 部分组成:细胞体、树突和轴突(见图 7-1)。每个神经元都由一个包含神经核的细胞体组成。许多从细胞体中分支出来的纤维状被称为树突,这些较短的分支细丝接收来自其他神经元的信号。其中单一长条形分支的长纤维称为轴突。轴突伸展的距离很长,一般要长到 1 厘米(cm)(是细胞体直径的 100 倍),但也可以达到 1 米(m)。一个细胞的轴突与另一个细胞的树突之间的连接部位被称为突触。一个神经元在突触的连接处与其他 10~100000 个神经元建立连接。

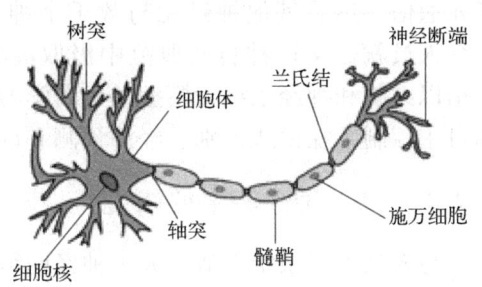

图 7-1 生物神经元的基本构造

神经元可被刺激激活,并沿轴突传导冲动。神经冲动要么存在,要么不存在,无信号强弱之分。其他神经元的信号决定了神经元发送自身信号的可能性。这些来自其他细胞的信号可能提高或降低信号发送的概率,也能够改变其他信号的作用效果。有一部分神经元,除非接收到其他信号,否则自身不会发送信号;也有一部分神经元会不断地重复发送信号,直到有其他信号进行干扰。一些信号的发送频率取决于它们接收到的信号。

信号通过复杂的电化学反应从一个神经元传递到其他神经元。这些信号可以在短期内控制大脑活动,还可以长期改变神经元的连通性。这些机制被认为是大脑学习的基础。大多数信息都是在大脑皮质(大脑的外层)中处理的。基本的组织单元似乎是直径约 0.5 毫米(mm)的柱状组织,包含约 20000 个神经元,并延伸到整个皮质(人类皮质深度约 4 毫米(mm))。

7.1.2 神经系统学习机制

人脑是一种适应性系统,必须对变幻莫测的事物做出反应,而学习是通过修改神经元之间连接的强度来进行的。现在,生物学家和神经学家已经了解了生物中的个体神经元是如何相互交流的。动物神经系统由数以千万计的互连细胞组成,而人脑由 100 亿~1000 亿个神经元组成。然而，并行的神经元集合如何形成功能单元仍然是一个谜。

电信号通过树突流入细胞体。细胞体（或神经元胞体）是"数据处理"的地方。当存在足够的应激反应时，神经元就被激发了。换句话说，它发送一个微弱的电信号（以毫瓦为单位）到被称为轴突的电缆状突出。神经元通常只有单一的轴突，但会有许多树突。足够的应激反应指的是超过预定的阈值。电信号流经轴突，直接到达神经断端。细胞之间的轴突-树突（轴突-神经元胞体或轴突-轴突）接触称为神经元的突触。两个神经元之间实际上有一个小的间隔（几乎触及），这个间隙充满了导电流体，允许神经元间电信号的流动。脑激素（或摄入的药物，如咖啡因）会影响当前的导电率。

7.2 了解人工神经网络

人脑神经元彼此高度相连。一些神经元与另一些或另外几十个相邻的神经元通信，然后其他神经元与数千个神经元共享信息。在过去的数十年里，研究人员就是从这种自然典范中汲取灵感，设计人工神经网络的。人工神经网络（ANN）是指以人脑和神经系统为模型的机器学习算法。如今，人工神经网络从股票市场预测到汽车的自主控制，在模式识别、经济预测和许多其他应用领域都有突出的表现。

7.2.1 人工神经网络的研究

与人脑神经系统类似，人工神经网络通过改变权重以呈现出相同的适应性。在监督学习的 ANN 范式中，学习规则承担了这个任务，监督学习通过比较网络的表现与所希望的响应，相应地修改系统的权重。ANN 有 3 种主要学习规则，即感知器学习、增量和反向传播。反向传播规则具有处理多层网络所需的能力，并且在许多应用中取得了广泛的成功。

熟悉各种网络架构和学习规则还不足以保证模型的成功，还需要知道如何编码数据、网络培训应持续多长时间，以及如果网络无法收敛，则应如何处理。

20 世纪 70 年代，人工神经网络研究进入了停滞期。资金不足导致这个领域少有新成果产生。诺贝尔物理学奖获得者约翰·霍普菲尔德在这个学科的研究重新激起了人们对这一学科的热情。

在了解（并模拟）动物神经系统行为的基础上，美国的麦卡洛克和皮茨开发了人工神经元的第一个模型。对应于生物神经网络的生物学模型，人工神经元采用了 4 个要素：

1）细胞体，对应于神经元的细胞体。
2）输出通道，对应于神经元的轴突。
3）输入通道，对应于神经元的树突。
4）权重，对应于神经元的突触。

其中，权重（实值）扮演了突触的角色，反映了生物突触的导电水平，用于调节一个神经元对另一个神经元的影响程度，控制着输入对单元的影响。人工神经元就模仿了神经元的结构。

未经训练的神经网络模型很像新生儿：它们被创造出来的时候对世界一无所知，只有通过接触这个世界，也就是后天的知识，才会慢慢提高它们的认知程度。算法通过数据体验世界，人们试图通过在相关数据集上训练神经网络来提高其认知程度。衡量进度的方法是监测网络产生的误差。

实际神经元运作时要积累电势能,当能量超过特定值时,突触前神经元会经轴突放电,继而刺激突触之后的神经元。人类有着数以亿计相互连接的神经元,其放电模式无比复杂。哪怕是最先进的神经网络也难以比拟人脑的功能,因此,神经网络在短时间内还无法模拟人脑的功能。

7.2.2 典型的人工神经网络

人工神经网络是一种仿生神经网络结构和功能的数学模型或计算模型,用于对函数进行估计或近似计算。大多数情况下,人工神经网络能在外界信息的基础上改变内部结构。

作为一种非线性统计性数据建模工具,典型的神经网络具有以下 3 个部分:

1)结构:指定网络中的变量及其拓扑关系。例如,神经网络中的变量可以是神经元连接的权重和神经元的激励值。

2)激励函数:大部分神经网络模型都具有一个短时间尺度的动力学规则,用来定义神经元如何根据其他神经元的活动改变自己的激励值。一般,激励函数依赖于网络中的权重(即该网络的参数)。

3)学习规则:指定人工神经网络中的权重如何随着时间推进而调整。这一般被看作一种长时间尺度的动力学规则。一般情况下,学习规则依赖于神经元的激励值,它也可能依赖于监督者提供的目标值和当前权重的值。

7.2.3 类脑计算机

人脑平均包含 1000 亿个神经元,每个神经元又平均与 7000 个其他神经元相连,可以想象能够匹配人脑的计算机有多庞大。每个突触都需要一个基本操作,这样的操作每秒大约需要进行 1000 次,精确之后也就是每秒 1017 次。目前的一般家用计算机有 4 个处理器(4 核),在写入时,每个处理器的速度约为每秒 109 次操作。我们可以通过廉价的硬件来实现每秒 1011 次操作,但至少需要 100 万个这样的处理器才能够匹配人脑。

拥有了速度更快的计算机也无法立即创建人工智能,因为我们还需要了解如何编程。如果大脑由神经元组成并且是智能的,或许我们可以模拟神经元进行编程,毕竟这已经被证明是可行的。

人工神经元比人类神经元简单,它们接收数以千计的输入,并对其进行叠加,如果总数超过阈值则被激活。每一次输入都被设置一个可配置的权重,人类可以决定任何一次输入对总数的作用效果,如果权重为负值,则神经元的激活将被抑制。这些人工神经元可以用于构建计算机程序,但它们比目前使用的语言更复杂。不过,我们可以类比人脑将它们大量集合成群,并且改变所有输入的权重,然后根据需求管理整个系统,而不必弄清其工作原理。

将这些神经元排列在至少三层结构中(见图 7-2),一些情况下将多达 30 层,每一层都含有众多神经元,可能多达几千个。因此,一个完整的神经网络可能含有 10 万个或更多的个体神经元,每个神经元都接收来自前一层其他神经元

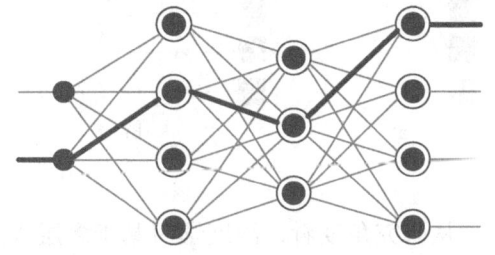

图 7-2 三层结构的人工神经网络

的输入,并将信号发送给后一层的所有神经元,我们向第一层注入信号并解释最后一层发出的信号,以此来进行操作。

7.3 深度学习的定义

扫码看视频

深度学习起源于早期用计算电路模拟大脑神经元网络的工作,是机器学习中一系列技术的组合。深度学习假设具有复杂代数电路的形式,其"深度"的含义是指电路通常被设计成多层,这意味着从输入到输出的计算路径包含较多的计算步骤,且其中的连接强度是可调整的。因此,通过深度学习方法训练的网络通常被称为神经网络,尽管它与真实的神经细胞和结构之间的相似性仅停留于表面。

深度学习会学习样本数据的内在规律和表示层次,它在使用复杂机器学习算法的学习过程中所获得的信息,对诸如文字、图像识别和语音识别等数据的解释有很大帮助,所取得的效果远远超过先前的相关技术,其最终目标是让机器能够像人一样具有分析学习能力。

7.3.1 深度学习的优势

与传统机器学习所述的一些方法相比,深度学习在处理图像等高维数据时具有明显的优势。举例来说,虽然线性回归和逻辑斯谛回归等方法可以处理大量的输入变量,但每个样本从输入到输出的计算路径都非常短——只是乘以某个权重后加到总输出中。此外,不同的输入变量各自独立地影响输出而不相互影响(见图 7-3a)。这大大限制了这些模型的表达能力。它们只能表示输入空间中的线性函数与边界,而真实世界中的大多数概念要复杂得多。

另外,决策列表和决策树能够实现较长的计算路径,这些路径可能依赖于较多的输入变量,但只是对很小的一部分输入向量而言(见图 7-3b)。如果一个决策树对一定部分的可能输入有很长的计算路径,那么它的输入变量的数量必将是指数级的。深度学习的基本思想是训练电路,使其计算路径可以很长,进而使得所有输入变量之间以复杂的方式相互作用(见图 7-3c)。事实证明,这些电路模型具有足够的表达能力,它们在许多重要类型的学习问题中都能够拟合复杂的真实数据。

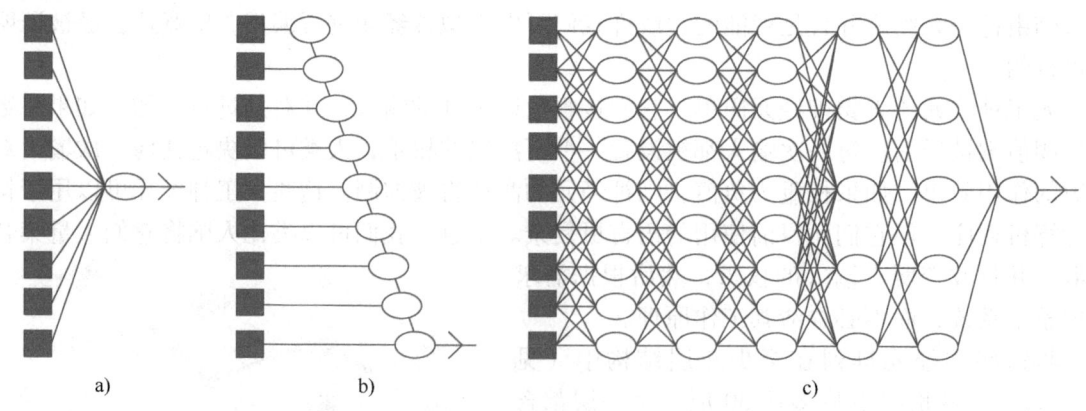

图 7-3 学习的计算路径

从研究角度看,深度学习基于多层人工神经网络,以海量数据为输入,可发现规则自学习。深度学习所基于的多层神经网络并非新鲜事物,甚至在 20 世纪 80 年代还被认为没有前途。但近年来，科学家对多层神经网络的算法不断优化，使它出现了突破性的进展。如今，人工智能技术正发展为一种能够改变世界的力量，其中尤以深度学习所取得的进步最为显著。深度学习所带来的重大技术革命，甚至有可能颠覆过去长期以来人们对互联网技术的认知，实现技术体验的跨越式发展。

7.3.2 深度学习的意义

以往的很多算法都是线性的，而现实世界中大多数事情的特征是复杂非线性的。比如猫的图像中，就包含了颜色、形态、五官、光线等各种信息。深度学习的关键就是通过多层非线性映射将这些因素成功分开。

与浅层相比，简单地说，多层神经网络可以减少参数，因为它重复利用中间层的计算单元。以识别猫为例，它学习猫的分层特征：最底层从原始像素开始，刻画局部的边缘和纹；中间层把各种边缘进行组合，描述不同类型的猫的器官；最高层描述的则是整个猫的全局特征。

深度学习需要具备超强的计算能力，同时还不断有海量数据的输入。特别是在信息表示和特征设计方面，过去大量依赖人工，严重影响有效性和通用性。深度学习则彻底颠覆了"人造特征"的范式，开启了数据驱动的"表示学习"范式——由数据自提取特征，计算机自己发现规则，进行自学习。可以这样理解：过去，人们对经验的利用靠人类自己完成；而深度学习中，经验以数据的形式存在。因此，深度学习就是关于在计算机上从数据中产生模型的算法，即深度学习算法。

那么大数据以及各种算法与深度学习有什么区别呢？过去的算法模式，数学上称为线性，如 x 和 y 的关系是对应的，它是一种函数体现的映射。但这种算法在海量数据面前遇到了瓶颈。国际上著名的 ImageNet 图像分类大赛，采用传统算法，识别错误率一直降不下去，采用深度学习后，错误率大幅降低。2010 年，获胜的系统只能正确标记 72% 的图片；到了 2012 年，多伦多大学的杰夫·辛顿利用深度学习的新技术，带领团队实现了 85% 的准确率；2015 年的 ImageNet 竞赛上，一个深度学习系统以 96% 的准确率第一次超过了人类（人类平均有 95% 的准确率）。计算机认图的能力已经超过人类，尤其在图像和语音等复杂应用方面，深度学习技术取得了优越的性能。

深度学习是一种以人工神经网络为架构的对数据进行表征学习的算法，即可以这样定义："深度学习是一种特殊的机器学习，使用嵌套的概念层次来表示并实现巨大的功能和灵活性，其中的每个概念都定义为与简单概念相关联，而更为抽象的表示则是以较不抽象的方式来计算。"

目前，已经有多种深度学习框架，如深度神经网络、卷积神经网络、深度置信网络和递归神经网络，被应用在计算机视觉、语音识别、自然语言处理、音频识别与生物信息学等领域并获取了极好的效果。另外，"深度学习"也成为神经网络的品牌重塑。

通过多层处理，逐渐将初始的"低层"特征表示转化为"高层"特征表示后，用"简单模型"即可完成复杂的分类等学习任务。由此，可将深度学习理解为进行"特征学习"或"表示学习"。

以往将机器学习用于现实任务时，描述样本的特征通常需由人类专家来设计，这称为"特征工程"。众所周知，特征的好坏对泛化性能有着至关重要的影响，人类专家设计出好特征也并非易事。特征学习（表征学习）则通过机器学习技术自身来产生好特征，这使机器学习向"全自动数据分析"又前进了一步。

人工智能的研究方向之一是以"专家系统"为代表，用大量的"if-then"规则定义，采用自上而下的思路。ANN 标志着另一种自下而上的思路，试图模仿大脑神经元之间传递、处理信息的模式。

7.3.3 神经网络理解图片

支持图像识别技术的通常是深度神经网络（见图 7-4），借助于特征可视化这个强大工具，能帮我们理解神经网络究竟是怎样认识图像的。

现在，计算机视觉模型中的每一层所检测的物体都可以可视化。经过在一层层神经网络中的传递，会逐渐对图片进行抽象：先探测边缘，然后用这些边缘来检测纹理，再用纹理检测模式，用模式检测物体的部分……

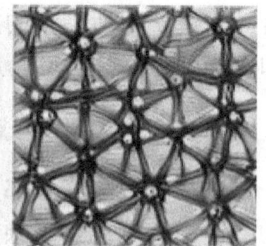

功能可视化：通过生成示例来回答有关网络或网络部分正在寻找的问题

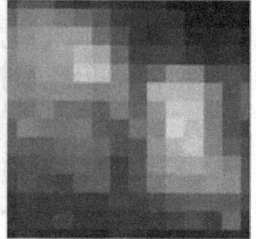

归因：研究一个例子的哪个部分负责网络激活方式

图 7-4 神经网络的可视化

图 7-5 是 ImageNet（一个用于视觉对象识别软件研究的大型可视化数据库项目）训练的 GoogleNet 的特征可视化图，可以从中看出它的每一层是如何对图片进行抽象的。

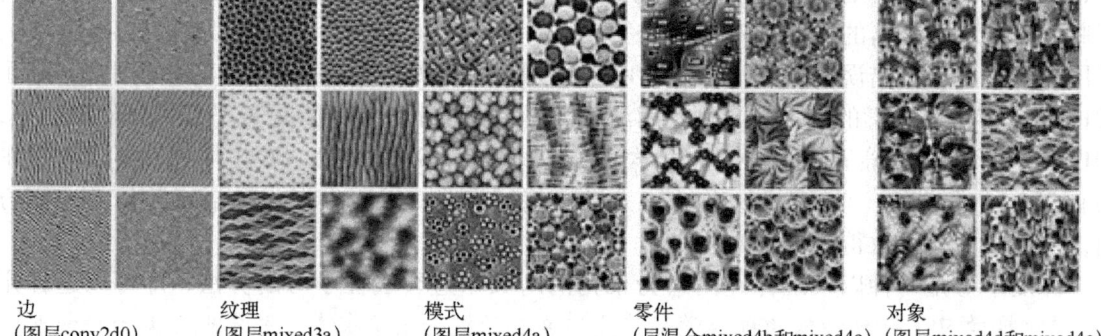

边　　　　　　　纹理　　　　　　　模式　　　　　　　零件　　　　　　　对象
（图层conv2d0）　（图层mixed3a）　（图层mixed4a）　（层混合mixed4b和mixed4c）　（图层mixed4d和mixed4e）

图 7-5 用 ImageNet 训练的特征可视化图

在神经网络处理图像的过程中，单个神经元不能理解任何东西，它们需要协作。所以，我们也需要理解它们彼此之间如何交互。通过在神经元之间插值，使神经元之间彼此交互。图 7-6 所示为两个神经元是如何共同表示图像的。

在进行特征可视化时，得到的结果通常会布满噪点和无意义的高频图案。要更好地理解神经网络模型是如何工作的，就要避开这些高频图案。这时所用的方法是进行预先规则化，或者说约束、预处理。

当然，了解神经网络内部的工作原理，也是增强人工智能可解释性的一种途径，而特征可视化正是其中一个很有潜力的研究方向。神经网络已经得到了广泛应用，解决了控制、搜索、优化、函数近似、模式关联、聚类、分类和预测等领域的问题。

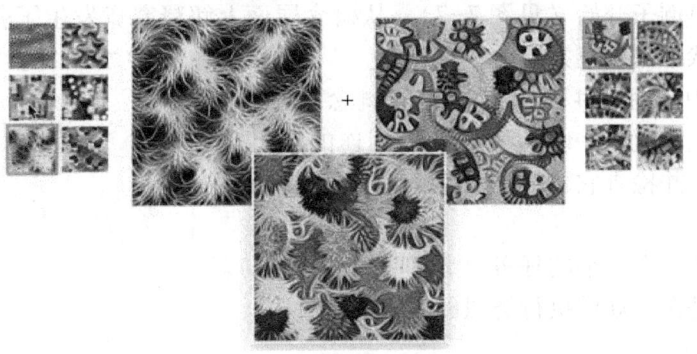

图 7-6 两个神经元共同表示图像

神经网络的主要缺点是其不透明性，换句话说它们不能解释结果。有个研究领域是将 ANN 与模糊逻辑结合起来生成神经模糊网络，这个网络具有 ANN 的学习能力，同时也具有模糊逻辑的解释能力。

7.3.4 训练神经网络

起初，神经网络产生的结果是杂乱无章的，因为我们还没有给予其具体操作的指令。因此，我们为其提供大量数据，并十分清楚神经网络应该给出怎样的反馈。如果要思考的问题是观察战场的照片，判断其中是否存在坦克，我们就可以拿几千张或有或没有坦克的图片，将其输入网络的第一层，然后调整所有神经元的全部输入权重，使最后一层的输出更接近正确答案。这个过程涉及复杂的数学运算，但可以通过自动化程序解决，接着不断重复这一过程，成百上千次地展示每一张训练图片。慢慢地，犯错的概率将逐渐降低，直到每次都能做出正确应答为止。一旦训练完成，我们就可以开始提供新的图片。如果我们选择的训练数据足够严谨，训练周期足够长，网络就能准确回答图片中是否有坦克的存在。

训练神经网络的主要问题在于我们不知道它们究竟是如何得出结论的，因而无法确定它们是否真的在寻找我们想要它们寻找的答案。如果有坦克的图片都是在晴天拍摄的，而没有坦克的照片都是在雨天拍摄的，那么神经网络可能只是在判断我们是否需要雨伞而已。

因为神经网络不需要我们告诉它如何获取答案，所以即使我们不知道它怎样去做要做的事情，还是可以照常使用它。识别图片中的物体只是一个例子，其他用途可能还包括预测股市走向等。只要拥有大量优质的训练数据，就可以对神经网络进行编程来完成这项工作。

尽管人工神经元只是真正神经细胞的简化模型，但有趣的是神经网络的运作方式却与大脑相同。扫描显示：大脑的某些区域对上、下、左、右移动的光暗边缘十分敏感。例如，谷歌公司训练神经网络来识别物体，向用户提供可爱的猫咪图片，这些神经网络大约有 30 层，谷歌表示第一层通过物体的不同边缘来分析图像，程序员并没有进行过这方面的编程，这种行为是在网络综合训练中自主出现的。

7.3.5 深度学习的方法

我们通过几个例子来了解深度学习的方法。

示例 1：识别正方形。

先从一个简单例子开始（见图 7-7），从概念层面上解释究竟发生了什么事情。下面来看如何从多个形状中识别正方形。

首先检查图中是否有 4 条线（简单的概念）。如果找到这样的 4 条线，就进一步检查它们是相连的、闭合的和相互垂直的，并检查它们是否相等（嵌套的概念层次结构）。

这样就完成了一个复杂的任务（识别一个正方形）。深度学习本质上是在大规模执行类似的逻辑。

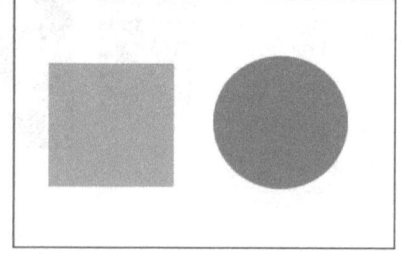

图 7-7　一个简单例子

示例 2：识别猫。

我们通常能用很多属性描述一个事物。其中的一些属性可能很关键、很有用，而另一些属性可能并没有什么用。将属性称为特征。特征辨识是一个数据处理的过程。

传统算法识别猫，是标注各种特征：大眼睛，有胡子，有花纹。但使用这些特征，经常分不出是猫还是老虎，甚至狗和猫也分不出来。这种方法是人制定规则、机器学习这种规则。深度学习的方法是，直接给出百万张图片，说这里有猫；再给出百万张图片，说这里没有猫，然后训练深度网络，自己去学习猫的特征，计算机就知道了什么是猫。

示例 3：训练机械手学习抓取动作。

训练机械手学习抓取动作，传统的方法是针对机械手写好函数，移动到由 x、y、z 标注的空间点，利用程序实现一次抓取。而谷歌用机器人训练一个深度神经网络，帮助机器人根据摄像头输入和电机命令，预测抓取的结果。简单地说，就是训练机器人的手眼协调。机器人会观测自己的机械手，实时纠正抓取运动，所有行为都从学习中自然浮现。

为了加快学习进程，谷歌公司使 14 个机械手同时工作，在将近 3000 小时（h）的训练下，相当于 80 万次抓取尝试，才开始看到智能反应行为的出现。资料显示，没有训练的机械手，前 30 次抓取的失败率为 34%，而训练后，失败率降低到 18%。这就是一个自我学习的过程。

示例 4：训练人工神经网络写文章。

斯坦福大学的计算机博士安德烈·卡帕蒂曾用托尔斯泰的小说《战争与和平》来训练人工神经网络。每训练 100 个回合，就叫它写文章。在 100 次训练后，它就知道要加空格，但仍然有时是在"胡言乱语"（乱码）。500 个回合后，能正确拼写一些短单词。1200 个回合后，有标点符号和长单词。2000 个回合后，已经可以正确拼写更复杂的语句。

整个演化过程是什么情况呢？

以前我们写文章，只要告诉主谓宾，就是规则。而这个过程，完全没有人告诉机器语法规则，甚至连标点和字母的区别都不用告诉它。不告诉机器任何程序，只是不停地用原始数据进行训练，一层一层地训练，最后输出结果，此时输出的就是一个个看得懂的语句。

示例 5：图像深度信息采集。

市面上的无人机可以实现对人的跟踪。它的方法是什么？一个人，在图像系统里是一堆色块的组合。可通过人工方式进行特征选择，如颜色特征、梯度特征。以颜色特征为例，比如你穿着绿色衣服，突然走进草丛，就可能跟丢。或者他脱了一件衣服后几个人很相近，也容易跟丢。

此时，若想在这个基础上继续优化，将颜色特征进行某些调整是非常困难的，而且调整后，还会存在对过去某些状况不适用的问题。这样的算法需要不停迭代，而迭代又会影响前面的效果。

硅谷有个团队试图利用深度学习把所有人的脑袋做（即学习）出来，只区分好前景和背景。区分之后，背景全部用数学方式随意填充，再不断生产大量背景数据，进行自学习，只要把前景学习出来就行。

可想而知，深度学习的出现，使得很多公司辛苦积累的软件算法直接作废了。"算法作为核心竞争力"正在转变为"以数据作为核心竞争力"。

示例6：做胃镜检查。

胃不舒服做检查，常常会需要做胃镜，甚至要分开做肠、胃镜检查，而且通常小肠还看不见。有一家公司生产了一种胶囊摄像头。将摄像头吃进去后，在人体消化道内每5 s拍一幅图，连续摄像，此后再排出胶囊。这样，所有关于肠道和胃部的问题，就被全部完整记录。但光是等医生把这些图看完就需要5 h。原本的机器主动检测时的漏检率高，还需要医生复查。

后来采用深度学习，采集8000多例图片数据灌进去，用机器不断学习，提高了诊断精确率，减少了医生的漏诊以及对好医生的经验依赖，只需要靠机器自己去学习规则。即深度学习算法，可以帮助医生做出决策。

7.4 卷积神经网络

在数学泛函分析中，卷积又称旋积或褶积，是通过两个函数f和g生成第三个函数的一种数学运算，其本质是一种特殊的积分变换，表征函数f与g经过翻转和平移的重叠部分函数值乘积对重叠长度的积分。如果将参加卷积的一个函数看作区间的指示函数，那么卷积还可以被看作"滑动平均"的推广。

卷积神经网络是一种用来分析视觉图像的强大的深度学习模型，它是包含卷积计算且具有深度结构的前馈神经网络，类似于人工神经网络的多层感知器，也是深度学习的代表算法之一。卷积神经网络的创始人是著名的计算机科学家杨立昆，他是第一个通过卷积神经网络在MNIST数据集（美国国家标准与技术研究院收集整理的大型手写数字数据库，其中包含60000个示例的训练集以及10000个示例的测试集）上解决手写数字问题的人。

7.4.1 为什么选择卷积

卷积神经网络的出现受到了生物处理过程的启发，因为神经元之间的连接模式类似于动物的视觉皮层组织（见图7-8）。个体皮层神经元仅在被称为感受野的视野

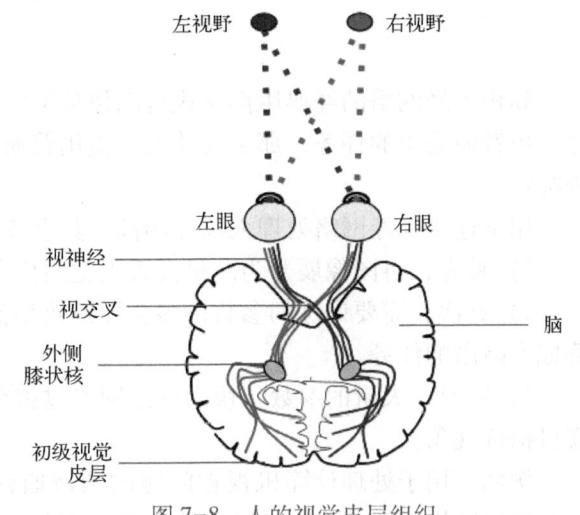

图7-8 人的视觉皮层组织

受限区域中对刺激做出反应，不同神经元的感受野部分重叠，使得它们能够覆盖整个视野。我们在谈论任何类型的神经网络时，都不可能不提及一些神经科学以及人体（特别是大脑）及其功能的相关知识，这些知识成为创建深度学习模型的主要灵感来源。

顾名思义，前馈网络是只在一个方向上有连接的网络，也就是说，它是一个有向无环图且有指定的输入节点和输出节点。每个节点都计算一个输入函数，并将结果传递给网络中的后续节点。信息从输入节点流向输出节点，从而通过网络，且没有环路。另外，循环网络将其中间输出或最终输出反馈到自己的输入中。这意味着网络中的信号值将形成一个具有内部状态或记忆的动态系统。

卷积神经网络的架构（见图 7-9）与常规人工神经网络的架构非常相似，特别是在网络的最后一层，即全连接。此外，还注意到卷积神经网络能够接收多个特征图作为输入，而不是向量。卷积神经网络具有表征学习的能力，能够按其阶层结构对输入信息进行平移不变分类，因此也被称为"平移不变人工神经网络"。

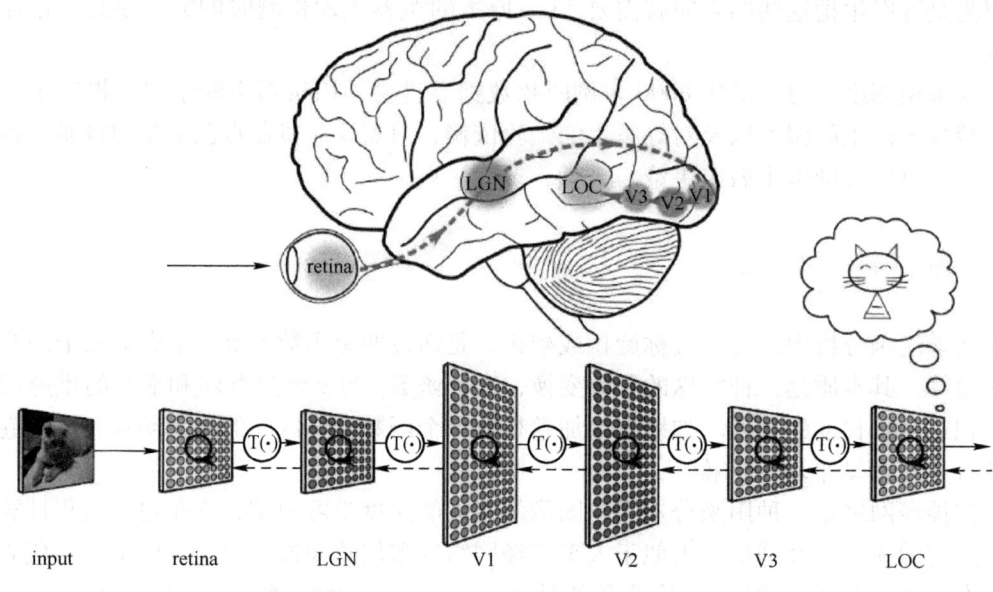

图 7-9　卷积神经网络的架构

卷积神经网络的经典用例是执行图像分类，如查看宠物的图像并确定它是猫还是狗。这是一项看似简单的任务，那么为什么不使用普通的神经网络，不从一开始就展开输入图像矩阵呢？

用全连接神经网络处理大尺寸图像，具有 3 个明显的缺点：

1）首先，将图像展开为向量会丢失空间信息。

2）其次，需要训练的参数过多会导致效率低下，训练困难，难以以最快的方式解决计算成本高昂的任务。

3）同时，大量的参数很快会导致网络过拟合。而卷积神经网络的参数少，可以避免出现过拟合现象。

例如，用于处理计算机视觉问题的图像通常是 224×224 像素或更大。想象一下，构建一个神经网络来处理 224×224 像素的彩色图像：包括图像中的 3 个彩色通道（RGB），得到

224×224×3 = 150528 个输入特征。在这样的网络中，一个典型的隐藏层可能有 1024 个节点，因此必须为第一层单独训练 150528×1024 = 1.5 +亿个权重。这样的网络巨大，几乎不可能训练。其实，图像的好处之一是，其像素在相邻的上下文中最有用，图像中的物体是由小的局部特征组成的，如眼睛的圆形虹膜或一张纸的方角。一个隐藏层中的每个节点都要查看每个像素，这会很浪费时间。

此外，位置可能会改变。如果训练一个网络来检测狗，就希望能够检测出狗，而不管它出现在图像的什么地方。想象一下，训练一个网络，它能很好地处理特定的狗的图像，然后给狗喂食的图像是同一图像的一个稍微移动的版本，狗就不会激活相同的神经元，网络反应会完全不同。

7.4.2 卷积神经网络结构

与常规神经网络不同，卷积神经网络的各层中的神经元是三维排列的：宽度、高度和深度。其中的宽度和高度是很好理解的，因为卷积本身就是一个二维模板，但是卷积神经网络中的深度指的是激活数据体的第三个维度，而不是整个网络的深度。整个网络的深度指的是网络的层数。举个例子来理解什么是宽度、高度和深度，假如使用图 7-10 中的图像作为卷积神经网络的输入，该输入数据体的维度是 32×32×3（宽度、高度和深度），层中的神经元将只与前一层中的一小块区域连接，而不是采取全连接方式。对于用来分类图中图像的卷积网络，其最后的输出层的维度是 1×1×10，因为卷积神经网络结构的最后部分将会把全尺寸的图像压缩为包含分类评分的一个向量，向量是在深度方向排列的。

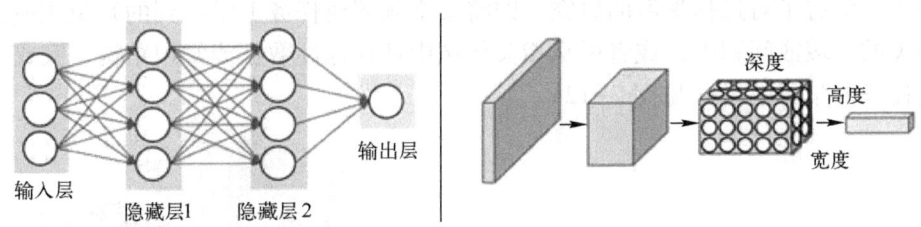

图 7-10 全连接神经网络与卷积神经网络的对比

图 7-10 中的左侧是一个 3 层的神经网络，右侧是一个神经元在 3 个维度（宽度、高度和深度）排列的卷积神经网络。卷积神经网络的每一层都将 3D 的输入数据变化为神经元 3D 的激活数据并输出。图 7-10 右图的左侧，代表输入图像，它的宽度和高度就是图像的宽度和高度，它的深度是 3（代表红、绿、蓝 3 种颜色通道），然后是经过卷积和池化之后的激活值（也可以看作神经元），再之后是卷积池化层。

池化层（见图 7-11）所做的就是减小输入的大小。它的核心目标之一是提供空间方差，这意味着用户或机器能够将对象识别出来，即使它的外观以某种方式发生改变。池化层通常由一个简单的操作完成，如最大（max）、最小（min）或平均（average）。目前有两种广泛使用的池化操作——平均池化和最大池化，其中最大池化使用得更多，其效果一般要优于平均池化。池化层可减少特征空间维度，但不会减小深度。当使用最大池化层时，采用输入区域的最大数量；而当使用平均池化时，采用输入区域的平均值。

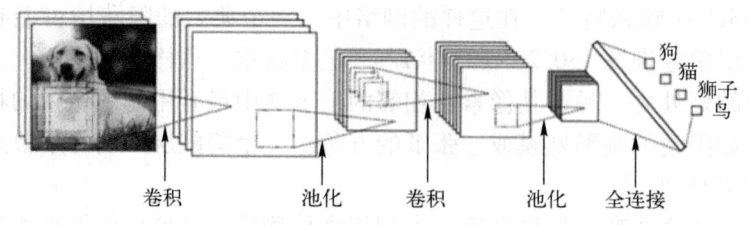

图 7-11 卷积神经网络的处理过程

7.5 迁移学习

一方面,越来越多的机器学习应用场景不断出现,而另一方面,表现比较好的监督学习需要大量的标注数据,这是一项枯燥无味且花费巨大的任务,所以迁移学习受到越来越多的关注。

传统的机器学习(主要指监督学习)通常基于同分布假设,同时需要大量的标注数据。然而,在实际的使用过程中,不同的数据集可能存在一些问题,比如:

- 数据分布差异。
- 标注数据过期,也就是好不容易标定的数据要被丢弃。有些应用中,数据分布随着时间推移会有变化。

如何充分利用之前标注好的数据(废物利用),同时又保证新任务上的模型精度?基于这样的需求,就有了对迁移学习的研究,即将某个领域或任务上学习到的知识或模式应用到不同但相关的领域或问题中,或者说从相关领域中迁移标注数据或知识结构,完成或改进目标领域或任务的学习效果(见图 7-12)。

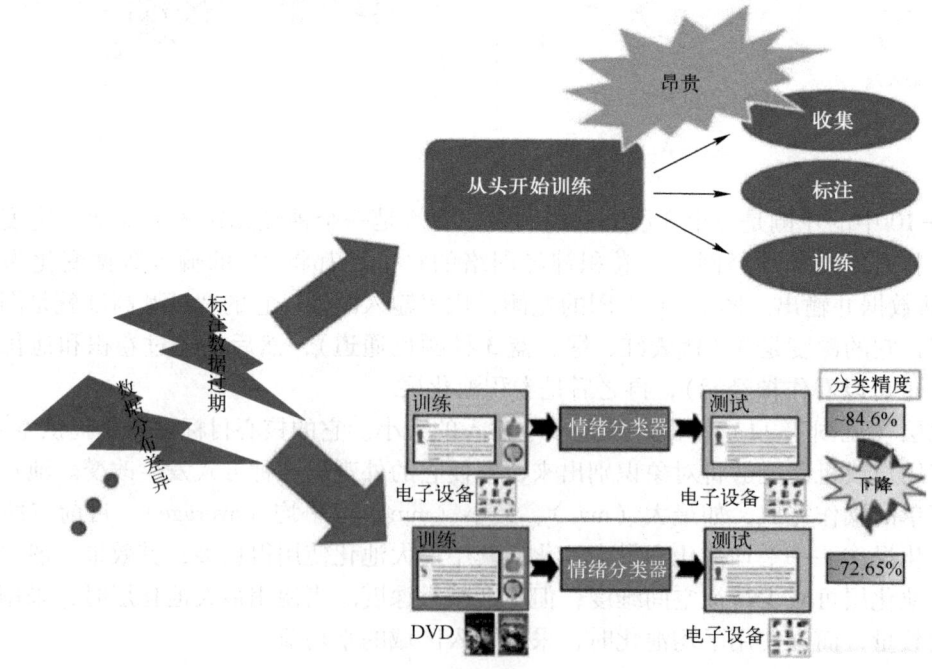

图 7-12 迁移学习的考虑

人在实际生活中涉及很多迁移学习，比如学会骑自行车，就比较容易学摩托车，学会了C语言，再学习一些其他编程语言就会简单很多。那么机器是否能够像人类一样举一反三呢？

在一个商品评论情感分析的例子中包含两个不同的产品领域：图书领域和家具领域。在图书领域，通常用"宽阔""品质创作"等词汇来表达正面情感，而在家具领域中却由"锋利""轻巧"等词汇来表达正面情感。可见在此任务中，不同领域的不同情感词多数不发生重叠、存在领域独享词、词汇在不同领域出现的频率显著不同，因此会导致领域间的概率分布失配问题。

迁移学习的关键点是：

1）研究可以用哪些知识在不同的领域或者任务中进行迁移学习，即不同领域之间有哪些共有知识可以迁移——迁移什么。

2）研究在找到了迁移对象之后，针对具体问题采用哪种迁移学习的特定算法，即如何设计出合适的算法来提取和迁移共有知识——如何迁移。

3）研究什么情况下适合迁移，迁移技巧是否适合具体应用，其中涉及负迁移的问题——何时迁移。

当领域间的概率分布差异很大时，上述假设通常难以成立，这会导致严重的负迁移问题。负迁移是指旧知识对新知识学习的阻碍作用，比如学习了三轮车之后对骑自行车的影响，和学习汉语拼音后对学习英文字母的影响。需要研究如何利用正迁移，避免负迁移。

7.5.1 基于实例的迁移

基于实例的迁移学习研究的是如何从源领域中挑选出对目标领域的训练有用的实例，比如对源领域的有标记数据实例进行有效的权重分配，让源领域的实例分布接近目标域的实例分布，从而在目标领域中建立一个分类精度较高的、可靠的学习模型。

因为迁移学习中源领域与目标领域的数据分布是不一致的，所以源领域中所有有标记的数据实例不一定都对目标领域有用。

7.5.2 基于特征的迁移

1）特征选择。基于特征选择的迁移学习算法，关注的是如何找出源领域与目标领域之间共同的特征表示，然后利用这些特征进行知识迁移。

2）特征映射。基于特征映射的迁移学习算法，关注的是如何将源领域和目标领域的数据从原始特征空间映射到新的特征空间中去。

这样，在该空间中，源领域的数据与目标领域的数据分布相同，从而可以在新的空间中更好地利用源领域已有的有标记数据样本进行分类训练，最终对目标领域的数据进行分类测试。

7.5.3 基于共享参数的迁移

基于共享参数的迁移研究的是如何找到源数据和目标数据的空间模型之间的共同参数或者先验分布，从而可以通过进一步处理达到知识迁移的目的，假设前提是，学习任务中的每个相关模型都会共享一些相同的参数或者先验分布。

7.6 深度学习的应用

深度学习是目前应用最广泛的方法,在搜索技术、数据挖掘、机器学习、视觉识别、自然语言处理、机器翻译、语音识别和合成、推荐和个性化技术,以及其他领域都取得了很多成果,解决了很多复杂难题,使人工智能相关技术取得了很大进步。

假设我们想要制作一个能够识别图像中不同人物面部的系统。如果我们将此作为典型的机器学习问题来解决,那么采用深度学习方法可自动找出对分类很重要的特征,定义面部特征,如眼睛、鼻子、耳朵等(见图 7-13)。

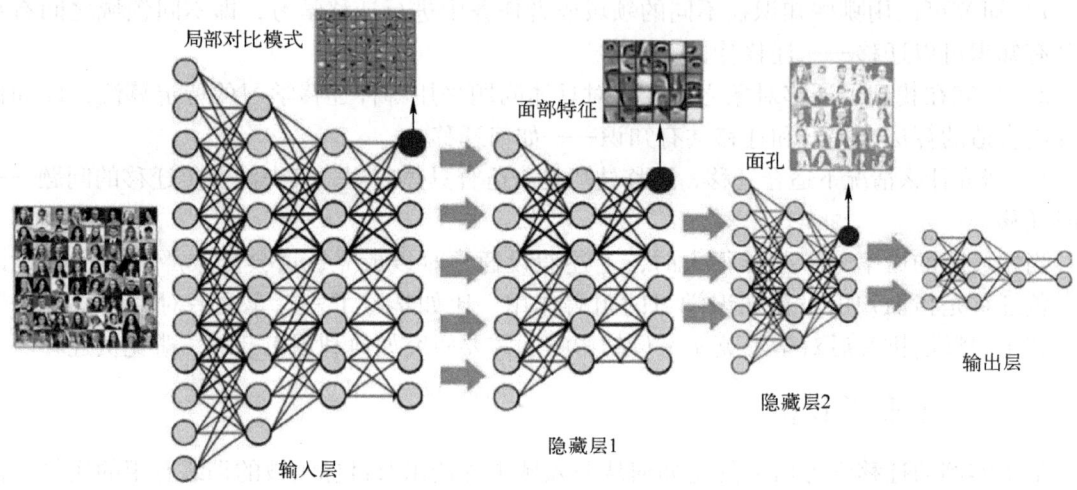

图 7-13 深度网络人脸识别

如图 7-13 所示,深度学习的工作原理如下:
1)在最低级别,网络固定局部对比度的模式同样重要。
2)然后,下面的图层可以使用局部对比度的图案来固定类似眼睛、鼻子和嘴巴等。
3)最后,顶层能够将这些面部特征应用于面部模板。
4)深度神经网络能够在其每个连续层中组成越来越复杂的特征。

因此可见,深度学习网络可以通过从没有适当标签的输入数据组成的数据集中得出推论来克服机器学习的缺点。

下面来简单了解一些深度学习的典型应用案例。这些案例都广泛使用了深度学习技术并显示出有希望的结果。深度学习还有许多其他应用以及许多尚待探索的领域。

1. 语音识别

Siri 是苹果设备的语音控制智能助手。与其他大厂一样,苹果公司也积极投资深度学习,以提供比以往更好的服务。

在像 Siri 这样的语音识别和语音控制智能助手领域,人们可以使用深度神经网络开发更准确的声学模型,并且这也是深度学习实施最活跃的领域之一。简单来说,可以构建这样的系统,学习新功能或根据自己的情况进行调整,从而通过预先预测所有的可能性来提供更好的帮助。

2. 自动机器翻译

谷歌可以即时翻译约 100 种不同的人类语言。谷歌翻译背后的技术就是机器翻译，成为因为语言不通而不能相互交流的人的救星。虽然这个功能已存在很长时间了，但近年来，在深度学习的帮助下，谷歌改革了其机器翻译方法。事实上，对语言翻译几乎一无所知的深度学习研究人员正在提出相对简单的机器学习解决方案，这些解决方案正在击败世界上最好的专家构建的语言翻译系统，可以在不对序列进行任何预处理的情况下执行文本转换，从而允许算法学习单词之间的依赖关系以及它们与新语言的映射。

3. 即时视觉翻译

深度学习可用于识别具有字母的图像以及字母在场景中的位置。识别后，可以将它们转换为文本，翻译并使用翻译后的文本重新创建图像。这通常被称为即时视觉翻译。

现在，想象一下你旅游过但对当地语言未知的任何地区，使用谷歌翻译等应用程序可以进行即时视觉翻译，阅读用其他语言编写的标志。只有深度学习才可能做到。

4. 气候科学中的极端天气

一个科学家团队凭借深度学习模型获得了 2018 年戈登·贝尔奖。该模型发现了之前隐藏在气候数据中的极端天气事件的详细信息。他们使用了一台具有专用 GPU 硬件、运算性能超过每秒 10^{18} 次运算的超级计算机，这是第一个实现这一目标的机器学习程序。罗尔尼克等人提供了一个 60 页的目录，其中列举了机器学习可用于应对气候变化的方式。

5. 自动驾驶汽车

谷歌正试图通过深度学习技术将其自动驾驶汽车计划（称为 WAYMO）提升到一个全新水平。因此，现在可以使用不同传感器提供的数据来编程可以自行学习的系统，而不是使用旧的手工编码算法。深度学习现在是大多数感知任务以及许多低级控制任务的最佳方法。因此，现在即使不会开车的人或残疾人也可以继续前行，而不依赖其他人。

【作业】

1. 如果你想设计人工智能系统，那么就要学习并分析这个星球上最自然的智能系统之一，即（　　）。

　　A. 人脑神经系统　　　　　　B. 人脑和五官系统
　　C. 肌肉和血管系统　　　　　D. 思维和学习系统

2. 所谓神经网络，是指以人脑和神经系统为模型的（　　）算法。

　　A. 倒档追溯　　B. 直接搜索　　C. 机器学习　　D. 深度优先

3. 如今，ANN 从股票市场预测到（　　），在（　　）、（　　）和许多其他应用领域都有突出的表现。

　　① 汽车自主控制　　② 模式识别　　③ 经济预测　　④ 数字分析
　　A. ①③④　　B. ①②④　　C. ②③④　　D. ①②③

4. 人脑是一种适应性系统，必须对变幻莫测的事物做出反应，而学习是通过修改神经元之间连接的（　　）来进行的。

　　A. 顺序　　B. 强度　　C. 速度　　D. 平滑度

5. 人类细胞之间的轴突-树突（轴突-神经元胞体或轴突-轴突）接触称为神经元的

(　　)。

  A. 突触   B. 轴突   C. 树突   D. 髓鞘

6. 人脑由（　　）个神经元组成，这些神经元彼此高度相连。

  A. 100 万～1000 万 B. 50 万～500 万 C. 50 亿～500 亿 D. 100 亿～1000 亿

7. ANN 是一种模仿生物神经网络，其中的（　　）扮演了生物神经模型中突触的角色，用于调节一个神经元对另一个神经元的影响程度。

  A. 细胞体   B. 权重   C. 输入通道 D. 输出通道

8. 现代神经网络是一种非线性统计性数据建模工具。典型的神经网络具有（　　）3 个部分。

  ① 结构   ② 尺寸   ③ 激励函数 ④ 学习规则

  A. ①②④ B. ①②③ C. ①③④ D. ②③④

9. 人工智能在图像识别上已经超越了人类，支持这些图像识别技术的通常是（　　）。

  A. 云计算   B. 因特网   C. 神经计算 D. 深度神经网络

10. 将 ANN 与模糊逻辑结合起来生成（　　）网络，这个网络既有 ANN 的学习能力，同时也具有模糊逻辑的解释能力。

  A. 模式识别 B. 人工智能 C. 神经模糊 D. 自动计算

11. 从研究角度看，(　　) 是基于多层神经网络、海量数据为输入的，发现规则自学习的方法。

  A. 深度学习 B. 特征学习 C. 模式识别 D. 自动翻译

12. 现实世界中大多数事情的特征是复杂非线性的。比如猫的图像中就包含了颜色、形态、五官、光线等各种信息。深度学习的关键就是通过（　　）映射将这些因素成功分开。

  A. 多层线性 B. 多层非线性 C. 数据依赖性 D. 复杂问题

13. 已经有多种深度学习框架，如深度神经网络和（　　），被应用在计算机视觉、语音识别、自然语言处理、音频识别与生物信息学等领域并获取了极好的效果。

  ① 卷积神经网络 ② 高性价比网络 ③ 深度置信网络 ④ 递归神经网络

  A. ①②④ B. ①③④ C. ①②③ D. ②③④

14. (　　) 网络是一种用来分析视觉图像的强大的深度学习模型，它是一种前馈神经网络，类似于人工神经网络的多层感知器，也是深度学习的代表算法之一。

  A. 深度神经 B. 深度置信 C. 卷积神经 D. 递归神经

15. 与常规神经网络不同，卷积神经网络各层中的神经元是三维排列的：(　　)。在其结构的最后部分会把全尺寸的图像压缩为包含分类评分的一个深度方向排列的向量。

  ① 宽度   ② 高度   ③ 精度   ④ 深度

  A. ①②③ B. ②③④ C. ①③④ D. ①②④

16. 卷积神经网络中池化层的核心目标之一是提供空间方差，即使它的外观以某种方式发生改变，机器也能够将对象识别出来。池化层通常由一个简单的操作完成，比如（　　）。

  ① max   ② min   ③ average ④ total

  A. ①②③ B. ②③④ C. ①②④ D. ①③④

17. 如何充分利用之前标注好的数据（废物利用），同时又保证在新任务上的模型精度？基于这样的需求，就有了对（　　）的研究。

A. 自由学习　　　　B. 迁移学习　　　　C. 加强学习　　　　D. 概率学习

18. 从相关领域中迁移标注数据或者知识结构、完成或改进目标领域或任务的学习效果，迁移学习的关键点是（　　）。

① 迁去何处　　　② 迁移什么　　　③ 如何迁移　　　④ 何时迁移

A. ①②④　　　　B. ①③④　　　　C. ①②③　　　　D. ②③④

19. 迁移学习需要研究如何利用正迁移，避免负迁移。它的主要迁移方式有（　　）。

① 基于实例的迁移　　　　　　　② 基于特征的迁移
③ 基于算法的迁移　　　　　　　④ 基于共享参数的迁移

A. ①②③　　　　B. ②③④　　　　C. ①②④　　　　D. ①③④

20. 下列场景中，（　　）是深度学习技术的典型应用领域。

① 语音识别　　　② 科学计算　　　③ 机器翻译　　　④ 自动驾驶

A. ①③④　　　　B. ①②④　　　　C. ①②③　　　　D. ②③④

第8章 创建智能系统的强化学习

【导读案例】 机器学习帮助拯救濒危物种

地球上还有许许多多的物种我们并不了解。但现在已知，它们中的很多已经在灭绝的边缘徘徊：一项新的研究中使用机器学习来计算这些鲜为人知的物种受到了多大的威胁，其结果是严峻的。

一些动物和植物物种被贴上了"数据不足"的标签，因为保护主义者还没有能够收集到足够的信息来了解它们的生活方式或它们还剩下多少。事实证明，这些"数据不足"的物种比其他更知名的物种（至少对科学家而言）受到的威胁还大。这项研究的数据来自国际自然保护联盟（IUCN），该联盟拥有一份根据物种受威胁的程度进行排名的全球"红色名单"。

在这项研究中，超过一半的缺乏数据的物种，即约56%的物种可能面临着灭绝的风险。相比之下，在红色名单中，只有28%的理解较深的物种面临着灭绝风险。研究者表示，事情可能比我们实际意识到的还要糟糕，一些物种受到的威胁可能比我们以前想象的更严重。

在这份红色名单中，有超过20000个物种被归类为数据缺失。而这一盲点有可能使依赖红色名单的研究变得不太准确。为了尝试解决这个问题，研究人员使用机器学习训练了一种算法来预测数据不足的物种的灭绝风险。为了做到这一点，他们使用世界自然保护联盟已经评估过的28363种不同动物的信息。这样一来，该算法就可以开始了解那些经常决定一个物种受威胁程度的因素，包括气候变化、入侵物种和污染。

然后，研究人员将注意力转向了7699个数据不足的物种，它们占到所有数据缺失物种的三分之一左右。该算法确定，这些物种中有56%的可能面临灭绝的风险。其中，85%缺乏数据的两栖动物面临灭绝的风险，包括马里尖叫蛙、斑点窄口蛙和几种强盗蛙。此项研究在世界自然保护联盟更新红色名单时得到了一些验证。在更新的物种中，有123种是该算法所预测的物种，有超过三分之二的预测被证明是正确的。

1997年，当"深蓝"击败国际象棋世界冠军加里·卡斯帕罗夫时，人类权威的捍卫者把抵御的希望寄托在了围棋上。当时，天体物理学家，也是围棋爱好者的皮特·赫特曾预测："计算机在围棋上击败人类需要100年的时间（甚至可能更久）。"但实际上仅20年后，阿尔法狗（AlphaGo）就超越了人类棋手。世界冠军柯洁说："一年前的阿尔法狗还比较接近于人类，现在它越来越像围棋之神。"阿尔法狗的成功得益于对人类棋手过去数十万场棋局的研究以及对团队中围棋专家的知识提炼。

后继项目AlphaZero不再借助于人类输入，它通过游戏规则自我学习，在围棋、国际象棋和日本将棋领域中击败了包括人类和机器在内的所有对手。与此同时，人类选手也在各种游戏中被人工智能系统击败，包括《危险边缘》、扑克，以及电子游戏《刀塔2》《星际争霸11》《雷神之锤3》。这些进展显示了强化学习的巨大作用。

强化学习的中心思想是让智能体在环境里学习,每个行动都对应于各自的奖励。智能体通过分析数据来学习,关注不同情况下应该做怎样的事情——这样的学习过程和人类的自然经历十分相似。

想象一个小孩子第一次看到火,他小心地走到火边。
- 感受到了温暖。火是个好东西(+1)。
- 然后,试着去摸。哇,这么烫(-1)。

这个尝试所得到的结论是,在稍远的地方火是好的,靠得太近就不好——这就是人类的学习方式,与环境交互。强化学习也是这样的原理。

比如,智能体要学着玩一个新的游戏。强化学习过程可以用一个循环来表示:
- 智能体在游戏环境里获得初始状态 S0(游戏的第一帧)。
- 在 S0 的基础上,智能体做出第一个行动 A0(如向右走)。
- 环境变化,获得新的状态 S1(A0 发生后的某一帧)。
- 环境给出第一个奖励 R1(没死或成功:+1)。

于是,这个回合输出的就是一个由状态、奖励和行动组成的序列,而智能体的目标就是让预期累积奖励最大化。

8.1 强化学习的定义

强化学习,又称增强学习或评价学习,是机器学习的一个分支,是一种广泛应用于创建智能系统的模式,它侧重在线学习并试图在探索和利用之间保持平衡。强化学习描述和解决智能体在与环境的交互过程中,以"试错"方式,通过学习策略达成回报最大化或实现特定目标的问题。

强化学习研究的主要问题是:一个智能体如何在环境未知、只提供对环境的感知和偶尔的奖励情况下,对某项任务变得精通。在强化学习中,智能体在没有"老师"的情况下,通过考虑执行的最终成功或失败情况,根据奖励与惩罚,主动从自己的经验中学习,以使未来的奖励最大化(见图 8-1)。

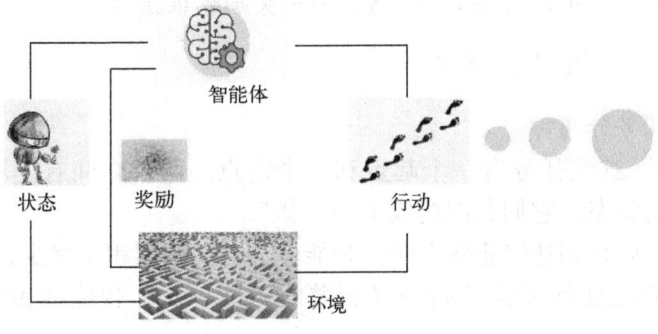

图 8-1 强化学习

由于强化学习涉及的知识面广,尤其是涵盖了诸多数学知识,如贝尔曼方程、最优控制等,因此更需要对强化学习有系统性的梳理与认识。需要对强化学习在机器学习领域中的定位以及与其他机器学习之间的异同进行辨析。

与监督学习和非监督学习不同，强化学习不要求预先给定任何数据，主要表现在强化信号上，通过接收环境对动作的奖励（反馈）获得学习信息并更新模型参数。由环境提供的强化信号可对产生动作的好坏进行评价（通常为标量信号），而不是告诉强化学习系统如何去产生正确的动作。由于外部环境提供的信息很少，因此强化学习系统必须靠自身的经历进行学习，进而在行动-评价的环境中获得知识，改进行动方案以适应环境。

强化学习问题主要在信息论、博弈论、自动控制等领域讨论，用于解释有限理性条件下的平衡态、设计推荐系统和机器人交互系统。一些复杂的强化学习算法在一定程度上具备解决复杂问题的通用智能，可以在围棋和电子游戏中达到人类水平。

8.1.1 以奖励假说为基础

强化学习建立在奖励假说的基础之上，其目标是预期累积奖励最大化。所谓表现好，就是多拿奖励。每一个时间步的累积奖励都可以表示为：

$$G_t = R_{t+1} + R_{t+2} + \cdots$$

不过，我们并不能把奖励直接相加。因为游戏里，越接近游戏开始处的奖励就越容易得到；而随着游戏的进行，后面的奖励就没有那么容易拿到了。

把智能体想成一只小老鼠，对手是只猫。小老鼠的目标就是在被猫吃掉之前能吃到最多的奶酪。通常，离老鼠最近的奶酪很容易吃到，而从猫眼皮底下顺走奶酪就难了。离猫越近，就越危险。结果就是，从猫身旁获取的奖励会打折扣：吃到的可能性小，就算奶酪放得很密集也没有用。那么，这个折扣要怎么算呢？

我们用 γ 表示折扣率，在 $0 \sim 1$ 之间。

- γ 越大，折扣越小。表示智能体在意长期的奖励（猫边上的奶酪）。
- γ 越小，折扣越大。表示智能体在意短期的奖励（小老鼠边上的奶酪）。

这样，累积奖励表示出来就是：

$$G_t = \sum_{k=0}^{\infty} \gamma^k R_{t+k+1}, \text{ 其中 } \gamma \in [0,1)$$

即

$$G_t = R_{t+1} + \gamma R_{t+2} + \gamma^2 R_{t+3} + \cdots$$

简单来说，离猫近一步，就乘上一个 γ，表示奖励越难获得。

8.1.2 片段性任务及连续性任务

强化学习里的任务分两种。

1）片段性任务。这类任务有一个起点和一个终点。两者之间有一堆状态、一堆行动、一堆奖励和一堆新的状态，它们共同构成了一"集"。

当一集结束，也就是到达终止状态时，智能体会看奖励累积了多少，以此评估自己的表现。然后，它就带着之前的经验开始一局新游戏。这一次，智能体做决定的依据会充分一些。

以猫鼠迷宫为例的一集如下：

- 永远从同一个起点开始。
- 如果被猫吃掉或者走了超过 20 步，则游戏结束。
- 结束时，得到一系列状态、行动、奖励和新状态。

- 算出奖励的总和（看看表现如何）。
- 更有经验地开始新游戏。

集数越多，智能体的表现会越好。

2）连续性任务。游戏永远不会结束。智能体要学习如何选择最佳的行动，和环境进行实时交互，就像自动驾驶汽车。这样的任务是通过时间差分学习来训练的。每一个时间步都会有总结学习，并不是等到一集结束再分析结果。

8.1.3 强化学习发展历史

强化学习主要沿两条主线发展而来，第一条主线是心理学上模仿动物学习方式的试错法，第二条主线是求解最优控制问题，两条主线最初是独立发展的。心理学上的试错法从20世纪50年代末、60年代初贯穿于人工智能的发展中，并且在一定程度上促进了强化学习的发展。20世纪80年代初期，试错法随着人工智能的热潮而被学者们广泛研究。而求解最优控制法则是利用动态规划法求解最优值函数。到20世纪80年代末，基于时间差分法求解的第三条主线开始出现，它吸收前面两条主线的思想，奠定了现代强化学习在机器学习领域中的地位（见表8-1）。

表8-1 强化学习中有影响力的算法

发展阶段	时间	有影响力的算法
首次提出	1956年	Bellman提出动态规划方法
	1977年	韦博斯提出自适应动态规划算法
第一次研究热潮	1988年	萨顿提出时间差分算法
	1992年	沃特金斯提出Q-学习算法
	1994年	Rummery提出萨拉斯算法
发展期	1996年	贝尔塞卡斯提出解决随机过程中优化控制的神经动态规划方法
	2006年	科奇斯提出置信上限树算法
	2009年	凯维斯提出反馈控制自适应动态规划算法
第二次研究热潮	2014年	Silver提出确定性策略梯度算法
	2015年	谷歌DeepMind提出Deep Q网络算法

有理由相信，深度学习和强化学习的结合体——深度强化学习是人工智能的未来之路。智能的系统必须能够在没有持续监督信号的情况下自主学习，而深度强化学习正是自主学习的最佳代表，能够给人工智能带来更多的发展空间与想象力。人工智能系统必须能够自己去判断对与错，而不是告诉系统或者通过一种监督模拟的方法实现。

8.1.4 基本模型和原理

强化学习是从动物学习、参数扰动自适应控制等理论发展而来的，其基本原理是：如果智能体的某个行为策略导致环境正的奖赏（强化信号），那么该智能体以后产生这个行为策略的趋势便会加强。智能体的目标是在每个离散状态发现最优策略，以使期望的折扣奖赏最大化。

强化学习把学习看作试探评价过程。智能体选择一个动作用于环境，环境接受该动作后状态发生变化，同时产生一个强化信号（奖或惩）反馈给智能体，智能体根据强化信号和环境当前的状态再选择下一个动作，选择的原则是使受到正强化（奖）的概率增大。选择的动作不仅影响立即强化值，而且影响环境下一时刻的状态及最终的强化值。

强化学习系统需要使用某种随机单元动态地调整参数，以达到强化信号最大，智能体在可能动作空间中进行搜索并发现正确的动作。强化学习的常见模型是标准的马尔可夫决策过程（Markov Decision Process，MDP）。

按给定条件，强化学习可分为基于模式的强化学习和无模式强化学习，以及主动强化学习和被动强化学习。强化学习的变体包括逆向强化学习、阶层强化学习和部分可观测系统的强化学习。求解强化学习问题所使用的算法可分为策略搜索算法和值函数算法两类。在强化学习中使用深度学习模型，形成了深度强化学习。

8.1.5　网络模型设计

强化学习主要由智能体和环境组成，两者之间通过奖励、状态、动作3个信号进行交互。由于智能体和环境的交互方式与人类和环境的交互方式类似，可以认为强化学习是一套通用的学习框架，用来解决通用人工智能问题，因此它也被称为通用人工智能的机器学习方法。

强化学习实际上是智能体在与环境进行交互的过程中学会最佳决策序列。强化学习的基本组成元素定义如下。

1）智能体：强化学习的本体，作为学习者或者决策者。

2）环境：强化学习智能体以外的一切，主要由状态集组成。

3）状态：表示环境的数据。状态集是环境中所有可能的状态。

4）动作：智能体可以做出的动作。动作集是智能体可以做出的所有动作。

5）奖励：智能体在执行一个动作后获得的正/负奖励信号。奖励集是智能体可以获得的所有反馈信息，正/负奖励信号亦可称作正/负反馈信号。

6）策略：从环境状态到动作的映射学习，该映射关系称为策略。通俗地说，智能体选择动作的思考过程即为策略。

7）目标：智能体自动寻找连续时间序列里的最优策略，通常指最大化长期累积奖励。

在强化学习中，每一个自主体都由两个神经网络模块组成，即行动网络和评估网络（见图8-2）。行动网络是根据当前的状态而决定下一个时刻施加到环境上去的最佳动作。

对于行动网络，强化学习算法允许它的输出节点进行随机搜索，有了来自评估网络的内部强化信号后，行动网络的输出节点即可有效地完成随机搜索，并且大大提高选择好的动作的可能性，同时可以在线训练整个行动网络。

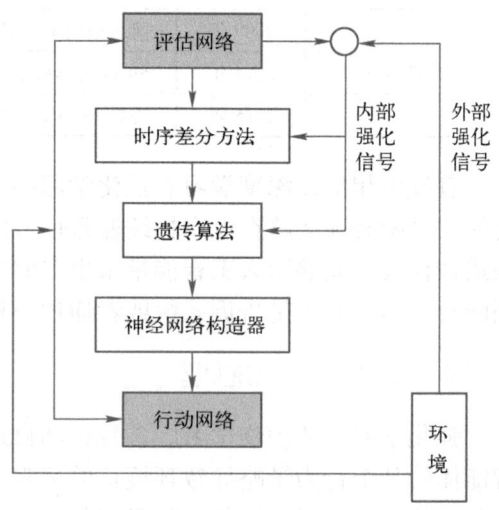

图8-2　强化学习的网络模型设计

用一个辅助网络来为环境建模，评估网络可单步和多步预报当前由行动网络施加到环境上的动作强化信号，根据当前状态和模拟环境预测其标量值。可以提前向行动网络提供有关候选动作的强化信号，以及更多的奖惩信息（内部强化信号），以减少不确定性并提高学习速度。

进化强化学习，对评估网络使用时序差分预测方法（TD）和反向传播（BP）算法进行学习，而对行动网络进行遗传操作，使用内部强化信号作为行动网络的适应度函数。

网络运算分成两个部分，即前向信号计算和遗传强化计算。在前向信号计算时，对评估网络采用时序差分预测方法，由评估网络对环境建模，可以进行外部强化信号的多步预测，为行动网络提供更有效的内部强化信号，使它产生更恰当的行动。内部强化信号则使行动网络、评估网络在每一步都可以进行学习，而不必等待外部强化信号，从而大大加速了两个网络的学习。

8.1.6 设计考虑

以采用强化学习方法研究未知环境下的机器人导航问题为例，由于环境的复杂性和不确定性，这些问题变得更为复杂，因此在强化学习的设计中要考虑：

1）如何表示状态空间和动作空间。
2）如何选择建立信号以及如何通过学习来修正不同状态-动作对的值。
3）如何根据这些值来选择合适的动作。

在标准的强化学习中，智能体作为学习系统获取外部环境的当前状态信息，对环境采取试探行为并获取环境反馈的对此动作的评价和新的环境状态。如果智能体的某个动作导致环境正的奖赏（立即报酬），那么智能体以后产生这个动作的趋势便会加强；反之，智能体产生这个动作的趋势将会减弱。在学习系统的控制行为与环境反馈的状态及评价的反复交互作用中，以学习方式不断修改从状态到动作的映射策略，来达到优化系统性能的目的。学习从环境状态到行为的映射，使得智能体选择的行为能够获得环境最大的奖赏，使外部环境对学习系统在某种意义下的评价（或整个系统的运行性能）为最佳。

8.1.7 数据依赖性

强化学习使人们从手动构造行为和标记监督学习所需的大量数据集（或不得不人工编写控制策略）中解脱了出来。它在机器人技术中的应用特别有价值，该领域需要能够处理连续、高维、部分可观测环境的方法。在这样的环境中，成功的行为可能包含成千上万的基元动作。

强化学习的方法有很多且错综复杂，这是因为并不存在一种公认的最佳方法。
1）智能体整体的设计限制了学习所需的信息类型。
- 基于模型的强化学习智能体需要（或者配备有）环境的转移模型，并学习效用函数。
- 无模型强化学习智能体可以学习一个动作效用函数或学习一个策略。

基于模型的强化学习和无模型的强化学习方法相比，核心问题是智能体函数的最佳表示方式。随着环境变得更加复杂，基于模型方法的优势将变得越发明显。

2）效用函数可以通过如下几种方法进行学习。
- 直接效用估计将观测到的总奖励用于给定状态，作为学习其效用的样本直接来源。
- 自适应动态规划（ADP）从观测中学习模型和奖励函数，然后使用价值或策略迭代来获得效用或最优策略。ADP 较好地利用了环境的邻接结构作为状态效用的局部约束。
- 时序差分（TD）方法调整效用估计，使其与后继状态的效用估计相一致。它是 ADP 方法的一个简单近似，且学习时不需要预先知道转移模型。此外，使用一个学习模型来产生伪经验可以学习得更快。

3）可以通过 ADP 方法或 TD 方法学习动作效用函数。在使用 TD 方法时，在学习或动作选择阶段都不需要模型，这简化了学习问题，但同时潜在地限制了它在复杂环境中的学习能力，因为智能体无法模拟可能的动作过程的结果。

进行动作选择时，它必须在这些动作的价值估计的有用新信息之间进行权衡。探索问题的精确解是无法获得的，但一些简单的启发式可以给出一个合理的结果。同时，探索性智能体也必须注意避免过早陷入终止态。

4）在大的状态空间中，强化学习算法必须进行函数近似表示，以便在状态空间进行泛化。深度强化学习采用深度神经网络作为近似函数，并已经在一些困难问题上取得了相当大的成功。

奖励设计和分层强化学习有助于学习复杂的行为，特别是在奖励稀少且需要长动作序列才能获得奖励的情况下。

5）策略搜索方法直接对策略的表示进行操作，并试图根据观测到的表现对其进行改进，在随机领域中，性能的剧烈变化是一个严重的问题，而在模拟领域中，可以通过预先固定随机程度来克服这个难点。

6）难以获得正确的奖励函数时，通过观测专家行为进行学徒学习是一种有效的解决方案，模仿学习将问题转换为从专家的状态-动作对中进行学习的监督学习问题，逆强化学习从专家的行为中推断有关奖励函数的信息。

8.2 强化学习与监督学习的区别

从严格意义上说，阿尔法狗程序在人机围棋对弈中打败人类围棋大师，其中对人工智能、机器学习和深度强化学习这 3 种技术都有所使用。

机器学习方法主要分为监督学习、无监督学习和强化学习（见图 8-3）。强化学习和监督学习的共同点是两者都需要大量的数据进行学习训练，但两者的学习方式不尽相同，两者所需的数据类型也有差异，监督学习需要多样化的标签数据，强化学习则需要带有回报的交互数据。

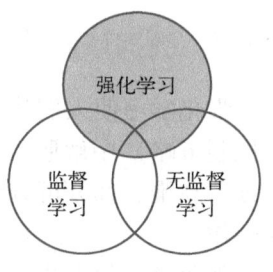

图 8-3 机器学习领域中的三大分支

8.2.1 强化学习与监督学习和无监督学习的不同

与监督学习和无监督学习的最大不同在于，强化学习里并没有给定一组数据供智能体学习。环境是不断变化的，强化学习智能体要在变化的环境里做出一系列动作的决策，而不是某一个动作的决策。一系列决策结合起来就是策略。强化学习就是通过不断与环境互动（不断试错）更新策略的过程。

强化学习与监督学习、无监督学习不同之处具体有以下 5 个方面。

1）没有监督者，只有奖励信号。监督学习要基于大量作为训练与学习目标的标注数据进行，而强化学习中没有监督者，它不是由已经标注好的样本数据来告诉系统什么是最佳动作。换言之，智能体不能够马上获得监督信号，只是从环境的反馈中获得奖励信号。

2）反馈延迟。实际上是延迟奖励，环境可能不会在每一步动作上都给予奖励，有时候需要完成一连串的动作，甚至是完成整个任务后才能获得奖励。

3）试错学习。因为没有监督，所以没有直接的指导信息，智能体要与环境不断进行交互，通过试错的方式来获得最优策略。

4）智能体的动作会影响其后续数据。智能体选择不同的动作会进入不同的状态。由于强化学习基于马尔可夫决策过程（当前状态只与上一个状态有关，与其他状态无关），因此下一个时间步所获得的状态、环境的反馈也会随之发生变化。

5）时间序列很重要。强化学习更加注重输入数据的序列性，下一个时间步 t 的输入依赖于前一个时间步 $t-1$ 的状态（即马尔可夫属性）。

8.2.2 学习方式

一般而言，监督学习是通过对数据进行分析找到数据的表达模型，随后利用该模型在新输入的数据上进行决策。图 8-4 所示为监督学习的一般方法，主要分为训练阶段和预测阶段。在训练阶段，首先根据原始数据进行特征提取（"特征工程"）。得到数据特征后，可以使用决策树、随机森林等机器学习算法去分析数据之间的关系，最终得到关于输入数据的模型。在预测阶段，同样按照特征工程的方法抽取数据的特征，使用训练阶段得到的模型对特征向量进行预测，最终得到数据所属的分类标签。值得注意的是，验证模型使用验证集数据对模型进行反向验证，以确保模型的正确性和精度。

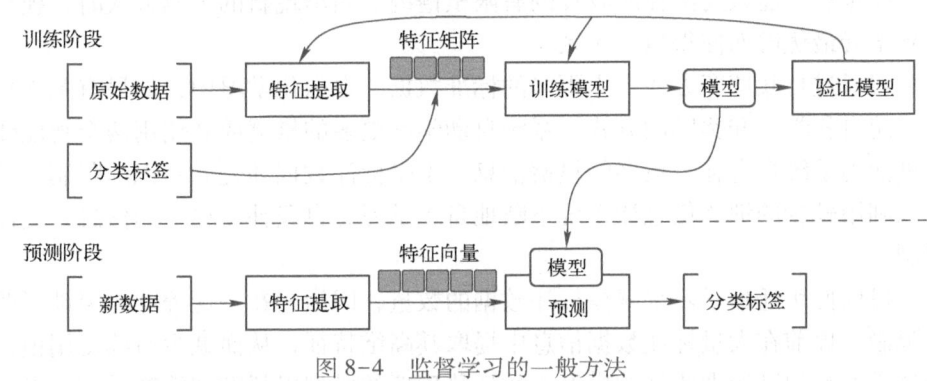

图 8-4 监督学习的一般方法

深度学习的一般方法（见图 8-5）与传统机器学习中监督学习的一般方法相比少了特征工程，从而大大降低了业务领域门槛与人力成本。

监督学习分为预测和训练两个阶段，学习只能发生在训练阶段，该阶段会出现一个监督信号（即具有学习的能力，数学上称为"差分信号"）。例如在语音识别任务中，需要收集大量的语音语料数据和该语料对应标注好的文本内容。有了原始的语音语料数据和对应的语音语料标注数据后，可通过监督学习方法收集数据中的模式，如对语音分类、判别该语音音素所对应的单词等。

上述标注语音文本内容相当于一个监督信号，等语音识别模型训练完成后，在预测阶段

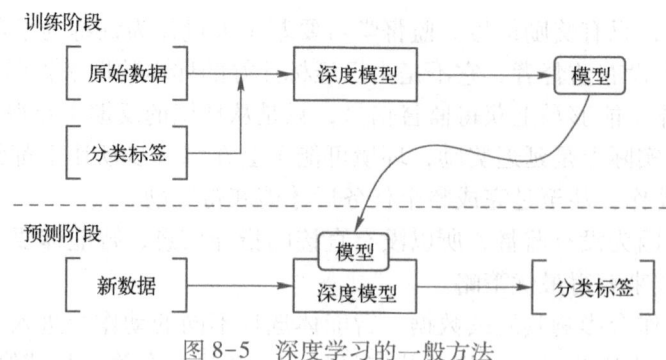

图 8-5 深度学习的一般方法

就不再需要该监督信号,生成的语言识别模型仅用作新数据的预测。如果想要重新修改监督信号,则需要对语言识别模型进行重新训练。监督学习的训练阶段非常耗时,现在有许多学者对迁移学习进行深入研究,以期望缩短监督学习的训练时间。

强化学习与监督学习截然不同,其学习过程与生物的自然学习过程非常类似。具体而言,智能体在与环境的互动过程中,通过不断探索与试错的方式,利用基于正/负奖励的方式进行学习。

8.2.3 先验知识与标注数据

强化学习不需要像监督学习那样依赖先验知识数据。例如线上游戏,越来越多的用户使用移动终端进行游戏,使数据的获取来源更为广泛。又比如围棋游戏,围棋的棋谱可以很容易得到,这些棋谱是人类玩家的动作行为记录。如果只用监督学习进行建模,那么模型学习出的对弈技能很有可能只局限在所收集的有限棋谱内。当出现新的下棋方式时,模型可能会因为找不到全局最优解而使得棋力大减。

强化学习通过自我博弈方式产生更多的标准数据。在强化学习中,如果有基本棋谱,便可以利用系统自我学习和奖励的方式,系统自动学习更多的棋谱或者使用两个智能体进行互相博弈,进而为系统自身补充更多的棋谱信息,不受标注数据和先验知识的限制。总之,强化学习可以利用较少的训练信息让系统不断地自主学习,自我补充更多的信息,进而免受监督者的限制。

另外,可以使用迁移学习来减少标注数据的数量,因为它在一定程度上突破了监督学习中存在的限制,提前在大量标注数据信息中提取其高维特征,从而减少后续复用模型的输入数据。迁移学习是把已经训练好的模型参数迁移到新的模型以帮助训练新模型。考虑到大部分的数据或任务存在相关性,通过迁移学习可以将已经学到的模型参数(也可理解为模型学到的知识)通过某种方式分享给新模型,进而不需要从零开始学习,加快并优化新模型的学习效率。

8.3 强化学习的基础理论

强化学习的基本元素包括智能体、环境、状态、动作和奖励,智能体通过状态、动作、奖励与环境进行交互,不断地根据环境的反馈信息进行试错学习。

8.3.1 基于模型环境与免模型环境

在强化学习中,可以将数百种不同的算法按智能体所处的环境分成两种类型:一种是环境已知,叫作基于模型,就是智能体已经对环境进行建模;另一种是环境未知,叫作免模型。

1)基于模型的强化学习。例如,工厂载货机器人通过传感器感应地面上的航线来控制其行走。由于地面上的航线是事先规划好的,工厂的环境也是可控已知的,因此可以将其视为基于模型的任务。

在这些方法中,智能体使用环境的转移模型来帮助解释奖励信号并决定如何行动。模型最初可能是未知的,在这种情况下,智能体通过观测其行为的影响来学习模型;或者它也可能是已知的,例如,国际象棋程序可能知道国际象棋的规则,即便它不知道如何选择好的走法。在部分可观测的环境中,转移模型对于状态估计也是很有用的。基于模型的强化学习系统通常会学习一个效用函数 $U(s)$。在强化学习的相关文献中,更多地涉及运筹学而不是经济学,效用函数通常称为价值函数并表示为 $V(s)$。

不过在现实情况下,环境的状态转移概率、奖励函数往往很难提前获取,甚至很难知道环境中一共有多少个状态。

2)免模型的强化学习。例如汽车的自动驾驶系统,在现实交通环境下,很多事情是无法预先估计的,如路人的行为、往来车辆的行走轨迹等情况,因此可以将其视为免模型的任务。

在这种方式中,智能体不知道环境的转移模型,也不会学习它。相反,它直接学习如何采取行为方式,可以使用动态规划法求解。其中主要有两种形式:动作效用函数学习和策略搜索。可以使用蒙特卡洛法和时间差分法来求解,还可以使用值函数近似、梯度策略等方法。

8.3.2 探索与利用

在强化学习中,"探索"的目的是找到更多有关环境的信息,而"利用"(或者说"开发")的目的是利用已知的环境信息来使预期累积奖励最大化。简而言之,"探索"是尝试新的动作行为,而"利用"则是从已知动作中选择下一步的行动。也正因如此,有时候会陷入一种困境。例如,小老鼠可以吃到无穷多块分散的奶酪(每块+1),但在迷宫上方有许多堆在一起的奶酪(+1000),或者看成巨型奶酪。如果我们只关心吃了多少,小老鼠就永远不会去找那些大奶酪。它只会在安全的地方一块一块地吃,这样的奖励累积比较慢,但它不在乎。如果它跑去远的地方,也许就会发现大奖的存在,但也有可能发生危险。

例如在一些策略游戏中,探索阶段的玩家并不知道地图上被遮盖的地方到底有什么,敌人是否在那里,所以需要一个探路者游走于未知地图区域进行探索,以便能够获得更多与地图相关的环境内容,便于玩家制定作战策略。当开拓完地图之后,就能全面了解地图上的环境状态信息。接下来玩家便可以利用探索到的信息去找到一个最优的作战策略。

实际上,"探索"和"利用"哪个重要,以及如何权衡两者之间的关系,是需要深入思考的。在基于模型的环境下,已经知道环境的所有信息(环境完备信息),智能体不需要在环境中进行探索,而只要简单利用环境中的已知信息即可;可是在免模型环境下,"探索"和"利用"两者同等重要,既需要知道更多有关环境的信息,又需要针对这些已知信息来提高奖励。

不过,"探索"和"利用"两者本身是矛盾的,因为在实际运行中,算法能够尝试的次数是有限的，增加了探索的次数则利用次数会降低，反之亦然。这就是强化学习中的探索-利用困境。如果想要最大化累积奖励，那么设计者需要设定一种规则，让智能体能够在探索和利用之间进行权衡。

8.3.3 预测与控制

在求解强化学习问题时，还有免模型预测和免模型控制，以及基于模型预测和基于模型控制。"预测"的目的是验证未来——对于一个给定的策略，智能体需要去验证该策略能够到达的理想状态值，以确定该策略的好坏。而"控制"则是优化未来——给出一个初始化策略，智能体希望基于该给定的初始化策略找到一个最优的策略。

相比较而言，"预测"和"控制"是探索和利用的抽象词语。预测对应于探索，希望在未知的环境中探索更多可能的策略，然后验证该策略的状态值函数。控制对应于利用，在未知的环境中找到一些策略，希望在这些策略中找到一个最好的策略。

8.4 强化学习分类

在强化学习中，智能体是在没有"老师"的情况下，通过考虑自己的最终成功或失败，根据奖励与惩罚，主动地从自己的经验中学习，以使未来的奖励最大化。例如，策略搜索是用于强化学习问题的方法，从某些层面来说，策略搜索是各种方法中最简单的一种，其核心思想是，只要策略的表现有所改进，就继续调整策略，直到停止。

8.4.1 从奖励中学习

这里考虑学习下国际象棋的问题。我们首先将其视为监督学习问题。下棋智能体函数把棋盘局面作为输入并返回对应的棋子招式，因此，我们通过为它提供关于国际象棋棋盘局面的样本来训练此函数，其中的每个样本都标有正确的走法。假设我们恰好有一个可用数据库，其中包括数百万局象棋大师的对局，每场对局都包含一系列的局面和走法。除少数例外，我们认为获胜者的招式即便不总是完美的，但也是较好的。因此，我们得到了一个很有前途的训练集。现在的问题在于，与所有可能的国际象棋局面构成的空间（约10^{40}个）相比，样本相当少（约10^8个）。在新的对局中，人们很快就会遇到与数据库中的局面明显不同的局面。那么，此时经过训练的智能体很可能会失效，不仅是因为它不知道自己下棋的目标是什么（把对手将死），而且它甚至不知道这些招式对棋子的局面有什么影响。当然，国际象棋只是真实世界的一小部分。对于更加实际的问题，我们需要更大的专业数据库，而它们实际上并不存在。

取而代之的另一种选择是使用强化学习，在这种学习中，智能体将与世界进行互动，并不时收到反映其表现的奖励（强化）。例如，在国际象棋中，获胜的奖励为1，失败的奖励为0，平局的奖励为1/2。强化学习的目标也是相同的，即最大化期望奖励总和。强化学习不同于"仅仅解决MDP（马尔可夫决策过程）"，因为智能体没有将MDP作为待解决的问题，智能体本身处于MDP中。它可能不知道转移模型或奖励函数，因此必须采取行动以了解更多信息。想象一下，你正在玩一个自己不了解规则的新游戏，那么在采取若干行动后，裁判会告诉你"输了"。这个简单的例子就是强化学习的一个缩影。

从人工智能系统设计者的角度看来，向智能体提供奖励信号通常比提供有标签的行动样本要容易得多。首先，奖励函数通常非常简洁且易于指定，它只需几行代码就可以告诉国际象棋智能体这局比赛是赢了还是输了，或者告诉赛车智能体它赢得或输掉了比赛，或者它崩溃了。其次，我们不必是相关领域的专家，即不需要在任何情况下提供正确的动作，但如果我们试图应用监督学习的方法，那么这些将是必要的。

然而，事实证明，一点点的专业知识对强化学习会有很大的帮助。考虑国际象棋和赛车比赛的输赢奖励（被称为稀疏奖励），在绝大多数状态下，智能体根本没有得到任何有信息量的奖励信号。在网球和板球等游戏中，我们可以轻松地为每次击球得分与跑垒得分提供额外的奖励；在赛车比赛中，我们可以奖励在赛道上朝着正确方向前进的智能体；在学习爬行时，任何向前的运动都是一种进步。这些中间奖励将使学习变得更加容易。

只要我们可以为智能体提供正确的奖励信号，强化学习就提供了一种非常通用的构建人工智能系统的方法。对模拟环境来说尤其如此，因为在这种情况下，我们不乏获得经验的机会。在强化学习系统中引入深度学习作为工具，也使新的应用成为可能，其中包括从原始视觉输入学习玩电子游戏、控制机器人以及玩纸牌游戏。

8.4.2 被动强化学习

考虑一个简单的情形：有少量动作和状态，且环境完全可观测，其中智能体已经有了能决定其动作的固定策略。智能体将尝试学习效用函数——从状态出发，采用策略得到的期望总折扣奖励，称为被动学习智能体。被动学习任务类似于策略评估任务，可以将其表述为直接效用估计、自适应动态规划和时序差分学习。

8.4.3 主动强化学习

被动学习智能体有一个固定的策略来决定其行为，而主动学习智能体可以自主决定采取什么动作。可以从自适应动态规划（ADP）智能体开始入手，并考虑如何对它进行修改以利用这种新的自由度。智能体首先需要学习一个完整的转移模型，其中包含所有动作可能导致的结果及概率，而不仅是固定策略下的模型。

8.4.4 强化学习中的泛化

我们假设效用函数可以用表格的形式表示，其中的每个状态都有一个输出值。这种方法适用于状态多达 10^6 个的状态空间，这对处在二维网格环境中的玩具模型来说已经足够了。但在有更多状态的现实环境中，其收敛速度会很慢。例如，西洋双陆棋比大多数真实世界的应用简单，但它的状态已经多达约 10^{20} 个，我们不可能为了学习如何玩游戏而简单地访问每一个状态。

8.4.5 学徒学习与逆强化学习

一些领域过于复杂，以至于很难在其中定义强化学习所需的奖励函数。例如，我们到底想让自动驾驶汽车做什么？当然，我们希望它到达目的地花费的时间不要太长，但它也不应开得太快，以免带来不必要的危险或超速罚单。它应该节省能源，应该避免碰撞或由于突然变速给乘客带来的剧烈晃动，但它仍可以在紧急情况下猛踩刹车（制动器），等等，为这些因素分配权重比较困难。更糟糕的是，我们几乎必然会忘记一些重要的因素，如它有义务为其他司机着想。忽略一个因素通常会导致学习系统为被忽略的因素分配一个极端值，在这种情况下，汽车可能会为了使剩余的因素最大化而进行极不负责任的驾驶。

问题的一种解决方法是在模拟中进行大量的测试并关注有问题的行为，再尝试通过修改奖励函数以消除这些行为。另一种解决方法是寻找有关适合的奖励函数的其他信息来源。这种信息来源之一是奖励函数已经完成优化（或几乎完成优化）的智能体的行为，在这个例子中，信息来源可以是专业的人类驾驶员。

学徒学习研究这样的问题：在对专家行为观测的基础上，如何让学习表现得较好。以专业驾驶算法为例，告诉学习者"这样去做"，至少有两种方法来解决学徒学习问题。

第一种方法：假设环境是可观测的，对观测到的状态-动作对应用监督学习方法以学习其中的策略，这被称作模仿学习。它在机器人技术方面取得了成果，但也面临学习较为脆弱这类问题：训练集中的微小误差将随着时间累积而增长，并最终导致学习失败。并且，模仿学习最多只能复现教师的表现，而不能超越教师的表现。当人类通过模仿进行学习时，有时会用贬义词，如使用"模仿得像笨拙的猿一样"来形容他们的做法。这意味着，模仿学习者不明白为什么它应该执行指定的动作。

第二种方法旨在理解原因：观察专家的行为（和结果状态），并试图找出专家最大化的奖励函数，然后就可以得到一个关于这个奖励函数的最优策略。人们期望这种方法能从相对较少的专家行为样本中得到较为健壮的策略，毕竟强化学习领域本身是基于奖励函数（而不是策略或价值函数）对任务最简洁、最健壮和可迁移的定义这样一种想法的。此外，如果学习者恰当地考虑了专家可能存在的次优问题，那么通过优化真实奖励函数的某个较为精确的近似函数，学习者可能会比专家表现得更好。我们称该方法为**逆强化学习**：通过观察策略来学习奖励，而不是通过观察奖励来学习策略。

8.5 强化学习的应用

深度学习已经被许多传统制造业、互联网公司应用到各个领域，与之相比，强化学习的应用还相对有限。强化学习的应用包括游戏方面的应用（其中转移模型是已知的，目标是学习效用函数）和机器人方面的应用（其中模型最初是未知的）等（见图8-6）。

强化学习模仿人类和动物的学习方法。在现实生活中可以找到很多符合强化学习模型的例子，如父母的表扬、在学校取得的好成绩、工作的高薪资等，这些都是积极奖励的例子。无论是工厂的机器人进行生产，还是商业交易中的信贷分配，人们或者机器人不断与环境进行交流以获得反馈信息的过程，都与强化学习的过程相仿。更加真实的案例

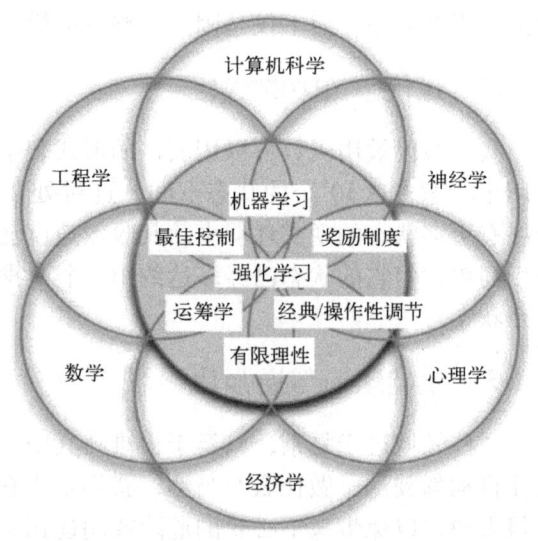

图8-6　强化学习的现实应用场景

是阿尔法狗围棋程序的出现,其通过每步走棋的反馈来调整下围棋的策略,最终赢了人类最顶尖的围棋职业选手。阿尔法狗中所使用到的深度强化学习也紧随深度学习之后,成为人工智能领域最热门的话题之一。事实上,强化学习也确实可以通过对现实问题的表示和对人类学习方式的模拟来解决很多的现实问题。

一方面,强化学习需要收集大量数据,并且是现实环境中建立起来的数据,而不是简单的仿真模拟数据。强化学习可以通过自我博弈的方式自动生成大量高质量的可用于训练模型的数据。另一方面,与部分算法的研究成果易复现不同的是,复现基于强化学习的研究成果较为困难,即便是对于强化学习的研究者来说,需要重复实现已有的研究成果也十分困难。究其原因是强化学习对初始化和训练过程的动态变化都十分敏感,其样本数据基于在线采集的方式。如果没有在恰当的时机遇到良好的训练样本,则可能会给策略带来崩溃式的灾难,从而无法学习到最优策略。随着机器学习被应用到实际任务中,可重复性、稳健性以及预估错误的能力变得不可缺失。

因此,就目前情况而言,对于需要持续控制的关键任务,强化学习可能并不是最理想的选择。即便如此,依然有不少有趣的实际应用和产品是基于强化学习的,而由强化学习实现的自适应序列决策能够给包括个性化、自动化在内的许多应用带来广泛的益处和更多的可能性。

8.5.1 游戏博弈

强化学习应用于游戏博弈这一领域已有30多年历史,其中最轰动的莫过于谷歌DeepMind研发的阿尔法狗围棋程序,其使用基于强化学习与深度学习的蒙特卡洛树搜索模型,并进行有机融合,在围棋比赛中击败了最高水平的人类选手。

强化学习的应用案例还有很多,例如,爱奇艺使用强化学习处理自适应码流播放,使得基于智能推荐的视频观看率提升了15%;又如,阿里巴巴使用深度强化学习方法求解新的三维装箱问题,提高了菜鸟网络的货物装箱打包效率,节省了货物的打包空间。

强化学习让机器人处理一些难以想象的任务变得可能,但这仅仅是强化学习的开始,这一技术将会带来更多的商业价值和技术突破。

8.5.2 机器人控制

强化学习在无线电控制直升机飞行的应用中,通过在大型MDP上使用策略搜索来完成,并且与模仿学习以及对人类专家飞行员进行观测的逆强化学习相结合。

逆强化学习也已经成功应用于解释人类的行为,其中包括基于数十万千米的北斗导航数据实现的出租车司机目的地预测和路线选择,以及通过对长达数小时的视频观测实现的对复杂环境中行人的详细身体运动的分析。在机器人领域,一次专家的演示就足以让四足动物机器大狗学习到涉及25个特征的奖励函数,并能让它灵活地穿越之前未观测过的岩石地形区域。

在自动化领域,还有非常多的使用强化学习来控制机器人进而获得优异性能的实际应用案例,如吴恩达教授所带领的团队利用强化学习算法开发了世界上最先进的直升机自动控制系统之一。

8.5.3 制造业

制造业大量使用强化学习算法训练工业机器人,使它们能够更好地完成某一项工作。机器人使用深度强化学习在工厂进行分拣工作,目标是从一个箱子中选出一个物品,并把该物品放到另外一个容器中。在学习阶段,无论该动作成功还是失败,机器人都会记住这次的动作和奖励,然后不断地训练自己,最终以更快、更精确的方式完成分拣工作。

我国的智能制造发展迅速,工厂为了让机器制造更加方便、快捷,正在积极地研发智能制造来装备机器人。未来的工厂将会装备大量的智能机器人,强化学习在未来智能制造的技术应用将会进一步得到推广,其自动化前景更是引人注目。

8.5.4 医疗服务业

在医学领域,医生的主要责任是为病人找到有效的治疗方案,而动态治疗方案一直是热门的研究方向,对此,疾病的治疗数据对于从业者和研究者来说是弥足珍贵的。尤其是诸如类风湿、癌症等需要长期服用药物和配合长期治疗的疾病治疗数据。

在这个过程中,强化学习可以利用这些有效的或无效的医疗数据作为奖励或者惩罚,从患者身上收集各种临床指标数据作为状态输入,并利用有效的临床数据作为治疗策略的训练数据,从而针对不同患者的临床反应找到最适合该患者的动态治疗方案。

8.5.5 电子商务

电子商务最初主要解决了线下零售商的通病——信息不透明所导致的价格居高不下、物流不发达造成的局部市场价格垄断。近年来,线下门店的价格与电商的价格差别已经不是很明显,部分用户反而转回线下零售商,为的是获得更好的购物体验。

未来,对于零售商或者电子商务而言,需要主动迎合客户的购买习惯和定制客户的购买需求,只有个性化、私人订制才能在新购物时代为用户提供更好的消费体验。

例如,淘宝使用强化学习优化商品搜索技术构建的虚拟淘宝模拟器,可以让算法从买家的历史行为中学习,规划最佳商品搜索显示策略,并能在真实环境下让电商网站的收入提高2%。

事实上,强化学习算法可以让电商分析用户的浏览轨迹和购买行为,并据此制定对应的产品和服务,以匹配用户的兴趣。当用户的购买需求或者状态发生改变的时候,可以自适应地去学习,然后将用户的点击、购买反馈作为奖励,找到一条更优的策略方法:推荐适合用户自身购买力的产品,推荐用户更感兴趣的产品等,进而更好地服务用户。此外,一项研究也揭示了谷歌使用强化学习作为广告的推荐框架,从而大大提高了其广告收益(见图8-7)。

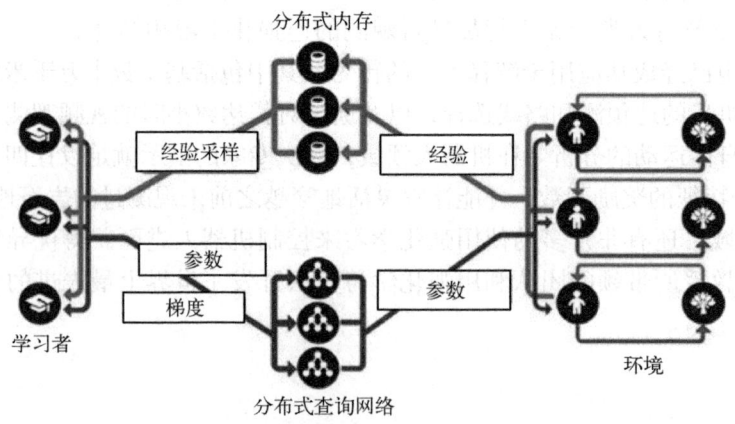

图8-7 应用推荐系统为电商网站带来点击量

> 【作业】

1. 强化学习是机器学习中一种广泛应用于创建（　　）的模式，其主要问题是：一个智能体如何在环境未知的只提供对环境的感知和偶尔的奖励情况下，对某项任务变得精通。
   A. 数据环境　　　B. 搜索引擎　　　C. 智能系统　　　D. 事务系统
2. 强化学习侧重在线学习并试图在探索-利用间保持平衡，用于描述和解决智能体在与环境的交互过程中，以"（　　）"的方式，通过学习策略达成回报最大化或实现特定目标的问题。
   A. 试错　　　　B. 分析　　　　C. 搜索　　　　D. 奖励
3. 强化学习不要求预先给定任何数据，主要表现在强化信号上，通过接收环境对动作的（　　）获得学习信息并更新模型参数。
   A. 试错　　　　B. 分析　　　　C. 搜索　　　　D. 奖励
4. 强化学习是从（　　）、参数扰动自适应控制等理论发展而来的，其基本原理是：如果智能体的某个行为策略导致环境正的奖赏，那么该智能体以后产生这个行为策略的趋势便会加强。
   A. 深度学习　　　B. 动物学习　　　C. 离散分析　　　D. 机器研究
5. 在强化学习中，（　　）选择一个动作用于环境，环境接受该动作后状态发生变化，同时产生一个强化信号（奖或惩）反馈给智能体。
   A. 专家　　　　B. 学习者　　　C. 智能体　　　D. 复合体
6. 强化学习的常见模型是标准的（　　）。
   A. 马尔可夫决策过程　　　　B. 先验标注数据
   C. 逆强化学习模型　　　　　D. 马尔代夫分析模型
7. 强化学习主要由智能体和环境组成，两者间通过（　　）3个信号进行交互。
   ① 奖励　　　② 状态　　　③ 反馈　　　④ 动作
   A. ②③④　　　B. ①②③　　　C. ①③④　　　D. ①②④
8. 在强化学习中，每一个自主体都由两个神经网络模块组成，即（　　）。
   A. 马尔可夫决策和马尔代夫分析　　B. 行动网络和评估网络
   C. 逆强化学习和顺优选函数　　　　D. 先验知识和标注数据
9. （　　）是根据当前的状态而决定下一个时刻施加到环境上去的最好动作。
   A. 评估网络　　B. 学习者　　C. 行动网络　　D. 复合体
10. 强化学习和监督学习的共同点是两者都需要大量的（　　）进行学习训练，但两者的学习方式不尽相同，两者所需的数据类型也有差异。
    A. 数据　　　　B. 程序　　　　C. 行为　　　　D. 资源
11. 一般而言，（　　）是通过对数据进行分析找到数据的表达模型，随后利用该模型，在新输入的数据上进行决策。
    A. 简单学习　　B. 强化学习　　C. 无监督学习　　D. 监督学习
12. 在基于模型的强化学习中，智能体使用环境的（　　）来帮助解释奖励信号并决定如何行动。

A. 动态规划　　　　B. 转移模型　　　　C. 奖励模型　　　　D. 策略模型

13. 在无模型强化学习中，智能体直接学习如何采取行为方式，可以使用（　　）法求解。

A. 动态规划　　　　B. 转移模型　　　　C. 奖励模型　　　　D. 策略模型

14. 从系统设计者的角度来看，向智能体提供（　　）通常比提供有标签的行动样本要容易得多。在这种学习中，智能体与世界就其反映表现进行互动。

A. 动态规划　　　　B. 环境参数　　　　C. 奖励信号　　　　D. 效用函数

15. 考虑这样的情形：有少量动作和状态，且环境完全可观测，其中智能体已经有能决定其动作的固定策略。智能体将尝试学习（　　）——从状态出发，采用策略得到的期望总折扣奖励。

A. 动态规划　　　　B. 环境参数　　　　C. 奖励信号　　　　D. 效用函数

16. 某些领域过于复杂，以至于很难在其中定义强化学习所需的奖励函数。（　　）研究这样的问题：在对专家行为观测的基础上，如何让学习表现得较好。

A. 逆强化学习　　　B. 学徒学习　　　　C. 专业学习　　　　D. 效用调度

17. 通过优化真实奖励函数的某个较为精确的近似函数，学习者可能会比专家表现得更好。我们称该方法为（　　）：通过观察策略来学习奖励，而不是通过观察奖励来学习策略。

A. 逆强化学习　　　B. 学徒学习　　　　C. 专业学习　　　　D. 效用调度

18. 在现实生活中可以找到很多符合强化学习模型的例子，如（　　）等，这些都是积极奖励的例子。

① "家中有矿"　　　② 父母的表扬　　　③ 在学校取得的好成绩　　　④ 工作的高薪资

A. ①②④　　　　　B. ①③④　　　　　C. ②③④　　　　　D. ①②③

19. 强化学习可以通过（　　）的方式生成大量高质量的可用于训练模型的数据。

A. 概念数据　　　　B. 持续控制　　　　C. 离散处理　　　　D. 自我博弈

20. 就目前的情况而言，对于需要（　　）的关键任务而言，强化学习可能并不是最理想的选择。

A. 概念数据　　　　B. 持续控制　　　　C. 离散处理　　　　D. 自我博弈

第9章 数据挖掘与经典算法

【导读案例】评估葡萄酒的品质

奥利·阿什菲尔特是普林斯顿大学的一位经济学家,他的日常工作就是"琢磨"数据,利用统计学,从大量的数据资料中提取出隐藏在数据背后的信息。

他曾花费心思研究的一个问题是,如何通过数字评估波尔多葡萄酒的品质。与品酒专家通常所使用的"品啐并吐掉"的方法不同,奥利用数字指标来判断能拍出高价的酒所应该具有的品质特征。

当葡萄熟透、汁液高度浓缩时,波尔多葡萄酒是最好的。夏季特别炎热的年份,葡萄很容易熟透,酸度就会降低。炎热少雨的年份,葡萄汁也会高度浓缩。因此,天气越炎热干燥,越容易生产出品质一流的葡萄酒。熟透的葡萄能生产出口感柔润(即低敏度)的葡萄酒,而汁液高度浓缩的葡萄能够生产出醇厚的葡萄酒。

奥利把这个葡萄酒的理论简化为下面的方程式:

$$葡萄酒的品质 = 12.145 + 0.00117 \times 冬天降雨量 + 0.0614 \times 葡萄生长期平均气温 - 0.00386 \times 收获季节降雨量$$

把任何年份的气候数据代入这个式子,奥利就能够预测出任意一种葡萄酒的平均品质。如果把这个式子变得再稍微复杂精巧一些,那么还能更精确地预测出100多个酒庄的葡萄酒品质。他承认"这看起来有点太数字化了","但这恰恰是法国人把他们的葡萄酒庄园排成著名的1855个等级时所使用的方法"。

然而,当时传统的评酒专家并未接受奥利用数据预测葡萄酒品质的做法。英国的《葡萄酒》杂志认为"这条公式显然是很可笑的,我们无法重视它"。纽约葡萄酒商人威廉姆·萨科林认为,从波尔多葡萄酒产业的角度来看,奥利的做法"介于极端和滑稽可笑之间"。因此,奥利常常被业界人士取笑。

发行过《葡萄爱好者》杂志的罗伯特·帕克大概是世界上最有影响力的以葡萄酒为题材的作家了。他把奥利形容为"一个彻头彻尾的骗子"。尽管奥利是世界上最受敬重的数量经济学家之一,但是他的方法对于帕克来说,"其实是在用尼安德特人的思维(讽刺其思维原始)来看待葡萄酒。这是非常荒谬甚至非常可笑的。"帕克完全否定了数学方程式有助于鉴别出口感真正好的葡萄酒,帕克说奥利"就像某些影评一样,根据演员和导演来告诉你电影有多好,实际上却从未看过那部电影"。

帕克的意思是,如果要对葡萄酒的品质评判得更准确,也应该亲自去品尝一下。但是有这样一个问题:在好几个月的时间里,人们是无法品尝到葡萄酒的,如波尔多和勃艮第的葡萄酒在装瓶之前需要盛放在橡木桶里发酵18~24个月。评酒专家需要酒装在桶里4个月以后才能第一次品尝,在这个阶段,葡萄酒还只是臭臭的、发酵的葡萄而已。不知道此时这种无法下咽的"酒"是否能够使品尝者得出关于酒的品质的准确信息。

与之形成鲜明对比的是，奥利从对数字的分析中能够得出气候与酒价之间的关系。他发现冬季降雨量每增加 1 mm，酒价就有可能提高 0.00117 美元。当然，这只是"有可能"而已。不过，在葡萄酒期货交易活跃的今天，对数据的分析使奥利可以预测葡萄酒的未来品质——这是品酒师有机会尝到第一口酒的数月之前，更是在葡萄酒卖出的数年之前——能够给葡萄酒收集者极大的帮助。

20 世纪 90 年代初期，《纽约时报》在头版头条登出了奥利的最新预测数据，这使得更多人了解了他的思想。奥利公开批判了帕克对 1986 年波尔多葡萄酒的估价。帕克对 1986 年波尔多葡萄酒的评价是"品质一流，甚至非常出色"。但是奥利不这么认为，他认为由于生产期内过低的平均气温以及收获期过多的雨水，使得这一年葡萄酒的品质平平。

当然，奥利对 1989 年波尔多葡萄酒的预测才是这篇文章中真正让人吃惊的地方，尽管当时这些酒在木桶里仅仅放置了 3 个月，还从未被品酒师品尝过，但奥利预测这些酒将成为"世纪佳酿"。他保证这些酒的品质将会"令人震惊地一流"。根据他自己的评级，如果 1961 年的波尔多葡萄酒评级为 100，那么 1989 年的葡萄酒将会达到 149。奥利甚至大胆地预测，这些酒"能够卖出过去 35 年中所生产的葡萄酒的最高价"。

看到这篇文章，评酒专家非常生气。帕克把奥利的数量估计描述为"愚蠢可笑"。萨科林说当时的反应是"既愤怒又恐惧。他确实让很多人感到恐慌"。在接下来的几年中，《葡萄酒观察家》拒绝为奥利（以及其他人）的简报做任何广告。

1990 年，奥利更加陷于孤立无援的境地。在宣称 1989 年的葡萄酒将成为"世纪佳酿"之后，数据告诉他 1990 年的葡萄酒将会更好，而且他也照实说了。现在回头再看，1989 年的葡萄酒确实是难得的佳酿，而 1990 年的也确实更好。

传统的评酒专家们现在才开始更多地关注天气因素。尽管他们当中的很多人从未公开承认奥利的预测，但他们自己的预测也开始越来越密切地与奥利那个简单的方程式联系在一起。

数据挖掘是人工智能和数据库领域研究的热点问题，它是指从大量的数据中通过算法搜索其中隐含的、先前未知的并有潜在价值的信息的非平凡的决策支持过程（见图 9-1）。它

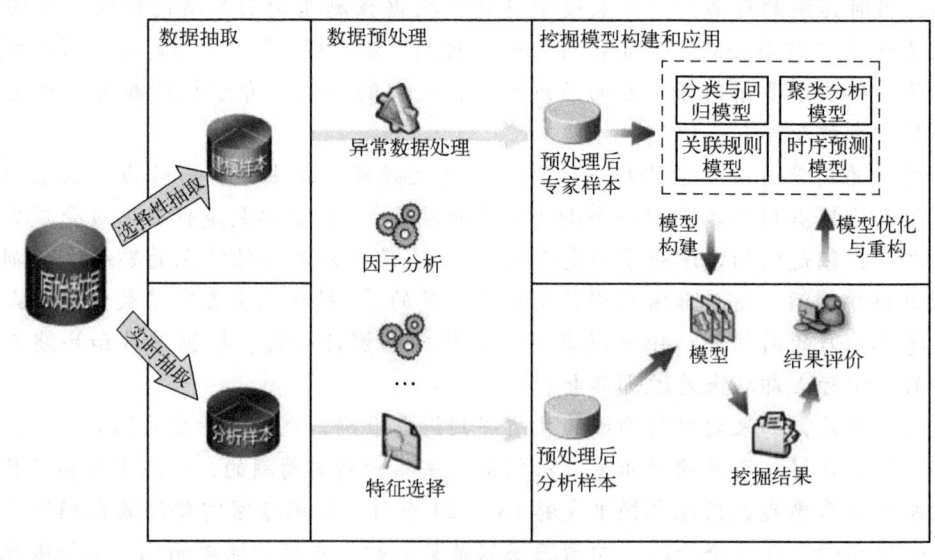

图 9-1　数据挖掘建模

通常与计算机科学有关,并通过统计、在线分析处理、情报检索、机器学习、专家系统(依靠过去的经验法则)和模式识别等诸多方法来实现上述目标。它的分析方法包括分类、估计、预测、相关性分组或关联规则、聚类和复杂数据类型挖掘。

持续重视数据挖掘,其主要原因是存在着可以广泛使用的大量数据,并且迫切需要将这些数据转换成有用的信息和知识,可以广泛用于各种应用,包括商务管理、生产控制、市场分析、工程设计和科学探索等。数据挖掘通常与计算机科学有关,并通过统计学、在线分析处理、情报检索、机器学习、专家系统(依靠过去的经验法则)、模式识别和可视化技术等诸多方法来实现上述目标。

9.1 从数据到知识

如今,现实社会有大量的数据唾手可得。就不同领域来说,大部分数据都十分有用,但前提是人们有能力从中提取出感兴趣的内容。例如,一家大型连锁店有关于其数百万顾客购物习惯的数据,社会媒体和其他互联网服务提供商有成千上万用户的数据,但这只是记录谁在什么时候买了什么的原始数据,似乎毫无用处。

数据不等于信息,而信息也不等于知识。了解数据(将其转化为信息)并利用数据(再将其转化为知识)是一项巨大的工程。如果某人需要处理100万人的数据,每个人仅用时10 s,那么这项任务需要一年才能完成。每个人都可能一周买好几十件产品,等数据分析结果出来都已经过了一年了,这种人类需要花费大量时间才能完成的任务可以交由计算机来完成,但往往我们并不确定到底想要计算机寻找什么样的答案。

数据存储在称为数据库的计算机系统中,数据库程序具有内置功能,可以分析数据,并按用户要求呈现出不同形式。只要我们拥有充足的时间和敏锐的直觉,就可以从数据中分析出有用的规律来调整经营模式,从而获取更大的利润。然而,时间和直觉是有所收获的重要前提,如果能自动生成这些数据间的联系,无疑对商家来说更有吸引力。

9.1.1 决策树分析

所有人工智能方法都可以用于数据挖掘,特别是神经网络及模糊逻辑,但有一些特殊,其中一种技术就是决策树,它是数据挖掘时常用的技术,可用于市场定位,找出最相关的数据来预测结果。

例如,如果我们想要得到购买意大利通心粉的人口统计数据,那么首先将数据库切分为购买意大利通心粉的顾客和不买的顾客,再检查每个独立个体的数据,从中找到最不平均的切分。我们可能会发现最具差异的数据就是购买者的性别,与女性相比,男性更倾向于购买意大利通心粉,然后可以将数据库按性别分割,再分别对每一半数据重复同样的操作。

计算机可能会发现男性中差异最大的因素是年龄,而女性中差异最大的是平均收入。继续这一过程,将数据分析变得更加详细,直到每一类别里的数据都少到无法再次利用为止。市场部一定十分乐于知道30%的意大利通心粉买家为20多岁的男子,职业女性则买走了另外20%的意大利通心粉。针对这些人口统计数据设计广告和特价优惠一定会卓有成效。至于拥有大学学历的20多岁未婚男子买走5%的意大利通心粉这样的数据,可能就无关紧要了。

9.1.2 购物车分析

购物车分析十分流行,它可以帮助我们找到顾客经常一起购买的商品。假设研究发现,许多购买温州鱼丸的顾客会同时购买白胡椒粉,我们就可以确定那些只买温州鱼丸但没有买胡椒粉的个体,在他们下次购物时向其提供胡椒粉的折扣。此外,我们还可以优化货物的摆放位置,既保证顾客能找到自己想要的产品,又能让他们在寻找的过程中路过可能会冲动购物的商品。

购物车分析面临的问题是我们需要考虑大量可能的产品组合。一个大型超市可能有成千上万条产品线,仅考虑所有可能的配对就有上亿种可能性,而三种产品组合的可能性将超过万亿。很明显,采取这样的方式是不实际的,但有两种可以让这一任务变简单的方法。

第一种是放宽对产品类别的定义。我们可以将所有冷冻鱼的销售捆绑起来考虑,而不是执着于顾客买的到底是柠檬味的多佛比目鱼还是油炸鳕鱼。类似地,我们也可以只考虑散装啤酒和特色啤酒,而不是追踪每一个独立品牌。

第二种是只考虑购买量充足的产品。如果仅有10%的顾客购买尿片,那么所有尿片与其他产品的组合购买率最多只有10%。大大削减需要考虑的产品数量后,我们就可以把握所有的产品组合,放弃那些购买量不足的产品。

现在,有了成对的产品组合,可能设计三种产品的组合耗时更短,我们只需要考虑存在共同产品的两组产品对即可。比如,知道顾客会同时购买啤酒和红酒,并且也会同时购买啤酒和零食,那么我们就可以思考啤酒、红酒和零食是否有可能被同时购买。接着,我们可以合并有两件共同商品的三件商品组合,并以此类推。在此过程中,我们随时可以丢弃那些购买量不足的组合方式。

9.1.3 贝叶斯网络

在众多的分类模型中,应用最为广泛的两种分类模型是决策树模型和朴素贝叶斯模型(NBC)。朴素贝叶斯模型发源于古典数学理论,有着坚实的数学基础以及稳定的分类效率。同时,朴素贝叶斯模型所需估计的参数很少,对缺失数据不太敏感,算法也比较简单。理论上,朴素贝叶斯模型与其他分类方法相比具有最小的误差率。但是实际上并非总是如此,这是因为朴素贝叶斯模型假设属性之间相互独立,这个假设在实际应用中往往是不成立的,这给朴素贝叶斯模型的正确分类带来了一定影响。在属性个数比较多或者属性之间相关性较大时,朴素贝叶斯模型的分类效率比不上决策树模型。而在属性相关性较小时,朴素贝叶斯模型的性能最为良好。

了解哪些数据常常共存固然有用,但有时候我们更需要理解为什么会发生这样的情况。假设我们经营一家婚姻介绍所,我们想要知道促成成功配对的因素有哪些,数据库中包含所有客户的信息以及用于评价约会经历的反馈表。

我们可能会猜想,两个高个子的人会不会比两个身高差距悬殊的人相处得更好。为此,我们形成一个假说,即身高差对约会是否成功具有影响。有一种验证此类假说的统计方法称为贝叶斯网络,其数学计算极其复杂,但自动化操作相对容易得多。

贝叶斯网络的核心是贝叶斯定理,该公式可以将数据的概率转换为假说的概率。就本例而言,我们首先建立两条相互矛盾的假说,一条认为两组数据相互影响,另一条认为两组数据彼此独立,再根据收集到的信息计算两条假说的概率,选择可能性最大的作为结论。

需要注意的是，我们无法分辨哪一块数据是原因，哪一块数据是结果。仅就数学而言，成功的交往关系可以推导出人们的身高是否相同，尽管其他一些事实显示并非如此，这也无法证明数据之间存在因果关系，只是暗示两者之间存在某种联系。可能存在其他将两者联系起来的事实，只是我们没有关注甚至没有记录，又或者数据间的这种联系只是偶然而已。

鉴于计算机的强大功能，我们不必手动设计每一条假设，而是通过计算机来验证所有假设。在本例中，我们考虑的客户特征不可能超过 20 种，所以要检测的假设数量是有限的。如果我们认为有两种可能影响结果的特征，那么假设数量将增加 380 条，但也还算合理。如果特征数量变成 4 条，那么工作量就将高达 6840 条，应该还是可以接受的。

购物车分析和贝叶斯网络都是机器学习技术，计算机正在逐渐发掘以前未知的信息。

9.2 数据挖掘方法

数据挖掘是一种决策支持过程，它主要基于人工智能、机器学习、模式识别、统计学、数据库、可视化技术等，高度自动化地分析企业的每个数据，从大量数据中寻找其规律，做出归纳性的推理，从中挖掘出潜在的模式，帮助决策者调整市场策略，减少风险，做出正确的决策。知识发现过程由以下 3 个阶段组成（见图 9-2）：① 数据准备；② 数据挖掘（规律寻找）；③ 结果（规律）表达和解释。数据挖掘可以与用户或知识库交互。

扫码看视频

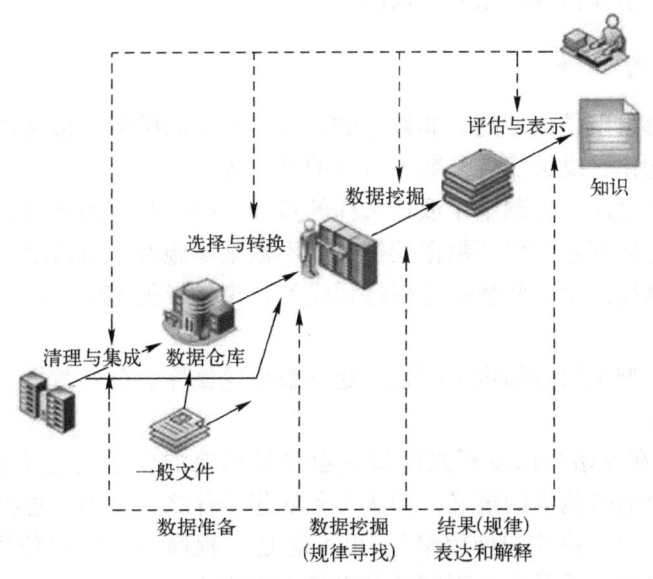

图 9-2　知识发现过程

数据准备是从相关的数据源中选取所需的数据并整合成用于数据挖掘的数据集；数据挖掘（规律寻找）是用某种方法将数据集所含的规律找出来；结果（规律）表达和解释是尽可能以用户可理解的方式（如可视化）将找出的规律表示出来。数据挖掘的任务有关联分析、聚类分析、分类分析、异常分析、特异群组分析和演变分析等。

9.2.1　数据挖掘的发展

20 世纪 90 年代，随着数据库系统的广泛应用和网络技术的高速发展，数据库技术也进入一个全新的阶段，即从过去仅管理一些简单数据发展到管理由各种计算机所产生的图形、图像、音频、视频、电子档案、Web 页面等多种类型的复杂数据，并且数据量也越来越大。数据库在给我们提供丰富信息的同时，也体现出明显的海量信息特征。信息爆炸时代，海量信息给人们带来许多负面影响，最主要的就是有效信息难以提炼，过多无用的信息必然会产生信息距离和有用知识的丢失，这也就是约翰·内斯伯特所说的"信息丰富而知识贫乏"窘境。这里，所谓的信息状态转移距离，是对一个事物信息状态转移所遇到障碍的测度。因此，人们希望能对海量数据进行深入分析，发现并提取隐藏在其中的信息，以更好地利用这些数据。但仅以数据库系统的录入、查询、统计等功能，无法发现数据中存在的关系和规则，无法根据现有的数据预测未来的发展趋势，更缺乏挖掘数据背后隐藏知识的手段。正是在这样的条件下，数据挖掘技术应运而生。

9.2.2 数据挖掘的对象

数据的类型可以是结构化的、半结构化的，甚至是异构型的。发现知识的方法可以是数学的、非数学的，也可以是归纳的。最终被发现了的知识可以用于信息管理、查询优化、决策支持及数据自身的维护等。

数据挖掘的对象可以是任何类型的数据源，可以是关系数据库，其中包含结构化数据的数据源；也可以是数据仓库、文本、多媒体数据、空间数据、时序数据、Web 数据，其中包含半结构化数据甚至异构性数据的数据源。

9.2.3 数据挖掘的步骤

发现知识的方法可以是数字的、非数字的，也可以是归纳的。最终被发现的知识可以用于信息管理、查询优化、决策支持及数据自身的维护等。

在实施数据挖掘之前，先制定采取什么样的步骤，每一步都做什么，达到什么样的目标是必要的，有了好的计划才能保证数据挖掘有条不紊地实施并取得成功。很多软件供应商和数据挖掘顾问公司都提供了一些数据挖掘过程模型，来指导他们的用户一步步地进行数据挖掘工作。

数据挖掘过程模型主要包括定义问题、建立数据挖掘库、分析数据、准备数据、建立模型、评价模型和实施。

1）定义问题。在开始知识发现之前最先也是最重要的要求就是了解数据和业务问题。必须要对目标有一个清晰明确的定义，即决定到底想干什么。比如，想提高电子邮箱的利用率时，想做的可能是"提高用户使用率"，也可能是"提高一次用户使用的价值"，解决这两个问题而建立的模型几乎是完全不同的，必须做出决定。

2）建立数据挖掘库。包括以下几个步骤：数据收集、数据描述、选择、数据质量评估和数据清理、合并与整合、构建元数据、加载数据挖掘库、维护数据挖掘库。

3）分析数据。目的是找到对预测输出影响最大的数据字段和决定是否需要定义导出字段。如果数据集包含成百上千的字段，那么浏览分析这些数据将是一件非常耗时和累人的事情，这时需要选择一个具有好的界面和功能强大的工具软件来协助完成这些事情。

4）准备数据。这是建立模型之前的最后一步数据准备工作，可以把此步骤分为 4 个部分：选择变量、选择记录、创建新变量、转换变量。

5)建立模型。建立模型是一个反复的过程,需要仔细考察不同的模型以判断哪个模型对面对的商业问题最有用。先用一部分数据建立模型,再用剩下的数据来测试和验证这个模型。有时还有第三个数据集,称为验证集,因为测试集可能受模型特性的影响,这时需要一个独立的数据集来验证模型的准确性。训练和测试数据挖掘模型需要把数据至少分成两个部分,一个用于模型训练,另一个用于模型测试。

6)评价模型。模型建立好之后,必须评价得到的结果、解释模型的价值。从测试集中得到的准确率只对用于建立模型的数据有意义。在实际应用中,需要进一步了解错误的类型和由此带来的相关费用的多少。经验证明,有效的模型并不一定是正确的模型。造成这一点的直接原因就是模型建立过程中隐含的各种假定,因此直接在现实世界中测试模型很重要,先在小范围内应用,取得测试数据,觉得满意之后再大范围推广。

7)实施。模型建立并经验证之后,可以有两种主要的使用方法:第一种是提供给分析人员做参考;另一种是把此模型应用到不同的数据集上。

按上述思路建立的一个数据挖掘系统原型示意如图 9-3 所示。

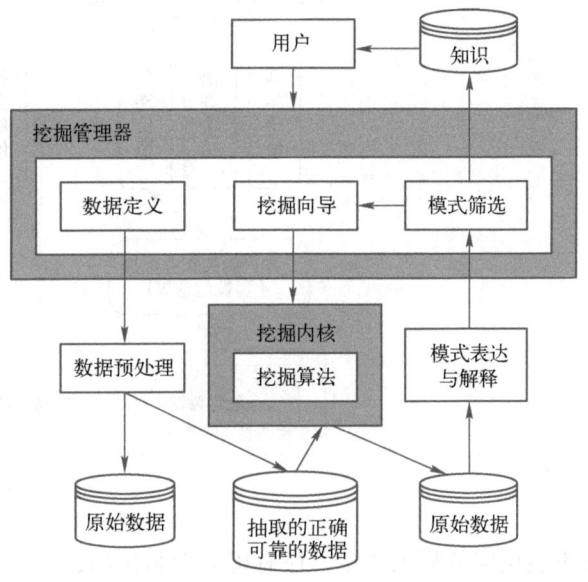

图 9-3　一个数据挖掘系统原型示意

9.2.4　数据挖掘分析方法

数据挖掘分为有指导和无指导两类。有指导数据挖掘是利用可用的数据建立一个模型(见图 9-4),这个模型是对一个特定属性的描述。无指导数据挖掘是在所有的属性中寻找某种关系。具体而言,分类、估值和预测属于有指导的数据挖掘;关联规则和聚类属于无指导的数据挖掘。

1)分类。它首先从数据中选出已经分好类的训练集,在该训练集上运用数据挖掘技术建立一个分类模型,再将该模型用于对没有分类的数据进行分类。

2)估值。估值与分类类似,但估值最终的输出结果是连续型的数值,估值的量并非预先确定的。估值可以作为分类的准备工作。

3)预测。它是通过分类或估值来进行的,通过分类或估值的训练得出一个模型,如果对于检验样本组而言该模型具有较高的准确率,则可将该模型用于对新样本的未知变量进行预测。

4)相关性分组或关联规则。其目的是发现哪些事情总是一起发生。

5)聚类。它是自动寻找并建立分组规则的方法,它通过判断样本之间的相似性,把相似样本划分在一个簇中。

数据挖掘有很多用途,例如,可以在患者群的数据库中查出某药物和其副作用的关系。这种关系可能在 1000 人中也不会出现一例,但药物学相关的项目就可以运用此方法减少对药物

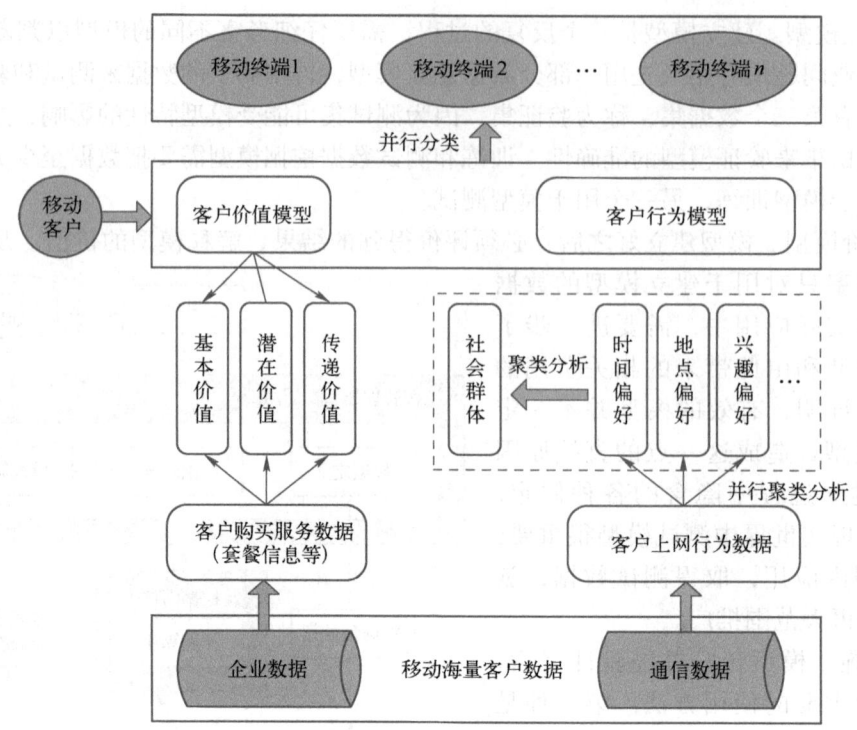

图9-4 有指导的数据挖掘原型示意

有不良反应的病人数量,还有可能挽救生命,但这当中还是存在着数据库可能被滥用的问题。

数据挖掘用其他方法不可能实现的方法来发现信息,但它必须受到制约,应当在适当的说明下使用。如果数据是收集自特定的个人,那么就会出现一些涉及保密、法律和伦理的问题。

与数据挖掘有关的还有隐私保护问题,例如,一个雇主可以通过访问医疗记录来筛选出那些有糖尿病或者严重心脏病的人,从而削减保险支出。对于政府和商业数据的挖掘,可能会涉及国家安全或者商业机密之类的问题,这对于保密也是不小的挑战。

9.3 数据挖掘经典算法

数据挖掘的经典算法主要有神经网络法、决策树法、遗传算法、粗糙集法、模糊集法、关联规则法等。

扫码看视频

9.3.1 神经网络法

神经网络法模拟生物神经系统的结构和功能,是一种通过训练来学习的非线性预测模型,它将每一个连接看作一个处理单元,试图模拟人脑神经元的功能,可完成分类、聚类、特征挖掘等多种数据挖掘任务。神经网络的学习方法主要表现在权值的修改上。其优点是具有抗干扰、非线性学习、联想记忆功能,对复杂情况也能得到精确的预测结果。其缺点首先是不适合处理高维变量,不能观察中间的学习过程,具有"黑箱"性,输出结果也难以解释;其次是需要较长的学习时间。神经网络法主要应用于数据挖掘的聚类技术中。

9.3.2 决策树法

决策树是根据对目标变量产生效用的不同而建构分类的规则,通过一系列的规则对数据进行分类的过程,其表现形式是类似于树形结构的流程图。最典型的算法是 J. R. 昆兰于 1986 年提出的 ID3 算法和在此基础上提出的 C4.5 分类决策树算法。

采用决策树法的优点是决策制定的过程是可见的,不需要长时间构造过程,描述简单,易于理解,分类速度快;缺点是很难基于多个变量组合发现规则。决策树法擅长处理非数值型数据,而且特别适合大规模的数据处理。决策树提供了一种展示类似在什么条件下会得到什么值这类规则的方法。比如,在贷款申请中,要对申请的风险大小做出判断。

C4.5 算法继承了 ID3 算法的优点,并在以下几个方面对 ID3 算法进行了改进:
1) 用信息增益率选择属性,克服了用信息增益选择属性时偏向选择取值多的属性的不足。
2) 在树构造过程中进行剪枝。
3) 能够完成对连续属性的离散化处理。
4) 能够对不完整数据进行处理。

C4.5 算法产生的分类规则易于理解,准确率较高。缺点是:在构造树的过程中,需要对数据集进行多次的顺序扫描和排序,因而导致算法的低效。

9.3.3 遗传算法

遗传算法模拟了自然选择和遗传中发生的繁殖、交配和基因突变现象,采用遗传结合、遗传交叉变异及自然选择等操作来生成实现规则,是一种基于进化理论的机器学习方法。它的基本观点是"适者生存"原理,具有隐含并行性、易于和其他模型结合等性质。它的主要优点是可以处理许多数据类型,同时可以并行处理各种数据;缺点是需要的参数太多,编码困难,一般计算量比较大。遗传算法常用于优化神经元网络,能够解决其他技术难以解决的问题。

9.3.4 粗糙集法

粗糙集法也称粗糙集理论,是由波兰数学家帕拉克在 20 世纪 80 年代初提出的一种处理含糊的、不精确的、不完备问题的数学工具,可以处理数据约简、数据相关性发现、数据意义的评估等问题。其优点是算法简单,在其处理过程中不需要数据的先验知识,能自动找出问题的内在规律;缺点是难以直接处理连续属性,必须先进行属性离散化。粗糙集理论主要应用于近似推理、数字逻辑分析和化简、建立预测模型等问题。

9.3.5 模糊集法

模糊集法是利用模糊集合理论对问题进行模糊评判、模糊决策、模糊模式识别和模糊聚类分析。模糊集合理论用隶属度来描述模糊事物的属性。系统的复杂性越高,模糊性就越强。

9.3.6 关联规则法

关联规则反映了事物之间的相互依赖性或关联性,其算法思想是:首先找出频繁性至少和预定义的最小支持度一样的所有频集,然后由频集产生强关联规则。最小支持度和最小可信度是为了发现有意义的关联规则给定的两个阈值。在这个意义上，数据挖掘的目的就是从源数据库中挖掘出满足最小支持度和最小可信度的关联规则。

关联规则法中最著名的算法是 R. 阿格拉瓦尔等人提出的阿普里里算法，这是一种挖掘布尔关联规则频繁项集的算法。其核心是基于两阶段频集（所有支持度大于最小支持度的项集称为频繁项集，简称频集）思想的递推，分类上属于单维、单层、布尔关联规则。

9.4 机器学习和数据挖掘

从数据分析的角度来看，数据挖掘与机器学习有相似之处，也有不同之处。例如，数据挖掘并没有机器学习探索人的学习机制这一科学发现任务，数据挖掘中的数据分析是针对海量数据进行的。从某种意义上说，机器学习的科学成分更重一些，而数据挖掘的技术成分更重一些。

机器学习是一门多领域交叉学科，涉及概率论、统计学、逼近论、凸分析、算法复杂度理论等多门学科。其专门研究计算机是怎样模拟或实现人类的学习行为，以获取新的知识或技能，重新组织已有的知识结构，使之不断改善自身的性能。

数据挖掘是从海量数据中获取有效的、新颖的、潜在有用的、最终可理解的模式的非平凡过程。数据挖掘中用到了大量的机器学习界提供的数据分析技术和数据库界提供的数据管理技术。

学习能力是智能行为的一个非常重要的特征，不具有学习能力的系统很难称为一个真正的智能系统，而机器学习则希望（计算机）系统能够利用经验来改善自身的性能，因此该领域一直是人工智能的核心研究领域之一。在计算机系统中，"经验"通常是以数据的形式存在的，因此，机器学习不仅涉及对人的认知学习过程的探索，还涉及对数据的分析处理。实际上，机器学习已经成为计算机数据分析技术的创新源头之一。由于几乎所有的学科都要面对数据分析任务，因此机器学习已经开始影响到计算机科学的众多领域，甚至影响到计算机科学之外的很多学科。

机器学习是数据挖掘中的一种重要工具。然而数据挖掘不仅要研究、拓展、应用一些机器学习方法，还要通过许多非机器学习技术解决数据仓储、大规模数据、数据噪声等实践问题。机器学习的涉及面也很宽，用在数据挖掘上的方法通常只是"从数据学习"。机器学习不仅可以用在数据挖掘上，一些机器学习的子领域甚至与数据挖掘的关系不大，如增强学习与自动控制等。所以，数据挖掘是从目的而言的，机器学习是从方法而言的，两个领域有相当大的交集，但不能等同。

9.4.1 数据挖掘和机器学习典型过程

图 9-5 所示是一个典型的推荐类应用示例，需要找到"符合条件的"潜在人员。要从用户数据中得出这张列表，首先需要挖掘出客户特征，然后选择一个合适的模型来进行预测，最后从用户数据中得出结果。

把上述示例中的用户列表获取过程进行细分，有如下几个部分（见图 9-6）。

1）业务理解：理解业务本身的本质是什么，是分类问题还是回归问题，数据怎么获取，以及应用哪些模型才能解决。

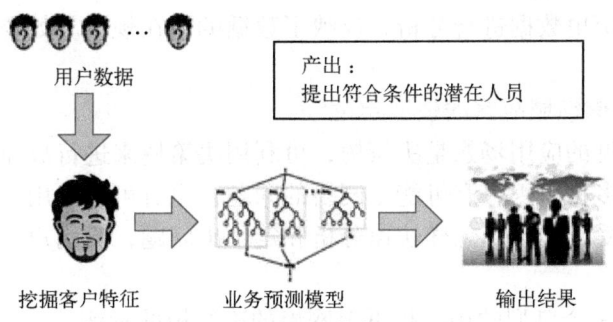

图 9-5 典型的推荐类应用示例

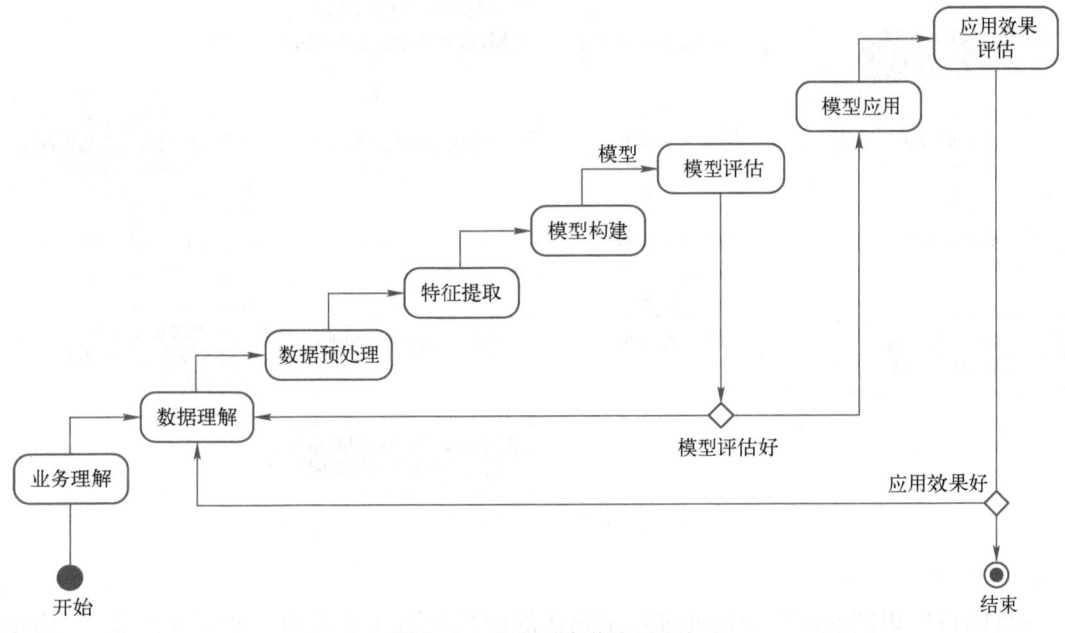

图 9-6 用户列表获取过程

2)数据理解:获取数据之后,分析数据里面有什么内容、数据是否准确,为下一步的预处理做准备。

3)数据预处理:原始数据会有噪声,格式化也不好,所以为了保证预测的准确性,需要进行数据的预处理。

4)特征提取:特征提取是机器学习最重要、最耗时的一个阶段。

5)模型构建:使用适当的算法获取预期准确的值。

6)模型评估:根据测试集来评估模型的准确度。

7)模型应用:将模型部署、应用到实际生产环境中。

8)应用效果评估:根据最终的业务评估最终的应用效果。整个过程会不断反复,模型也会不断调整,直至达到理想效果。

9.4.2 机器学习和数据挖掘应用案例

电商沃尔玛利用数据挖掘工具对原始交易数据进行分析和挖掘,意外地发现跟尿布一起购买最多的商品竟然是啤酒,从而揭示出隐藏在"尿布与啤酒"背后的客户的一种行为模式。数据挖掘技术对历史数据进行分析，反映了数据的内在规律。如今，这样的故事随时可能发生。

1. 决策树用于电信领域故障的快速定位

电信领域比较常见的应用场景是决策树，可利用决策树来进行故障定位。比如，用户投诉上网慢，其中有很多种原因，有可能是网络的问题，也有可能是用户手机设备的问题，还有可能是用户自身感受的问题。怎样快速分析和定位出问题，给用户一个满意的答复？这就需要用到决策树。

图 9-7 所示就是一个典型的用户投诉上网慢的决策树的示例。

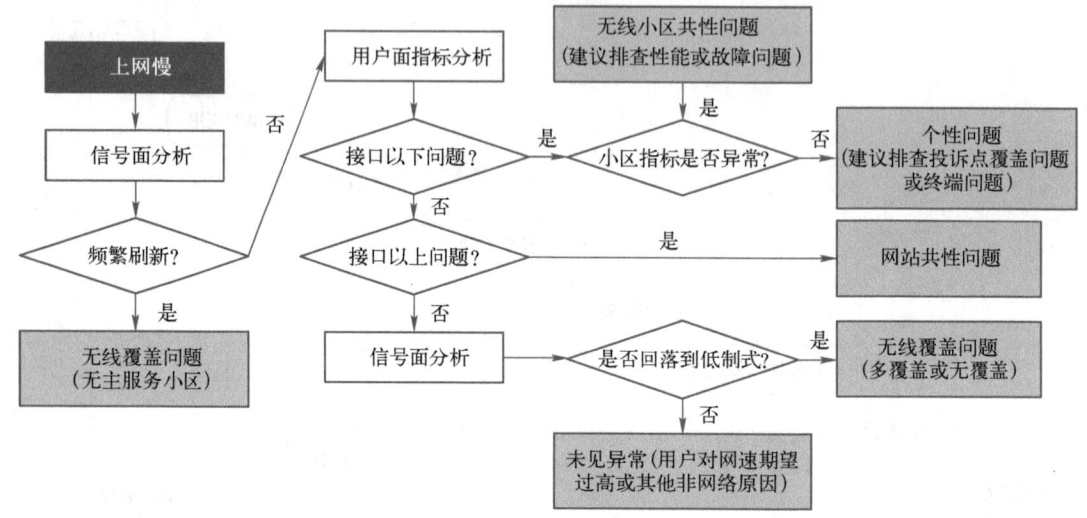

图 9-7　决策树示例

2. 图像识别

百度的百度识图能够有效地处理特定物体的检测识别（如人脸、文字或商品）、通用图像的分类标注。

常规的图片搜索是通过输入关键词的形式搜索到互联网上相关的图片资源，而百度的百度识图则能实现用户通过上传图片或输入图片的链接地址，从而搜索到互联网上与这张图片相似的其他图片资源，同时也能找到与这张图片相关的信息。

谷歌的开源 TensorFlow 可以做到实时的图像识别（见图 9-8）。或许未来谷歌的图像识别引擎不仅能够识别出图片中的对象，还能够对整个场景进行简短而准确的描述。这种突破性的概念来自机器语言翻译方面的研究成果：通过一种递归神经网络（RNN）将一种语言的语句转换成向量表达，并采用第二种 RNN 将向量表达转换成目标语言的语句。

图 9-8　谷歌开源 TensorFlow 的图像识别示例

而谷歌将以上过程中的第一种 RNN 用深度卷积神经网络（CNN）替代，这种网络可以用来识别图像中的物体。这种方法可以实现将图像中的对象转换成语句，对图像场景进行描述。其概念虽然简单，但实现起来十分复杂，科学家表示目前实验产生的语句的合理性不错，但距离完美仍有差距。

3. 自然语言识别

自然语言识别一直是一个非常热门的领域，最有名的是苹果的 Siri，支持资源输入，可调用手机自带的天气预报、日常安排、搜索资料等应用，还能够不断学习新的声音和语调，提供对话式的应答。

微软的 Skype Translator 可以实现中英文之间的实时语音翻译功能，将使得英文和中文普通话之间的实时语音对话成为现实。

在准备好的数据被输入机器学习系统后，机器学习软件会在这些对话和环境涉及的单词中搭建一个统计模型。当用户说话时，软件会在该统计模型中寻找相似的内容，然后应用到预先"学到"的转换程序中，将音频转换为文本，再将文本转换成另一种语言。

虽然语音识别一直是近几十年来的重要研究课题，但是该技术的发展普遍受到错误率高、送话器敏感度差异、噪声环境等因素的阻碍。将深层神经网络技术引入语音识别，极大地降低了错误率，提高了可靠性，最终使这项语音翻译技术得以广泛应用。

【作业】

1. 数据挖掘是指从大量的数据中通过算法搜索其中隐含的、先前未知的并有（　　）的信息的非平凡的决策支持过程。
   A. 连续变化　　　B. 突出表现　　　C. 潜在价值　　　D. 外在表现
2. 数据挖掘通常与计算机科学有关，并通过统计学、在线分析处理、（　　）、专家系统（依靠过去的经验法则）和可视化技术等诸多方法来实现其目标。
   ① 情报检索　　　② 模式识别　　　③ 科学计算　　　④ 机器学习
   A. ①③④　　　　B. ①②④　　　　C. ①②③　　　　D. ②③④
3. 现实社会有大量的数据唾手可得，其中的大部分数据都十分有用，但前提是人们有能力从中提取出（　　）的内容。
   A. 连续　　　　　B. 离散　　　　　C. 精确　　　　　D. 感兴趣
4. 数据不等于信息，而信息也不等于知识。了解数据（将其转化为信息）并利用数据（再将其转化为知识）是一项（　　）的工程。
   A. 巨大　　　　　B. 简单　　　　　C. 直接　　　　　D. 直观
5. 数据存储在称为（　　）的计算机系统中，它具有内置功能，可以分析数据，并按用户要求呈现出不同形式。
   A. 电子表　　　　B. 数据库　　　　C. 文档　　　　　D. 堆栈
6. 所有的人工智能方法都可以用于数据挖掘，其中特别是（　　）。
   A. 模式识别与图像处理　　　　　　B. 机器人技术
   C. 神经网络及模糊逻辑　　　　　　D. 智能代理与自动规划
7. 数据挖掘的分析技术之一——（　　），能用来确定最好预测成果的单个数据。
   A. 决策树　　　　B. 分析表　　　　C. 堆栈　　　　　D. 链表
8. （　　）是数据挖掘中十分流行的策略，它可以帮助我们找到顾客经常一起购买的商品。

    A. 垂直预测　　　B. 离散分析　　　C. 网络冲浪　　　D. 购物车分析

9. 在众多的分类模型中，应用最为广泛的两种是决策树模型和（　　）模型，它发源于古典数学理论，有着坚实的数学基础以及稳定的分类效率。

    A. 遗传继承　　　B. 贝叶斯网络　　C. 朴素贝叶斯　　D. 关联搜索

10. 作为一种统计方法，（　　）的数学计算极其复杂，但自动化操作相对容易得多，其核心是贝叶斯定理，该公式可以将数据的概率转换为假说的概率。

    A. 遗传继承　　　B. 贝叶斯网络　　C. 朴素贝叶斯　　D. 关联搜索

11. 知识发现过程一般由（　　）3个阶段组成。

    ① 知识培养　　② 数据准备　　③ 数据挖掘　　④ 结果表达和解释

    A. ②③④　　　　B. ①②③　　　　C. ①②④　　　　D. ①③④

12. 数据的类型可以是（　　），数据挖掘的对象可以是任何类型的数据源。

    ① 结构化的　　② 半结构化的　　③ 异构的　　　④ 同质的

    A. ①③④　　　　B. ①②④　　　　C. ②③④　　　　D. ①②③

13. 下列（　　）方法属于有指导的数据挖掘。

    ① 分类　　　　② 估值　　　　③ 聚类　　　　④ 预测

    A. ②③④　　　　B. ①②③　　　　C. ①②④　　　　D. ①③④

14. 数据挖掘有很多经典的算法，如（　　）。

    ① 神经网络法　② 决策树法　　③ 蚁群算法　　④ 遗传算法

    A. ②③④　　　　B. ①②④　　　　C. ①③④　　　　D. ①②③

15. （　　）是指原始数据会有噪声，格式化也不好，所以为了保证预测的准确性而需要进行的数据加工活动。

    A. 数据收集　　　B. 数据理解　　　C. 数据预处理　　D. 特征提取

16. 机器学习是数据挖掘中的一种重要工具，用在数据挖掘上的机器学习方法通常是"从（　　）学习"。

    A. 模型　　　　　B. 案例　　　　　C. 经验　　　　　D. 数据

17. 数据挖掘不仅要研究、拓展、应用一些机器学习方法，还要通过许多（　　）技术解决数据仓储、大规模数据、数据噪声等实践问题。

    A. 非机器学习　　B. 强化学习　　　C. 神经网络　　　D. 深度学习

18. 数据挖掘中的数据分析是针对海量数据进行的。从某种意义上说，机器学习的（　　）成分更重一些，而数据挖掘的（　　）成分更重一些。

    A. 经济　技术　　B. 科学　技术　　C. 技术　科学　　D. 技术　经济

19. 在数据挖掘的推荐类应用中，需要找到"符合条件的"潜在人员，这就首先需要挖掘出（　　），然后选择一个合适的模型来进行预测，最后从用户数据中得出结果。

    A. 兴趣爱好　　　B. 购买数量　　　C. 客户特征　　　D. 特别需求

20. 通常，电商利用数据挖掘工具对原始交易数据进行分析和挖掘，可以揭示出隐藏在销售数据背后的客户的一种（　　）。对历史数据的分析，反映了数据的内在规律。

    A. 购买能力　　　B. 质量需求　　　C. 用户体验　　　D. 行为模式

第10章 计算机视觉与处理

【导读案例】模仿人类视网膜的生物芯片

由弗朗西斯卡·桑托罗领导的一个国际研究小组开发出了一种仿人类视网膜的生物芯片。这项创新是生物电子学领域的一部分,旨在修复身体和大脑功能障碍。该芯片的诞生是一项合作成果,来自尤利希生物电子学研究所(IBI-3)的弗朗西斯卡·桑托罗研究小组、亚琛工业大学、热那亚意大利技术研究所和那不勒斯大学的专家参与了这项工作。他们的工作和研究成果已发表在《自然通讯》杂志上。

人与机器的融合是科幻小说的缩影。在现实生活中,人们早已迈出了实现这种半机械人的第一步:心脏起搏器可以治疗心律失常,人工耳蜗可以改善听力,视网膜植入体至少可以帮助几乎失明的人看到一点东西。未来,一种新型芯片可以帮助视网膜植入体更好地与人体融合,它以导电聚合物和光敏分子为基础,可用于模仿视网膜和视觉通路。

这种新型半导体的独特之处在于,它完全由无毒的有机成分组成,具有柔韧性,可与离子(即带电原子或分子)一起工作。因此,与传统的硅半导体元件相比,它能更好地集成到生物系统中,因为传统的硅半导体元件是刚性的,只能与电子一起工作。

研究人员已经在考虑另一种可能的应用:由于光照射会在短期和长期内改变所用聚合物的导电性,因此这种芯片还能起到人工突触的作用。真正的突触以类似的方式工作:通过传递电信号,突触会改变自身的大小和效率,这正是我们大脑学习和记忆能力的基础。桑托罗展望说:"在未来的实验中,我们希望将这些元件与生物细胞结合起来,并将许多单个的生物细胞连接在一起。"

除了人造视网膜,桑托罗的团队还在开发生物电子芯片,这些芯片能够以类似的方式与人体特别是神经系统细胞进行互动。

首先,不同的生物芯片可用于研究真正的神经元,如细胞的信息交流。其次,桑托罗和他的团队希望有一天能够利用他们的元件主动干预细胞的交流途径,从而引发某些效应。例如,桑托罗在这里想到的是纠正帕金森或阿尔茨海默病等神经退行性疾病中出现的信息处理和传输错误,或支持不再正常运作的器官,此外,这种元件还可以作为假肢或关节之间的接口。

计算机技术也能从中受益。这种芯片注定会成为人工神经网络的硬件。迄今为止,人工智能程序仍在使用无法调整自身结构的经典处理器。它们只是通过复杂的软件来模仿改变神经网络的自学习运行原理。这是非常低效的。人工神经元可以弥补这一缺陷:它们将使计算机技术能够在各个层面上模仿大脑的工作方式。

计算机视觉是一门研究如何使机器"看"的科学,更进一步地说,是指用摄像机、照相机和计算机代替人眼对目标进行识别、跟踪和测量等的机器的视觉,并进一步做图形处理,使之成为更适合人眼观察或传送给仪器检测的图像。

计算机视觉研究相关的理论和技术,试图建立能够从图像或者多维数据中获取"信息"

的人工智能系统。这里所指的信息,是指可以用来帮助人们做"决定"的内容。因为感知可以看作从感官信号中提取信息,所以计算机视觉也可以看作研究如何使人工系统从图像或多维数据中"感知"的科学。

计算机视觉用各种成像系统代替视觉器官作为输入敏感手段,由计算机来代替大脑完成处理和解释。计算机视觉的最终研究目标就是使计算机能像人那样通过视觉观察和理解世界,具有自主适应环境的能力。计算机视觉的应用包括控制过程、导航、自动检测等方面。

10.1 模式识别

模式识别原本就是人类的一项基本智能,是指对表征事物或现象的不同形式(数值、文字和逻辑关系)的信息做分析和处理,从而得到一个对事物或现象做出描述、辨认和分类等的过程。随着计算机技术的发展和人工智能的兴起,人类自身的模式识别已经满足不了社会发展的需要,于是就希望用计算机来代替或扩展人类的部分脑力劳动。这样,模拟人类图像识别过程(见图 10-1)的计算机图像识别技术就产生了。模式识别与数学关系紧密,其思想方法与概率统计、心理学、语言学、计算机科学、生物学、控制论等学科都有关系。

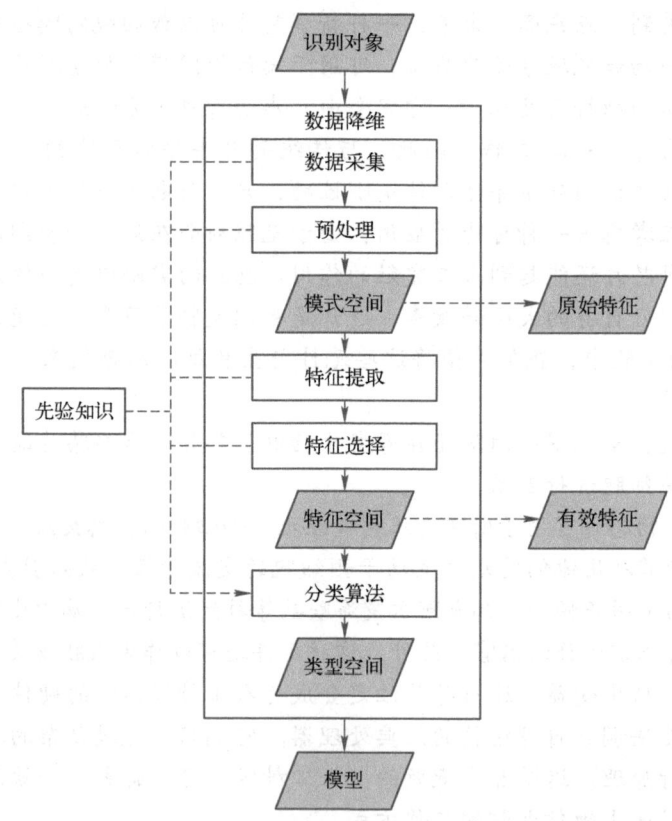

图 10-1 模式识别过程

模式识别的内容包括文字识别、图像识别、语音识别和生物识别(见图 10-2)等。从处理问题的性质和解决问题的方法等角度来看,模式识别可分为抽象的和具体的两种形式。前者如意识、思想、议论等,属于概念识别研究的范畴。而这里所指的模式识别主要是对语音波形、地震波、心电图、脑电图、图片、照片、文字、符号、生物传感器等对象的具体模式进行辨识。要实现计算机视觉，必须要有图像处理的帮助，而图像处理则依赖于模式识别过程的有效运用。

模式识别研究主要集中在两方面：一是研究生物体（包括人）是如何感知对象的，属于认识科学的范畴；二是在给定的任务下，如何用计算机实现模式识别的理论和方法。应用计算机对一组事件或过程进行辨识和分类时，所识别的事件或过程可以是文字、声音、图像等具体对象，也可以是状态、程度等抽象对象。这些对象与数字形式的信息相区别，称为模式信息。

图 10-2　生物识别

10.2　图像识别

图像识别是指利用计算机对图像进行处理、分析和理解，以识别各种不同模式的目标和对象，它是深度学习算法的一种应用实践。图像识别技术一般分为人脸识别与商品识别，人脸识别主要用在安全检查、身份核验与移动支付中；商品识别主要用在商品流通过程中，特别是无人货架、智能零售等无人零售领域。另外，在地理学中，图像识别也指将遥感图像进行分类的技术。

图像识别的方法主要有 3 种：统计模式识别、结构模式识别和模糊模式识别。

10.2.1　人类的图像识别能力

人类拥有记忆和"高明"的识别系统，比如告诉你面前的动物是"猫"，以后你再看到猫，一样可以认出来。图形刺激作用于感觉器官，人们辨认出它是以前见过的某一图形的过程，称为图像再认。在图像识别中，既要有当时进入感官的信息，也要有记忆中存储的信息。只有通过存储的信息与当前的信息进行比较的加工过程，才能实现对图像的再认。

人的图像识别能力是很强的。图像距离的改变或图像在感觉器官上作用位置的改变，都会造成图像在视网膜上的大小和形状的改变。即使在这种情况下，人们也仍然可以认出他们过去知觉过的图像。甚至图像识别可以不受感觉通道的限制。例如，人可以用眼看字，当别人在他背上写字时，他也可以"认"出这个字来。

人类通过眼睛接收到光源反射，"看"到自己眼前的事物，但是很多内容元素人们可能并不在乎；就像曾经与你擦肩而过的一个人，如果你再次看到并不一定会记得他。然而，人工智能会记住它见过的任何人、任何事物。如图 10-3 所示，人类会觉得这是很简单的黄黑相间条纹。不过，如果问问人工智能系统，那么它给出的答案也许是："99%的概率是校车"。对于图 10-4，人工智能系统虽不能看出这是一条戴着墨西哥帽的吉娃娃狗，但起码能识别出这是一条戴着宽边帽的狗。

10.2.2　图像识别的基础

图像识别以图像的主要特征为基础。每个图像都有它的特征，如字母 A 有个尖，P 有个圈，而 Y 的中心有个锐角等。对图像识别时眼动的研究表明，人们的视线总是集中在图像的主要特征上，也就是集中在图像轮廓曲度最大或轮廓方向突然改变的地方，这些地方的信息量最大。而且，眼睛的扫描路线也总是依次从一个特征转到另一个特征上。由此可见，在图像识别过程中，知觉机制必须排除输入的多余信息，抽出关键信息。同时，在大脑里必定有一个负责整合信息的机制，它能把分阶段获得的信息整理成一个完整的知觉映像。

图 10-3　黄黑相间条纹　　　　图 10-4　识别戴着墨西哥帽的吉娃娃狗

人类对复杂图像的识别往往要通过不同层次的信息加工才能实现。对于熟悉的图形，由于掌握了它的主要特征，就会把它当作一个单元来识别，而不再注意它的细节。这种由孤立单元材料组成的整体单位称为组块，所有的组块是同时被感知的。在文字材料的识别中，人们不仅可以把一个汉字的笔画或偏旁等单元组成一个组块，而且能把经常在一起出现的字或词组成组块单位来加以识别。

事实上，基于计算机视觉的图像检索也可以分为类似文本搜索引擎的 3 个步骤：提取特征、建立索引及查询。在计算机视觉识别系统中，图像内容通常用图像特征进行描述。

举个例子，图片线条特征提取后高层特征的逐层构建，其中展示了不同层提取到了不同的特征。

第 1 层是一些简单的线条颜色等（见图 10-5）。

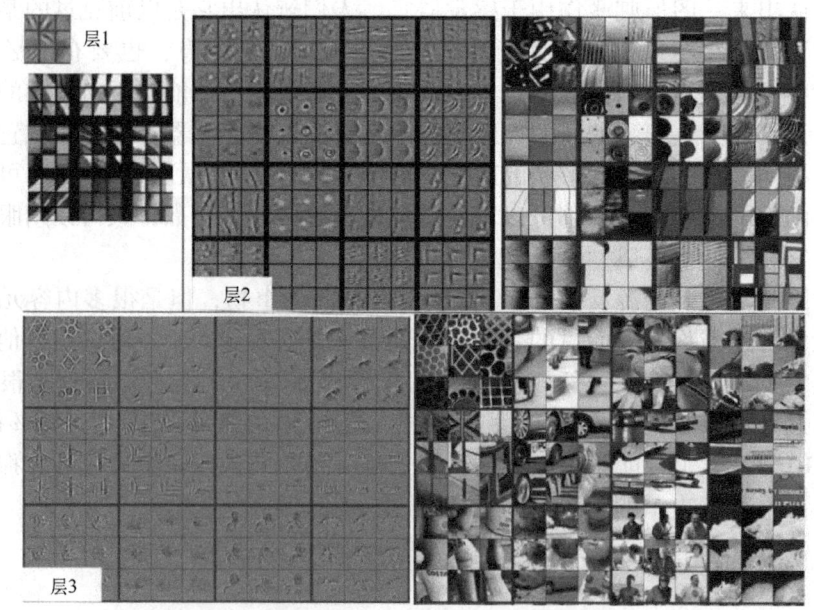

图 10-5　图像特征提取的第 1 层到第 3 层

第 2 层是不同线条组成的简单形状。
第 3 层是简单形状组成的简单图案。
第 4 层在第 3 层的基础上构建了部分狗脸的轮廓等更复杂的特征（见图 10-6）。

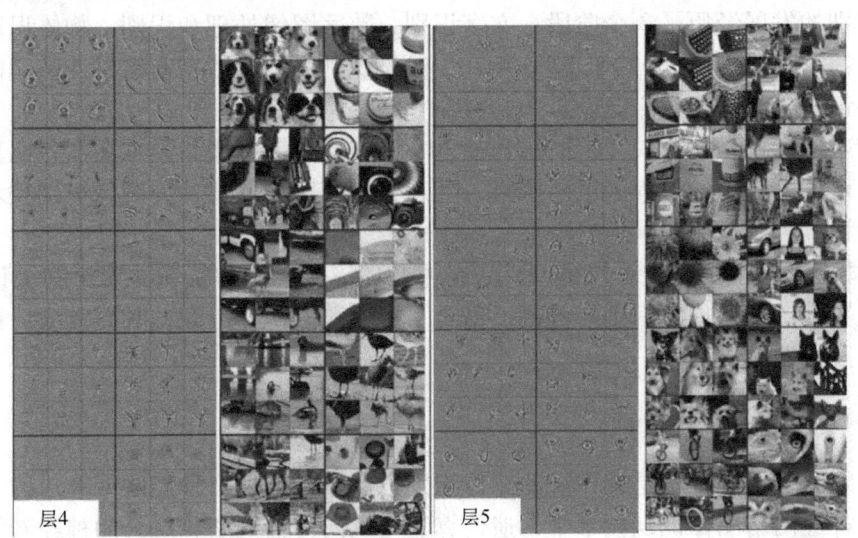

图 10-6　图像特征提取的第 4 层和第 5 层

第 5 层又增加了部分复杂性的轮廓，比如人脸等。

10.2.3　图形识别的模型

为了编制模拟人类图像识别活动的计算机程序，人们提出了不同的图像识别模型。

例如，**模板匹配模型**认为，识别某个图像，过去的经验中有这个图像的记忆模式，称为模板。当前的刺激如果与大脑中的某个模板相匹配，这个图像就被识别了。事实上，人不仅能识别与大脑中的模板完全一致的图像，也能识别与模板不完全一致的图像。例如，人们不仅能识别某一个具体的字母 A，也能识别印刷体的、手写体的、方向不正的、大小不同的各种字母 A。同时，人能识别的图像是大量的，如果所识别的每一个图像在大脑中都有一个相应的模板，那么这是不可能的。

为了解决模板匹配模型存在的问题，又提出了一个**原型匹配模型**。这种模型认为，在长时记忆中存储的并不是所要识别的无数个模板，而是图像的某些"相似性"。将从图像中抽象出来的"相似性"作为原型，利用它来检验所要识别的图像。如果找到一个相似的原型，那么这个图像就被识别了。这种模型从神经上和记忆探寻的过程来看，都比模板匹配模型更适宜，而且还能说明对一些不规则的但某些方面与原型相似的图像的识别。但是，这种模型没有说明人是怎样对相似的刺激进行辨别和加工的，它也难以在计算机程序中得到实现。因此又有人提出了一个更复杂的模型——"泛魔"识别模型，又称"万鬼堂"，它是一种具体的特征分析模型：

第一层：印象鬼，对外部刺激编码形成刺激映像。
第二层：特征鬼，进行特征分解。
第三层：认知鬼，监视特征鬼的反应，综合各种特征并做出反应。

第四层：决策鬼，根据认知鬼的反应做出决策，识别模式。

在一般工业使用中，采用工业相机拍摄图片，然后利用软件根据图片灰阶差做处理后识别出有用信息。

图像识别的发展经历了3个阶段：文字识别、数字图像处理和识别、物体识别。

1）**文字识别**：该研究开始于1950年，一般是识别字母、数字和符号，从印刷文字识别到手写文字识别，应用非常广泛。

2）**数字图像处理和识别**：该研究开始于1965年。数字图像与模拟图像相比具有存储和传输方便、可压缩、传输过程中不易失真、处理方便等巨大优势，为图像识别技术的发展提供了强大动力。

3）**物体识别**：主要是指对三维世界的客体及环境的感知和认识，属于高级计算机视觉范畴。它以数字图像处理与识别为基础，结合了多学科的研究方向，其研究成果被广泛应用在各种工业及机器人探测上。

10.2.4 神经网络图像识别

神经网络图像识别技术是在传统的图像识别方法基础上融合神经网络算法的一种图像识别方法。在神经网络图像识别技术中，遗传算法与反向传播网络相融合的神经网络图像识别模型非常经典，在很多领域都有它的应用（反向传播网络是1986年由科学家鲁梅尔哈特和麦克莱兰提出的概念，是一种按照误差逆向传播算法训练的多层前馈神经网络）。在图像识别系统中利用神经网络系统，一般会先提取图像的特征，再利用图像所具有的特征映射到神经网络进行图像识别分类。

以汽车拍照自动识别技术为例，当汽车通过的时候，汽车自身具有的检测设备会有所感应。此时检测设备就会启用图像采集装置来获取汽车正反面的图像，获取图像后上传到计算机进行保存以便识别。车牌定位模块提取车牌信息，对车牌上的字符进行识别并显示最终的结果。在对车牌上的字符进行识别时就用到了基于模板匹配算法和基于人工神经网络算法。

10.3 计算机视觉技术

扫码看视频

计算机视觉技术是计算机模拟人类的视觉过程，具有感受环境的能力和人类视觉功能的技术，是图像处理、人工智能和模式识别等技术的综合。

10.3.1 什么是机器视觉

机器视觉是人工智能领域中发展迅速的一个重要分支，正处于不断突破、走向成熟的阶段。一般认为，机器视觉"是通过光学装置和非接触传感器自动地接收和处理一个真实场景的图像，通过分析图像获得所需信息或用于控制机器运动的装置"。具有智能图像处理功能的机器视觉，相当于人们在赋予机器智能的同时为机器安上了眼睛（见图10-7），使机器能

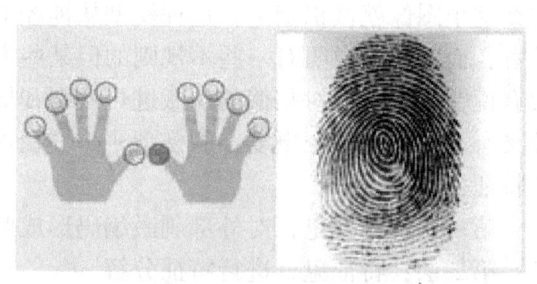

图10-7 图像处理与模式识别应用于指纹识别

够"看得见""看得准",可替代甚至胜过人眼做测量和判断,使得机器视觉系统可以实现高分辨率和高速度的控制。而且,机器视觉系统与被检测对象无接触,安全可靠。

机器视觉的起源可追溯到20世纪60年代美国学者L. R. 罗伯兹对多面体积木世界的图像处理研究。20世纪70年代,麻省理工学院(MIT)人工智能实验室开设了"机器视觉"课程。到20世纪80年代,全球性机器视觉研究热潮开始兴起,出现了一些基于机器视觉的应用系统。20世纪90年代以后,随着计算机和半导体技术的飞速发展,机器视觉的理论和应用得到进一步发展。

进入21世纪后,机器视觉技术的发展速度更快,已经大规模地应用于多个领域,如智能制造、智能交通、医疗卫生、安防监控等领域。常见的机器视觉系统主要分为两类:一类是基于计算机的,如工控机或PC;另一类是更加紧凑的嵌入式设备。典型的基于工控机的机器视觉系统主要包括光学系统、摄像机和工控机(包含图像采集、图像处理和分析、控制/通信)等单元(见图10-8)。机器视觉系统对核心的图像处理要求算法准确、快捷和稳定,同时还要求系统的实现成本低,升级换代方便。

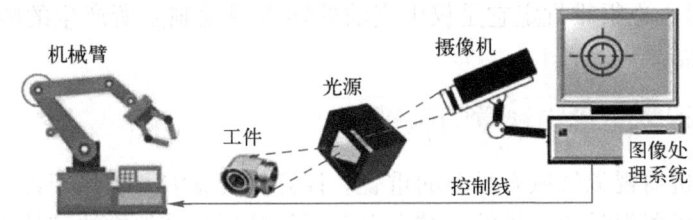

图 10-8 机器视觉系统示意

10.3.2 定义计算机视觉

视觉是各个应用领域(如制造业、检验、文档分析、医疗诊断和军事等领域)各种智能/自主系统中不可分割的一部分(见图10-9)。由于它的重要性,一些国家已经把对计算机视觉的研究列为对经济和科学有广泛影响的重大挑战。

从图像处理和模式识别发展起来的计算机视觉,是使用计算机及相关设备来模拟人的视觉机理来获取和处理信息的能力。它所面临的挑战是要为计算机和机器人开发具有与人类水平相当的视觉能力。机器视觉需要把图像信号、纹理和颜色建模、几何处理和推理以及物体建模等所有这些处理都紧密地集成在一起。

计算机视觉要达到的基本目的包括:

1)根据一幅或多幅二维投影图像计算出观察点到目标物体的距离。

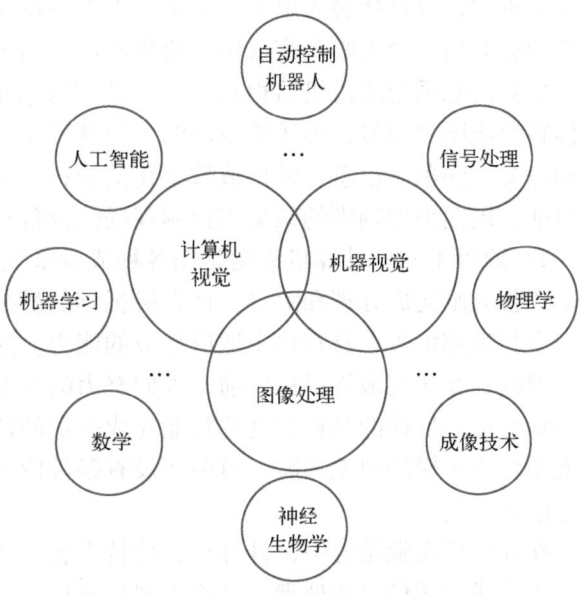

图 10-9 计算机视觉的相关领域

2）根据一幅或多幅二维投影图像计算出目标物体的运动参数。

3）根据一幅或多幅二维投影图像计算出目标物体的表面物理特性。

4）根据多幅二维投影图像恢复出更大空间区域的投影图像。

人工智能所研究的一个主要问题是：如何让系统具备"计划"和"决策能力"，从而使之完成特定的技术动作（例如，移动一个机器人通过某种特定环境）。在这里，计算机视觉系统作为一个感知器，为决策提供信息。

为了达到计算机视觉的目的，有两种技术途径可以考虑。第一种是仿生学方法，即从分析人类视觉的过程入手，利用大自然提供给我们的最好参考系——人类视觉系统，建立起视觉过程的计算模型，然后用计算机系统实现。第二种是工程方法，即脱离人类视觉系统的约束，利用一切可行和实用的技术手段实现视觉功能。此方法的一般做法是，将人类视觉系统作为一个黑盒子对待，实现时只关心对于某种输入，视觉系统将给出何种输出。这两种方法理论上都是可行的，但面临的困难是，人类视觉系统对应某种输入的输出到底是什么，这是无法直接测得的。而且由于人的智能活动是一个多功能系统综合作用的结果，因此即使得到了一个输入/输出对，也很难肯定它是仅由当前的输入视觉刺激所产生的响应，而不是与历史状态综合作用的结果。

10.3.3 计算机视觉与机器视觉的区别

计算机视觉和机器视觉领域有显著的重叠。计算机视觉涉及被用于许多领域自动化图像分析的核心技术。机器视觉通常指的是结合自动图像分析与其他方法和技术来提供自动检测和机器人指导，实现在工业应用中的一个过程。在许多计算机视觉应用中，计算机被预编程，以解决特定的任务，但基于学习的方法现在正变得越来越普遍。

一般认为，计算机就是机器的一种，那么，计算机视觉与机器视觉有什么区别呢？

1）定义不同。计算机视觉是一门研究如何使机器"看"的科学，更进一步地说，是指用摄影机和计算机代替人眼对目标进行识别、跟踪和测量等，并进一步做图形处理，使计算机处理成为更适合人眼观察或传送给仪器检测的图像。

机器视觉系统通过机器视觉产品（即图像摄取装置，分 CMOS 和 CCD 两种）将被摄取目标转换成图像信号，传送给专用的图像处理系统，得到被摄目标的形态信息，根据像素分布和亮度、颜色等信息，转换成数字化信号；图像系统对这些信号进行各种运算来抽取目标的特征，进而根据判别的结果来控制现场的设备动作。

2）原理不同。计算机视觉是用各种成像系统代替视觉器官作为输入敏感手段，由计算机来代替大脑完成处理和解释。计算机视觉的最终研究目标就是使计算机能像人那样通过视觉观察和理解世界，具有自主适应环境的能力。这是一个需要经过长期的努力才能达到的目标。因此，在实现最终目标以前，人们努力的中期目标是建立一种视觉系统，这个系统能依据视觉敏感和反馈的某种程度的智能完成一定的任务。例如，计算机视觉的一个重要应用领域就是自主车辆的视觉导航，目前还没有条件像人那样能识别和理解任何环境，从而完成自主导航的系统。

在计算机视觉系统中，计算机起代替人脑的作用，但并不意味着计算机必须按人类视觉的方式完成视觉信息的处理。计算机视觉可以而且应该根据计算机系统的特点来进行视觉信息的处理。人类的视觉系统是迄今为止人们所知道的功能最强大和完善的视觉系统，对人类视觉处理机制的研究将给计算机视觉的研究提供启发和指导。

因此，用计算机信息处理的方法研究人类视觉的机理，建立人类视觉的计算理论，也是一个非常重要和使人感兴趣的研究领域。这方面的研究被称为计算视觉。计算视觉被认为是计算机视觉中的一个研究领域。

10.4 智能图像处理技术

智能图像处理是指一类基于计算机的自适应于各种应用场合的图像处理和分析技术，本身是一个独立的理论和技术领域，但同时又是机器视觉中的一项十分重要的技术支撑。

图像处理一般指数字图像处理。数字图像是指用数字摄像机、扫描仪等设备经过采样和数字化得到的一个大的二维数组，该数组的元素称为像素，其值为一个整数，称为灰度值。图像处理技术的主要内容包括图像压缩，增强和复原，匹配、描述和识别 3 个部分。常见的处理有图像数字化、图像编码、图像增强、图像复原、图像分割和图像分析等。

机器视觉的图像处理系统对现场的数字图像信号按照具体的应用要求进行运算和分析，根据获得的处理结果来控制现场设备的动作。

10.4.1 图像采集

图像采集就是从工作现场获取场景图像的过程，是机器视觉的第一步，采集工具大多为 CCD 或 CMOS 照相机或摄像机。照相机采集的是单幅图像，摄像机可以采集连续的现场图像。就一幅图像而言，它实际上是三维场景在二维图像平面上的投影，图像中某一点的彩色（亮度和色度）是场景中对应点彩色的反映。这就是我们可以用采集图像来替代真实场景的依据所在。

如果相机是模拟信号输出，则需要将模拟图像信号数字化后送给计算机（包括嵌入式系统）处理。现在的大部分相机都可直接输出数字图像信号。不仅如此，现在相机的数字输出接口也是标准化的，如 USB、VGA、1394、HDMI、WiFi、Blue Tooth 接口等，可以直接送入计算机进行处理，后续的图像处理工作往往由计算机或嵌入式系统以软件的方式进行。

10.4.2 图像预处理

对于采集到的数字化现场图像，由于受到设备和环境因素的影响，往往会受到不同程度的干扰，如噪声、几何形变、彩色失调等，为此必须对采集图像进行预处理。常见的预处理包括噪声消除、几何校正、直方图均衡等。使用时域或频域滤波的方法来消除图像中的噪声；采用几何变换的办法来校正图像的几何失真；采用直方图均衡、同态滤波等方法来减轻图像的彩色偏离。总之，通过这一系列的图像预处理技术，对采集图像进行加工，为机器视觉应用提供更好更有用的图像。

10.4.3 图像分割

所谓图像分割，就是按照应用要求，把图像分成各具特征的区域，从中提取出感兴趣的目标。图像中常见的特征有灰度、彩色、纹理、边缘、角点等。例如，对汽车装配流水线图像进行分割，分成背景区域和工件区域，提供给后续处理单元以对工件安装部分进行处理。

图像分割是图像处理中的一项关键技术，其研究一直都受到人们的高度重视，借助于各种理论提出了数以千计的图像分割算法，如阈值、边缘检测、区域提取、结合特定理论工具等。从图像的类型来分，有灰度图像、彩色图像和纹理图像等分割。随着基于直方图和小波变换的图像分割方法的研究计算技术、VLSI 技术的迅速发展，有关图像处理方面的研究已经取得了很大的进展。

近年来，人们利用基于神经网络的深度学习方法进行图像分割，其性能胜过传统算法。

10.4.4 目标识别和分类

在制造或安防等行业，机器视觉都离不开对输入图像的目标（又称特征）进行识别和分类处理，以便在此基础上完成后续的判断和操作。识别和分类技术有很多相同的地方，常常在目标识别完成后，目标的类别也就明确了。图像识别技术正在跨越传统方法，形成以神经网络为主流的智能化图像识别方法，如卷积神经网络（CNN）、回归神经网络（QRNN）等一类性能优越的方法。

10.4.5 目标定位和测量

在智能制造中，最常见的工作就是对目标工件进行安装，但是在安装前往往需要先对目标进行定位，安装后还需对目标进行测量。安装和测量都需保持较高的精度和速度，如毫米级精度（甚至更小）、毫秒级速度。这种高精度、高速度的定位和测量，依靠通常的机械或人工的方法是难以办到的。在机器视觉中，采用图像处理的办法对安装现场图像进行处理，按照目标和图像之间的复杂映射关系进行处理，从而快速精准地完成定位和测量任务。

10.4.6 目标检测和跟踪

图像处理中的运动目标检测和跟踪，就是实时检测摄像机捕获的场景图像中是否有运动目标，并预测它下一步的运动方向和趋势，即跟踪，并及时将这些运动数据提交给后续的分析和控制处理，形成相应的控制动作。图像采集一般使用单个摄像机，如果需要也可以使用两个摄像机，模仿人的双目视觉而获得场景的立体信息，这样更加有利于目标检测和跟踪处理。

10.5 计算机视觉系统典型功能

计算机视觉系统的结构形式在很大程度上依赖其应用方向。有些是独立工作的，解决具体的测量或检测问题。有些作为某个大型复杂系统的一部分，比如和机械控制系统、数据库系统、人机接口设备协同工作。计算机视觉系统中的有些功能几乎是每个系统都需要具备的（见图 10-10）。

计算机视觉系统的一些关键要素包括：
- 光源布局影响大，需审慎考量。
- 正确选择镜组，考量倍率、空间、尺寸、失真等。
- 选择合适的摄像机（CCD），考量其功能、规格、稳定性、耐用型等。

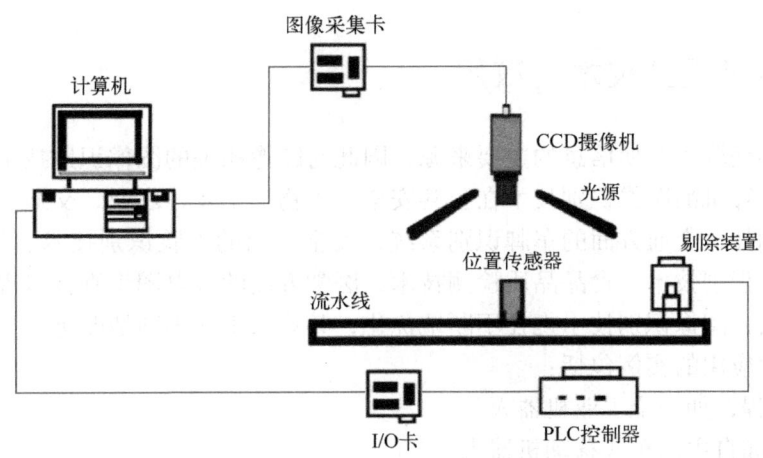

图 10-10 计算机视觉检测系统的组成

- 视觉软件的开发依赖经验累积,要多尝试、思考问题的解决途径。
- 以"创造精度的不断提升,缩短处理时间"为最终目标。

1)图像获取。一幅数字图像是由一个或多个图像感知器产生的,感知器可以是各种光敏摄像机,包括遥感设备、X 射线断层摄影仪、雷达、超声波接收器等。取决于不同的感知器,产生的图片可以是普通的二维图像、三维图组或者一个图像序列。图片的像素值往往对应于光在一个或多个光谱段上的强度(灰度图或彩色图),但也可以是相关的各种物理数据,如声波、电磁波或核磁共振的深度、吸收度或反射度。

2)预处理。在对图像实施具体的计算机视觉方法来提取某种特定的信息之前,往往采用一种或一些预处理来使图像满足后继方法的要求。例如:

- 二次取样保证图像坐标的正确。
- 使用平滑去噪来滤除感知器引入的设备噪声。
- 提高对比度来保证实现相关信息可以被检测到。
- 调整尺度空间使图像结构适合局部应用。

3)特征提取。从图像中提取各种复杂度的特征。例如:

- 线、边缘提取。
- 局部化的特征点检测,如边角检测,斑点检测。
- 更复杂的特征可能与图像中的纹理形状或运动有关。

4)检测分割。在处理过程中,有时需要对图像进行分割来提取有价值的用于后继处理的部分,如筛选特征点;分割一幅或多幅图片中含有特定目标的部分。

5)高级处理。到了这一步,数据的数量就不多了,如图像中只有经先前处理被认为含有目标物体的部分。这时的处理包括:

- 验证得到的数据是否符合前提要求。
- 估测特定系数,如目标的姿态、体积。
- 对目标进行分类。

高级处理有理解图像内容的含义,是计算机视觉中的高阶处理,主要是在图像分割的基础上对分割出的图像块进行理解,如进行识别等操作。

10.6 计算机视觉技术的应用

图像是人类获取和交换信息的主要来源，因此与图像相关的图像识别技术必定也是未来的研究重点。计算机的图像识别技术在公共安全、生物、工业、农业、交通、医疗等很多领域都有应用。例如，交通方面的车牌识别系统，安全方面的人脸识别技术、指纹识别技术，农业方面的种子识别技术、食品品质检测技术，医学方面的心电图识别技术等。随着计算机技术的不断发展，图像识别技术也在不断地优化，其算法也在不断地改进。

计算机视觉应用的实例包括：

1）控制过程，如一个工业机器人。
2）导航，如自主汽车或移动机器人。
3）检测事件，如对视频监控和人数的统计。
4）组织信息，如对于图像和图像序列的索引数据库。
5）造型对象或环境，如医学图像分析系统或地形模型。
6）相互作用，如当输入到达一个装置时，用于计算机和人的交互。
7）自动检测，如制造业的应用程序。
8）自动汽车驾驶。
9）生物识别技术，如人脸识别。

最突出的应用领域是医疗计算机视觉和医学图像处理。这个领域的特征信息从图像数据中提取，用于针对患者进行医疗诊断。通常，图像数据可以是显微镜图像、X射线图像、血管造影图像、超声图像和断层图像，如检测肿瘤、动脉粥样硬化等，也可以是器官的尺寸、血流量等，还支持提供医学研究的测量。计算机视觉在医疗领域的应用还包括增强人类的感知能力，如超声图像或X射线图像，以降低受噪声影响的图像。

另一个重要的应用领域是工业，即机器视觉。信息被提取以用于支撑制造工序。一个例子是质量控制，其中的信息或最终产品被自动检测。机器视觉也被大量用于农业。

军事上的应用最明显的例子是探测敌方士兵或车辆和导弹制导。更先进的系统为导弹制导发送导弹的区域，而不是一个特定的目标，当导弹到达所获取数据的区域时针对目标做出选择。现代军事概念，如"战场感知"，意味着各种传感器，包括图像传感器，提供了丰富的有关作战的场景，可用于支持战略决策的信息。在这种情况下，数据的自动处理，可用于减少复杂性，并融合来自多个传感器的信息，以提高可靠性。

一个较新的应用领域是自主交通，其中包括潜水装置、陆上车辆（带轮子的车辆，如轿车或卡车）、高空作业车和无人机。完全独立的自主化水平，通常使用计算机视觉进行导航，即知道它在哪里，用于指定的生产环境（地图）或检测障碍物，它也可以被用于检测特定任务的特定事件，如寻找森林火灾。

应用领域还包括支持视觉特效制作的电影和广播，如摄像头跟踪（运动匹配）、监视等。

10.6.1 机器视觉的行业应用

机器视觉的应用主要体现在半导体及电子行业（见图10-11），其中40%~50%的应用都集中在半导体行业。具体如PCB（印刷电路板）：各类生产印刷电路板组装技术、设备；

单面、双面、多层线路板，覆铜板及所需的材料及辅料；辅助设施以及耗材、油墨、药水药剂、配件；电子封装技术与设备；丝网印刷设备及丝网周边材料等。SMT 表面贴装：SMT 工艺与设备、焊接设备、测试仪器、返修设备及各种辅助工具及配件、SMT 材料、贴片剂、胶黏剂、焊剂、焊料及防氧化油、焊膏、清洗剂等；再流焊机、波峰焊机及自动化生产线设备。电子生产加工设备：电子元件制造设备、半导体及集成电路制造设备、元器件成型设备、电子工模具。机器视觉系统在质量检测的各个方面已经得到了广泛的应用，并且其产品在应用中占据着举足轻重的地位。

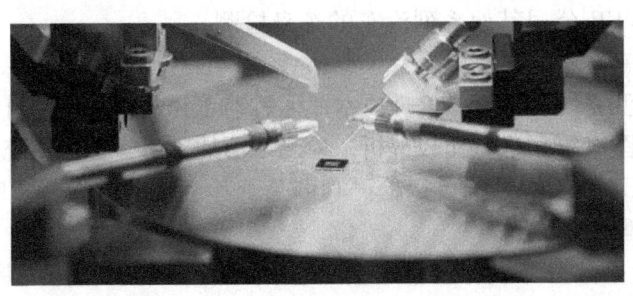

图 10-11 半导体领域的机器视觉应用

随着经济水平的提高，3D 机器视觉也开始进入人们的视野，它可用于水果和蔬菜、木材、化妆品、烘焙食品、电子组件和医药产品的评级，可以提高合格产品的生产能力，在生产过程的早期就报废劣质产品，从而减少了浪费，节约了成本。这种功能非常适合用于高度、形状、数量甚至色彩等产品属性的成像。

在行业应用方面，主要有制药、包装、电子、汽车制造、半导体、纺织、烟草、交通、物流等行业，用机器视觉技术取代人工，可以提高生产效率和产品质量。例如在物流行业，可以使用机器视觉技术进行快递的分拣分类，从而减少物品的损坏率，提高分拣效率，减少人工劳动。

10.6.2 检测与机器人视觉应用

机器视觉的应用主要有检测和机器人视觉两个方面。

1）检测：可分为高精度定量检测（如显微照片的细胞分类、机械零部件的尺寸和位置测量）和不用量器的定性或半定量检测（如产品的外观检查、装配线上的零部件识别定位、缺陷性检测与装配完全性检测）。

2）机器人视觉：用于指引机器人在大范围内的操作和行动，如从料斗送出的杂乱工件堆中拣取工件并按一定的方位放在传输带或其他设备上（即料斗拣取问题）。至于小范围内的操作和行动，还需要借助于触觉传感技术。

此外还有自动光学检查、人脸识别、无人驾驶汽车、产品质量等级分类、印刷品质量自动化检测、文字识别、纹理识别、追踪定位等机器视觉图像识别的应用。

1. 汽车车身检测系统

英国 ROVER 汽车公司 800 系列汽车车身轮廓尺寸精度的 100%在线检测，是机器视觉系统用于工业检测中的一个较为典型的例子。该系统由 62 个测量单元组成，每个测量单元都包括一台激光器和一个 CCD 摄像机，用以检测车身外壳上的 288 个测量点。汽车车身置于测量框架下，通过软件校准车身的精确位置。

测量单元的校准将会影响检测精度，因而受到特别重视。每个激光器/摄像机单元均在离线状态下经过校准。同时还有一个在离线状态下用三坐标测量机校准过的校准装置，可对摄像机进行在线校准。

检测系统以每40s检测一个车身的速度检测3种类型的车身。系统将检测结果与从CAD模型中提取出来的合格尺寸相比较，测量精度为±0.1mm。ROVER的质量检测人员用该系统来判别关键部分的尺寸一致性，如车身整体外型、门、玻璃窗口等。实践证明，该系统是成功的，并用于ROVER公司其他系列汽车的车身检测。

2. 质量检测系统

纸币印刷质量检测系统利用图像处理技术，通过对纸币生产流水线上的20多项特征（如号码、盲文、颜色、图案等）进行比较分析，检测纸币的质量，替代传统的人眼辨别的方法。

瓶装啤酒生产流水线检测系统可以检测啤酒是否达到标准的容量、啤酒标签是否完整。

3. 智能交通管理系统

在交通要道放置摄像头，当有违章车辆（如闯红灯）时，摄像头将车辆的牌照拍摄下来，传输给中央管理系统（见图10-12）。系统利用图像处理技术对拍摄的图片进行分析，提取出车牌号，存储在数据库中，可以供管理人员进行检索。

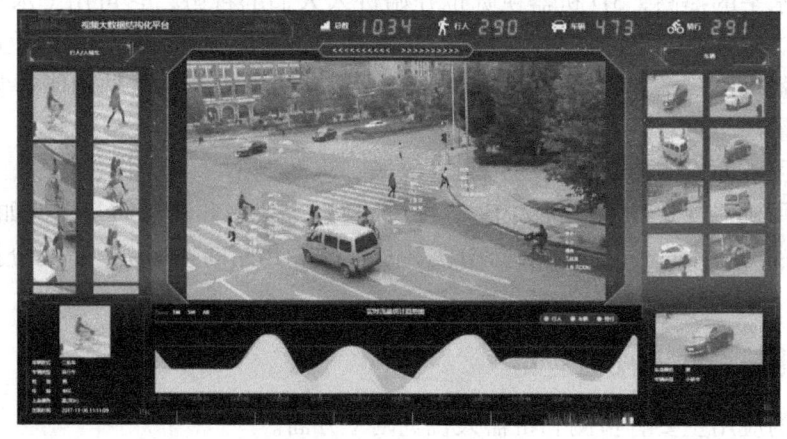

图10-12　交通监控

4. 图像分析

图像分析系统能对金属或其他材料的基体组织、杂质含量、组织成分等进行精确、客观的分析，为产品质量提供可靠的依据。例如，金属表面的裂纹测量：用微波作为信号源，根据微波发生器发出不同波特率的方波，测量金属表面的裂纹，微波的频率越高，可测的裂纹越狭小。

医疗图像分析包括血液细胞自动分类计数、染色体分析、癌症细胞识别等。

5. 大型工件平行度、垂直度测量仪

采用激光扫描与CCD探测系统的大型工件平行度、垂直度测量仪，以稳定的准直激光束为测量基线，配以回转轴系，旋转五角棱镜扫出互相平行或垂直的基准平面，将其与被测大型工件的各面进行比较。在加工或安装大型工件时，可用该装置测量面间的平行度及垂直度。

10.6.3 布匹生产质量检测

在布匹生产过程中，像布匹质量检测这种有高度重复性和智能性的工作通常只能靠人工检测来完成，在现代化流水线后面常常可看到很多的检测工人来执行这道工序，在给企业增加巨大的人工成本和管理成本的同时，却仍然不能保证100%的检验合格率（即"零缺陷"）。对布匹质量的检测是重复性劳动，容易出错且效率低。采用机器视觉的自动识别技术，在大批量的布匹检测中，可以大大提高生产效率和生产的自动化程度（见图10-13）。

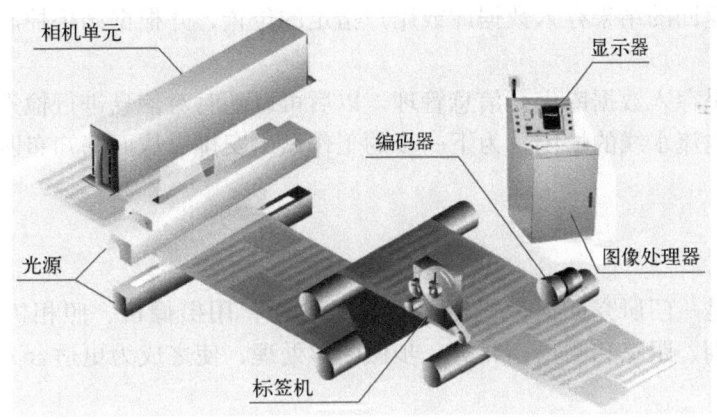

图10-13　布匹瑕疵检测

1. 特征提取辨识

一般，布匹检测（自动识别）时，先利用高清晰度、高速摄像镜头拍摄标准图像，并在此基础上设定一定标准，然后拍摄被检测的图像，将两者进行对比。但是在布匹质量检测工程中要复杂一些：

1）检测的内容不是单一的图像，每块被测区域存在的杂质的数量、大小、颜色、位置不一定一致。

2）杂质的形状难以事先确定。

3）由于布匹的快速运动会对光线产生反射，因此图像中可能会存在大量的噪声。

4）在流水线上对布匹进行检测，有实时性的要求。

由于上述原因，图像识别处理时应采取相应的算法提取杂质的特征，进行模式识别，实现智能分析。

2. 色质检测

一般而言，从彩色CCD相机中获取的图像都是RGB图像。也就是说，每一个像素都由红（R）、绿（G）、蓝（B）3个成分组成，来表示RGB色彩空间中的一个点。问题在于，这些色差不同于人眼的感觉。即使很小的噪声也会改变颜色空间中的位置，所以无论人眼感觉有多么近似，在颜色空间中都不尽相同。基于上述原因，需要将RGB像素转换为另一种颜色空间CIELAB，目的就是使人眼的感觉尽可能地与颜色空间中的色差相近。

3. Blob检测

对于上面得到的处理图像，根据需求，在纯色背景下检测杂质色斑，并且要计算出色斑的面积，以确定是否在检测范围之内。因此，图像处理软件要具有分离目标、检测目标及计算出其面积的功能。

Blob 分析可对图像中相同像素的连通域进行分析，该连通域称为 Blob。经二值化处理后的图像中的色斑可认为是 Blob。Blob 分析工具可以从背景中分离出目标，并可计算出目标的数量、位置、形状、方向和大小，还可以提供相关斑点间的拓扑结构。在处理过程中不是对单个的像素逐一分析，而是对图形的行进行操作。图像的每一行都用游程长度编码（RLE）来表示相邻的目标范围。这种算法与基于像素的算法相比，大大提高了处理速度。

4. 结果处理和控制

应用程序把返回的结果存入数据库或用户指定的位置，并根据结果控制机械部分做相应的运动。

将识别的结果存入数据库进行信息管理，以后可以随时对信息进行检索查询，管理者可以获知某段时间内流水线的忙闲，为下一步的工作做出安排，从而获知布匹的质量情况等。

【作业】

1.（　　）是一门研究如何使机器"看"的科学，用摄像机、照相机和计算机代替人眼对目标进行识别、跟踪和测量，并进一步做图形处理，使之成为更适合人眼观察或传送给仪器检测的图像。

　　A. 计算视觉　　　B. 计算机视觉　　　C. 机器视觉　　　D. 智能检测

2. 模式识别原本就是（　　）的一项基本智能。

　　A. 人类　　　　B. 动物　　　　　C. 计算机　　　　D. 人工智能

3. 人工智能领域通常所指的模式识别主要是对语音波形、地震波、心电图、脑电图、图片、照片、文字、符号、生物传感器等对象的具体模式进行（　　）。

　　A. 分类和计算　B. 清洗和处理　　C. 辨识和分类　　D. 存储与利用

4. 要实现计算机视觉，必须要有图像处理的帮助，而图像处理依赖于（　　）的有效运用。

　　A. 输入和输出　B. 模式识别　　　C. 专家系统　　　D. 智能规划

5. 图像识别是指利用（　　）对图像进行处理、分析和理解，以识别各种不同模式的目标和对象的技术。

　　A. 专家　　　　B. 计算机　　　　C. 放大镜　　　　D. 工程师

6. 图形刺激作用于感觉器官，人们辨认出它是从前见过的某一图形的过程，称为（　　）。

　　A. 图像再认　　B. 图像识别　　　C. 图像处理　　　D. 图像保存

7. 图像识别是以图像的主要（　　）为基础的。

　　A. 元素　　　　B. 像素　　　　　C. 特征　　　　　D. 部件

8. 基于计算机视觉的图像检索可以分为类似文本搜索引擎的（　　）3 个步骤。

　　① 提取特征　　② 建立索引　　③ 查询　　④ 清洗

　　A. ①②④　　　B. ①③④　　　　C. ②③④　　　　D. ①②③

9. 图像识别的发展经历了（　　）3 个阶段。

　　① 文字识别　　② 像素识别　　③ 物体识别　　④ 数字图像处理与识别

　　A. ①②④　　　B. ①③④　　　　C. ①②③　　　　D. ②③④

10. （　　）主要是指对三维世界的客体及环境的感知和认识，它结合了多学科的研究方向，其研究成果被广泛应用在各种工业及机器人探测上。
    A. 物体识别　　　B. 像素识别　　　C. 文字识别　　　D. 离散识别
11. 模式识别是一门和概率与统计紧密结合的科学，主要方法有（　　）3 种识别方式。
    ① 统计模式　　　② 结构模式　　　③ 像素模式　　　④ 模糊模式
    A. ②③④　　　B. ①②③　　　C. ①②④　　　D. ①③④
12. （　　）是图像处理中的一项关键技术，一直都受到人们的高度重视。
    A. 数据离散　　　B. 图像聚合　　　C. 图像解析　　　D. 图像分割
13. 具有智能图像处理功能的（　　），相当于人们在赋予机器智能的同时为机器安上了眼睛。
    A. 机器视觉　　　B. 图像识别　　　C. 图像处理　　　D. 信息视频
14. 图像处理技术的主要内容包括（　　）3 个部分。
    ① 图像压缩　　　② 数据排序　　　③ 增强和复原　　　④ 匹配、描述和识别
    A. ①②④　　　B. ①③④　　　C. ①②③　　　D. ②③④
15. 图像处理一般指数字图像处理，其过程包括图像数字化、图像编码、图像增强、（　　）等。
    ① 图像复原　　　② 图像分割　　　③ 图像分析　　　④ 图像合成
    A. ①②④　　　B. ①③④　　　C. ②③④　　　D. ①②③
16. 机器视觉需要（　　），以及物体建模。一个有能力的视觉系统应该把所有这些处理都紧密地集成在一起。
    ① 模拟元素　　　② 图像信号　　　③ 纹理和颜色建模　　　④ 几何处理和推理
    A. ②③④　　　B. ①②③　　　C. ①②④　　　D. ①③④
17. 计算机视觉要达到的基本目的是根据一幅或多幅二维投影图像计算出（　　），以及根据多幅二维投影图像恢复出更大空间区域的投影图像。
    ① 观察点到目标物体的距离　　　② 目标物体的运动参数
    ③ 目标物体的表面物理特性　　　④ 模拟图像合成大图
    A. ①③④　　　B. ①②④　　　C. ②③④　　　D. ①②③
18. 神经网络图像识别技术是在（　　）的图像识别方法的基础上融合神经网络算法的一种图像识别方法。
    A. 现代　　　B. 传统　　　C. 智能　　　D. 先进
19. 图像采集就是从（　　）获取场景图像的过程，是机器视觉的第一步。
    A. 终端设备　　　B. 数据存储　　　C. 工作现场　　　D. 离线终端
20. 图像分割就是按照应用要求，把图像分成不同（　　）的区域，从中提取出感兴趣的目标。
    A. 特征　　　B. 大小　　　C. 色彩　　　D. 像素

第 11 章　包容体系结构与机器人

【导读案例】 RoboCup 机器人世界杯足球锦标赛

RoboCup（Robot World Cup）即机器人世界杯足球锦标赛。1997 年，首届 RoboCup 比赛及会议在日本名古屋举行。举办 RoboCup 的主要目的是通过提供一个标准的易于评价的比赛平台，促进分布式人工智能与多代理系统的研究与发展。

加拿大不列颠哥伦比亚大学的教授艾伦·麦克沃思在其 1992 年的一篇论文中提出了训练机器人进行足球比赛的设想。1992 年 10 月，在日本东京举行的"关于人工智能领域重大挑战的研讨会"上，与会的研究人员对制造和训练机器人进行足球比赛以促进相关领域研究进行了探讨。1996 年，RoboCup 国际联合会成立，在日本举行了表演赛，并确定以后每年举办一届。RoboCup 的使命是促进分布式人工智能与智能机器人技术的研究与教育。通过提供一个标准任务，使得研究人员利用各种技术获得更好的解决方案，从而有效促进相关领域的发展，最终目标是经过 50 年左右的研究，使机器人足球队能战胜人类足球冠军队。

机器人足球赛（见图 11-1）涉及人工智能、机器人学、通信、传感、精密机械和仿生材料等诸多领域的前沿研究和技术集成，实际上是高技术的对抗赛，有严格的比赛规则，融趣味性、观赏性、科普性为一体。

图 11-1　机器人足球赛

机器人足球赛是动态不确定环境下对人工智能的考验，是以体育竞赛为载体的高科技对抗，是培养信息、自动化领域科技人才的重要手段，同时也是展示高科技水平的生动窗口，是促进科技成果实用化和产业化的有效途径。机器人足球的研究反映出一个国家信息与自动化技术的综合实力。

1997 年，RoboCup 第一届比赛时，只有小型组、中型组和仿真组；1999 年增加了索尼有腿机器人赛；2001 年增加了救援仿真比赛和救援机器人赛；2002 年增加了更多的项目，包括四腿机器人赛、类人机器人赛及机器人挑战赛，其中类人机器人赛包括行走、H-40 射门、H-80 射门、自由风格赛，机器人挑战赛包括足球挑战赛和舞蹈挑战赛；2003 年，仿真组增加了几项比赛，如在线教练赛等，机器人挑战赛也增加了几个项目，如救援挑战赛等。

在将足球比赛作为标准问题的同时，还会有其他各种各样的活动，包括学术会议、机器人世界杯、RoboCup 挑战计划、RoboCup 教育计划、基础组织的发展。

促进研究的有效途径是制定一个长期目标，而不拘泥于某一特定应用。制造一个会踢足球的机器人本身并不能产生巨大的社会和经济影响，但是这种成功的确会被认为是这个领域的重大成果。RoboCup 既是一个标准问题，也是一个划时代的计划。

机器人是一种能够半自主或全自主工作的智能机器，具有感知、决策、执行等基本特征。机器人能够通过编程和自动控制来执行诸如作业或移动等任务，可以辅助甚至替代人类完成危险、繁重、复杂的工作，提高了工作效率与质量，服务于人类生活，扩大或延伸人类的活动及能力范围。

如今，机器人学早就超出了科学幻想的范畴，并在工业自动化、医疗、太空探索等领域发挥着重要作用。软件机器人模拟器不但简化了机器人工程师的开发工作，还为研究人工智能算法和机器学习提供了工具。

11.1 什么是包容体系结构

在传统的计算机编程中，程序员必须尽力考虑所有可能遇到的情况并一一制定应对策略。无论创建何种规模的程序，一半以上的工作（如软件测试）都在于找到那些处理错误的案例，并修改代码来纠正它们。

几十年来，人们发明了许多工具来使编程更加有效并降低错误发生的概率。与1946年计算机刚问世时相比，编程无疑更加高效，但仍避免不了大量错误的存在。不论使用何种工具，程序员在编写程序时每百行间还是会产生数量大致相同的错误。这些错误不仅出现在程序本身及所使用的数据中，而且还存在于任务的具体规定中。倘若利用逻辑、规则和框架编写通用的人工智能程序，那么程序必定十分庞大，并且漏洞百出。

11.1.1 所谓"中文房间"

1986年，约翰·希尔勒进行了一项名为"中文房间"的思维实验，来证明能够操控符号的计算机即使模拟得再真实，也根本无法理解它所处的这个现实世界。

一位只懂英语的人在一个房间中，这个房间除了门上有一个小窗口之外，全部都是封闭的。他随身带着一本关于中文翻译的书。房间里还有足够的稿纸、铅笔和橱柜。

写着中文的纸片通过小窗口被送入房间中，房间中的人可以用他的书来翻译这些文字并用中文回复，他的回答很可能是完全正确的。这样，房间里的人可以让房间外的人以为他会说流利的中文（见图11-2）。

图 11-2 中文房间

被测试者代表计算机，他所经历的也正是计算机的工作内容，即遵循规则、操控符号。所以说，就算计算机技术无比先进，看上去已经能用语言自然地与人交流，但是它们仍然无法真正懂得语言本身。

"中文房间"实验验证的假设就是看起来完全智能的计算机程序其实根本不理解自身所处理的各种信息。这个实验否定了"图灵测试"的可靠性，还说明了人工智能所能达到的极限，包括机器学习和潜在的人工智能的可能性。从本质上说，计算机永远只是被限定在操作字符上，AI 最多也只能做到"不懂装懂"。

11.1.2 传统机器人学

机器人这个词目前还没有被普遍接受的定义。我们可以认为一个机器人由 3 个部分组成：

1）一个传感器集合。
2）一个定义机器人的行为的程序。
3）一个传动器和受动器集合。

在传统的机器人学中，机器人拥有一个中央"大脑"，负责构建并维护环境"地图"，然后根据地图制订计划。首先，机器人的传感器（如接触传感器、光线传感器和超声波传感器）从它的环境中获得信息。机器人的大脑将传感器收集的所有信息组合起来并更新它的环境地图。然后，机器人决定运动的路线，它通过传动器和受动器执行动作。传动器基本上是一些发动机，它们连接到受动器，它与机器人的环境交互。传动器这个词也常用来泛指传动器或受动器。

简单地说，传统的机器人接收来自传感器（可能有多个传感器）的输入，组合传感器信息，更新环境地图，根据它当前掌握的环境视图制订计划，最后执行动作。但是，这种方法是有问题的。问题之一是它需要进行大量计算。另外，因为外部环境总在变化，所以很难让环境地图符合最新情况。一些生物（如昆虫）不掌握外部世界的地图，甚至没有记忆，但是它们却活得非常自在，那么模仿它们会不会更好呢？这些问题引出了一种新型的机器人学，称为基于行为的机器人学（Behavior-Based Robotics，BBR），它在当今的机器人实验室中占主要地位。

11.1.3 建立包容体系结构

可以使用包容体系结构来实现 BBR。希尔勒认为，"中文房间"实验证明了能够操控符号的程序不具备自主意识。自该论断发布以来，众说纷纭，各方抨击和辩护的声音不断。不过，它确实减缓了纯粹基于逻辑的人工智能研究，转而倾向于支持建立摆脱符号操控的系统。其中一个极端尝试就是包容体系结构，强调完全避免符号的使用，不是用庞大的框架数据库来模拟世界，而是关注直接感受世界。

1986 年，麻省理工学院人工智能实验室的领导者罗德尼·布鲁克斯在文章《大象不下棋》中提出了包容体系结构：基于行为的机器人依赖于一组独立的简单的行为。行为的定义包括触发它们的条件（常常是一个传感器读数）和采取的动作（常常涉及一个受动器）。一个行为建立在其他行为之上。当两个行为发生冲突时，中央仲裁器决定哪个行为应该优先。机器人的总体行为是突然的，但 BBR 的效果好于其部分之和，较高层行为包容较低层行为。

包容体系结构不是一个只关注隐藏在数据中心里的文本的程序，而是实实在在的物理机器人，它利用不同设备（传感器）来感知世界，并通过其他设备（传动器）来操控行动。罗德尼·布鲁克斯曾说道："这个世界就是描述它自己最好的模型，它总是最新的，它总是包括了需要研究的所有细节。诀窍在于正确地、足够频繁地感知它。"这就是情境人工智能或具身人工智能，也被许多人看作至关重要的一项创造，因为它能够建立抛弃庞大数据库的智能系统，而事实已经证明建立庞大数据库是非常困难的。

包容体系结构建立在多层独立行为模块的基础上。每个行为模块都是一个简单程序，从传感器那里接收信息，再将指令传递给传动器。层级更高的行为可以阻止低层行为的运作。

情境人工智能或具身人工智能这两个术语的概念稍有不同。情境人工智能是实实在在放置于真实环境中的，具身人工智能则拥有物理实体。前者暗示其本身必须与非理性环境进行交互，后者则是利用非理想的传感器和传动器完成交互。当然在实际操作中，两者是不可分割的。

11.2　包容体系结构的实现

包容体系结构令人信服地解释了低等动物的行为，如蟑螂等昆虫和蜗牛等无脊椎动物，利用该结构创建的机器人编程是固定的。如果想要完成其他任务，则需要再建立一个新的机器人。这与人脑运作的方式不同，随着年龄的增长和阅历的增加，我们的大脑同样也在成长和改变，但并不是所有的动物都有像人脑一样复杂的大脑。

对许多机器人来说，这种程度的智能刚好合适。比如，智能真空吸尘器只需要以最有效的方式覆盖整个地板面积，而不会在运行过程中被可能出现的障碍物干扰。在更加智能的机器人的最底层系统中，包容体系结构同样适用，即用来执行反射。有物体接近眼睛时我们会眨眼，触碰到扎手的东西时我们会快速把手收回来，这两种行为发生得太快，根本无法进行意识思考。事实上，条件反射不一定关乎大脑。医生轻敲膝盖，观察小腿前踢反应，这时，信号仅从膝盖上传至脊柱，再重新传回肌肉，尤其对于机器人而言，如果运行太多软件，思考时间就会相对较长。编写条件反射程序可以帮助我们创建兼顾环境和智能的机器人。

这可能为今后的继续发展提供了一种新的途径，因为包容体系结构已经成功再现了条件反射等行为，但它还未曾展示出更高水平的逻辑推理能力，无法处理语言或高水平学习等问题。无疑，它是一块重要的拼图，但还不能解开所有的谜题。

11.2.1　艾伦机器人

利用包容体系结构技术创建的第一个机器人名叫艾伦，它具备3层行为模块。

最底层模块通过声呐探测物体位置并远离物体来避开障碍物。在"孤身一人"时，它将保持静止，一旦有物体靠近就立刻跑开。物体靠得越近，闪避的推动力就越大。

中间一层对行为做出了修改，机器人每10 s就会朝一个随机方向移动。

最高层利用声呐找寻远离机器人所处位置的点，并调整路径朝该点前进。

作为一个实验，艾伦成功展示了包容结构技术。但就机器人本身来说，从一个地方到另一个地方漫无目的地移动确实没有什么成就可言。

11.2.2　赫伯特机器人

赫伯特是利用包容体系结构创建的第三个机器人，它拥有 24 个 8 位微处理器，能够运行 40 个独立行为。赫伯特在麻省理工学院人工智能实验室中漫步，寻找空饮料罐，再将它们统一带回，理论上可供回收利用。实验室的学生会将空罐子丢在地上，罐子的大小、形状全部统一，并且都是竖直放置的，这些条件都让目的易拉罐变得更容易被识别和收集。

赫伯特没有存储器，无法设计在实验室中行走的路径。除此之外，它的所有行为都不曾与任何人沟通，全靠从传感器接收输入信息再控制传动器作为输出。例如，当它的手臂伸展出去时，手指会置于易拉罐的两侧，随即握紧。但这并不是软件控制的结果，而是因为手指之间的红外光束被切断了。与之类似，由于已经抓住了罐子，手臂就将收回。

与严格执行规则和计划的机器人相比，赫伯特能够更加灵活地采取应对措施。例如，它正在过道上向下滚动，有人递给它一个空罐子，它也会立刻抓住罐子送往回收基地，但这一举动并不会打扰它的搜寻过程，它合上手掌是因为已经抓住了罐子，它的下一步行动就是直接回到基地，而不是继续盲目搜索。

11.2.3　托托机器人

虽然不具备存储器的机器人似乎无法进行多项有用的任务，但研究人员正致力于开发解决这类局限的方法。托托机器人能够在真实环境中漫步并制作地图，其绘制的地图不是数据结构模式，而是一组地标。

地标在被发现后就会产生相应的行为，托托可以通过激活与某地相关的行为回到该地。这一行为不断重复，持续发送信息，激活最接近的其他行为。随着激活的持续进行，与机器人当前位置相关的行为迟早会被激活。最早开启激活的信息将经过次数最少的地标行为到达目的地，由此选择最优路径。机器人将朝着激活信号来源的地标方向移动。在到达目的地后又将接收到新的激活信号，再继续朝着新信号指示方向前进。最终，它将经由地标间的最短路径到达指定位置。

机器人判定地标的方式与人类不同，人类可能会将办公室房门、盆栽植物或大型打印机认作地标，而计算机则是根据自身行为进行判断，是否紧邻走廊、是否靠墙这些都会成为计算机的考虑因素。托托机器人只能探索一小块区域，并且根据指令回到特定位置，而更加复杂的机器人则能够将地标与活动及事件联系起来，并在某些情况下主动回到特定位置。例如，太阳能机器人可以确定光线充足的区域，并在电量低时回到该区域；收集易拉罐的机器人则可以记住学生们最容易丢罐子的地方。

11.3　划时代的阿波罗计划

从莱特兄弟的第一架飞机到阿波罗计划将人类送上月球并安全返回地球花了 50 年时间。同样，从数字计算机的发明到深蓝击败人类国际象棋世界冠军也花了 50 年。比如人们意识到，建立人形机器人足球队需要大致相当的时间及很大范围内研究人员的极大努力，这个目标是不能在短期内完成的。

RoboCup 机器人世界杯赛提出的最终目标是：到 21 世纪中叶，一支完全自治的人形机器人足球队能在遵循国际足联正式规则的比赛中，战胜当时的人类世界杯冠军队。从现在的技术水平来看，这个目标可能是过于雄心勃勃了，但重要的是提出这样的长期目标并为之而奋斗（见表 11-1）。

表 11-1 人类提出的某些长期目标

	阿波罗计划	计算机国际象棋	RoboCup
目标	送一个宇航员登陆月球并安全返回地球	开发出能战胜人类国际象棋世界冠军的计算机	开发出能像人类那样踢球的足球机器人
技术	系统工程、航空学、各种电子学等	搜索技术、并行算法和并行计算机等	实时系统、分布式协作、智能体等
应用	遍布各处	各种软件系统、大规模并行计算机	下一代人工智能，现实世界中的机器人和人工智能系统

一个成功的划时代计划必须完成一个能引起广泛关注的目标。1969 年 7 月 16 日，阿波罗登月。在阿波罗计划中，美国制定了"送一个宇航员登陆月球并安全返回地球"的目标，目标的完成本身就是一个人类的历史性事件。虽然送什么人登上月球带来的直接经济收益很小，但为达到这个目标而发展的技术是如此重要，以至于成为美国工业强大的技术和人员基础。

划时代计划的重要问题是设定一个足够高的目标，取得一系列为完成这个任务而必需的技术突破，同时这个目标也要有广泛的吸引力，完成目标所需的技术成为下一代工业的基础。

阿波罗计划的目标已经超过了让美国人登陆月球并安全返回地球；创立了在太空中超越其他国家的技术；在太空留下英文名称；开始对月球的科学探索；提高人类在月球环境中的能力。

1997 年 5 月，IBM 深蓝计算机击败国际象棋世界冠军，人工智能历时几十年的挑战终于取得成功。在人工智能与机器人学历史上，这一年成为一个转折点。1997 年 7 月 4 日，NASA 的"探路者"在火星登陆，在火星的表面释放了第一个自治机器人系统 Sojourner（见图 11-3）。与此同时，RoboCup 也朝开发能够战胜人类世界杯冠军队的机器人足球队走出了第一步。

由于 RoboCup 中涉及的许多研究领域都是目前研究与应用中遇到的关键问题，因此可以很容易地将 RoboCup 的一些研究成果转化到实际应用中。

图 11-3 第一个自治机器人系统 Sojourner

1）搜索与救援。如在执行任务时，一般是分成几个小分队，而每个小分队往往只能得到部分信息，有时还是错误的信息；环境是动态改变的，往往很难做出准确的判断；有时任务是在敌对环境中执行的，随时都有可能有敌人；几个小分队之间需要有很好的协作；在不同的情况下，有时需要改变任务的优先级，随时调整策略；需要满足一些约束条件，如将被救者拉出来，同时又不能伤害他们。这些特点与 RoboCup 有一定的相似，因此，在 RoboCup 中的研究成果就可以用于这个领域。事实上，有一个"RoboCup-救援"组织专门负责这方面的问题。

2）太空探险。太空探险一般都需要有自治系统，能够根据环境的变化做出自己的判断，而不需要研究人员直接控制。在探险过程中，可能会有一些运动的障碍物，必须要能够主动躲避。另外，在遇到某些特定情形时，也会要求改变任务的优先级，调整策略以获得最佳效果。

3）办公室机器人系统。用于完成一些日常事务的机器人或机器人小组，它们的日常事务一般包括收集废弃物、清理办公室、传递某些文件或小件物品等。由于办公室的环境具有一定的复杂性，而且由于经常有人员走动，或者办公室重新布置了，使这个环境也具有动态性。另外，由于每个机器人都只能有办公室的部分信息，为了更好地完成任务，它们必须进行有效的协作。从这些可以看出，这又是一个类似 RoboCup 的技术领域。

4）其他多智能体系统。这是一个比较大的类别，RoboCup 中的一个球队可以认为就是一个多智能体系统，而且是一个比较典型的多智能体系统。它具备了多智能体系统的许多特点，因此，RoboCup 的研究成果可以应用到许多多智能体系统中，如空战模拟、信息代理、虚拟现实、虚拟企业等，从中我们可以看出 RoboCup 技术的普遍性。

11.4 机器感知

机器感知是指能够使用传感器所输入的资料（如照相机、送话器（麦克风）、声呐及其他的特殊传感器）来推断世界的状态，它是一连串复杂程序所组成的大规模信息处理系统。信息通常由很多常规传感器采集，经过程序处理后，得到一些非基本感官能得到的结果。计算机视觉能够分析影像输入，另外还有语音识别、人脸辨识和物体辨识。

机器感知或机器认知研究如何用机器或计算机模拟、延伸和扩展人的感知或认知能力，包括机器视觉、机器听觉、机器触觉等。计算机视觉、模式（文字、图像、声音等）、识别、自然语言理解等都是人工智能领域的重要研究内容，也是在机器感知或机器认知方面高智能水平的计算机应用。

如果机器感知技术将来能够得到正确运用，那么智能交通详细数据采集系统的研发、科学系统的分析、改造现有的交通管理体系，对缓解城市交通难题有极大帮助。利用逼真的三维数字模型展示人口密集的商业区、重要的文物古迹旅游点等，以不同的观测视角为安全设施的位置部署，提早预防和对突发事件的及时处理等情况，为维系社会公共安全提供保障。

11.4.1 机器智能与智能机器

机器智能研究如何提高机器应用的智能水平，把机器用得更聪明。这里，"机器"主要指计算机、自动化装置、通信设备等。人工智能专家系统就是用计算机去模拟、延伸和扩展专家的智能，基于专家的知识和经验，求解专业性问题的、具有人工智能的计算机应用系统，如医疗诊断专家系统、故障诊断专家系统等。

智能机器研究如何设计和制造具有更高智能水平的机器，特别是设计和制造更聪明的计算机。

11.4.2 机器思维与思维机器

机器思维，具体地说是计算机思维，如专家系统、机器学习、计算机下棋、计算机作曲、计算机绘画、计算机辅助设计、计算机证明定理、计算机自动编程等。

思维机器，或者说是会思维的机器。现在的计算机是一种不会思维的机器。但是，现有的计算机可以在人脑的指挥和控制下，辅助人脑进行思维活动和脑力劳动，如医疗诊断、化学分析、知识推理、定理证明、产品设计等，实现某些脑力劳动的自动化或半自动化。从这种观点来说，目前的计算机具有某些思维能力，只不过现有计算机的智能水平还不高。所以，需要研究更聪明的、思维能力更强的智能计算机或脑模型。

感知机器或认知机器，研制具有人工感知或人工认知能力的机器，包括视觉机器、听觉机器、触觉机器等，如文字识别机、感知机、认知机、工程感觉装置、智能仪表等。

11.4.3 机器行为与行为机器

机器行为或计算机行为研究如何用机器去模拟、延伸、扩展人的智能行为。例如，自然语言生成用计算机等模拟人说话的行为；机器人行动规划模拟人的动作行为；倒立摆智能控制模拟杂技演员的平衡控制行为；机器人的协调控制模拟人的运动协调控制行为；工业窑炉的智能模糊控制模拟窑炉工人的生产控制操作行为；轧钢机的神经网络控制模拟操作工人对轧钢机的控制行为；等等。

行为机器指具有人工智能行为的机器，或者说是能模拟、延伸与扩展人的智能行为的机器。例如，智能机械手、机器人、操作机；自然语言生成器；智能控制器，如专家控制器、神经控制器、模糊控制器等。这些智能机器或智能控制器具有类似于人的智能行为的某些特性，如自适应、自学习、自组织、自协调、自寻优等，因而能够适应工作环境的条件的变化，通过学习改进性能，根据需求改变结构，相互配合、协同工作，自行寻找最优工作状态。

11.5 机器人的概念

如今，我们的身边逐渐出现了很多智能机器人，它们具备形形色色的内、外部信息传感器，如视觉、听觉、触觉、嗅觉。除具有感受器外，它还有效应器来作为作用于周围环境的手段。这些机器人都离不开人工智能的技术支持。

科学家们认为，智能机器人的研发方向是给机器人装上"大脑芯片"，从而使其智能性更强，在认知学习、自动组织、对模糊信息的综合处理等方面将会前进一大步。

雷伯特等人制作的四足机器人"大狗"，颠覆了我们对机器人如何行动的概念——不再是好莱坞电影中机器人缓慢、僵硬、左右摇摆的步态，而是类似于动物，并且能够在被推倒或在结冰的水坑上滑倒时恢复站立。例如，类人机器人 Atlas 不仅能在崎岖不平的路况中行走，还可以跳到箱子上，做后空翻后可以稳定落地。

机器人是"自动执行工作的机器装置"，是高级整合控制论、机械电子、计算机、材料和仿生学的产物，在工业、医学、农业、建筑业甚至军事等领域中均有重要用途。它既可以接受人类指挥，又可以运行预先编排的程序，也可以根据以人工智能技术制定的原则纲领来行动。机器人的任务是协助或取代人类工作的工作，如生产业、建筑业或危险的工作。

随着工业自动化和计算机技术的发展，机器人开始进入大量生产和实际应用阶段。之后由于自动装备海洋开发空间探索等实际问题的需要，对机器人的智能水平提出了更高的要求。特别是危险环境，人们难以胜任的场合更迫切地需要机器人，从而推动了智能机器人的研究。

11.5.1 机器人的发展

机器人的发展历史要比人们想象的更丰富、更悠久。历史上最早的机器人见于隋炀帝命工匠按照柳抃形象所营造的木偶机器人，施有机关，有坐、起、拜、伏等能力。也许第一个被人们接受的机械代表作是1574年制造的斯特拉斯堡铸铁公鸡。每天中午，它都会张开喙，伸出舌头，拍打翅膀，展开羽毛，抬起头并啼鸣3次。这只公鸡一直服务到1789年。在20世纪，人们建造了许多成功的机器人系统。20世纪80年代，在工厂和工业环境中，机器人开始变得司空见惯。

控制论领域被视为人工智能的早期领域，在生物和人造系统中对通信和控制过程进行研究和比较。麻省理工学院的诺伯特·维纳为定义这个领域进行了开创性的研究。这个领域将来自神经科学和生物学的理论和原理与来自工程学的结合起来，目的是在动物和机器中找到共同的属性和原理。马特里指出："控制论的一个关键概念侧重于机械或有机体与环境之间的耦合、结合和相互作用。"这种相互作用相当复杂，她将机器人定义为"存在于物质世界中的自治系统，可以感知其环境，并可以采取行动，实现一些目标"。

1949年，为了模仿自然生命，英国科学家格雷·沃尔特设计并制作了一对名字分别为埃尔默和埃莉斯的机器人，因为它们的外形和移动速度都类似于自然界的爬行龟，也称为机器龟（见图11-4）。这是公认最早的真正意义上的移动式机器人。

沃尔特设计的机器人与之前的机器人不同，它们以不可预知的方式行事，能够做出反应，在其环境中能够避免重复的行为。机器龟由三个轮子和一个硬塑料外壳组成。两

图11-4 机器龟

个轮子用于前进和后退，第三个轮子用于转向。它的"感官"非常简单，仅由一个可以感受到光的光电池和作为触摸传感器的表面电触点组成。光电池提供了电源，外壳提供了一定程度的保护，可防止物理损坏。

有了这些组件，沃尔特的"能够思维的机器"能够表现出如下的行为：找光，朝着光前进，远离明亮的光，转动和前进以避免障碍，给电池充电。

自机器人诞生之日起，人们就不断地尝试说明到底什么是机器人。随着机器人技术的飞速发展，机器人所涵盖的内容越来越丰富。从应用环境出发，机器人专家将机器人分为两大类，即制造环境下的工业机器人和非制造环境下的服务与仿人型机器人（特种机器人）。所谓工业机器人，就是面向工业领域的多关节机械手或多自由度机器人，而特种机器人则是除工业机器人之外的、用于非制造业并服务于人类的各种先进机器人。

11.5.2 机器人"三原则"

国际上对机器人的概念已经逐渐趋近一致。一般来说，人们都可以接受这种说法，即机

器人是靠自身动力和控制能力来实现各种功能的一种机器。联合国标准化组织采纳了美国机器人协会给机器人下的定义："一种可编程和多功能的操作机；或是为了执行不同的任务而具有可用计算机改变的和可编程动作的专门系统"。

中国某科学家对机器人的定义是"机器人是一种自动化的机器，所不同的是这种机器具备一些与人或生物相似的智能能力，如感知能力、规划能力、动作能力和协同能力，是一种具有高度灵活性的自动化机器"。

在研究和开发未知及不确定环境下作业的机器人的过程中，人们逐步认识到机器人技术的本质是感知、决策、行动和交互技术的结合。

机器人学的研究推动了许多人工智能思想的发展，有一些技术可在人工智能研究中用来建立世界状态的模型和描述世界状态变化的过程。关于机器人动作规划生成和规划监督执行等问题的研究，推动了规划方法的发展。此外，由于机器人是一个综合性的课题，除机械手和步行机构外，还要研究机器视觉、触觉、听觉等信感技术以及机器人语言和智能控制软件等。可以看出，这是一个设计精密机械信息传感技术、人工智能的智能控制以及生物工程等学科的综合技术，这一研究有利于促进各学科的相互结合，并大大推动人工智能技术的发展。

为了防止机器人伤害人类，1942年，科幻小说家艾萨克·阿西莫夫在小说《钢洞》中提出了"机器人三原则"：

1) 机器人不得伤害人类，不得看到人类受到伤害而袖手旁观。
2) 机器人必须服从人类给予的命令，除非这种命令与第一原则相冲突。
3) 只要与第一条或第二条原则没有冲突，机器人就必须保护自己的生存。

这是给机器人赋予的伦理性纲领。几十年过去了，机器人学术界一直将这3条原则作为机器人开发的准则。

11.6 机器人的技术问题

开发机器人涉及的技术问题极其纷杂，在某种程度上，这取决于人们实现精致复杂的机器人功能的雄心。从本质上讲，机器人方面的工作是问题求解的综合形式。

早期机器人着重于运动和视觉（称为机器视觉）。计算几何和规划问题是与其紧密结合的学科。在过去的几十年中，随着语言学、神经网络和模糊逻辑等领域成为机器人技术的研究与进步的一个不可分割的部分，机器人学习的可能性变得更加现实。

11.6.1 机器人的组成

在1967年日本召开的第一届机器人学术会议上，提出了两个有代表性的定义。一是森政弘与合田周平提出的"机器人是一种具有移动性、个体性、智能性、通用性、半机械半人性、自动性、奴隶性7个特征的柔性机器"。从这一定义出发，森政弘又提出了用自动性、智能性、个体性、半机械半人性、作业性、通用性、信息性、柔性、有限性、移动性10个特性来表示机器人的形象。另一个是加藤一郎提出的具有如下3个条件的机器称为机器人：

1) 具有脑、手、脚等三要素的个体。
2) 具有非接触传感器（用眼、耳接收远方信息）和接触传感器。

3）具有平衡觉和固有觉的传感器。

可以说，机器人就是具有生物功能的实际空间运行工具，可以代替人类完成一些危险或难以进行的劳作、任务等。机器人能力的评价标准包括：智能，指感觉和感知，包括记忆、运算、比较、鉴别、判断、决策、学习和逻辑推理等；机能，指变通性、通用性或空间占有性等；物理能，指力、速度、可靠性、联用性和寿命等。

机器人一般由执行机构、驱动装置、检测装置、控制系统和复杂机械等组成（见图11-5）。

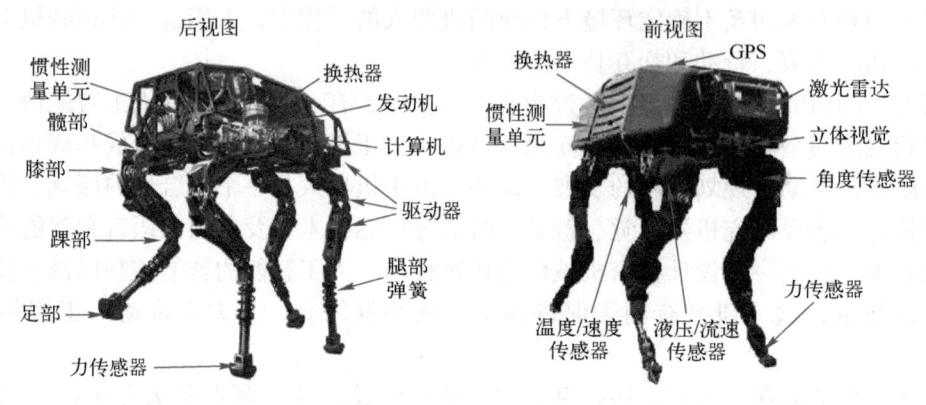

图 11-5 机器人的结构

1）执行机构。即机器人本体，其臂部一般采用空间开链连杆机构，其中的运动副（转动副或移动副）常称为关节，关节个数通常为机器人的自由度数。根据关节配置形式和运动坐标形式的不同，机器人执行机构可分为直角坐标式、圆柱坐标式、极坐标式和关节坐标式等类型。出于拟人化的考虑，常将机器人本体的有关部位分别称为基座、腰部、臂部、腕部、手部（夹持器或末端执行器）和行走部（对于移动机器人来说）等。

2）驱动装置。即驱使执行机构运动的机构，按照控制系统发出的指令信号，借助于动力元件使机器人进行动作。它输入的是电信号，输出的是线、角位移量。机器人使用的驱动装置主要是电力驱动装置，如步进电机、伺服电机等，还有采用液压、气动等驱动装置。

3）检测装置。可实时检测机器人的运动及工作情况，根据需要反馈给控制系统，与设定信息进行比较后，对执行机构进行调整，以保证机器人的动作符合预定的要求。作为检测装置的传感器大致可以分为两类。一类是内部信息传感器，用于检测机器人各部分的内部状况，如各关节的位置、速度、加速度等，并将所测得的信息作为反馈信号送至控制器，形成闭环控制。另一类是外部信息传感器，用于获取有关机器人的作业对象及外界环境等方面的信息，以使机器人的动作能适应外界情况的变化，使之达到更高层次的自动化，甚至使机器人具有某种"感觉"，向智能化发展，如视觉、声觉等外部传感器给出工作对象、工作环境的有关信息，利用这些信息构成一个大的反馈回路，从而大大提高机器人的工作精度。

4）控制系统。一种是集中式控制，即机器人的全部控制由一台微型计算机完成。另一种是分散（级）式控制，即采用多台微机来分担机器人的控制，如当采用上、下两级微机共同完成机器人的控制时，主机常负责系统的管理、通信、运动学和动力学计算，并向下级微机发送指令信息。作为下级从机，各关节分别对应一个CPU，进行插补运算和伺服控制处理，实现给定的运动，并向主机反馈信息。根据作业任务要求的不同，机器人的控制方式又可分为点位控制、连续轨迹控制和力（力矩）控制。

值得注意的是，机器人电力供应与人类之间存在一些重要的类比。人类需要食物和水来为身体运动和大脑功能提供能量。目前，机器人的大脑并不发达，因此需要动力（通常由电池提供）进行运动和操作。现在思考当"电源"快没电时（即当我们饿了或需要休息时）会发生什么。此时，人们不能做出好的决定，会犯错误，表现得很差或很奇怪。机器人也会发生同样的事情。因此，它们的供电必须是独立的、受保护的和有效的，并且应该可以平稳降级。也就是说，机器人应该能够自主地补充自己的电源，而不会完全崩溃。

末端执行器使机器人身上的任何设备都可以对环境做出反应。在机器人世界中，它们可能是手臂、腿或轮子，即可以对环境产生影响的任何机器人组件。驱动器是一种机械装置，允许末端执行器执行其任务。驱动器可以包括电动机、液压或气动缸以及温度敏感或化学敏感的材料。这样的执行器可以用于激活轮子、手臂、夹子、腿和其他效应器。驱动器可以是无源的，也可以是有源的。虽然所有的执行器都需要能量，但是有些可能是无源的，需要直接的动力来操作，而其他也可能是无源的，使用物理运动规律来保存能量。最常见的执行器是电动机，但也可以是使用流体压力的液压、使用空气压力的气动、光反应性材料（对光做出响应）、化学反应性材料、热反应性材料或压电材料（通常为晶体，按下或弹起时产生电荷的材料）。

11.6.2 机器人的运动

运动学是关于机械系统运行的最基础研究。在移动机器人领域，这是一种自下而上的技术，涉及物理、力学、软件和控制领域。像这样的情况，这种机器人技术每时每刻都需要软件来控制硬件，因此这种系统很快就变得相当复杂。无论是想让机器人踢足球，还是登上月球，或是在海面下工作，最根本的问题就是运动。机器人如何移动？它的功能是什么？典型的执行器有：

- 轮子用于滚动。
- 腿可以走路、爬行、跑步、爬坡和跳跃。
- 手臂用于抓握、摇摆和攀爬。
- 翅膀用于飞行。
- 脚蹼用于游泳。

在机器人领域中，一个常见的概念是物体运动度，这是表达机器人可用的各种运动类型的方法。例如，考虑直升机的运动自由度（称为平移自由度）。一般来说，用6个自由度（DOF）可以描述直升机可能的原地转圈、俯仰和偏航运动。

原地转圈意味着从一侧转到另一侧，俯仰意味着向上或向下倾斜，偏航意味着左转或右转。像汽车（或直升机在地面上）一样的物体只有三个自由度（DOF）（没有垂直运动），但是只有两个自由度可控。也就是说，地面上的汽车通过车轮只能前后移动，并通过其方向盘向左或向右转动。如果一辆汽车可以直接向左或向右移动（比如说，使其每个车轮转动90°），那么这将增加另一个自由度。由于机器人的运动更加复杂，如手臂或腿试图在不同方向上移动（如人类的手臂中有肌腱套），因此自由度的数量是重要问题。

一旦开始考虑运动，就必须考虑稳定性。对于人和机器人来说还有重心的概念，这是我们在地面上走路的一个点，它使我们在走路的地面上能够保持平衡。重心太低意味着我们在地面上拖行前进，重心太高则意味着不稳定。这是支持机器人加强稳定性的平台。人类也有这样的支持平台，只是我们通常没有意识到，它就在我们躯干中的某个位置。对于机器人，当它有更多的腿时，也就是有 3 条、4 条或 6 条腿时，稳定性问题通常不大。

11.6.3 机器人大狗

三大机器人系统，即机器人大狗、亚美尼亚和 Cog，每个项目都代表了 20 世纪晚期以来科学家数十年来的重大努力。每个项目都解决了在机器人技术领域出现的复杂而细致的技术问题。机器人大狗主要关注运动和重载运输，特别适用于军事领域；亚美尼亚展现了运动的各个方面，强调了人类元素，即了解人类如何移动；Cog 更多的是思考，这种思考区分了人类与其他生物，被视为人类所特有的。

1992 年，马克·雷伯特与其他人一起创办了波士顿动力学工程公司，他首先开发了全球第一个能自我平衡的跳跃机器人，之后公司获得了美国国防部的合作，国防部投资几千万元用于机器人的研究，虽然当时美国国防部还想不出这些机器人能干什么，但是认为这个技术未来是有用的。当时，很多机器人行走缓慢，平衡很差，雷伯特模仿生物学运动原理，使机器保持动态稳定。与真的动物一样，雷伯特机器人移动迅速且平稳。

2005 年，波士顿动力公司的专家创造了 4 腿机器人大狗。这个项目是由美国国防高级研究计划局资助的，源自国防部为军队开发新技术的任务。

2012 年，机器人大狗升级，可跟随主人行进 20 英里（1 英里=1609.344 m）。

2015 年，美军开始测试这种具有高机动能力的 4 腿仿生机器人的试验场，开始试验这款机器人与士兵协同作战的性能。机器人大狗的动力来自一部带有液压系统的汽油发动机，它的 4 条腿完全模仿动物的四肢设计，内部安装了特制的减震装置。机器人的长度为 1 m，高 70 cm，重量为 75 kg，从外形上看，它相当于一条真正的大狗。

机器人大狗的内部安装了一台计算机，可根据环境的变化调整行进姿态。而大量的传感器则能够保障操作人员实时地跟踪"大狗"的位置并监测其系统状况。这种机器人的行进速度可达到 7 km/h，能够攀越 35°的斜坡。它可携带重量超过 150 kg 的武器和其他物资。机器人大狗既可以自行沿着预先设定的简单路线行进，也可以进行远程控制。

【作业】

1．在传统的计算机编程中，程序员必须（　　）。
A．重点考虑关键步骤并设计精良的算法
B．尽力考虑所有可能遇到的情况并一一规定应对策略
C．具有良好的独立工作能力，独自完成从需求分析到程序运行的所有步骤
D．全部工作就在于编程，需要编写出庞大的程序代码集

2．几十年来，人们发明了许多工具来使编程更加有效，降低错误发生的概率。人们发现，倘若利用逻辑、规则和框架编写通用的人工智能程序，那么程序必定（　　）。
A．十分庞大，并且漏洞百出　　　　　B．短小精悍但 Bug 也多
C．短小精悍且可靠性强　　　　　　　D．庞大复杂但可靠性强

3．科学家"中文房间"实验验证的假设就是看起来完全智能的计算机程序（　　）。
A．基本上能理解和处理各种信息

B. 完全能理解自身处理的各种信息
C. 确实能方方面面发挥其强大的功能
D. 其实根本不理解自身处理的各种信息

4. 在传统的机器人定义中，一般认为一个机器人由（　　）3部分组成。
① 一个传感器集合　　　　　　　　② 一个定义机器人的行为的程序
③ 一个控制器和一个运算器　　　　④ 一个传动器和受动器集合
A. ①③④　　　　　B. ①②④　　　　　C. ①②③　　　　　D. ②③④

5. 包容体系结构强调（　　），不是用庞大的框架数据库来模拟世界的，而是关注直接感受世界。
A. 强化抽象符号的使用　　　　　　B. 重视用符号代替具体数字
C. 完全避免符号的使用　　　　　　D. 克服具体数字的困扰

6. 包容体系结构是（　　），利用不同传感器感知世界，并通过其他设备（传动器）来操控行动。
A. 一段表达计算逻辑的程序　　　　B. 实实在在的物理机器人
C. 通用计算机的一组功能　　　　　D. 一组用于包装作业的传统设备

7. 包容体系结构建立在多层独立行为模块的基础上。每个行为模块都是（　　），从传感器那里接收信息，再将指令传递给传动器。
A. 一个简单程序　　　　　　　　　B. 一段复杂程序
C. 重要而繁杂的功能函数　　　　　D. 重要而庞大的

8. RoboCup 机器人世界杯赛提出的最终目标是（　　）。
A. 一支非人形机器人足球队与人类足球队按正式规则比赛
B. 一支完全自治的人形机器人足球队在正式比赛中战胜人类冠军队
C. 一支完全自治的人形机器人足球队参加国际足联的正式比赛
D. RoboCup 机器人世界杯赛与国际足联比赛合并

9. 实现 RoboCup 机器人世界杯赛提出的最终目标的规划时间是（　　）年。
A. 50　　　　　　　B. 100　　　　　　C. 20　　　　　　　D. 30

10. 机器感知是指能够使用（　　）所输入的资料推断世界的状态。
A. 键盘　　　　　　B. 鼠标器　　　　　C. 光电设备　　　　D. 传感器

11. 机器感知研究如何用机器或计算机模拟，延伸和扩展（　　）的感知或认知能力。
A. 机器　　　　　　B. 人　　　　　　　C. 机器人　　　　　D. 计算机

12. 机器感知包括（　　）等多种形式。
① 机器制动　　　　② 机器视觉　　　　③ 机器听觉　　　　④ 机器触觉
A. ②③④　　　　　B. ①②③　　　　　C. ①③④　　　　　D. ①②④

13. 机器智能研究如何提高机器应用的智能水平。这里的"机器"主要是指（　　）。
① 计算机　　　　　② 自动化装置　　　③ 通信设备　　　　④ 空调设备
A. ①③④　　　　　B. ①②④　　　　　C. ②③④　　　　　D. ①②③

14. 智能机器研究如何设计和制造具有更高智能水平的机器，特别是（　　）。
A. 计算机　　　　　B. 厨房设备　　　　C. 空调装置　　　　D. 军工装备

15. 机器思维，如专家系统、机器学习、计算机下棋、计算机作曲、计算机绘画、计算机辅助设计、计算机证明定理、计算机自动编程等，可以概括为（　　）思维。
　　A. 互联网　　　　　B. 计算机　　　　　C. 机器人　　　　　D. 传感器
16. 机器行为研究如何用（　　）去模拟、延伸、扩展人的智能行为。
　　A. 计算机　　　　　B. 计算器　　　　　C. 机器　　　　　　D. 机械手
17. 行为机器指具有（　　）的机器，或者说，能模拟、延伸与扩展人的智能行为的机器。
　　A. 人形动作　　　　B. 移动能力　　　　C. 工作行为　　　　D. 人工智能行为
18. 机器人是"（　　）"，它是高级整合控制论、机械电子、计算机、材料和仿生学的产物。
　　A. 自动执行工作的机器装置　　　　　　B. 造机器的人
　　C. 机器造的人　　　　　　　　　　　　D. 主动执行工作任务的工人
19. 为了防止机器人伤害人类，科幻小说家艾萨克·阿西莫夫于（　　）年在小说中提出了"机器人三原则"。
　　A. 1942　　　　　　B. 2010　　　　　　C. 1946　　　　　　D. 2000
20. 科幻小说家艾萨克·阿西莫夫提出的"机器人三原则"包括（　　）。
　① 机器人不得伤害人类，或袖手旁观坐视人类受到伤害
　② 人类应尊重并不得伤害机器人
　③ 原则上机器人应遵守人类的命令
　④ 只要与第一条或第二条原则没有冲突，机器人就必须保护自己的生存
　　A. ①②④　　　　　B. ①③④　　　　　C. ①②③　　　　　D. ②③④

第12章 自然语言与语音处理

【导读案例】机器翻译：大数据简单算法与小数据复杂算法

20世纪40年代，计算机由真空管制成，要占据整个房间这么大的空间。当时，正处于冷战时期，美国掌握了大量关于苏联的各种资料，但缺少翻译这些资料的人手。所以，计算机翻译就成了亟待解决的问题。

最初，计算机研发人员打算将语法规则和双语词典结合在一起。1954年，IBM以计算机中的250个词语和6条语法规则为基础，将60个俄语词组翻译成了英语，这个结果振奋人心。IBM 701计算机（见图12-1）通过穿孔卡片读取一句话，并将其译成了"我们通过语言来交流思想"。在庆祝这个成就的发布会上，一篇报道就提到，这60句话翻译得很流畅。这个项目的指挥官利昂·多斯特尔特表示，他相信"在三五年后，机器翻译将会变得很成熟"。

图12-1　IBM 701计算机

事实证明，计算机翻译最初的成功误导了人们。1966年，一群机器翻译的研究人员意识到，翻译比他们想象得更困难，他们不得不承认自己的失败。机器翻译不能只是让计算机熟悉常用规则，还必须教会计算机处理特殊的语言情况。毕竟，翻译不仅只是记忆和复述，还涉及选词，而明确地教会计算机这些并不现实。

在20世纪80年代后期，IBM的研发人员提出了一个新的想法。与单纯教给计算机语言规则和词汇相比，他们试图让计算机自己估算一个词或一个词组适合用来翻译另一种语言中的一个词和词组的可能性，再决定某个词和词组在另一种语言中的对等词和词组。

20世纪90年代，IBM这个名为Candide的项目花费了大概10年的时间，将大约有300万句的加拿大议会资料译成了英语和法语并出版。用当时的标准来看，数据量非常庞大。统计机器学习从诞生之日起，就聪明地把翻译的挑战变成了一个数学问题，而这似乎很有效。计算机翻译的能力在短时间内提高了很多。然而，在这次飞跃之后，IBM公司尽管投入了很多资金，但取得的成效不大。最终，IBM公司停止了这个项目。

2006年，谷歌公司也开始涉足机器翻译。这被当作实现"收集全世界的数据资源，并让人人都可享受这些资源"这个目标中的一个步骤。谷歌翻译开始利用一个更大、更繁杂的数据库，也就是全球的互联网，而不再只利用两种语言之间的文本翻译。

为了训练计算机,谷歌翻译系统会吸收它能找到的所有翻译。它会从各种各样语言的公司网站上寻找对译文档,还会去寻找联合国和欧盟这些国际组织发布的官方文件和报告的译本。不考虑翻译质量的话,上万亿的语料库就相当于950亿句英语。

尽管其输入源很混乱,但较其他翻译系统而言,谷歌的翻译质量相对而言还是最好的,而且可翻译的内容更多。到2012年年中,谷歌数据库涵盖了60多种语言,甚至能够接收14种语言的语音输入,并有很流利的对等翻译。之所以能做到这些,是因为它将语言视为能够判别可能性的数据,而不是语言本身。如果要将印度语译成加泰罗尼亚语,那么谷歌会把英语作为中介语言。因为在翻译的时候它能适当增减词汇,所以谷歌的翻译比其他系统的翻译灵活很多。

谷歌的翻译之所以更好,并不是因为它拥有一个更好的算法机制。和微软的班科和布里尔所做的工作一样,这是因为谷歌翻译增加了各种各样的数据。从谷歌的例子来看,它之所以能比IBM的Candide系统多利用成千上万的数据,是因为它接收了有错误的数据。2006年,谷歌发布的上万亿的语料库,就是来自于互联网的一些废弃内容。这就是"训练集",可以正确地推算出英语词汇搭配在一起的可能性。

由于谷歌语料库的内容来自于未经过滤的网页内容,因此会包含一些不完整的句子、拼写错误、语法错误以及其他各种错误。况且,它也没有详细的人工纠错后的注解。但是,谷歌语料库的数据优势完全压倒了缺点。

自然语言处理(Natural Language Processing,NLP)是人工智能领域的一个重要方向。它研究用计算机模拟人的语言交际过程,实现人与计算机之间用自然语言进行有效通信的各种理论和方法(见图12-2)。自然语言处理是一门融语言学、计算机科学、数学于一体的科学,它并不是一般地研究自然语言,而在于研制能有效地实现自然语言通信的计算机系统,特别是其中的软件系统。

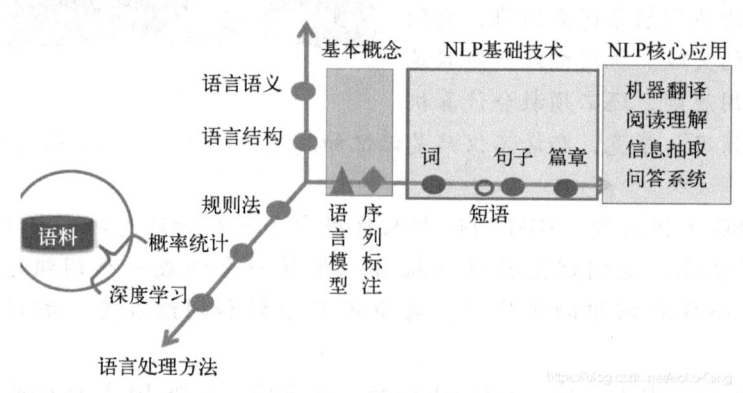

图12-2 自然语言处理研究

12.1 语言的问题和可能性

人类在大约10万年前学会了说话,在大约5000年前学会了写字。人类语言的复杂性和多样性使得智人区别于其他所有物种。当然,人类还有一些其他的特有属性:没有任何其他物种像人类那样穿衣服，进行艺术创作，或者每天花 2 h 在社交媒体上交流。但是，图灵提出的智能测试是基于语言的，而非艺术或服饰，也许是因为语言具有普适性，并且捕捉到了如此多的智能行为：一个演讲者演讲（或作家写作）的目标是交流知识，他组织语言来表示这些知识，然后采取行动以实现这一目标。听众（或读者）感知他们的语言并推断其中的含义。语言是人类区别于其他动物的本质特性。在所有生物中，只有人类才具有语言能力，人类的智能与语言密切相关。人类的逻辑思维以语言为形式，其绝大部分知识也是以语言文字的形式记载和流传下来的。

　　口语是人类之间最常见、最古老的语言交流形式，使我们能够进行同步对话——可以与一个或多个人进行交互式交流，让我们变得更具表现力，最重要的是，也可以让我们彼此倾听。虽然语言有其精确性，却很少有人会非常精确地使用语言。如果两方或多方说的不是同一种语言，对语言有不同的解释，词语没有被正确理解，声音可能听不清或很含糊，又或者受到地方方言的影响，那么此时口语就会导致误解。

　　语言既是精确的，也是模糊的。在法律或科学事务中，语言需要得到精确使用；又或者，它可以有意地以"艺术"的方式（如诗歌或小说）使用。作为交流的一种形式，书面语或口语又可能是模糊的。

　　示例 1　"音乐会结束后，我要在酒吧见到你。"

　　尽管很多缺失的细节使得这个约会可能不会成功，但是这句话的意图是明确的。如果音乐厅里有多个酒吧怎么办？音乐会可能就在酒吧里，我们音乐会后相见吗？相见的确切时间是什么？你愿意等待多久？语句"音乐会结束后"表明了意图，但是不明确。经过一段时间后，双方将会做什么呢？他们遇到对方了吗？

　　示例 2　"在第三盏灯那里右转。"

　　这句话的意图是明确的，但是省略了很多细节。灯有多远？它们可能会相隔几个街区或者相距几千米。当方向给出后，提供更精确的信息（如距离、地标等）将有助于指导驾驶。

　　可以看到，语言中有许多含糊之处，可以想象语言理解可能会给机器带来的问题。对计算机而言，理解语音无比困难，但理解文本就简单得多。文本语言可以提供记录（无论是书、文档、电子邮件，还是其他形式）是明显的优势，但是文本语言缺乏口语所能提供的自发性、流动性和交互性。

12.2　什么是自然语言处理

扫码看视频

　　使用自然语言与计算机进行通信，这是人们长期以来所追求的（见图 12-3）。因为它既有明显的实际意义，同时也有重要的理论意义：人们可以用自己最习惯的语言来使用计算机，而无须再花大量的时间和精力去学习不很自然的和不习惯的各种计算机语言；人们也可以通过它进一步了解人类的语言能力和智能的机制。

12.2.1　自然语言处理的原因

　　自然语言会话是人工智能发展史上从早期开始就被关注的主题之一。开发智能系统的任何尝试，最终似乎都必须解决一个问题，即使用何种形式的标准进行交流，比起使用图形系

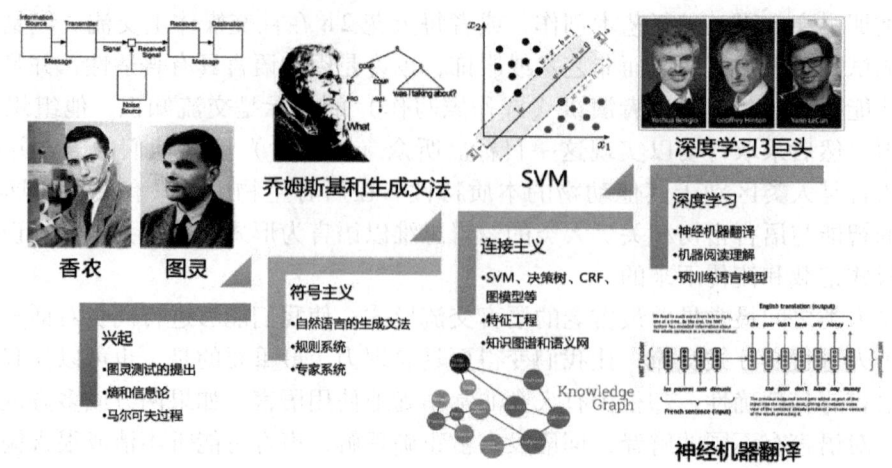

图12-3 自然语言处理的发展历程

统或基于数据系统的交流,语言交流通常是首选。

计算机进行自然语言处理有以下3个主要原因。

1)与人类交流。在很多情况下,人类使用语音与计算机进行交互是很方便的,而且在大多数情况下,使用自然语言要比使用形式语言更加方便。

2)学习。人类已经用自然语言记录了很多知识。例如,某个百科网站就有3000万页事实知识,如"婴猴是一种夜间活动的小型灵长类动物",然而几乎没有任何一个这样的知识来源是用形式逻辑写成的。如果我们想让计算机系统知道很多知识,那么它最好能理解自然语言。

3)使用人工智能工具有助于结合语言学、认知心理学和神经科学,促进对语言和语言使用的科学理解。

12.2.2 自然语言处理的方法

实现人机间的自然语言通信意味着要使计算机既能理解自然语言文本的意义,也能以自然语言文本来表达给定的意图、思想等。前者称为自然语言理解,后者称为自然语言生成,因此,自然语言处理大体包括了这两个部分。

从现有的理论和技术现状看,通用的、高质量的自然语言处理系统(见图12-4)仍然是长期的努力目标,但是针对一定的应用,具有相当自然语言处理能力的实用系统已经出现,有些已商品化甚至产业化。典型的例子有多语种数据库和专家系统的自然语言接口、各种机器翻译系统、全文信息检索系统、自动文摘系统等。

造成自然语言处理困难的根本原因是自然语言文本和对话的各个层次上广泛存在的各种各样的歧义性或多义性。一个中文文本从形式上看是由汉字(包括标点符号等)组成的一个字符串。由字组成词,由词组成词组,由词组组成句子,进而由一些句子组成段、节、章、篇。无论在字(符)、词、词组、句子、段各种层次中,还是在下一层次向上一层次的转变中,都存在着歧义和多义现象,即形式上一样的一段字符串,在不同的场景或不同的语境下,可以理解成不同的词串、词组串等,并有不同的意义。反过来,一个相同或相近的意义同样也可以用多个文本或多个字符串来表示。一般情况下,它们中的大多数都可以根据相应的语境和场景的规定而得到解决。也就是说，从总体上说，并不存在歧义。这也就是我们平时并不感到自然语言歧义和能用自然语言进行正确交流的原因。

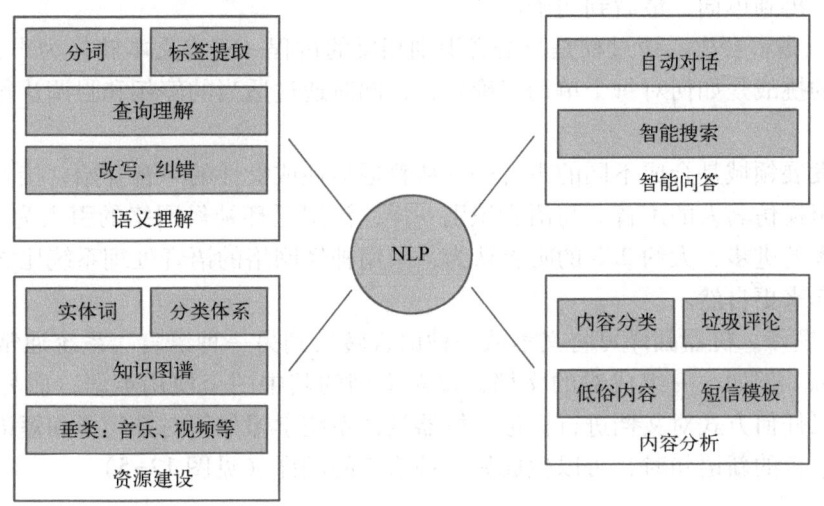

图 12-4　自然语言处理系统

我们也看到，为了消解歧义，需要大量的知识和进行推理。如何将这些知识较完整地加以收集和整理出来；又如何找到合适的形式，将它们存入计算机系统中去；以及如何有效地利用它们来消除歧义，都是工作量极大且十分困难的工作。

自然语言的形式（字符串）与其意义之间是一种多对多的关系，其实这也正是自然语言的魅力所在。但从计算机处理的角度看，人们必须消除歧义，要把带有潜在歧义的自然语言输入转换成某种无歧义的计算机内部表示。

以基于语言学的方法、基于知识的方法为主流的自然语言处理研究所存在的问题主要有两个方面。一方面，迄今为止的语法都限于分析一个孤立的句子，上下文关系和谈话环境对本句的约束和影响还缺乏系统的研究，因此分析歧义、词语省略、代词所指、同一句话在不同场合或由不同的人说出来所具有的不同含义等问题，尚无明确的规律可循，需要加强语用学的研究才能逐步解决。另一方面，人理解一个句子不是单凭语法，还运用了大量的有关知识，包括生活知识和专门知识，这些知识无法全部储存在计算机里。因此，一个书面理解系统只能建立在有限的词汇、句型和特定的主题范围内；计算机的储存量和运转速度大大提高之后，才有可能适当扩大范围。

12.2.3　自然语言处理的任务

自然语言处理是一个非常大的领域，它的一些主要任务如下。

1）语音识别。该过程是将语音转换为文本的任务。之后可以对生成的文本执行进一步的任务（如问答）。取决于测试集的具体情况，语音识别系统的单词错误率为 3%～5%，与人工转录员的错误率相近。语音识别系统面临的挑战是即使个别单词有错误，也要做出适当的响应。

顶级语音识别系统结合了循环神经网络和隐马尔可夫模型。2011 年，语音领域引入深度神经网络，错误率立即显著改进了约30%——这一领域似乎已经成熟，之前每年的改进只有几个百分点。语音识别问题具有自然的成分分解，所以非常适合使用深度神经网络：从波形到音素，再到单词，最后到句子。

2）**文本-语音合成**。该过程是与语音识别相反的过程——将文本转换为声音。文本-语音合成面临的挑战是如何对每个单词正确发音，同时通过适当的停顿和强调让每个句子听起来自然流畅。

另一个发展领域是合成不同的声音——从普通男性或女性的声音开始，接着可以合成地方方言，甚至模仿名人的声音。与语音识别一样，深层循环神经网络的引入为文本-语音合成带来了巨大的进步，大约2/3的听者认为，采用神经网络的语音处理系统比之前的非神经网络系统听起来更自然。

3）**机器翻译**。机器翻译可将文本从一种语言转换到另一种语言。系统通常使用双语语料库进行训练。例如，一组成对的文档，每对文档的其中一个使用英语，而另一个使用中文。不需要以任何方式对文档进行标记，机器翻译系统学习如何对齐句子和短语，然后当遇到其中一种语言的新语句时，可以生成另一种语言的翻译（见图12-5）。

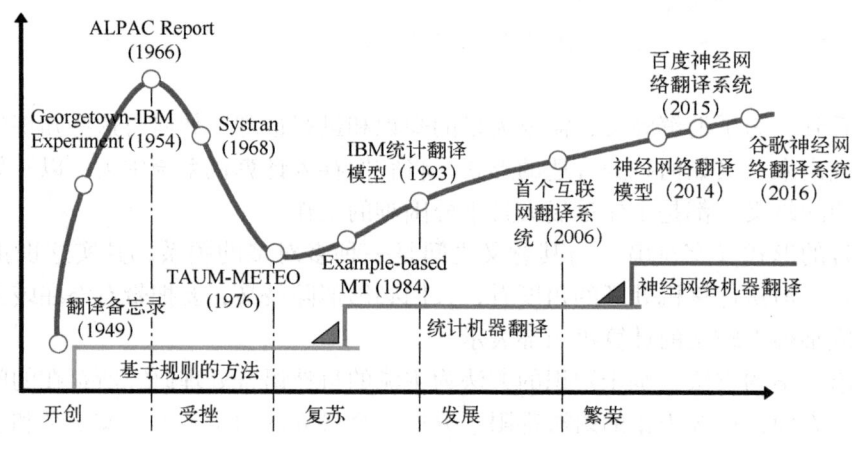

图12-5 机器翻译发展历程

21世纪早期的机器翻译系统使用n元模型，系统通常能够理解文本的含义，但大多数句子都包含文法错误。一个问题是n元的长度限制：即使将限制放大到7，信息也很难从句子的一端传递到另一端。另一个问题是，一个n元模型中的所有信息都位于单个单词的层级。这样的系统可以学习将"black cat（英语：黑猫）"翻译成"chat noir（法语：黑猫）"，但是却不能学到英语中的形容词通常在名词之前而法语中的形容词通常在名词之后这样的规则。

序列到序列循环神经网络模型解决了这一问题。它们可以更好地泛化，并且可以在整个深度网络的不同层级上形成组合模型，从而有效地传递信息。之后的工作使用Transformer（变压器）模型的注意力机制，提高了翻译性能，对这两种模型各方面进行结合的混合模型则进一步提升了效果，在某些语言对上达到了人类的水平。

4）**信息提取**。信息提取是通过浏览文本并查找文本中特定类别的对象及其关系来获取知识的过程。典型的任务包括：从网页中提取地址实例获取街道名、城市名、地区名以及邮政编码等数据库字段；从天气预报中提取暴风雨信息，获取温度、风速及降水量等字段。如果源文本具有很好的结构（如以表格的形式），那么像正则表达式之类的简单技术就可以进行信息提取。如果我们试图提取所有事实，而不仅是特定类型（如天气预报），那么提取会变得更加困难；TextRunner（文本运行程序）系统在一个开放的不断扩展的关系集上进行信息提取。对于自由格式的文本，可以使用隐马尔可夫模型和基于规则的学习系统。如今的系统使用循环神经网络，以利用词嵌入的灵活性。

5）信息检索。其任务是查找与给定查询相关且重要的文档。百度和谷歌等互联网搜索引擎每天都会执行数十亿次这样的任务。

6）问答。与信息检索不同，它的查询其实是一个问题，如"谁创立了美国海岸警卫队"，查询结果也不是一个排好序的文档列表，而是一个实际答案：Alexander Hamilton（亚历山大·汉密尔顿）。自20世纪60年代以来，就已经出现了依赖于句法分析的问答系统，但是直到2001年，这类系统才开始使用网页信息检索，从根本上增加了系统的覆盖范围。

12.2.4 语言模型

在数学、逻辑和计算机科学中，所谓"形式语言"，是指用精确的数学或机器可处理的公式定义的语言。形式语言一般有两个方面：语法和语义。专门研究语言语法的数学和计算机科学分支称为形式语言理论，其中的形式语言就是一个字母表上的某些有限长字符串的集合。一个形式语言可以包含无限多个字符串，然而自然语言（如英语或汉语）就无法如此清晰地表示。

我们将语言模型定义为描述任意字符串可能性的概率分布。通过语言模型可以预测文本中接下来可能出现的单词，从而为电子邮件或短信息提供补全建议。可以计算出对文本进行哪些更改会使其具有更高的概率，从而提供拼写或文法更正建议。通过语言模型，可以计算出一个句子最可能的翻译。用一些示例"问题-答案"对作为训练数据，可以计算出针对某一问题的最可能的答案。因此，语言模型是各种自然语言任务的核心。语言建模任务本身也可以作为衡量语言理解进度的通用基准。

自然语言是复杂的，因此任何语言模型充其量只能是自然语言的一个近似。语言学家爱德华·萨丕尔曾说"没有一种语言是绝对一成不变的，任何文法都会有所遗漏"。哲学家唐纳德·戴维森曾经表达过这样的意思：没有一种像 Python 3.8 那样的确定性的自然语言模型，人们有不同的模型，但人类仍然设法应对过去了，并进行交流。

传统情况下，CNN（卷积神经网络）和 RNN（循环神经网络）几乎占据着深度学习的半壁江山。而如今，人们正越来越关注 Transformer 模型结构（见图 12-6）。Transformer 一开始就是为语言任务而设计的，但它在模仿大脑方面有着很大的潜力，它是一个利用注意力机制来提高模型训练速度的深度学习模型。它适用于并行计算，其本身的复杂程度使得它在精度和性能上都要高于传统的 CNN 和 RNN，它完全由 Self-attention（自我关注）机制组成，不仅赋予各种 AI 应用模型写文作诗的功能，而且在多模态方面也大放异彩。

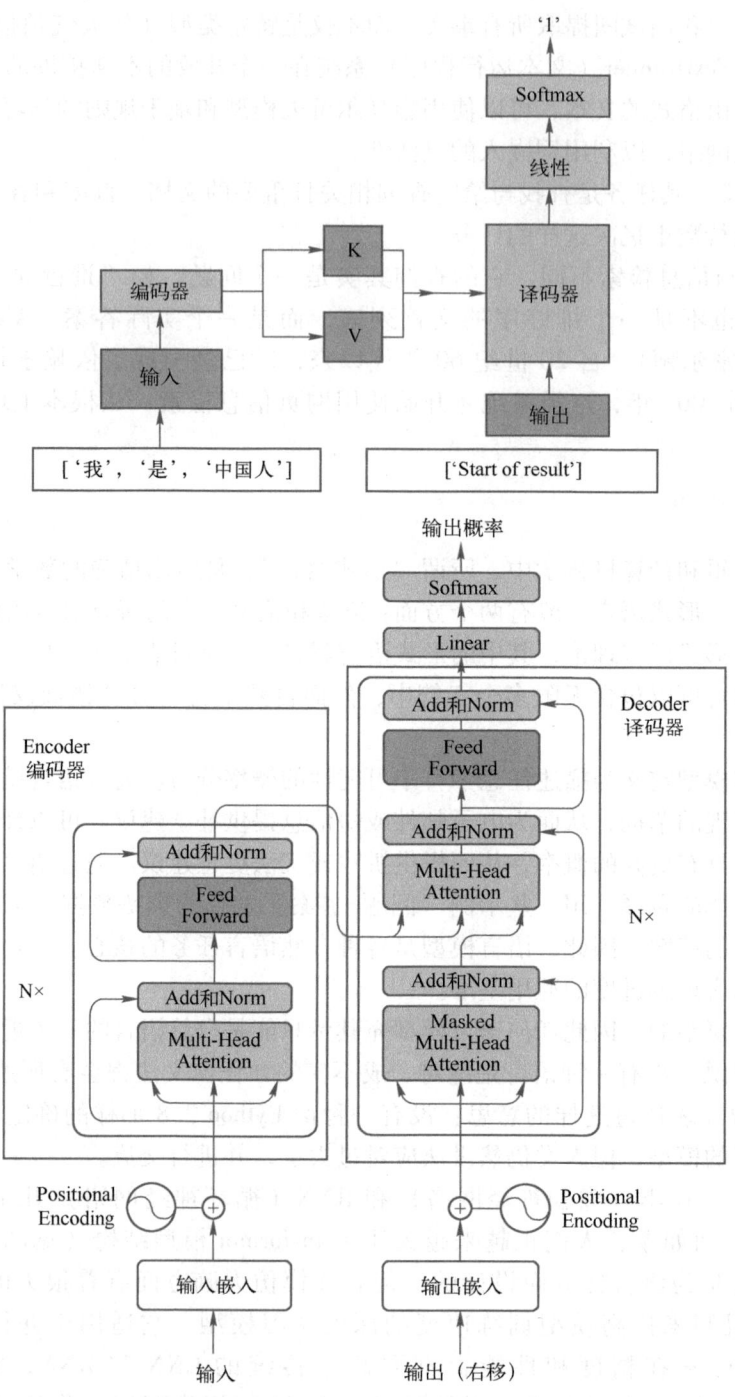

图 12-6 Transformer 模型结构

12.3 语法类型与语义分析

最早的自然语言理解研究工作是机器翻译。1949年，美国人威弗首先提出了机器翻译设计方案，此后，自然语言处理发展大致分为6个时期（见表12-1）。

表12-1 NLP发展的6个时期

编 号	名 称	年 份
1	基础期	20世纪40年代和50年代
2	符号与随机方法	1957—1970年
3	4种范式	1971—1983年
4	经验主义和有限状态模型	1984—1993年
5	大融合	1994—1999年
6	机器学习的兴起	2000—2008年

自然语言处理的历史可追溯到以图灵的计算算法模型为基础的计算机科学发展之初。在奠定了初步基础后，该领域出现了许多子领域，每个子领域都为计算机进一步的研究提供了沃土。

随着计算机的速度和内存的不断增加，可用的高性能计算系统加速发展。随着大量用户可使用更多的计算能力，语音和语言处理技术可以应用于商业领域。特别是在各种环境中，具有拼写/语法校正工具的语音识别将变得更加常用。由于信息检索和信息提取成了Web应用的关键部分，因此Web是这些应用的另一个主要推动力。

近年来，无监督的统计方法重新得到关注。这些方法有效地应用到了对单独的、未加注释的数据进行机器翻译方面。可靠的、已注释的语料库的开发成本成为监督学习方法使用的限制因素。

12.3.1 语法类型

在自然语言处理中，可以在一些不同的结构层次上对语言进行分析，如句法、词法和语义等，所涉及的一些关键术语简单介绍如下。

词法——对单词的形式和结构的研究，还研究词与词根以及词的衍生形式之间的关系。

句法——将单词放在一起形成短语和句子的方式，通常关注句子结构的形成。

语义学——语言中对意义进行研究的科学。

解析——将句子分解成语言组成部分，并对每个部分的形式、功能和语法关系进行解释。语法规则决定了解析方式。

词汇——与语言的词汇、单词或语素（原子）有关。词汇源自词典。

语用学——在语境中运用语言的研究。

省略——省略了在句法上所需的句子部分，但是从上下文而言，句子在语义上是清晰的。

学习语法是学习语言和教授计算机语言的一种好方法。费根鲍姆等人将语言的语法定义为"指定在语言中所允许语句的格式，指出将单词组合成形式完整的短语和子句的句法规则"。

麻省理工学院的语言学家诺姆·乔姆斯基在对语言语法进行数学式的系统研究中做出了开创性的工作,为计算语言学领域的诞生奠定了基础。他将形式语言定义为一组由符号词汇组成的字符串,这些字符串符合语法规则。字符串集对应于所有可能句子的集合,其数量可能无限大。符号的词汇表对应于有限的字母或单词词典。

12.3.2 语义分析

基于对形式语法的局限性的了解,乔姆斯基提出语言必须在两个层面上进行分析:表面结构,进行语法上的分析和解析;基础结构(深层结构),保留句子的语义信息。

关于复杂的计算机系统,通过与医学示例的类比,道江总结了表面理解和深层理解之间的区别:一位患者的臀部有一个脓肿,通过穿刺可以除去这个脓肿。但是,如果他患的是会迅速扩散的癌症(一个深层次的问题),那么任何次数的穿刺都不能解决这个问题。

研究人员解决这个问题的方法是增加更多的知识,如关于句子的更深层结构的知识、关于句子目的的知识、关于词语的知识,甚至详尽地列举句子或短语的所有可能含义的知识。在过去的几十年中,随着计算机速度和内存的成倍增长,这种完全枚举的可能性变得更加现实。

12.4 处理数据与处理工具

在早些时候,机器翻译主要是通过非统计学方法进行的。翻译的3种主要方法是:①直接翻译,即对源文本的逐字翻译;②使用结构知识和句法解析的转换法;③中间语言方法,即将源语句翻译成一般的意义表示,然后将这种表示翻译成目标语言。这些方法都不是非常成功。

随着 IBM Candide 系统的发展,20 世纪 90 年代初,机器翻译开始向统计方法过渡。这个项目对随后的机器翻译研究形成了巨大的影响,统计方法在接下来的几年中开始占据主导地位。在语音识别的上下文中已经开发了概率算法,IBM 将此概率算法应用于机器翻译研究。

概率统计方法是过去几十年中自然语言处理的准则,NLP 研究以统计作为主要方法,解决在这个领域中长期存在的问题,被称为"统计革命"。现代 NLP 算法是基于机器学习的,特别是基于统计机器学习的,它不同于早期的尝试语言处理,通常涉及大量的规则编码。

12.4.1 统计 NLP 语言数据集

统计方法需要大量数据才能训练概率模型。出于这个目的,在语言处理中,使用了大量的文本和口语集。这些集由大量句子组成,人类注释者对这些句子进行了语法和语义信息的标记。

自然语言处理中的一些典型的自然语言处理数据集包括 tc-corpus-train(语料库训练集)、面向文本分类研究的中英文新闻分类语料、以 IG 卡方等特征词选择方法生成的多维度 ARFF 格式中文 VSM 模型、万篇随机抽取论文中文 DBLP 资源、用于非监督中文分词算法的中文分词词库、UCI 评价排序数据、带有初始化说明的情感分析数据集等。

12.4.2 自然语言处理工具

扫码看视频

许多不同类型的机器学习算法已应用于自然语言处理任务，这些算法的输入是一大组从输入数据生成的"特征"。一些最早使用的算法，如决策树，产生类似于手写的 if-then 规则。随着越来越多的研究集中于统计模型，人们愈加重视基于附加实数值的权重、每个输入要素的可适应性、概率的决策性等。此类模型能够表达许多不同的可能答案，而不是只有一个相对的确定性，这种模型被作为较大系统的一个组成部分。

1) OpenNLP：是一个基于 Java 机器学习的工具包，用于处理自然语言文本。支持大多数常用的 NLP 任务，如标识化、句子切分、部分词性标注、名称抽取、组块、解析等。

2) FudanNLP：这是为中文开发的自然语言处理工具包，包含实现这些任务的机器学习算法和数据集。本工具包及其包含数据集使用 LGPL 3.0 许可证，其开发语言为 Java，主要功能如下。

- 文本分类：新闻聚类。
- 中文分词：词性标注、实体名识别、关键词抽取、依存句法分析、时间短语识别。
- 结构化学习：在线学习、层次分类、聚类、精确推理。

3) 语言技术平台：是哈尔滨工业大学社会计算与信息检索研究中心历时 10 年开发的一整套中文语言处理系统，系统制定了基于 XML 的语言处理结果表示，并在此基础上提供了一整套自底向上的丰富且高效的中文语言处理模块（包括词法、句法、语义等 6 项中文处理核心技术），以及基于动态链接库的应用程序接口、可视化工具，并且能够以网络服务的形式进行使用。

12.4.3 自然语言处理技术难点

自然语言处理的技术难点一般有：

1) 单词的边界界定。在口语中，词与词之间通常是连贯的，而界定字词边界通常使用的办法是取能让给定的上下文最为通顺且在文法上无误的一种最佳组合。在书写上，汉语也没有词与词之间的边界。

2) 词义的消歧。许多字词不只有一个意思，因而我们必须选出使句意最为通顺的解释。

3) 句法的模糊性。自然语言的文法通常是模棱两可的，针对一个句子通常可能会剖析出多棵剖析树，而我们必须要仰赖语意及前后文的信息才能在其中选择一棵最为适合的剖析树。

4) 有瑕疵的或不规范的输入。例如，语音处理时遇到外国口音或地方口音，或者在文本的处理中处理拼写、语法或者光学字符识别（OCR）的错误。

5) 语言行为与计划。句子常常并不只是字面上的意思。例如，"你能把盐递过来吗"，一个好的回答应当是把盐递过去；在大多数上下文环境中，"能"将是糟糕的回答，虽说回答"不"或者"太远了，我拿不到"也是可以接受的。再者，如果一门课程在上一年未开设，对于提问"这门课程去年有多少学生没通过？"回答"去年没开这门课"要比回答"没人没通过"好。

12.5 语音处理

语音处理是研究语音发声过程、语音信号的统计特性、语音的自动识别、机器合成以及语音感知等各种处理技术的总称。由于现代的语音处理技术都以数字计算为基础，并借助微处理器、信号处理器或通用计算机加以实现，因此也称为数字语音信号处理。

语音处理是一门多学科的综合技术。它以生理、心理、语言以及声学等基本实验为基础，以信息论、控制论、系统论的理论为指导，通过应用信号处理、统计分析、模式识别等现代技术手段，发展为新的学科。

12.5.1 语音处理的发展

语音处理的研究起源于对发音器官的模拟。1939年，美国 H.杜德莱展示了一个简单的发音过程模拟系统，以后发展为声道的数字模型。利用该模型可以对语音信号进行各种频谱及参数的分析，以及进行通信编码或数据压缩的研究，同时也可根据分析获得的频谱特征或参数变化规律以合成语音信号，实现机器的语音合成。利用语音分析技术，还可以实现对语音的自动识别，以及发音人的自动辨识。如果与人工智能技术结合，那么还可以实现各种语句的自动识别以及对语言的自动理解，从而实现人机语音交互应答系统，真正赋予计算机以听觉的功能。

语言信息主要包含在语音信号的参数之中，因此准确而迅速地提取语言信号的参数是进行语音信号处理的关键。常用的语音信号参数有共振峰幅度、频率与带宽、音调和噪声、噪声的判别等。后来又提出了线性预测系数、声道反射系数和倒谱参数等，这些参数仅反映了发音过程中的一些平均特性，而实际语言的发音变化相当迅速，需要用非平稳随机过程来描述。因此，20世纪80年代之后，研究语音信号的非平稳参数分析方法迅速发展，人们提出了一整套快速的算法，以及利用优化规律实现以合成信号统计分析参数的新算法，取得了很好的效果。

当语音处理向实用化发展时，人们发现许多算法的抗环境干扰能力较差。因此，在噪声环境下保持语音信号处理能力成为一个重要课题。这促进了语音增强的研究，一些具有抗干扰性的算法相继出现。当前，语音信号处理日益同智能计算技术和智能机器人的研究紧密结合，成为智能信息技术中的一个重要分支。

语音信号处理在通信、国防等部门中有着广阔的应用前景。为了改善通信中语言信号的质量而研究的各种频响修正和补偿技术，为了提高效率而研究的数据编码压缩技术，以及为了改善通信条件而研究的噪声抵消及干扰抑制技术，都与语音处理密切相关。在金融部门应用语音处理，开始利用说话人识别和语音识别来实现根据用户语音自动存款、取款的业务。在仪器仪表和控制自动化生产中，利用语音合成读出测量数据和故障警告。随着语音处理技术的发展，可以预期它将在更多部门得到应用。

12.5.2 语音理解

人们通常更方便说话而不是打字，因此语音识别软件非常受欢迎。口述命令比用鼠标或触摸板单击按钮更快。例如，要在 Windows 中打开如"记事本"这样的程序，需要依次单击开始、程序、附件，最后单击记事本，最轻松的过程也需要单击 4～5 次。语音识别软件允许用户简单地说"打开记事本"，就可以打开程序，节省了时间，有时也改善了心情。

语音理解是指利用知识表达和组织等人工智能技术进行语句自动识别和语意理解。同语音识别的主要不同点是对语法和语义知识的充分利用程度。

语音理解起源于 1971 年美国远景研究计划局（ARPA）资助的一个庞大的研究项目，该项目要达到的目标称为语音理解系统。由于人对语音有广泛的知识，对要说的话有一定的预见性，所以人对语音具有感知和分析能力。依靠人对语言和谈论的内容所具有的广泛知识，利用知识可以提高计算机理解语言的能力，就是语音理解研究的核心。

利用理解能力，可以使系统提高性能：①能排除噪声和嘈杂声；②能理解上下文的意思并能用它来纠正错误，澄清不确定的语义；③能够处理不合语法或不完整的语句。因此，研究语音理解的目的，与其说是研究系统仔细地去识别每一个单词，倒不如去研究系统能抓住说话的要旨更为有效。

一个语音理解系统除了包括原语音识别所要求的部分之外，还必须添入知识处理部分。知识处理包括知识的自动收集、知识库的形成、知识的推理与检验等。当然还希望能有自动地进行知识修正的能力。因此，语音理解可以认为是信号处理与知识处理结合的产物。语音知识包括音位知识、音变知识、韵律知识、词法知识、句法知识、语义知识以及语用知识。这些知识涉及实验语音学、汉语语法、自然语言理解及知识搜索等许多交叉学科。

12.5.3 语音识别

语音识别是指利用计算机自动对语音信号的音素、音节或词进行识别的技术总称。语音识别是实现语音自动控制的基础。

语音识别起源于 20 世纪 50 年代的"口授打字机"梦想，科学家在掌握了元音的共振峰变迁问题和辅音的声学特性之后，他们相信从语音到文字的过程是可以用机器实现的，即可以把普通的读音转换成书写的文字。语音识别的理论研究已经有 40 多年，但是转入实际应用却是在数字技术、集成电路技术发展之后，现在已经取得了许多实用的成果。

2017 年，微软表示其会话语音识别系统的单词错误率已降至 5.1%，与人类在转录电话对话中的表现相当。另外，Skype 提供了 10 种语言的实时语音翻译。Alexa、Siri、Cortana 和谷歌都提供了可以回答用户问题和执行任务的助手。例如，谷歌 Duplex 服务使用语音识别和语音合成为用户预订餐厅，它能够代表用户进行流畅的对话。

语音识别（见图 12-7）一般要经过以下几个步骤：

1）语音预处理，包括对语音幅度标称化、频响校正、分帧、加窗和始末端点检测等内容。

2）语音声学参数分析，包括对语音共振峰频率、幅度等参数，以及对语音的线性预测参数、倒谱参数等的分析。

3）参数标称化，主要是时间轴上的标称化，常用的方法有动态时间规整（DTW）或动态规划方法（DP）。

4）模式匹配，可以采用距离准则或概率规则，也可以采用句法分类等。

5）识别判决，通过最后的判别函数给出识别的结果。

语音识别可按不同的识别内容进行分类，有音素识别、音节识别、词或词组识别。按词汇量分类，有小词汇量（50个词以下）、中词量（50～500个词）、大词量（500个词以上）及超大词量（几十至几万个词）。按照发音特点分类，可以分为孤立音、连接音及连续音的识别。按照对发音人的要求分类：有认人识别（即只对特定的发话人识别）和不认人识别（即不管发话人是谁都能识别）。显然，最困难的语音识别是大词量、连续音和不认人识别同时满足的语音识别。

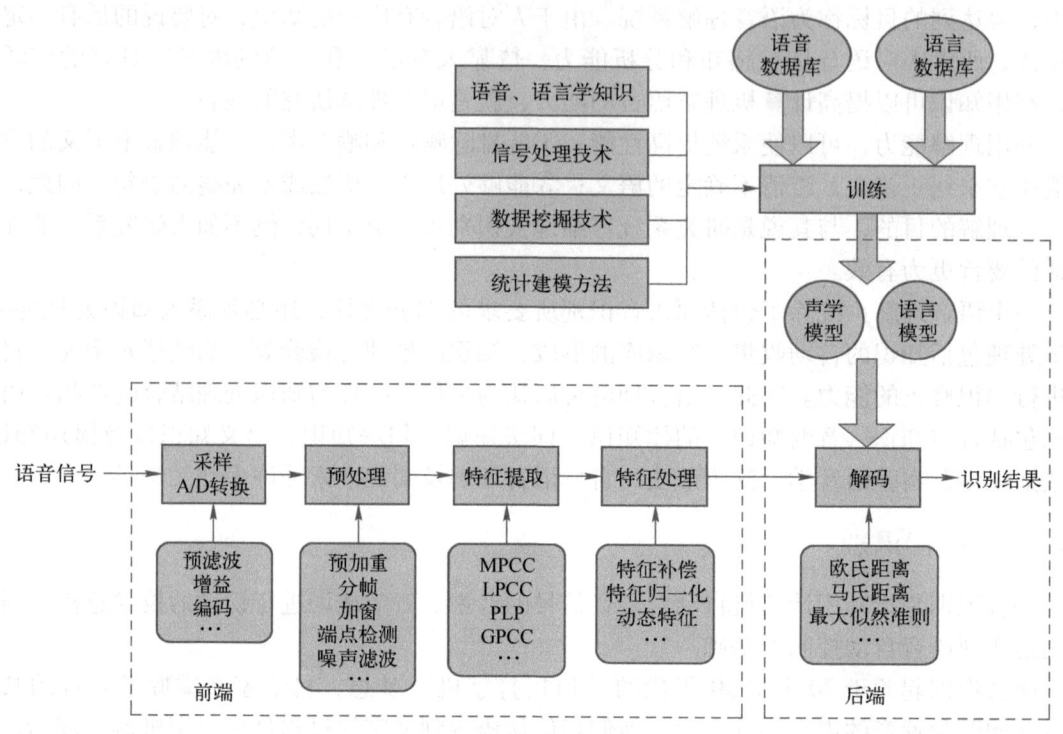

图12-7 语音识别系统框架

如今，几乎每个人都拥有一台带有苹果或安卓操作系统的智能手机。这些设备具有语音识别功能，使用户能够说出自己的短信而无须输入字母。导航设备也增加了语音识别功能，用户无须打字，只需说出目的地址或"家"，就可以导航到目的地。如果有人由于拼写困难或存在视力问题，无法在小窗口中使用小键盘，那么语音识别功能是非常有帮助的。

【作业】

1. （　　）研究能实现人与计算机之间用自然语言进行有效通信的各种理论和方法。
   A. RNN　　　　　B. CNN　　　　　C. APP　　　　　D. NLP
2. 自然语言处理是一门融（　　）于一体的科学。
   ① 语言学　　　　② 人工智能　　　　③ 计算机科学　　　　④ 数学
   A. ①②③　　　　B. ②③④　　　　C. ①③④　　　　D. ①②④
3. 自然语言处理是AI研究中（　　）的领域之一。
   A. 研究历史最长、研究最多、要求最高
   B. 研究历史较短，但研究最多、要求最高

C. 研究历史最长、研究最多，但要求不高
D. 研究历史最短、研究较少、要求不高

4. 使用（　　）与计算机进行通信是人们长期以来所追求的。
   A. 程序语言　　　　B. 自然语言　　　　C. 机器语言　　　　D. 数学语言

5. 实现人机间的自然语言通信，意味着要使计算机既能理解自然语言文本的意义，也能以自然语言文本来表达给定的意图、思想等。前者称为（　　），后者称为（　　）。
   A. 自然语言理解　自然语言生成　　　　B. 自然语言生成　自然语言理解
   C. 自然语言处理　自然语言加工　　　　D. 自然语言输出　自然语言识别

6. 自然语言处理是一个非常大的领域，它的一些主要任务包括信息提取、信息检索、机器翻译、（　　）等。
   ① 语音识别　　　② 问答　　　③ 数据挖掘　　　④ 文本-语音合成
   A. ①②③　　　　B. ②③④　　　　C. ①③④　　　　D. ①②④

7. 语音识别，是（　　）的任务，之后可以执行进一步的任务，如问答。
   A. 将视频转换为文字　　　　　　　　B. 将语音转换为文本
   C. 将文本转换为声音　　　　　　　　D. 将数字转换为图像

8. 文本-语音合成是（　　），它面临的挑战是如何对每个单词正确发音，同时通过适当的停顿和强调让每个句子听起来自然流畅。
   A. 将视频转换为文字　　　　　　　　B. 将语音转换为文本
   C. 将文本转换为声音　　　　　　　　D. 将数字转换为图像

9. 在数学、逻辑和计算机科学中，所谓"（　　）"，是用精确的数学或机器可处理的公式定义的语言，一般有两个方面：语法和语义。
   A. 形式语言　　　B. 形式逻辑　　　C. 自然语言　　　D. 逻辑语言

10. 传统情况下，CNN（卷积神经网络）和 RNN（循环神经网络）几乎占据着深度学习的半壁江山。而如今，人们正越来越关注（　　）模型结构。
    A. Python　　　B. AudioM　　　C. DetectGPT　　　D. Transformer

11. 造成自然语言处理困难的根本原因是自然语言文本和对话的各个层次上广泛存在的各种各样的（　　）。
    A. 一致性或统一性　　　　　　　　B. 复杂性或重复性
    C. 歧义性或多义性　　　　　　　　D. 一致性或多义性

12. 自然语言的形式（字符串）与其意义之间是一种多对多的关系，这也正是自然语言的（　　）所在。
    A. 缺点　　　　B. 矛盾　　　　C. 困难　　　　D. 魅力

13. 最早的自然语言理解方面的研究工作是（　　）。
    A. 语音识别　　　B. 机器翻译　　　C. 语音合成　　　D. 语言分析

14. 在自然语言处理中，我们可以在一些不同的（　　）上对语言进行分析。
    A. 语言种类　　　B. 语气语调　　　C. 结构层次　　　D. 规模大小

15. 早些时候，通过非统计学方法进行的机器翻译主要有（　　）3 种方法。
    ① 自动翻译　　　② 直接翻译　　　③ 转换法　　　④ 中间语言方法
    A. ②③④　　　　B. ①②③　　　　C. ①②④　　　　D. ①③④

16. 不同于通常涉及大量的规则编码的早期尝试语言处理，现代 NLP 算法是基于（ ）。

    A. 自动识别   B. 机器学习   C. 模式识别   D. 算法辅助

17. 语音处理是研究语音发声过程、语音信号的统计特性、（ ）、机器合成及语音感知等各种处理技术的总称。

    A. 语音的自动模拟   B. 语音的自动检测

    C. 语音的自动识别   D. 语音的自动降噪

18. 语音处理是一门多学科的综合技术。它以（ ）及声学等基本实验为基础。

    ① 生理   ② 心理   ③ 语言   ④ 设备

    A. ①②④   B. ①③④   C. ②③④   D. ①②③

19. 语音理解是指利用（ ）等人工智能技术进行语句自动识别和语意理解。

    A. 声乐和心理   B. 合成和分析   C. 知识表达和组织   D. 字典和算法

20. 语音识别是指利用计算机自动对语音信号的（ ）进行识别的技术总称，它是实现语音自动控制的基础。

    ① 音素   ② 音节   ③ 音速   ④ 词

    A. ①②④   B. ①③④   C. ②③④   D. ①②③

第13章　GPT大语言模型崛起

【导读案例】难以区分的人工智能和人类艺术

生成式人工智能在确定图像来源方面存在模糊边界的问题，但研究发现，人们在潜意识中更偏好真正的人类艺术。博林格林州立大学的工业和组织心理学博士安德鲁·萨莫与斯科特·海豪斯教授共同发表了一项关于AI与人类艺术对比的研究，该研究发现人们通常无法区分AI和人类艺术，但他们更偏好后者，即使无法解释原因。

该研究的参与者在未被告知其中一些艺术品是由AI制作的情况下，很难确定他们观看的艺术品中哪些是由人类创作的。相反，他们只被告知他们将观看一系列图片，并在30～50个审美判断因素上对其进行评分，这是一种可靠的、根植于心理测量学的方法，用于量化艺术情感和体验。

"以前的研究表明，如果人们知道艺术是由AI制作的，那么他们倾向于对其产生偏见，并表示他们不太喜欢它，"萨莫说："但没有人真正观察过这种新的AI艺术。如果我们只是向人们展示这些图像，那么他们能否分辨哪些是由人类制作的，哪些是由AI制作的？如果他们确实知道哪个是哪个，那么我们又如何知道是什么特征使它们有所不同呢？"

萨莫表示："这真的就像抛硬币一样——当你向他们展示这些图片时，他们有50%～60%的概率猜对。总的来说，人们不知道哪个是哪个。当我们问他们有多自信时，他们通常说只有50%的信心。"

在艺术作品的创作者之间进行区分的困难带来了另一个有趣的发现：即使人们不太确定原因，他们也更喜欢人类创作的艺术。

在审查了数据之后，萨莫和海豪斯发现人们对人类艺术和AI艺术的感觉存在明显差异。尽管参与者对作品来源的确定不够自信，但他们对由人类创作的艺术产生了更积极的情感。

萨莫表示："他们通常不知道区别，一旦你问过他们，他们就承认自己无法分辨，但这其中的下一层是，人们通常会在不知道是AI还是人类制作的情况下可靠地说他们更喜欢人类的图像。"他继续说："我们发现人们在看人类绘画时有更积极的情感，这是有道理的。"

但当被问及为什么参与者有这种感觉时，他们无法解释。研究人员在论文中讨论的一种解释是大脑可能会察觉到由AI创造的艺术中微小的差异。

自然语言处理主要应用于机器翻译、舆情监测、自动摘要、观点提取、文本分类、问题回答、文本语义对比、语音识别、中文OCR等方面。基于句法分析和语义分析的自然语言处理系统已经在许多任务上获得了成功，但是它们的性能受到实际文本中极度复杂的语言现象的限制。由于存在大量机器可读形式的可用文本，因此可以考虑将基于数据驱动的机器学习方法应用于自然语言处理。

13.1 自然语言处理的进步

扫码看视频

在 2012 年的 ImageNet 比赛中，深度学习系统取得的令人惊叹的优秀表现带动计算机视觉出现了一个发展的转折点。到 2018 年，自然语言处理也出现了一个转折点，它的主要推动力是，深度学习和迁移学习显著提高了自然语言处理的技术水平：可以下载通用语言模型，并针对特定任务进行微调，以至于研究者断言"自然语言处理的 ImageNet 时刻已经到来"。

13.1.1 关于 ImageNet

ImageNet 是斯坦福大学教授李飞飞为了解决机器学习中过拟合和泛化的问题而牵头构建的一种数据集。该数据集从 2007 年开始建立，2009 年作为论文的形式在 CVPR 2009 上发布。直到目前，该数据集仍然是深度学习领域中图像分类、检测、定位的最常用数据集之一。

基于 ImageNet 有一个比赛，称为 ILSVRC（lmageNet 大规模视觉识别挑战赛），从 2010 年开始举行，到 2017 年最后一届结束，每年举办一次，每次都从 ImageNet 数据集中抽取部分样本作为比赛的数据集。

ILSVRC 比赛包括图像分类、目标定位、目标检测、视频目标检测、场景分类。在该比赛的历年优胜者中，诞生了 AlexNet（2012）、VGG（2014）、GoogLeNet（2014）、ResNet（2015）等著名的深度学习网络模型。"ILSVRC"一词有时也被用来特指该比赛使用的数据集，即 ImageNet 的一个子集，其中最常用的是 2012 年的数据集，记为 ILSVRC2012。因此，有时候提到 ImageNet，很可能是指 ImageNet 中的 ILSVRC2012 子集。ILSVRC2012 数据集拥有 1000 个分类（这意味着面向 ImageNet 图片识别的神经网络的输出是 1000 个），每个分类约有 1000 张图片。这些用于训练的图片总数约为 120 万张，此外还有一些图片作为验证集和测试集。ILSVRC2012 含有 5 万张图片作为验证集，10 万张图片作为测试集。测试集没有标签，验证集的标签在另外的文档给出。

ImageNet 本身有 1400 多万张图片、2 万多的分类。其中有超过 100 万张图片有明确类别标注和物体位置标注。对于基于 ImageNet 的图像识别的结果评估，往往用到两个准确率的指标，一个是 top-1 准确率，另一个是 top-5 准确率。top-1 准确率指的是输出概率中最大的那一个对应正确类别的概率；top-5 准确率指的是输出概率中最大的 5 个对应类别中包含正确类别的概率。

13.1.2 自然语言处理的 ImageNet 时刻

自然语言处理的 ImageNet 转折点始于 2013 年的 word2vec 和 2014 年的 GloVe 等系统生成的简单词嵌入。研究人员可以下载这样的模型，或者在不使用超级计算机的情况下，相对快速地训练他们自己的模型。另外，预训练上下文表示的开销要高出几个量级。

只有在硬件（GPU 图形处理器和 TPU 谷歌张量处理单元）进一步普及之后，这些模型才是可行的。在这种情况下，研究人员能够直接下载模型，而不需要花费资源去训练自己的模型。Transformer 模型（谷歌云 TPU 推荐的参考模型）允许使用者高效地训练比之前更大、更深的神经网络（这一次是因为软件的进步，而不是硬件的进步）。自 2018 年以来，新的自然语言处理项目通常从一个预先训练好的 Transformer 模型开始。

虽然这些 Transformer 模型被训练用来预测文本中的下一个单词，但它们在其他语言任务中的表现也出奇地好。经过一些微调后，RoBERTa 模型在问答和阅读理解测试中取得了最高水平的成绩。

GPT（Generative Pre-trained Transformer）是基于互联网可用数据训练的文本生成深度学习模型，它主要用于问答、文本摘要生成、机器翻译、分类、代码生成和对话 AI。

作为一种类似于 Transformer 的语言模型，GPT-2 有 15 亿个参数，在 40 GB 的因特网文本上训练。它在法英翻译、查找远距离依赖的指代对象以及一般知识问答等任务中都取得了良好的成绩，并且所有这些成绩都没有针对特定任务进行微调。例如，在仅给定几个单词作为提示时，GPT-2 依然可以生成相当令人信服的文本。

作为一个高水平的自然语言处理系统示例，Aristo 在 8 年级科学选择题考试中获得了 91.6% 的分数。Aristo 由一系列求解器组成：一些使用信息检索（类似于一个网络搜索引擎），另一些使用文本蕴含和定性推理，还有一些使用大规模 Transformer 语言模型。结果表明，RoBERTa 的测试成绩是 88.2%。Aristo 在 12 年级的考试中也取得了 83% 的成绩（65% 表示"达到标准"，85% 表示"出色地达到标准"）。Aristo 也有其局限性，它只能处理选择题，不能处理论述题，而且它既不能阅读，也不能生成图表。

使用更多的训练数据可以得到更好的模型，例如，RoBERTa 在训练了 2.2 万亿个单词后获得了最高水平的成绩，如果使用更多的文本数据，那么会更好。如果进一步使用其他类型的数据——结构化数据库、数值数据、图像和视频，会怎么样呢？当然，需要在硬件处理速度上取得突破，才能对大量视频进行训练，此外，可能还需要在人工智能方面取得一些突破。

读者可能会问"为什么我们学习了文法、句法分析和语义解释，现在却舍弃了这些概念，转而使用纯粹的数据驱动模型"。答案很简单，数据驱动的模型更容易开发和维护，并且在标准的基准测试中得分更高。可能是 Transformer 及其相关模型学习到了潜在的表征，这些表征捕捉到与语法和语义信息相同的基本思想，也可能是在这些模型中发生了完全不同的事情。但我们知道，使用文本数据训练的系统比依赖手工创建特征的系统更容易维护，更容易适应新的领域和新的自然语言。

未来在显式语法语义建模方面的突破也有可能会导致研究的重点回摆。更有可能出现的是混合方法。例如，基塔夫和克莱因使用注意力机制改进了传统的成分句法分析器，从而获得了 Penn Treebank（宾夕法尼亚树银行）测试集记录的最佳结果。类似地，林高等人演示了如何通过词嵌入和循环神经网络改进依存句法分析器。他们的系统 SLING 直接解析为一个语义框架表示，缓解了传统管道系统中错误累积的问题。

当然还有改进的空间。自然语言处理系统不仅在许多任务上仍然落后于人类，而且在处理了人类一辈子都无法阅读的数千倍的文本之后，它们仍然落后于人类。这表明，语言学家、心理学家和自然语言处理研究人员要研究的东西还有很多。

13.1.3 从 GPT-1 到 GPT-3

2018 年 GPT-1 诞生，这一年也是 NLP（自然语言处理）的预训练模型元年。在性能方面，GPT-1 有一定的泛化能力，能够用于和监督任务无关的 NLP 任务中。其常用任务包括：
- 自然语言推理：判断两个句子的关系（包含、矛盾、中立）。
- 问答与常识推理：输入文章及若干答案，输出答案的准确率。
- 语义相似度识别：判断两个句子语义是否相关。
- 分类：判断输入文本指定的是哪个类别。

虽然 GPT-1 在未经调试的任务上有一些效果，但其泛化能力远低于经过微调的有监督任务，因此它只能算是一个还不错的语言理解工具，而非对话式 AI。

GPT-2 于 2019 年如期而至，不过它并没有对原有的网络进行过多的结构创新与设计，只使用了更多的网络参数与更大的数据集：最大模型共计 48 层，参数量达 15 亿，学习目标则使用无监督预训练模型来完成有监督任务。在性能方面，除了理解能力外，GPT-2 在生成方面第一次表现出了强大的天赋：阅读摘要、聊天、续写、编故事，甚至生成假新闻、钓鱼邮件或在网上进行角色扮演等。在"变得更强大"之后，GPT-2 的确展现出了普适而强大的能力，并在多个特定的语言建模任务上实现了彼时的最佳性能。

之后，GPT-3 出现了，作为一个无监督模型（现在经常被称为自监督模型），它几乎可以完成自然语言处理的绝大部分任务，如面向问题搜索、阅读理解、语义推断、机器翻译、文章生成和自动问答等。而且，该模型在诸多任务上的表现卓越，例如，在法语-英语和德语-英语机器翻译任务上达到当前最佳水平，自动产生的文章几乎让人无法辨别是出自人还是机器（52%的正确率，与随机猜测相当）。更令人惊讶的是，在两位数的加减运算任务上达到几乎 100%的正确率，甚至还可以依据任务描述自动生成代码。一个无监督模型的功能效果如此好，似乎让人们看到了通用人工智能的希望，可能这就是 GPT-3 影响如此之大的主要原因。

13.1.4 ChatGPT 聊天机器人模型与对策

ChatGPT 是由人工智能研究实验室 OpenAI 在 2022 年 11 月 30 日发布的全新聊天机器人模型，是一款人工智能技术驱动的自然语言处理工具。ChatGPT 使用了 Transformer 神经网络架构，也是 GPT-3.5 架构的主力模型，这是一种用于处理序列数据、优化对话的语言模型，拥有语言理解和文本生成能力，尤其是它会通过连接大量语料库来训练模型。这些语料库包含了真实世界中的对话，使得 ChatGPT 具备"上知天文下知地理"及根据聊天的上下文进行互动的能力，做到与人类几乎无异的聊天场景来进行交流。ChatGPT 不单是聊天机器人，它还能够通过学习和理解人类的语言来进行对话（见图 13-1），能完成撰写邮件、视频脚本、文案、翻译、代码等任务，同时也引起无数网友沉迷与 ChatGPT 聊天，成为大家讨论的热点话题。

ChatGPT 具有同类产品具备的一些特性，如对话能力，能够在同一个会话期间内回答上下文相关的后续问题。在网友们晒出的截图中，ChatGPT 不仅能流畅地与用户对话，甚至可根据提示生成几乎任何主题的原始文本，包括文章、论文、笑话、编码甚至诗歌。由于 ChatGPT 太"聪明"，因此无数网友与它

图 13-1 与机器人聊天

聊天，有人让它帮忙改作业，有人让它扮演虚拟女友，有人让它编写请假理由，有人用它来补习外语，更有人让 ChatGPT 陪自己演戏。无论是生成小说、疑难解答或者是哲学的问题，ChatGPT 都能交上几乎完美的答案，令人惊叹不已。

ChatGPT 采用了注重道德水平的训练方式，按照预先设计的道德准则对不怀好意的提问和请求"说不"。一旦发现用户给出的文字提示里面含有恶意，包括但不限于暴力、歧视、犯罪等意图，都会拒绝提供有效答案。

不过，ChatGPT 的强大功能引起学术界的担忧。顶级科学杂志《自然》宣布，将人工智能工具列为作者的论文不能在该杂志上发表。2023 年 1 月 27 日，巴黎政治大学宣布，该校已向所有学生和教师要求禁止使用 ChatGPT 等一切基于 AI 的工具，旨在防止学术欺诈和剽窃。

13.1.5 从文本生成音乐的 MusicLM 模型

2023 年初，谷歌发布了从文本生成高保真音乐的 AI 模型 MusicLM 的研究，该系统可以从文本描述中生成任何类型的高保真音乐。但因担心风险，谷歌并没有立即发布该产品。"我们强调，需要在未来开展更多工作来应对这些与音乐生成相关的风险——目前没有发布模型的计划。"当时谷歌发布的论文写道。

据了解，谷歌自己的 AudioML 和人工智能研究机构 OpenAI 的 Jukebox 等项目都可以从文字生成音乐。然而，MusicLM 模型和庞大的训练数据库（280000 h 的音乐）使其能制作出特别复杂或保真度特别高的歌曲。MusicLM 不仅可以结合流派和乐器，还可以使用计算机通常难以掌握的抽象概念来编写曲目。比如"一种舞曲和雷鬼音乐的混合体，其曲调空旷、超凡脱俗，能唤起惊奇和敬畏之感"，MusicLM 就可以实现。

谷歌研究人员表明，该系统可以建立在现有旋律的基础上，无论是哼唱、演唱、吹口哨还是在乐器基础上演奏。此外，MusicLM 有一个"故事模式"来编程特定时间的风格、氛围和节奏的转变，比如可以按"冥想时间""醒来时间""跑步时间"等来创建一种"故事"叙事旋律。

13.1.6 检测 AI 文本的 DetectGPT 算法

ChatGPT 以其强大的信息整合和对话能力惊艳了全球，一项调查显示，美国 89% 的大学生都会用 ChatGPT 做作业，学生们已经在用 ChatGPT 肆无忌惮地作弊了。于是，纽约的教育系统试图全面封杀 ChatGPT，老师们防 ChatGPT 如洪水猛兽，却还是屡禁不止。很多教授在担心，AI 聊天机器人会对教育产生灾难性影响，会让学生的大脑"萎缩"。

当然，有攻就有防，斯坦福大学的研究团队就提出了一种用于检测 AI 生成文本的全新算法——DetectGPT。这个算法可以用于判断文本是否是由机器生成的，并且不需要训练人工智能或收集大型数据集来比较文本。研究团队声称新算法检测的准确性能有了实质性的提高，并表明该技术可对未来越来越普遍的人工智能写作论文事件起到很好的反制作用。

虽然 ChatGPT 引发了学术诚信的风暴，但也有不少专家认为，这项技术是一个新学习时代的开始，AI 写作工具是学习的未来。

13.2　科普 AI 大语言模型

扫码看视频

大语言模型（LLM，简称大模型，见图 13-2）已经引起社会各界关注。从知识中来，大模型的能力来源于人类的庞大知识库；到知识中去，大模型也将重新塑造人类知识应用、创造和转化的模式，在经济社会发展中产生巨大价值。

13.2.1　大语言模型的能力

大模型拥有丰富的各学科知识，并表现出一定的逻辑能力，这是因为科学家利用海量的人类语言数据和大规模的 GPU（见图形处理器）算力对大模型进行了预训练，为其精心挑选的预训练知识数据量达到 13 万亿 "字"，相当于 500 万套四大名著的规模；而通过训练提取的 "知识片段"，即模型的参数，有 1.8 万亿个。无论训练量和参数量都远超以往人工智能模型的规模，这也是人工智能大语言模型这个名字的由来。

图 13-2　大语言模型 ChatGPT

这种利用庞大语料库对人类知识进行建模的方式，可理解为对现实世界的一种 "模糊压缩"。通过训练好的大模型来解答问题，相当于对世界的 "模糊还原"。"模糊" 可能导致问题解答不准确，但也因为模糊，大模型可以解答原有知识解答不了的新问题。

在 "压缩" 和 "还原" 的过程中，大模型都在反复预测文本中可能出现的下一个字。它用这样的方式来理解人类语言和知识的规律，并在遇到问题时利用模型学到的规律，一个字一个字地生成连贯而有意义的内容。由于使用自然语言（而非程序语言）与人类进行交互，因此大模型可以灵活地接收并完成人类下达的各种知识型任务，这就打开了大模型跨学科、跨行业应用的广阔空间。

大模型具有宽广的应用前景。利用训练中积累的知识，辅以专业领域的知识库和流程逻辑，大模型可以充当行业专家的人工智能助手，甚至直接为客户提供一对一的知识服务。例如，面向乡村教师的人工智能助教，可以帮助教师进行课程设计和作业辅导，显著提高乡村教育质量。通过一对一的知识定制应用，大模型能大大降低专业服务的交付成本，打破以往服务中的个性化和普惠化之间的矛盾，让更多人享受到教育、医疗和法律等领域既个性又普惠的专业服务。

大模型还能通过知识的跨界关联推动人类新知识的发现和创造。20 世纪 80 年代，科研人员开始通过计算机技术分析科学文献，寻找新的关联协作机会点，比如利用这一方法发现鱼油跟雷诺氏综合征的关联性，据此提出的疗效假设得到了验证。在跨学科研究成为大势所趋的今天，化学及材料科学等领域的研究显示，人工智能能实现更灵活的、更深度的知识理解和挖掘，可将不同学科、不同语言的知识关联到一起，帮助科学家发现创新盲点，提出新假设，给出跨学科研究路径甚至建议的合作对象，从而推动人类知识发展到全新水平。

工业制造未来也将是大模型的用武之地。大模型通过推动人类知识向物理机器转移，可实现更复杂的工业人机协作。在以往的工业制造自动化领域，机器人依据严谨的预定义编程指令来执行操作，执行任务的能力受到一定限制，因为大部分的人类知识存在模糊性，对这些知识的理解和应用依赖于环境和常识。比如对机器人说："我要一个苹果。"机器人不知道该去拿还是去买，不知道去哪拿、怎么买。而大模型可通过自然语言的交互来理解人类任务，借助自身训练获取的知识和外界的环境感知能力——知道冰箱在哪，猜测冰箱冷藏区可能有苹果，正确拆解任务并转译为机器指令——找到并打开冰箱，取出苹果，如果没有，则通过网络下单购买苹果。这样，大模型就在人类与机器人之间建立了复杂的、实时动态的协作机制，完成之前无法实现的、更高难度的工业制造任务。

未来，知识的应用、创造和转化将提升到一个新的高度。从老百姓可感知的民生普惠服务落地，同时进行更多方向的探索——推动工业制造升级和科研手段演进，人工智能大模型对经济社会的影响将逐步往深层次发展，从而创造更大的社会价值。

13.2.2 国内的大语言模型

大模型旨在理解和生成人类语言。它们通过在大量的文本数据上进行训练，可以执行广泛的任务，包括文本总结、翻译、情感分析等（见图13-3）。这些模型通常基于深度学习架构，如转换器，这使它们在各种自然语言处理任务上表现出令人印象深刻的能力。

2023年，国内外不断涌现出新的模型，人们目睹了大模型的爆炸式增长。随着大模型的不断演进和优化，人们期待它们在自然语言处理、图像识别、语音识别等领域的性能不断提升，甚至超越人类的水平。这将推动人工智能技术在各个行业的广泛应用，从医疗到金融，从交通到教育，大模型都将成为智能设备和服务的核心。我们的生活将变得更加智能化、便捷化和个性化。

1. 百度

1) Ernie 3.0 Titan（泰坦）。它由百度和鹏程实验室联合发布，它有260B个参数，擅长自然语言理解和生成。它在海量非结构化数据上进行训练，并在机器阅读理解、文本分类和语义相似性等60多项NLP任务中取得了一流的成绩。此外，泰坦还在30项少拍和零拍基准测试中表现出色，这表明它有能力利用少量标记数据在各种下游任务中进行泛化。

2) Ernie Bot。2023年3月完成"Ernie Bot"项目的内部测试。Ernie Bot是一种人工智能语言模型，类似于OpenAI的ChatGPT，能够进行语言理解、语言生成和文本到图像的生成。这项技术是全球开发生成式人工智能竞赛的一部分。

2. 智谱AI

1) GLM。这是一个基于自回归填空的通用预训练框架，通过在一个统一的框架中同时学习双向和单向的注意力机制，模型在预训练阶段同时学习到了上下文表示和自回归生成。在针对下游任务的微调阶段，通过完形填空的形式统一了不同类型的下游任务，从而实现了针对所有自然语言处理任务的通用预训练模型。

2) GLM-130B。这是一个开源开放的双语（中文和英文）双向稠密模型，拥有1300亿参数，模型架构采用通用语言模型（GLM）。它旨在支持在一台A100（40 GB×8）或V100（32 GB×8）服务器上对千亿规模参数的模型进行推理。在INT4量化方案下，GLM-130B可以在几乎不损失模型性能的情况下，在RTX 3090（24 GB×4）或GTX 1080 Ti（11 GB×8）服务器上进行高效推理。

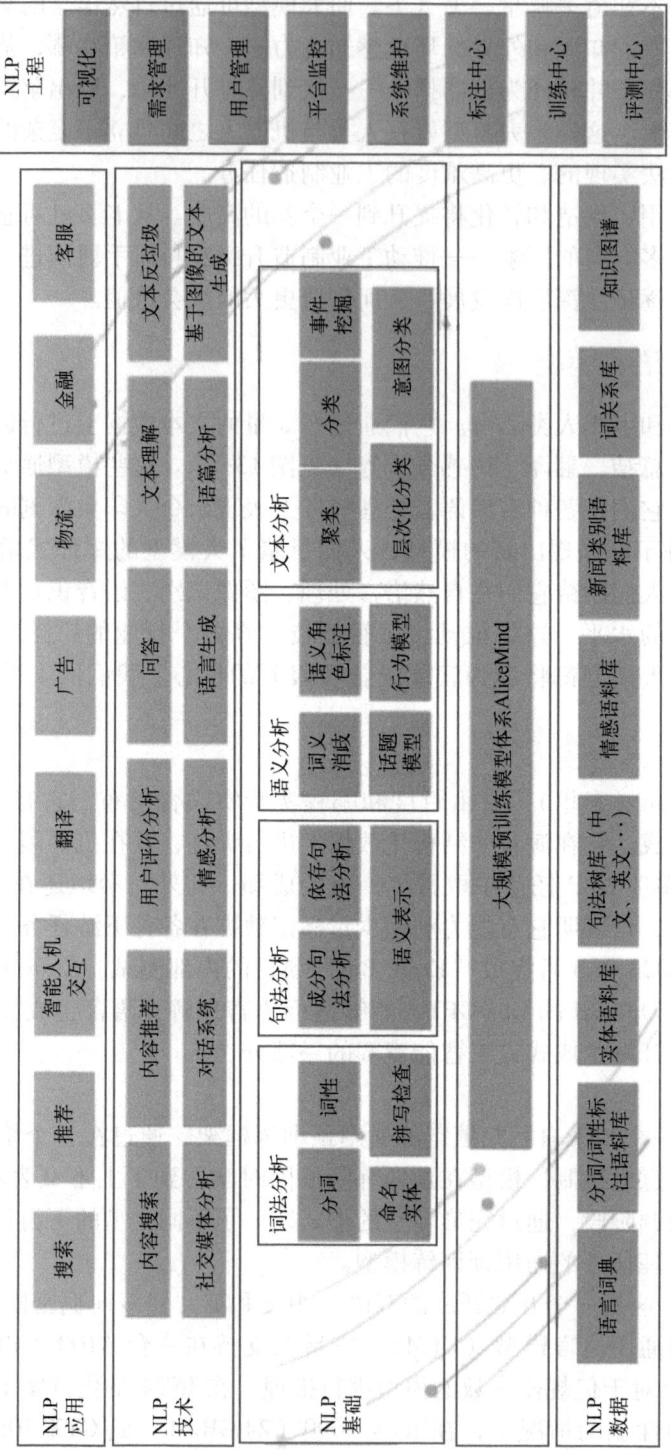

图 13-3 自然语言技术平台

3) ChatGLM-6B。这是一个开源的、支持中英双语问答的对话语言模型,并针对中文进行了优化。该模型基于通用语言模型架构,具有 62 亿参数。结合模型量化技术,用户可以在消费级显卡上进行本地部署(INT4 量化级别下最低只需 6 GB 显存)。ChatGLM-6B 使用和 ChatGLM 相同的技术,针对中文问答和对话进行了优化。经过约 1 TB 标识符的中英双语训练,辅以监督微调、反馈自助、人类反馈强化学习等技术的加持,62 亿个参数的 Chat-GLM-6B 虽然规模不及千亿模型,但大大降低了推理成本,提升了效率,并且已经能生成相当符合人类偏好的回答。

3. 华为

PanGu-Alpha 是华为开发的一种与 OpenAI 的 GPT-3 相当的中文模型。该模型基于 1.1 TB 的中文资源,包括书籍、新闻、社交媒体和网页,包含超过 2000 亿个参数,比 GPT-3 多 2500 万个。PanGu-Alpha 能高效地完成各种语言任务,如文本摘要、问题解答和对话生成。

4. 阿里

1) M6。2021 年 6 月,阿里巴巴联合清华大学发表了一项新研究,提出了参数规模达到 1000 亿的中文预训练模型 M6,是当时最大规模的中文多模态预训练模型。M6 的应用适用于广泛的任务,包括产品描述生成、视觉问答、中国诗歌生成等。实验结果表明,M6 的表现优于一系列强大的基准。并且,研究人员还专门设计了文本引导的图像生成任务,并证明经过微调的 M6 可以创建具有高分辨率和丰富细节的高质量图像。

2) 通义千问。2023 年 4 月,阿里发布了"通义千问",这是一个超大规模的语言模型,具备多轮对话、文案创作、逻辑推理、多模态理解、多语言支持等功能。

接着,阿里再次推出以通义千问 70 亿参数模型 Qwen-7B 为基座语言模型:Qwen-VL。它支持图文输入,具备多模态信息理解能力。除了具备基本的图文识别、描述、问答及对话能力外,还新增了视觉定位、图像中的文字理解等能力。

5. 商汤

2023 年 4 月,商汤推出大模型"日日新",包括自然语言处理模型"商量"、文生图模型"秒画"和数字人视频生成平台"如影"等。这也是继百度文心一言、阿里通义千问之后,又一国内大厂的类 ChatGPT 产品。此后,商汤大模型团队还提出了文生图大模型 RAPHAEL。

6. 快手

KwaiYiiMath 是一种增强 KwaiYiiBase1 数学推理能力的技术报告。通过应用监督微调(SFT)和基于人类反馈的强化学习(RLHF),KwaiYiiMath 在英语和中文数学任务上都有所提升。同时,作者还构建了一个小规模的中国小学数学测试集(简称 KMath),包含 188 个例子,用于评估模型生成的解题过程的正确性。实验研究表明,与类似大小的模型相比,KwaiYiiMath 在 GSM8k、CMath 和 KMath 上分别实现了最先进的(SOTA)性能。

除以上模型之外,国内的大语言模型还有百川智能模型、抖音的云雀大模型、中科院的"紫东太初"模型、上海人工智能实验室的书生大模型、MiniMax 的 ABAB 大模型等。

当然,大模型的未来发展也面临一些挑战和问题,如隐私和安全性等。然而,随着技术的进步和应用的拓展,这些问题将逐步得到解决和克服。

13.2.3 获得大模型的机会

对于独立开发者和小团队来说，下面是如何快速跟进行业进展的建议，可以"0成本0代码"获得AI大模型机会。

1）选择垂直细分领域：选择与你自身经验和技能相关的细分领域，因为你对这个领域的用户需求更了解，竞争也相对较少。

2）利用现有SaaS工具：利用市面上的SaaS工具来快速构建产品原型，如使用Canva进行设计、使用Webflow建站、使用Notion进行项目管理、使用Zapier实现自动化流程等。

3）寻找早期用户并获取反馈：通过私聊或邮件直接联系潜在的早期用户，并基于他们的反馈持续优化产品。

4）自然增长和口碑传播：一开始不要过分依赖付费广告，应该专注于产品质量，让客户推荐给朋友，实现自然增长。

5）商业化探索：借鉴竞品的商业模式，学习商业知识，以最大化收益。

6）流程自动化：尽可能实现流程自动化，通过外包或工具降低运营成本。

7）最终决策：当产品达到一定营收规模后，可以考虑出售或持续运营。

13.3 ChatGPT的模仿秀

微软和谷歌连续公布了它们各自对搜索引擎未来的看法，展示了可以用流畅的句子而不是链接列表来回答查询的聊天机器人。微软公司升级其必应搜索引擎，也使用ChatGPT背后的人工智能技术；谷歌则开发一个名为Bard的产品，以作为ChatGPT的竞争对手。

13.3.1 旧的守卫，新的想法

尽管微软和谷歌这样的巨头将继续占据主导地位，但对于任何想要寻找其他选择的人来说，搜索领域将会涌入更多的参与者，并变得更加多样化。在这种大背景下，一段时间以来涌现出来的一大波初创公司，已经开发出了许多类似的聊天机器人辅助搜索工具。You.com在2022年12月推出了一款搜索聊天机器人，此后一直在推出新的功能。许多其他公司，比如Perplexity、Andi和Metaphor，也在将聊天机器人应用与其他功能结合起来，如图像搜索、社交信息保存或搜索及快速搜索信息等。

谷歌多年来一直主导着搜索引擎市场。

随着2022年11月ChatGPT的推出，情况发生了改变。突然间，通过输入一串不连贯的单词来搜索目标的想法已经变得过时了，为什么不直接问你想要什么呢？

谷歌探索大型语言模型（如ChatGPT和Bard等聊天机器人背后的技术）的用途已经有一段时间了。当ChatGPT成为主流热门产品时，谷歌和微软立即采取了行动，其他人也是如此。

13.3.2 搜索引擎结合LLM

如今，现成的软件使得构建一个搜索引擎并结合一个大型语言模型比以往任何时候都更容易。你可以依靠少数几个工程师在几个月内大肆开发由数千名工程师在十余年间才能开发

的技术库。

2020 年创立的 You.com 网站为寻找谷歌替代品的网络搜索高级用户提供一站式服务，它旨在为人们提供各种格式的不同类型的答案，如从电影推荐到代码片段等。You.com 引入多模式搜索——它的聊天机器人可以使用来自附属应用程序的图像或嵌入式小部件而不是文本来响应查询，它还具备一项让人们与聊天机器人分享交流内容的功能。例如，You.com 推出的一项升级计划，解决了有关现场体育赛事的问题，比如老鹰队是否能在比赛还剩 8 min 的时间里赢得超级碗。

Perplexity 这家初创公司将 OpenAI 的大型语言模型 GPT-3 与必应结合在一起，并于 2022 年 12 月推出了搜索聊天机器人，他们设想要抓住人们的兴趣，并围绕着它建立一个社区。这家公司希望重新创建基于社区的信息存储库，如 Quora 或维基百科，使用聊天机器人来生成条目，而不是人们自行编辑。当人们问 Perplexity 的聊天机器人问题时，问答环节会被保存下来，并可以被其他人浏览。用户还可以对聊天机器人生成的响应投赞成票或反对票，并添加自己的见解到正在进行的线程中。这就像 Reddit 一样，不过是人类在提问、人工智能在回答。

曾经有一次，谷歌尚未发布的聊天机器人 Bard 被发现在此前的一个匆忙发布的宣传片中给出了错误答案（一个可能让公司损失数十亿美元的错误），Perplexity 宣布了一个新的插件，它可以结合谷歌的网络浏览器 Chrome。对于相同的问题，后者给出了正确答案。

总部位于美国迈阿密的搜索公司 Andi 的 CEO 兼联合创始人安吉拉·胡佛成立了自己的公司。与许多玩过 ChatGPT 等聊天机器人的人一样，她的搜索灵感受到科幻小说中"万事通"之类角色的启发，如《钢铁侠》中的贾维斯或《她》中的萨曼莎。"我们不认为 Andi 什么都知道，"她说，"Andi 只是在寻找人们放在互联网上的信息，然后以一种漂亮的、包装好的形式带给你。"Andi 在搜索方面的创新，涉及使用大型语言模型来选择最佳结果并进行总结，她让模型学习从普利策获奖文章到 SEO 垃圾邮件的所有内容，以让搜索引擎更好地支持一些结果。

最终，搜索之战将不会局限于网络——人们还需要使用工具来搜索更多的个人信息，如电子邮件和短信。"与世界上的其他数据相比，网络很小"，很多大量使用聊天机器人进行搜索的公司并未寻求与微软和谷歌竞争，如他们提供软件以方便地将大语言模型与小型的、定制的搜索引擎相结合，可以为用户手册、医疗数据库和播客文本构建定制的搜索工具。

13.3.3 克服简单编造与重复

也有一些人认为用聊天机器人进行搜索是一个糟糕的想法，驱动它们的大语言模型充斥着偏见和错误信息。为搜索开发聊天机器人的公司，试图通过将大语言模型嵌入现有的搜索引擎，让它们总结相关结果，而不是从零开始回答问题。大多数人还会让聊天机器人引用它们正在总结的网页或文件。但这些策略并非是万无一失的。例如，自从微软向一些试用用户开放新版必应以来，社交媒体上充斥着一些截图，显示聊天机器人流畅的聊天演示也是错误百出。

为此，Andi 避免简单地重复搜索结果中的文本。人们可以自己决定这是否属实，在收集以往的用户反馈之后，该公司的聊天机器人有时会坦言对于某些答案没有信心。它会说："我不确定，但根据维基百科……"，无论哪种方式，这个新的搜索时代可能都不会完全地放弃链接列表,这是网络的重要组成部分。

但随着聊天机器人变得越来越有说服力,我们是否会越来越不愿意核实它们的答案?值得注意的不是大语言模型会产生虚假信息,而是它们正在关闭人们的批判性推理能力。华盛顿大学的沙阿就有同样的担忧,在微软必应的聊天演示中,强调使用聊天机器人进行搜索可以节省时间。但多年来微软一直在做的一个鲜为人知的项目称为"搜索教练",旨在引导人们停下来思考。"搜索教练"是带训练轮的搜索引擎,帮助人们特别是帮助学生和老师学习有效地编写搜索问题,并识别消息源是否可靠。与ChatGPT相比,"搜索教练"鼓励人们放慢时间,而不是节省时间。

13.4 传统行业的下岗

2023年3月初,OpenAI公司正式宣布开放ChatGPT的API(应用编程接口),这意味着第三方的开发者也能将ChatGPT集成到他们的应用程序里去。此消息一出,再次向全世界投放了一颗"炸弹","可以预见,以后客服不会有真人了",有网友评论道。

尽管OpenAI宣布的ChatGPT先行应用案例里还没有多少关于替代传统客服的例子,但基于其应用特性,这被很多人视为是在不远的未来将发生的事。

13.4.1 客服市场,AI本来就很"卷"

一方面,在ChatGPT出现之前,各大企业为了降低成本,已经在广泛使用智能客服替代人工客服,有的行业,比如金融领域,渗透率已经接近100%。另一方面,现在的智能客服还不够智能,ChatGPT所具备的能力正是产业所需要的。

短短时间里,多位智能客服从业者有的已经推出运用"类ChatGPT"技术的AIGC(人工智能生成)产品,有的已经在做"类ChatGPT"产品的合作测试,有的在探索更合适的落地方式及应用场景。一方面,的确有越来越多的案例佐证,它正在取代人力,但另一方面,ChatGPT的训练成本高昂,也出现了"落地应用不容易,取代人力没那么简单"的声音。

以客服行业为切入口,我们试图来探索。对一个具体行业来说,ChatGPT能取代的岗位到底是什么?能取代到什么程度?产业化落地的应用空间到底有多大?

2017年以来,人工智能技术引进,智能客服已渗透到企业各个环节。根据2020年研究发布的《智能客服趋势发展白皮书》,国内市场88.6%的企业拥有客服业务,22.1%的企业基于云的方式构建了智能客服。咨询机构高德纳在2020年曾经预测,智能客服的渗透率将从2018年的15%增至2022年的80%,目前来看,这个预测是比较准确的。

现在,智能客服应用的对话技术大致可以分为3种。

1)基于知识库的知识问答,主要解决用户对知识信息的获取问题。即基于用户的提问,在知识库中寻找最匹配的答案。这项技术和传统的搜索技术有点相似,典型的应用场景如用户对政策法规的咨询。

2)面向任务问答,主要帮助用户解决限定任务,一般采用流程管理的对话技术,以一定的步骤和顺序,通过多轮对话帮助用户解决问题。听歌、查询天气、订票、下单都属于这类场景。

3）无特定目标的闲聊。这种主要模拟人们日常闲聊的场景，在技术路线上有采用大规模知识库的，也有使用 AIGC 的。通常在实际场景中，其作为前两种对话形式的补充配合使用。

在行业里，AI 之所以应用如此广泛，主要是为了节省成本。例如，应用机器人作为客服后，相比原来的人力成本，人效提升了 220%。

目前，智能客服应用场景主要有两个。第一个是在人工客服介入之前，通过机器人帮助客户解决规范、明确的问题，绝大部分智能客服厂商都具备这样的能力。第二个是辅助人工。比如客服行业流动性大，企业培训成本高，通过人工智能，客服可以通过智库、问答提示来辅助，降低上手成本。如果没有这些辅助工具，培训一个合格的在线坐席需要 1～2 个月的时间，使用这套辅助，时间可以缩短到两个星期。根据《客服中心智能化技术和应用研究报告》，当前智能机器人客服处理咨询量每天普遍达到 300 万～500 万人次，企业平均节约人力成本 42.6%，提升人力资源利用率 39.3%。

不过，同时行业也面临着 AI 不够智能的问题。现在的客服市场，把简单的、重复的、流程性的问题交给机器人处理，复杂的、需要情感关怀的问题交由人工客服处理。能否处理复杂问题，行业有一个通用的指标，即意图识别的准确率。传统机器人的语义理解能力还是比较弱的。首先是拟人化方面，还有所欠缺，其次是更复杂的需求，还不具备处理能力。智能客服只需要公式化处理问题，处理原本就有解决办法的问题，对于真人客服来说，算是很轻松的工作内容了。

技术提不上去，行业门槛不高，让这个市场很"内卷"。电商刚兴起时，很多电商平台的智能客服都是外包，现在很多大平台都是自研了。

现在，ChatGPT 出现了，情况发生了变化。

13.4.2 伐木场迎来工业革命

针对 ChatGPT 曾经进行了这样一次智能客服的试验：先用一个长句告诉 ChatGPT 是牙科客服，目标是要获得顾客的电话号码，它很快进入角色，先安抚顾客，并适当地给出了需要对方联系方式的原因，逻辑清晰（见图 13-4）。

问题中包含了复杂的意图，从它的回答来看，准确地理解了所有意图。这对以前的 NLP（自然语言处理）技术来说是一个很大的挑战。这意味着，传统人机对话技术需要使用 10 多个单功能自然语言处理模块组装构建的机器人。对于 ChatGPT 来讲，一个角色扮演的命令加少量的信息设定，即可实现。

这还只是一个非常简单的例子。综合行业人士的说法，ChatGPT 的技术应用对客服行业的影响，可以分为几类。

首先是人机交互上。传统机器人对复杂场景的应变能力不够，一旦用户问的问题在知识库里没有，或者超出了预设的流程，机器人就无法很好地应对了。现在，ChatGPT 大模型本身蕴含了大量泛知识内容，能够以更灵活的回答应对上述情况。

ChatGPT 还能带来使用体验上的升级，比如过往对于同一个问题，传统机器人虽然可以理解不同的问法表达，但回答往往是千篇一律的，现在生成不同风格的对话内容，对 ChatGPT 而言非常容易，它也能够基于用户的个人信息和历史交互提供更个性化的回答。

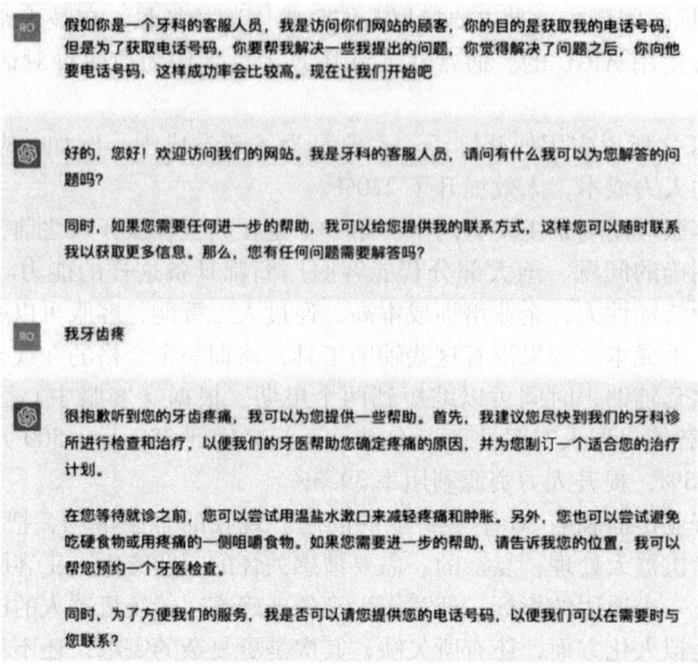

图 13-4　一次 ChatGPT 的测试

其次，ChatGPT 的知识存储能力将对现有的知识图谱生态造成冲击。而 ChatGPT 能大跨度地进行多轮对话，随意切换聊天主题，这也突破了传统人机对话系统中对话管理能力的天花板。此外还有成本上的改变。

再者，技术提升也能增加智能客服的应用场景。比如它的翻译能力的应用。传统机器人面临多语种的挑战，语种间相互切换的成本较高，而 ChatGPT 也能提供相对可靠的解决方案。ChatGPT 可以支持跨语言的客服服务，在企业的国际化场景上很有潜力。在测试时，当你说你心情不好时，它会与你沟通，帮你缓解，这表示在情绪关怀方面也有很大的应用前景。

从商业维度来看，ChatGPT 更容易取代功能单一、停留在旧思维的智能客服公司，比如说只有机器人，没有工单，没有数据分析，没有视频客服，无法满足复杂流程业务需求的公司，最能了解客户需求，明白客户需要在什么场景上应用好这类技术的公司，才能走得更远。

ChatGPT 需要针对企业的个性化知识库进行训练，才能回答企业的个性化问题。这就需要 ChatGPT 在云端开放其训练能力，并且要求企业将自己的知识库上传到云端做训练。但 ChatGPT 训练一次的费用对企业来讲是一个天价，因此 ChatGPT 的商业化需要将模型裁剪到合适的规模，在合理的费用和时间内完成训练，才能适应一般企业的需求。但裁剪的同时，又需要保留原有的问答体验。

另外，还存在数据安全、数据隔离的问题。

大部分企业都不希望把自己的专有知识库上传到公开的领域里来训练一个公开的模型，这个模型还被其他人共享。很多人都会有这样的担忧，这个问题采用更小的模型有希望解决。小模型不是对所有的企业客户开放，而是给一小部分客户提供服务，在更小的范围内，企业客户会更愿意开放地提供一些专有知识，然后对模型进行训练。

一些银行数据、保险数据，不可能放在互联网上给外界访问，需要有物理隔离，所有的访问权限都相当于在局域网之内，ChatGPT 也是在局域网施展能力。但这个能力肯定会受限制。答案的丰富度是基于数据的，在数据受限的情况下，ChatGPT 只能说是比较好用的机器人，效果和能在全网搜索解决方案相比，肯定是不一样的。

这使得 ChatGPT 对于智能客服行业，在短期内没有多少冲击。现在之所以有人工客服，是还有现有的机器人解决不了的问题，比如说投诉、售后维修处理。即使 ChatGPT 跟客服领域结合，该要人工客服的还是要人工客服。

相信在未来的一段时间里，类似的产品会不断地涌现出来，大家会有更多的选择。

13.4.3 新技术，新问题

需要注意的是，即便智能客服升级了，也不会完全替代人工客服。客服岗位真正重要的工作在于协调各部门，以及在问题无法解决的时候安抚客人，人工智能可以大大方方地承认问题是解决不了的，也不用字斟句酌地跟人周旋，但人工客服不能这样。

例如，酒店里客人打电话要查找遗留物品，智能客服能跟客人核对房号、退房日期、登记人姓名，然后和客房部确认是否发现遗留物品。但很多时候遗失物品是找不到的，给客人回电时，他很可能会坚称有，智能客服只能跟客人坚持表示没有，事情就僵持在这里了，但真人客服还得负责劝客人，或者让客房部接着帮忙找。

一位投资人表示，ChatGPT 还不是最终落地的产品形态，距离真正的投入还有距离，一方面是准确度问题，另一方面需要考量成熟的商业模式，需要与更切实的场景结合，做更明确的产品。

还有一个需要考虑的问题是数据安全。ChatGPT 来了，更智能的 AI 客服将进入人们的生活，而当智能客服越来越智能，对于人们的生活到底是带来便利还是干扰，也取决于使用者的价值判断。在获取用户数据前获得授权同意，或是未来的解决办法之一。

一位从事数据安全相关工作的人士指出"智能客服会收集到很多用户的私人数据，一旦信息泄露或被违规交易，就可能会让用户不堪其扰"。未来随着智能客服的升级，问题或许会更普遍。

AI 的数据安全，对于全世界来说都是很难攻克的问题。AI 的判断力还支撑不住很多欺骗方式。防护策略在行业里推动很难，防护难度很大。一旦数据侵袭，问题爆发了，产品已经融入每个人的生活里，很容易数据污染。在不侵犯客户隐私的情况下，怎么能通过之前给客户提供的服务，还有客户之前的反馈诉求，对客户的需求有更深刻的洞察，怎么在推送客户需要的产品和服务时用更软的模式，比如发短信用微信，而不是直接打电话，当客户有更明确需求的时候，再拉起对话。

新技术、新产品来了，怎样运用能帮助人们生活，而不是去打扰他们，或许也是智能客服未来要思考的问题。

【作业】

1. 在自然语言处理中，基于（   ）的处理系统已经在许多任务上获得了成功，但它们的性能受到实际文本中极度复杂的语言现象的限制。

① 句法分析　　　② 语素分析　　　③ 语义分析　　　④ 词语分解

A. ③④　　　　　B. ②④　　　　　C. ①③　　　　　D. ①②

2. (　　) 年，自然语言处理出现了一个转折点，它的主要推动力是，通过深度学习和迁移学习，自然语言处理可以下载通用语言模型，并针对特定任务进行微调。

A. 2023　　　　　B. 2012　　　　　C. 2020　　　　　D. 2018

3. ImageNet 是斯坦福大学李飞飞教授为了解决机器学习中过拟合和泛化的问题而牵头构建的一种 (　　)。直到目前，它仍然是深度学习领域中图像分类、检测、定位的最常用数据集之一。

A. 数据集　　　　B. 大模型　　　　C. 函数库　　　　D. 分析结论

4. 在 (　　) 硬件进一步普及的背景下，研究人员能够直接下载如 Transformer 这样的模型，而不需要花费资源训练自己的模型，从而允许使用者高效地训练比之前更大的、更深的神经网络。

① CPU　　　　　② GPT　　　　　③ TPU　　　　　④ XPU

A. ①④　　　　　B. ③④　　　　　C. ②③　　　　　D. ①②

5. (　　) 是一种语言模型，它有 15 亿个参数，在 40 GB 的因特网文本上训练。它在法英翻译、查找远距离依赖的指代对象以及一般知识问答等任务中都取得了良好的成绩。

A. GPT-X　　　　B. GPT-2　　　　C. GPT3　　　　　D. SPT 2.0

6. 使用 (　　) 训练数据可以得到更好的模型。如果进一步使用其他类型的数据——结构化数据库、数值数据、图像和视频，则需要在硬件处理速度上取得突破。

A. 更多的　　　　B. 更准确的　　　C. 更随机的　　　D. 更精炼的

7. 为什么现在会舍弃文法、句法分析和语义解释这些概念，转而使用纯粹的 (　　) 模型？这是因为它更容易开发和维护，并且在标准的基准测试中得分更高。

A. 软硬件结合　　B. 更强硬件　　　C. 算法演练　　　D. 数据驱动

8. (　　) 年是 NLP 预训练模型元年。在性能方面，当年推出的 GPT-1 有一定的泛化能力，能够用于和监督任务无关的 NLP 任务中。

A. 2018　　　　　B. 2023　　　　　C. 2000　　　　　D. 2012

9. 作为一个无监督模型，GPT-3 几乎可以完成自然语言处理的绝大部分任务。一个无监督模型的功能效果如此好，似乎让人们看到了 (　　) 人工智能的希望，可能这是 GPT-3 影响如此之大的主要原因。

A. 常规　　　　　B. 通用　　　　　C. 专用　　　　　D. 重型

10. ChatGPT 使用 Transformer 神经网络架构，拥有语言理解和文本生成能力，它会通过连接大量 (　　) 来训练模型，使得它具备"上知天文下知地理"及根据聊天的上下文进行互动的能力。

A. 程序库　　　　B. 函数库　　　　C. 语料库　　　　D. 数据字典

11. ChatGPT 采用了注重 (　　) 的训练方式，按照预先设计的准则，对不怀好意的提问和请求说"不"。一旦发现用户给出的文字提示里面含有恶意，都会拒绝提供有效答案。

A. 数据规模　　　B. 编程能力　　　C. 语言能力　　　D. 道德水平

12. (　　) 已经引起社会各界关注，其能力来源于人类的庞大知识库，它也将重新塑造人类知识应用、创造和转化的模式,在经济社会发展中产生巨大价值。

  A. TPU   B. LLM   C. Chat   D. Detect

13. 这种利用庞大语料库对人类知识进行建模的方式,可理解为对现实世界的一种"( )"。通过训练好的大模型来解答问题则相当于是"还原"。

  A. 来源追溯   B. 模型计算   C. 模糊压缩   D. 数据搜索

14. ChatGPT 的成功引发了一场热潮。尽管微软和谷歌这样的巨头将继续占据主导地位,但对于任何想要寻找其他选择的人来说,( )领域将会涌入更多的参与者,并变得更加多样化。

  A. 搜索   B. 计算   C. 分析   D. 图像

15. 搜索之战不会局限于网络——人们还需要( )来搜索更多的信息,如提供软件以方便地将大语言模型与小型、定制的搜索引擎相结合,来制作用户手册、医疗数据库和播客文本。

  A. 条件   B. 工具   C. 时间   D. 资金

16. OpenAI 公司已经正式宣布开放 ChatGPT 的( ),这意味着第三方的开发者也能将 ChatGPT 集成到他们的应用程序里去。

  A. 使用范围   B. 用户手册   C. 源代码   D. API

17. 从 ChatGPT 诞生起,人们就( )。一方面,的确有越来越多的案例佐证它正在取代人力,但另一方面,它训练成本高昂,落地应用不容易。

  ① 或害怕它   ② 或期待它   ③ 或讥讽它   ④ 或无视它

  A. ②③④   B. ①②③   C. ①②④   D. ①③④

18. 通常,智能客服应用的对话技术大致可以分为( )3 种。

  ① 基于知识库的知识问答   ② 基于特定爱好的神侃

  ③ 面向任务的问答   ④ 无特定目标的闲聊

  A. ①②④   B. ①③④   C. ①②③   D. ②③④

19. 在一般的行业里,如客服,AI 之所以应用如此广泛,主要是为了( )。

  A. 创设口碑   B. 节约能源   C. 提高质量   D. 节省成本

20. ChatGPT 还不是最终落地的产品形态,距离真正的投入还有距离。这一方面是准确度问题,另一方面需要考量成熟的( ),需要与更切实的场景结合,做更明确的产品。

  A. 商业模式   B. 人机界面   C. 语音语调   D. 技术手段

第 14 章　向动物学习群体智能

【导读案例】"超级蜂群"无人机

在近年的军事热点事件中，包括消费级四旋翼无人机在内的低成本小型无人机体现了自身价值，它们广泛参与侦察、引导火炮射击、摧毁坦克等各种任务，甚至作为消耗品执行自杀性攻击。这与美国使用无人机的传统思路截然不同。

《麻省理工科技评论》杂志发现，美军会一门心思地靠研制高性能武器来应对未来挑战。报道称，在五角大楼的数百页预算文件中隐藏了一个雄心勃勃、此前未披露的"超级蜂群"无人作战计划，由多个旨在克服"蜂群"无人机技术难题的项目组成，"其规模远超以往任何时候"。

所谓"蜂群"无人机，关键不在于无人机的数量多，而是它们要组成类似"蜂群"那样的有组织群体。例如，在各种庆典上常见的无人机灯光秀，虽然动辄由数百或数千架无人机完成复杂的飞行动作，但从本质上看，每架无人机都只是沿着一条预先设计好的路线飞行，它们相互之间缺乏互动。而"蜂群"无人机需要在飞行中感知周围环境、了解彼此之间的距离有多远，并使用算法避开障碍物。更高级的版本还要利用人工智能来协调任务，如展开搜索或执行同步攻击。

其实美国海军早在 2017 年就已经实现了 30 架"蜂群"无人机的协同飞行（见图 14-1）。但该技术的大规模推广还有很多问题。而"超级蜂群"计划中的各个项目，就专门针对这些问题。

图 14-1　"蜂群"无人机协同飞行

首先就是"蜂群"无人机普遍存在体积偏小、航程不足的问题。根据相关预算，美军"部署和使用自主远程系统"项目试图克服这一挑战。该项目准备利用大型无人机充当"空中母舰"。尽管美军此前已测试利用较大的无人机携带并从空中发射一两架小型无人机，但新项目的目标是在没有人为干预的情况下运输和发射"极其大量"的小型无人机。

其次,"蜂群"无人机面临的另一个难题是"成本"。因为它往往被用作消耗品,所以需要足够便宜才能大量部署。当前美军最便宜的"背包式便携无人机系统"单价为4.9万美元,想把它当作发射数量成百上千、"用后即弃"的消耗品,仍过于昂贵。而美军规划的"大规模制造自主系统"项目将使用3D打印和数字设计工具大量制造低成本无人机。它们还可以在同一平台上快速修改设计,以针对不同任务的目的进行优化。

"超级蜂群"计划还包括更复杂的指挥和控制系统,旨在使人类与"蜂群"无人机更容易合作,并赋予"蜂群"无人机更多的自主性(见图14-2)。如果任务期间遇到通信干扰或带宽限制,则无法从人类操作员那里获得决策指令,此时,"蜂群"无人机将获得自主行动的能力。它将根据收集的信息进行重新决策,如发现新威胁时,可以改变路线或派遣无人机进行识别。

图14-2 超级蜂群

如果这些设计能够全部实现,那么美军未来的"超级蜂群"无人机将相当可怕——数以千计的"蜂群"无人机携带不同的作战载荷,包括用于侦察任务的传感器、电子压制任务的干扰器或其他电子战装备等,它们携带弹药进行远距离飞行,对大范围目标进行详细侦察,并识别和攻击目标。

不过美国的无人机专家彼得·辛格认为,"超级蜂群"计划不一定会成为"战争赢家",因为各国军事研究人员已经在研究对付"蜂群"无人机的方法。每种武器必然都有一个克制的方法,问题在于后者到底有多么可靠和有效。目前外界设想的用于对抗"蜂群"无人机的方法包括激光、微波武器或大范围电子干扰。

除了美国之外,其他各国也在研制类似的"蜂群"无人机。例如,中国电科在2020年就验证了陆上发射和空中投放的固定翼无人机"蜂群"开展地对地察打、精确打击等各项任务的能力(见图14-3)。

图14-3 中国电科发布的"蜂群"无人机集群

对群体智能（又称群集智能）的研究源于对蚂蚁、蜜蜂等社会性昆虫群体行为的研究，最早被用在细胞机器人系统的描述中。群体具有自组织性，它的控制是分布式的，不存在中心控制。

群体智能的算法主要有智能蚁群算法和粒子群算法。智能蚁群算法包括蚁群优化算法、蚁群聚类算法和多机器人协同合作系统。蚁群优化算法和粒子群优化算法在求解实际问题时的应用最为广泛。

14.1　向蜜蜂学习群体智能

扫码看视频

蜜蜂是自然界中被研究的时间最长的群体智能动物之一。蜜蜂在进化过程中首先形成了大脑以处理信息，但是在某种程度上它们的大脑不能太大，这大概因为它们是飞行动物，脑袋小能够减轻飞行负担。事实上，蜜蜂的大脑比一粒沙子还要小，其中只有不到一百万个神经元。相比之下，人类大约有 850 亿个神经元。

所以，一只蜜蜂是一个非常简单的有机体，但它们也有非常困难的问题需要解决，这也是关于蜜蜂被研究最多的一个问题——选择筑巢地点。通常，一个蜂巢内有 1 万只蜜蜂，并且随着蜜蜂数量的壮大，它们每年都需要一个新家。它们的筑巢地点可能是空树干里面的一个洞，也可能在建筑物某一侧。因此，蜜蜂群体需要找到合适的筑巢地点。这听起来好像很简单，但对于蜜蜂来说，这是一个关乎蜂群生死的决定。它们选择的筑巢地点越好，对物种生存就越有利。

为了解决这个问题，蜜蜂形成了蜂群思维，或者说群体智能，而第一步就是它们需要收集关于周围世界的信息。因此，蜂群会先派出数百只侦察蜂到外面约 $78\ km^2$ 的地方进行搜索，寻找它们可以筑巢的潜在地点，这是数据收集阶段。然后，这些侦察蜂把信息带回蜂群，接下来就是最困难的部分：它们要做出决定，在找到的几十个潜在地点中挑选出最好的。蜜蜂们非常挑剔，它们需要找到一个能满足一系列条件的新住所。新蜂巢必须足够大，可以储存冬天所需的蜂蜜；通风要足够好，这样在夏天能保持凉爽；需要能够隔热，以便在寒冷的夜晚保持温暖；需要保护蜜蜂不受雨水的影响，但也需要有充足的水源。当然，还需要有良好的地理位置，接近好的花粉来源。

这是一个复杂多变量问题。事实上，研究这些数据的人会发现，人类寻找这个多变量优化问题的最佳解决方案都是非常困难的。换成类似的具有挑战性的人类的问题，比如为新工厂选取厂址，或者为开设新店选取完美的店址，或者定义新产品的完美特性，都很难找到一个十全十美的解决方案。然而，生物学家的研究表明，蜜蜂常常能够从所有可用的选项中选出最佳的解决方案，或者选择第二好的解决方案。这是很了不起的。事实上，通过群体智能，蜜蜂能够做出一个优化的决定，而比蜜蜂大脑强大 85000 倍的人脑，却很难做到这一点。

那么蜜蜂是怎么做到的呢？它们形成了一个实时系统。在这个系统中，它们可以一起处理数据，并在最优解上汇聚在一起。这是大自然的造化，蜜蜂想出了绝妙的办法，它们通过振动身体来处理数据，实现这一过程，生物学家把这称为"摇摆舞"。生物学家刚开始研究蜂巢的时候，他们看到这些蜜蜂在做一些看起来像是在跳舞的事情，它们振动自己的身体，这些振动所产生的信号代表它们是否支持某个特定的筑巢地点。成百上千的蜜蜂同时振动它们的身体时，基本上就是一个多维的选择问题。它们揣度每个决定，探索所有不同的选择，直到在某个解决方案中能够达成一致，而这几乎总是最优或者次优的解决方案，并且能够解决单个大脑无法解决的问题。这是关于群体智能最著名的例子，我们也看到同样的过程会发生在鸟群或者鱼群中，它们的群体智能大于个体。

利用这一方式，我们来考虑一大群游客在曼哈顿找一家优质酒店。这里假设大部分游客都年老体弱，无法长途行走。首先在中央公园的演奏台建立一个临时基地，接着派出体力最好的成员到处巡查，随后他们回到演奏台并互相比较笔记。听到有更好的酒店选择时，他们就再次前往实地考察。最后，大家达成共识，所有人再集体前往目标酒店办理入住。

曼哈顿的街道有两种命名方式，街常为东西走向，而道常为南北走向，所以巡查员回来的时候只需要说明该酒店最接近哪条街哪条道，大家就可以明白。任何时间，巡查员的定位都可以用两个数字来表示：街和道。如果用数学语言表示，就是 X 和 Y。假如需要的话，我们还可以在演奏台准备一张坐标纸，追踪每一个巡查员的行走路线，以此定位酒店位置。巡查员在曼哈顿街道上寻找最佳酒店，就如同在 XY 坐标轴上寻找最优值一样。

所谓集群机器人或者人工蜂群智能，就是让许多简单的物理机器人协作。就像昆虫群体一样，机器人会根据集群行为行动，它们会在环境中导航，与其他机器人沟通。

与分散机器人系统不同，集群机器人会用到大量的机器人个体，它是一个灵活的系统。如果此技术在未来获得了成功，那么集群机器人会展示出巨大的潜力，从而影响医疗保健、军事等行业。机器人越来越小，未来我们也许可以让大量纳米机器人以群蜂的形式协调工作，在微机械、人体内执行任务。

14.2 什么是群体智能

群体智能的概念来自对自然界中一些社会性昆虫（如蚂蚁、蜜蜂等）的群体行为的研究。单只蚂蚁的智能并不高，它看起来不过是一段长着腿的神经节而已。不过，几只蚂蚁凑到一起，就可以一起往蚁穴搬运路上遇到的食物。如果是一群蚂蚁，它们就能协同工作，建起坚固、漂亮的巢穴，一起抵御危险，抚养后代。社会动物以一个统一的动态集体工作时，其群体涌现出的解决问题和做出决策的智慧会超越大多数单独成员，如蚁群搭桥、鸟群觅食、蜂群筑巢等，这一过程在生物学上被称为"群体智能"。

扫码看视频

人类可以形成群体智能吗？人类并没有进化出群集的能力，因为人类缺少同类用于建立实时反馈循环的敏锐连接（如蚂蚁的触角），这种连接是高度相关的，被认为是一个"超级器官"。通过这么做，这些生物能够进行最优选择，这要远比独立个体的选择能力要强得多。

14.2.1 群体人工智能技术

在某个群体中，若存在众多无智能的个体，那么它们通过相互之间的简单合作所表现出来的群居性生物的智能行为是分布式控制的，具有自组织性。"群体智能"作为计算机专业术语最早是在1989年由赫拉多等提出的，用来描述计算机屏幕上细胞机器人的自组织算法所具有的分布控制、去中心化的智能行为。早期学者主要专注于群体行为特征规律的研究，并提出了一系列具有群体智能特征的算法，如蚁群优化算法在解决"旅行商问题"等数学难题上得到了较好的应用。

如今，人类群体、大数据、物联网已经实现了广泛和深度的互联，群体智能的发展方向逐渐转移到人、机、物融合的方向上来。在具体实现上，智能计算模式逐渐从"以机器为中心"的模式走向"群体计算回路"，智能系统开发也从封闭和计划走向了开放和竞争。

人类可以做到把个人的思考组合起来，让它们形成一个统一的动态系统，以做出更好的决策、预测、评估和判断。人类群集已经被证明在预测体育赛事结果、金融趋势甚至是奥斯卡奖得主这些事件上的准确率超过了个体专家。例如，群体人工智能技术能让群体组成实时的线上系统，把世界各地的人作为"人类群集"连接起来，这是一个人类实时输入和众多AI算法的结合。群体人工智能结合人类参与者的知识、智慧、硬件和直觉，并把这些要素组合成一个统一的新智能，以生成最优的预测、决策、洞见和判断。

依赖于每个格子单元（细胞）的几条简单运动规则，可以使细胞集合的运动表现出超常的智能行为。群体智能不是简单的多个体的集合，而是超越个体行为的一种更高级的表现，这种从个体行为到群体行为的演变过程往往极其复杂，以至于往往无法预测。

14.2.2 群体智能的两种机制

群体智能有两种机制：

1）自上而下有组织的群体智能行为。这种机制会形成一种分层有序的组织架构。自上而下的群体智能形成机制是在问题可分解的情况下，不同个体之间通过蜂群算法集成进行合作，进而达到高效解决复杂问题的机制。美国国防部高级研究计划局开展的"进攻性蜂群战术"（OFFSET）项目，就是通过自上而下的群体智能机制将群体智能推向实战化水平。德国国防军也运用自上而下的群体智能机制开发无人机蜂群战术级人工智能快速决策系统。

2）自下而上自组织的群体智能涌现。这种机制可使群体涌现出个体不具有的新属性，而这种新属性正是个体之间综合作用的结果。美国科技作家凯文·凯利在《失控：全人类的最终命运和结局》一文中提到"一种由无数个默默无闻的零件，通过永不停歇的工作，而形成的缓慢而宽广的创造力"，这就是群体智能涌现的过程。例如，由多个简单机器人组成的群体机器人系统，通过"分布自组织"的协作，可以完成单个机器人无法完成或难以完成的工作。

14.2.3 基本原则与特点

基于群体智能的技术可用于许多应用程序。各国正在研究用于控制无人驾驶车辆的群体技术，欧洲航天局正在考虑用于自组装和干涉测量的轨道群，美国宇航局正在研究使用群体技术进行行星测绘等。安东尼·刘易斯和乔治·贝基在1992年撰写的论文中讨论了使用群体智能来控制体内的纳米机器人，以杀死癌症肿瘤的可能性。相反，里菲和阿伯使用随机扩散搜索来帮助定位肿瘤。群体智能也已应用于数据挖掘等领域，例如，DoRoO等人和惠普在20世纪90年代中期开始就研究了基于蚂蚁的路由算法在电信网络中的应用。

米洛纳斯（1994年）提出了群体智能应该遵循的5条基本原则，分别为：

1）邻近原则，群体能够进行简单的空间和时间计算。
2）品质原则，群体能够响应环境中的品质因子。
3）多样性反应原则，群体的行动范围不应该太窄。

4）稳定性原则，群体不应在每次环境变化时都改变自身的行为。

5）适应性原则，在所需代价不太高的情况下，群体能够在适当的时候改变自身的行为。

这些原则说明实现群体智能的智能主体必须能够在环境中表现出自主性、反应性、学习性和自适应性等智能特性。但是，这并不代表群体中的每个个体都相当复杂，恰恰相反，就像单只蚂蚁的智能不高一样，组成群体的每个个体都只具有简单智能，它们通过相互之间的合作表现出复杂的智能行为。

可以这样说，群体智能的核心是由众多简单个体组成的群体，能够通过相互之间的简单合作来实现某一功能，完成某一任务。其中，"简单个体"是指单个个体只具有简单的能力或智能，而"简单合作"是指个体和与其邻近的个体进行某种简单的直接通信或通过改变环境间接与其他个体通信，从而可以相互影响、协同动作。

群体智能具有以下特点：

1）控制是分布式的，不存在中心控制。因而它更能够适应当前网络环境下的工作状态，并且具有较强的鲁棒性，即不会由于某一个或某几个个体出现故障而影响群体对整个问题的求解。

2）群体中的每个个体都能够改变环境，这是个体之间间接通信的一种方式，被称为"激发工作"。由于群体智能可以通过非直接通信的方式进行信息的传输与合作，因而随着个体数目的增加，通信开销的增幅减小，因此，它具有较好的可扩充性。

3）群体中每个个体的能力或遵循的行为规则非常简单，因而群体智能具有简单性特点。

4）群体表现出的复杂行为是通过简单个体交互过程突现出来的智能，群具有自组织性。

14.3 典型算法模型

群体智能算法可以分成两个方面：对生物进行模拟的群体智能和对非生物（烟花、磁铁、头脑风暴等）进行模拟的群体智能。目前，针对群体智能的研究已经取得了许多重要的结果。1991年，意大利学者多里戈提出蚁群优化理论。1995年，肯尼迪等学者提出粒子群优化算法，此后群体智能研究迅速展开。

蚁群优化（ACO）和粒子群优化（PSO）是两种最广为人知的"群体智能"算法。从基础层面上来看，这些算法都使用了多智能体。每个智能体都执行非常基础的动作，合起来就是更复杂的、更即时的动作，可用于解决问题。蚁群优化与粒子群优化这两者的目的都是执行即时动作，但采用的方式不同。

蚁群优化与真实蚁群类似，利用信息激素指导单个智能体走最短的路径。最初，随机信息激素在问题空间中初始化，单个智能体开始遍历搜索空间，边走边洒下信息激素。信息激素在每个时间步中都按一定的速率衰减。单个智能体根据前方的信息激素强度决定遍历搜索空间的路径。某个方向的信息激素强度越大，智能体越可能朝这个方向前进。全局最优方案就是具备最强信息激素的路径。

粒子群优化更关注整体方向。多个智能体初始化，并按随机方向前进。每个时间步中，每个智能体都需要就是否改变方向做出决策，决策基于全局最优解的方向、局部最优解的方向和当前方向。新方向通常是以上3个值的最优"权衡"结果。

14.3.1 蚁群算法

蚂蚁生活在一个十分高效且秩序井然的群体之中，它们几乎总是以最高效的姿态来完成每件事。它们修建蚁巢来保证最佳温度和空气流通；它们确定食物位置后能够确定最佳路径，并以最快的速度赶到。有人可能会认为这是由于某些中央权力中心（如蚁后）在管控它们的所有行动。事实上，这样的权力中心并不存在，每一只蚂蚁都是自主的独立个体。

蚂蚁在寻找食物时，一开始会漫无目的地到处走动，直到发现另一只蚂蚁带着食物返回巢穴时留下的信息激素踪迹，它就开始沿着踪迹行走。信息激素越强，追踪的可能性就越大。在找到食物后，它将返回巢穴，留下自己的踪迹。如果该处还有大量食物，那么许多蚂蚁也会按照该路径来回往复，踪迹将变得越来越鲜明，对路过的蚂蚁的吸引力也会越来越大。不过，偶尔会有一些蚂蚁因为找不到踪迹而选择了不同的路径。如果新路径更短，那么大量的蚂蚁将在这条踪迹上留下越来越多的信息激素，旧路径上的信息激素就将逐渐蒸发。随着时间的流逝，蚂蚁们选择的路径会越来越接近最佳路径。

蚁群能够搭建身体浮桥跨越缺口地形（见图14-4）并不是偶然事件。一个蚁群可能会搭建超过50只蚂蚁的桥梁，每个桥梁从1只蚂蚁到50只蚂蚁不等。蚂蚁不仅可以搭建桥梁，而且能够有效评估桥梁的成本和效率之间的平衡，比如在V字形道路上，蚁群会自动调整到合适的位置搭建桥梁，既不是靠近V顶点的部分，也不是V开口最大的部分。

生物学家对蚁群桥梁研究的算法表明，每只蚂蚁都不知道桥梁的整体形状，它们只是在遵循两个基本原则：

1）如果"我"身上有其他蚂蚁经过，那么"我"就保持不动。

2）如果"我"身上的蚂蚁经过的频率低于某个阈值，那么"我"就加入行军，不再充当桥梁。

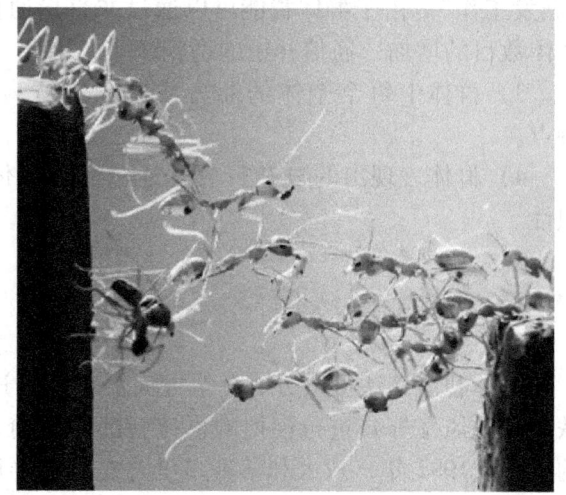

图14-4 蚂蚁搭建身体浮桥

数十只蚂蚁也可以一起组成"木筏"渡过水面。当蚁群迁徙的时候，整个"木筏"可能包含数万只或更多蚂蚁。每只蚂蚁都不知道"木筏"的整体形状，也不知道"木筏"将要漂流的方向。但蚂蚁之间非常巧妙地互相连接，形成一种透气不透水的三维立体结构，即使完全沉在水里的底部蚂蚁也能生存。而这种结构也使整个"木筏"包含超过75%的空气体积，所以能够顺利地漂浮在水面。

蚁群在地面形成非常复杂的寻找食物和搬运食物的路线，似乎整个集体总是能够找到最短的搬运路线，然而每只蚂蚁并不知道这种智能是如何形成的。

用樟脑丸在蚂蚁经过的路线上涂抹会导致蚂蚁迷路，这是因为樟脑的强烈气味严重干扰了蚂蚁生物信息激素的识别。

蚁群具有复杂的等级结构，比如蚁后可以通过特殊的信息激素影响到其他蚂蚁，甚至能够调节其他蚂蚁的生育繁殖。但蚁后并不会对工蚁下达任何具体任务，每个蚂蚁都是一个自主的单位，它的行为完全取决于对周边环境的感知和自身的遗传编码规则。尽管缺乏集中决策，但蚁群仍能表现出很高的智能水平，这种智能就称为分布式智能。

不仅蚂蚁，几乎所有的膜翅目昆虫都能表现出很强的群体智能行为，另一个知名的例子就是蜂群。蚁群和蜂群被广泛地认为是具有真社会化属性的生物种群，这是指它们具有以下3个特征：

1) 繁殖分工。种群内分为能够繁殖后代的单位和无生育能力的单位，后者一般为工蜂、工蚁等。

2) 世代重叠。即上一代和下一代共同生活，这也决定了下一个特征。

3) 协作养育。种群单位共同协作，养育后代。

这个真社会化属性和人类的社会化属性并不是同一概念。

受到自然界中蚂蚁群的社会性行为的启发，M. 多里戈等人于1991年首先提出了蚁群算法，它模拟了实际蚁群寻找食物的过程。科学家们创建了蚁群优化（AOC）算法。

我们可以利用群体智能来设计一组机器人，每个机器人本身的配置都十分简单，仅需要了解自身所处的局部环境即可，通常也只与附近的其他机器人进行沟通。每个设备都是自主运行的，不需要中央智能来发布指令，就像我们在包容体系结构时说到的机器人一样，每个独立个体都只知道自己对世界的感知，这可以帮助建立强大稳固的行为，可以自主适应环境的变化。在拥有大量编程一致的同款机器人之后，就可以实现更大的弹性，因为一小部分个体的操作失误并不会对整体的效能产生大的影响。

这类与蚂蚁行为十分相似的机器人可以用于查找并移除地雷，或是在灾区搜寻伤亡人员。蚂蚁利用信息激素来给巢穴内的其他成员留下信号，但感知信息激素对机器人来说并不容易（虽然已经可以实现），机器人利用的一般是灯光、声响或是短程无线电。目前，蚁群算法已在组合优化问题求解，以及电力、通信、化工、交通、机器人、冶金等多个领域中得到了应用，都表现出了令人满意的性能。

14.3.2 搜索机器人

想象一下在远足登山区有大量机器人的场景。在没有其他事情要做的时候，它们就会站在视野范围内其他机器人的中间位置，这也意味着可以做到在该区域内均匀分布。它们能够注意到嘈杂的噪声及挥动的手势，所以遇到困难的"背包客"可以向它们寻求帮助。

如果有需要紧急服务的请求，则可以从一个机器人传递到另一个机器人，直到传递到能接收无线电或手机信号的机器人那里。假如需要运送受伤的背包客，那么更多的机器人也可以前来提供帮助，其他机器人则将移动位置来保证区域覆盖度。比起包容体系结构，所有这些操作都可以在机器人数量更少的情况下完成。

换一种方式，我们考虑利用一组四轴飞行器来保证背包客的安全。这些飞行器将以集群的方式在特定区域内巡查，尤其关注背包客常穿的亮橙色。在某些难以察觉的地方可能有人受伤，一旦有飞行器注意到了那抹亮橙色，就会立刻转向该地点。飞行器在背包客头顶盘旋时，每一架都会以稍稍不同的有利位置进行观察，慢慢地，越来越多的飞行器就会发现伤员。很快，整个飞行器集群就会在某地低空盘旋，也就意味着它们已经成功确定了可能的事故地点。

14.3.3 微粒群（鸟群）优化算法

另一类经常被模仿的群体行为是鸟类的群集。当整个群体需要集体移动但又需要寻找特定目标时，就可以利用这种技术，而创建个体集群的规则十分简单。

1）跟紧群体内的其他成员。
2）以周边成员的平均方向作为飞行方向。
3）与其他成员和障碍物保持安全距离。

如果设置向某个目标偏转的趋势，那么整个集群都将根据趋势行进。

鸟类在群体飞行中往往能表现出一种智能的簇拥协同行为，尤其是在长途迁徙过程中，以特定的形状组队飞行可以充分利用互相产生的气流，从而减少体力消耗。常见的簇拥鸟群是迁徙的大雁，它们数量不多，往往排成一字形或者人字形，据科学估计，这种队形可以让大雁减少15%~20%的体力消耗。体型较小的椋鸟组成的鸟群飞行则更富于变化，它们往往成千上万地在空中一起飞行，并呈现出非常柔美的群体造型。

基于3个简单规则，鸟群就可以创建出极复杂的交互和运动方式，形成奇特的整体形状，绕过障碍和躲避猎食者：

1）分离，和邻近单位保持距离，避免拥挤碰撞。
2）对齐，调整飞行方向，顺着周边单位的平均方向飞行。
3）凝聚，调整飞行速度，保持在周边单位的中间位置。

鸟群没有中央控制，实际上每只鸟都是独立自主的，只考虑其周边球形空间内的5~10只鸟的情况。

鱼群的群体行为和鸟群非常相似。金枪鱼、鲱鱼、沙丁鱼等很多鱼类都成群游行，这些鱼总是倾向于加入数量大的、体型大小与自身更相似的鱼群，所以有的鱼群并不是完全由同一种鱼组成。群体游行不仅可以更有效地利用水动力减少成员个体消耗，而且更有利于觅食和生殖，以及躲避捕食者的猎杀。鱼群中的绝大多数成员都不知道自己正在游向哪里。鱼群使用共识决策机制，个体的决策会不断地参照周边个体的行为进行调整，从而形成集体方向。

在哺乳动物中也常见群体行为，尤其是陆地上的牛、羊、鹿，或者南极的企鹅。迁徙和逃脱猎杀时候，它们能表现出很强的集体意志。研究表明，畜群的整体行为很大程度上取决于个体的模仿和跟风行为，而遇到危险的时候，则是个体的自私动机决定了整体的行为方向。

细菌和植物也能够以特殊的方式表现出群体智能行为。培养皿中的枯草芽孢杆菌根据营养组合物和培养基的黏度，整个群体从中间向四周有规律地扩散迁移，形成随机但非常有规律的数值型状态。而植物的根系作为一个集体，各个根尖之间存在某种通信，遵循范围最大化且互相保持间隔的规律生长，进而能够最有效地利用空间吸收土壤中的养分。

粒群优化算法最早是由肯尼迪和埃伯哈特于1995年提出的，是一种基于种群寻优的启发式搜索算法，其基本概念源于对鸟群群体运动行为的研究。在微粒群优化算法中，每个微粒都代表待求解问题的一个潜在解，它相当于搜索空间中的一只鸟，其"飞行信息"包括位置和速度两个状态量。每个微粒都可获得其邻域内其他微粒个体的信息,并可根据该信息以及简单的位置和速度更新规则来改变自身的状态量,以便更好地适应环境。随着这一过程的进行,微粒群最终能够找到问题的近似最优解。

由于微粒群优化算法的概念简单,易于实现,并且具有较好的寻优特性,因此它在短期内得到迅速发展,目前已在许多领域中得到应用,如电力系统优化、TSP 问题求解、神经网络训练、交通事故探测、参数辨识、模型优化等。

奥斯卡技术奖的获得者、计算机图形学家克雷格·雷诺兹在 1986 年开发了 Boids 鸟群算法,这种算法仅仅依赖分离、对齐、凝聚 3 个简单规则就能实现各种动物群体行为的模拟。

14.3.4 没有机器人的集群

在讨论遗传算法时,我们用一组称作"基因"的数字来代表群体中的每个独立个体,可以通过改变这些数字直到它们能够代表最优个体为止。就同样的数字而言,利用群体智能技术,我们不再将它们看作染色体上的基因,而是看作图表或地图等空间上的位置。随着每个独立个体空间位置的变化,数字相应地发生改变,就像你走在曼哈顿大街上,代表你所在位置的街道数字发生改变一样。我们的搜索不再是固定个体的进化过程,而是不同个体的旅程。可以使用任何用来搜索位置的技术,如蚂蚁觅食、蜜蜂群集或是鸟类聚集,而完全不用建造任何机器人。

14.4 群体智能背后的故事

在公园我们经常看到成群的鸟儿在树上空飞旋,它们会落在建筑物上休息,之后在受了什么惊扰后又动作一致地再度起飞。这群鸟中并没有领导,没有一只鸟儿会指示其他鸟儿该做什么,相反,它们各自密切注意身边的同伴。在空中飞旋时,全都遵循简单规则,这些规则就构成了另一种群体智能,它与决策的关系不大,主要用来精确协调行动。

研究计算机制图的克雷格·雷诺兹对这些规则感到好奇,他在 1986 年设计了一个看似简单的导向程序,称为"拟鸟"。在这个模拟程序中,一种模仿鸟类的物体(拟鸟)接收到 3 项指示:

1)避免挤到附近的拟鸟。
2)按附近拟鸟的平均走向飞行。
3)跟紧附近的拟鸟。

程序运行结果呈现在计算机屏幕上时,模拟出令人信服的鸟群飞舞效果,包括逼真的、无法预测的运动。当时,雷诺兹正在寻求能在电视和电影中制造逼真动物特效的办法。1992 年的《蝙蝠侠归来》是第一部利用他的技术制作的电影,其中模拟生成了成群的蝙蝠和企鹅。后来他在索尼公司从事电子游戏领域的研究,如用一套算法实时模拟数量达 1.5 万的互动的鸟、鱼或人。雷诺兹展示了自组织模型在模仿群体行为方面的力量,这也为机器人工程师开辟了新道路。如果能让一队机器人像一群鸟般协调行动,就比单独的机器人有优势得多。

宾夕法尼亚大学的机械工程教授维贾伊·库马尔说:"观察生物界中数目庞大的群体,很难发现其中哪一个承担中心角色。一切都是高度分散的。成员并不都参与交流,根据本地信息采取行动；它们都是无名的，不必在乎谁去完成任务，只要有人完成就行。要从单个机器人发展到多个机器人合作，这 3 个思路必不可少。"

据野生动物专家卡斯滕·霍耶尔在 2003 年的观察，陆地动物的群体行为也与鱼群相似。那年，他和妻子利恩·阿利森跟着一大群北美驯鹿旅行了 5 个月，行程超过 1500 km，记录了它们的迁徙过程。迁徙从加拿大北部育空地区的冬季活动范围开始，到美国阿拉斯加州北极国家野生动物保护区的产犊地结束（见图 14-5）。

图 14-5　驯鹿迁徙

这就是群体智能的美妙魅力。无论我们讨论的是蚂蚁、蜜蜂、鸽子，还是北美驯鹿，智慧群体的组成要素（分散控制、针对本地信息行动、简单的经验法则）加在一起，就构成了一套应对复杂情况的精明策略。

最大的变化可能体现在互联网上。谷歌利用群体智能来查找你的搜索内容。当你输入一条搜索词时，谷歌会在它的索引服务器上考查数十亿网页，找出其中最相关的，然后按照它们被其他网页链接的次数进行排序，把链接当作投票来计数（最热门的网站还有加权票数，因为它们的可靠性更高）。得到最多票数的网页被排在搜索结果列表的最前面。谷歌通过这种方式，利用网络的群体智能来决定一个网页的重要性。

14.5　群体智能的应用与发展

目前国外对群体智能的应用侧重于底层技术领域，如集群结构框架、集群控制与优化、集群任务管理与协同等。国内则主要侧重于应用领域，如集群路径实时规划、集群自主编队与重构、集群智能协同决策等。随着群体智能在现实场景的深入应用，将有力促进产业智能化和提高产业竞争力。另外，群体智能也正在深刻影响着军事领域，使战争形态加速向智能化演变，与之相应的战争观也发生了改变。

（1）蜂群协同系统

美国的"进攻性蜂群战术"（OFFSET 项目，见图 14-6）探索未来的小单位步兵部队将是由小型无人机系统（UAS）或小型无人地面车辆系统（UGS）组成的"蜂群"，可在复杂的环境中完成多种任务。相关研究成果也将直接应用到"马赛克战"体系中，推动低成本无人蜂群作战能力的快速成型。

图 14-6　OFFSET 项目

（2）路径规划系统

群体智能支撑的路径规划技术被广泛应用于各种运动规划任务，极大地解决了多智能体间的群体协同决策问题，如自动驾驶、车路协同、群体机器人等场景（见图14-7）。各国政府都制定政策，着重强调群体协同决策在交通安全中的重要性。

（3）复杂电磁环境下的优化与控制

电磁频谱已作为第六维作战疆域引起世界各国的高度重视。2015年，美军发布的《关于国家安全的突破性技术》战略指南中明确指出"未来几年的研究重点将是确保控制电磁权"。2018年，美国空军组建了电子战/电磁频谱优势体系能力协作小组（ECCT），旨在研究如何确保电磁频谱优势，开始实质性推进电磁频谱战。群体智能有"自组织、自适应"的技术特点，在电磁频谱战中的频谱状态感知、频谱趋势预测、频谱形式推理上具有独特的先天优势，可以有效应对战场电磁环境的捷变性，提高战争中信息传输的时效性，促进电磁频谱战的决策智能化（见图14-8）。

图14-7　路径规划系统示例

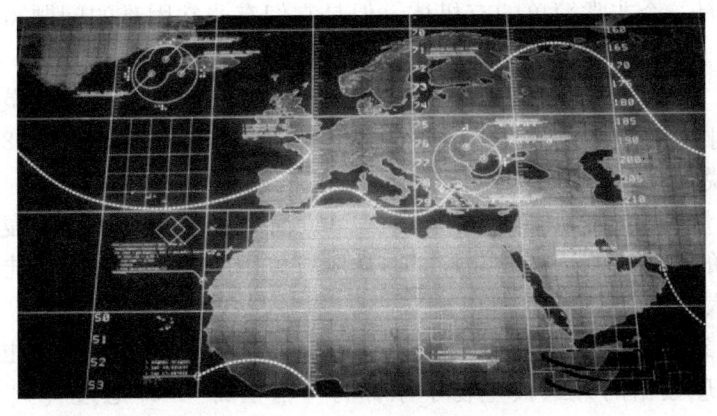

图14-8　电磁频谱战协同

作为新一代人工智能的重要方向，自20世纪80年代提出以来，群体智能已成为信息、生物、社会等交叉学科的热点和前沿领域。

2017年7月8日，国务院印发了《新一代人工智能发展规划》（简称《AI发展规划》），明确指出了群体智能的研究方向，对于推动新一代人工智能发展有着十分重大的意义。科技部启动的《科技创新2030"新一代人工智能"重大项目指南》中，也将"群体智能"列为人工智能领域的五大持续攻关方向之一。可见，对于群体智能的探究具有重要的现实意义。

群体智能作为新一代人工智能重点发展的五大智能形态（即大数据智能、群体智能、跨媒体智能、混合增强智能和自主智能）之一，在民事和军事领域都具有重要的应用前景。

5G时代所带来的万物互联，为群体智能的应用和创新提供了丰富的场景，将会进一步促进人、机、物的深度融合，也会进一步推动群体智能理论和技术的持续发展。目前，群体智能在基础理论和作用机理创新、群体智能知识表示框架构建和关键技术应用上还处于初级阶段，有广阔的应用和发展空间。

比如基于群体开发的开源软件、基于众筹众智的万众创新、基于众问众答的知识共享、基于群体编辑的维基百科及基于众包众享的共享经济等，这些趋势昭示着人工智能已经进入了新的发展阶段，新的研究方向及新范式已经开始逐渐显现，从强调专家的个人智能模拟走向群体智能，智能的构造方法从逻辑和单调走向开放和涌现，智能计算模式从"以机器为中心"走向"群体在计算回路"，智能系统开发方法从封闭和计划走向开放和竞争。

【作业】

1. 对群体智能的研究源于对蚂蚁、蜜蜂等（   ）昆虫群体行为的研究，最早被用在细胞机器人系统的描述中。
   A. 集合性　　　　　B. 个体性　　　　　C. 危害性　　　　　D. 社会性

2. 蜜蜂被认为是自然界中被研究时间最长的群体智能动物。在进化过程中，蜜蜂首先形成了大脑以处理信息，蜜蜂的大脑中大约有（   ）个神经元。
   A. 850万　　　　　B. 100万　　　　　C. 1000万　　　　　D. 850亿

3. 一只蜜蜂是一个非常简单的有机体，但是它们有非常困难的问题需要解决时，就形成了（   ）。
   A. 群体智能　　　B. 创新思维　　　C. 计算思维　　　D. 英雄思维

4. 蜂群为寻找可以筑巢的潜在地点，会派出数百只侦察蜂到外面约78 km² 的地方进行搜索。对蜜蜂来说，这个筑巢行为是一个（   ）问题。
   A. 简单多变量　　B. 困难单变量　　C. 简单单变量　　D. 复杂多变量

5. 生物学家的研究表明，蜜蜂常常能够从所有可用的选项中选出最佳或者次佳的解决方案，而比蜜蜂大脑强大85000倍的人脑，（   ）这一点。
   A. 更容易做到　　B. 做不到　　　　C. 很难做到　　　D. 也能做到

6. 蜜蜂们处理数据的方式被生物学家称为"摇摆舞"，即通过（   ）来达成一致认识。
   A. 振动身体　　　B. 摇摆触角　　　C. 发出嗡声　　　D. 沉默安静

7. 蜜蜂们所表现出的大于个体智能的群体智能能力在（   ）身上也存在。
   ① 蚂蚁　　　　　② 驯鹿　　　　　③ 狮子　　　　　④ 鱼群
   A. ①②③　　　　B. ②③④　　　　C. ①②④　　　　D. ①③④

8. 所谓的集群机器人或者人工蜂群智能，就是让许多（   ）的物理机器人协作。
   A. 个性　　　　　B. 复杂　　　　　C. 强大　　　　　D. 简单

9. 在某群体中，若存在众多无智能的个体，那么它们通过相互之间的简单合作所表现出来的群居性生物的智能行为是（   ）控制的。
   A. 分布式　　　　B. 中心　　　　　C. 独立　　　　　D. 集中

10. 人类并没有进化出群集的能力，因为人类缺少同类用于建立实时反馈循环的敏锐连接。研究和实践都表明,人类群集（　　）。

  A. 不确定   B. 很困难   C. 可以有   D. 不可能

11. 蚁群优化和粒子群优化是两种最广为人知的"群体智能"算法,它们都使用了（　　）。

  A. 复杂体   B. 多智能体   C. 单智能体   D. 无智能体

12. 群体智能有两种机制,其中（　　）有组织的群体智能行为这种机制会形成一种分层有序的组织架构。

  A. 自下而上   B. 从大到小   C. 从小到大   D. 自上而下

13. 群体智能有两种机制,其中（　　）自组织的群体智能涌现这种机制可使群体涌现出个体不具有的新属性,而这种新属性正是个体之间综合作用的结果。

  A. 自下而上   B. 从大到小   C. 从小到大   D. 自上而下

14. 美国科技作家凯文·凯利提到"一种由无数个默默无闻的零件,通过永不停歇的工作,而形成的缓慢而宽广的创造力",这就是群体智能（　　）的过程。

  A. 消失   B. 涌现   C. 产生   D. 分布

15. 由多个简单机器人组成的群体机器人系统,通过"（　　）自组织"的协作,可以完成单个机器人无法完成或难以完成的工作。

  A. 互联   B. 重合   C. 集中   D. 分布

16. 研究计算机制图的克雷格·雷诺兹在1986年设计了一个看似简单的"拟鸟"导向程序。在这个模拟程序中,一种模仿鸟类的物体（拟鸟）接收到（　　）3项指示。

  ① 避免挤到附近的拟鸟   ② 按附近拟鸟的平均走向飞行

  ③ 跟紧附近的拟鸟   ④ 服从领头的首领拟鸟的号令

  A. ①②④   B. ①②③   C. ①③④   D. ②③④

17. 米洛纳斯在1994年提出了群体智能应该遵循的5条基本原则,其中包括（　　）。

  ① 邻近原则   ② 品质原则   ③ 连接原则   ④ 多样性反应原则

  A. ②③④   B. ①②③   C. ①②④   D. ①③④

18. 目前国内对群体智能的研究主要侧重于应用领域,如（　　）等。

  ① 集群智能集中管理   ② 集群路径实时规划

  ③ 集群自主编队与重构   ④ 集群智能协同决策

  A. ①②④   B. ①③④   C. ①②③   D. ②③④

19. 2017年7月8日,国务院印发的《新一代人工智能发展规划》中明确指出了（　　）的研究方向,对于推动新一代人工智能发展有着十分重大的意义。

  A. 群体智能   B. 蚁群优化   C. 聚类算法   D. 智能机器人

20. 新一代人工智能重点发展的五大智能形态是大数据智能、跨媒体智能和（　　）。

  ① 群体智能   ② 综合智能   ③ 自主智能   ④ 混合增强智能

  A. ①②④   B. ①③④   C. ①②③   D. ②③④

第 15 章　智能制造与智能建造

【导读案例】互联网之父预言：智能眼镜未来将取代手机

互联网之父凯文·凯利，同时也是未来学家、科技预言者。凯利曾在接受媒体的采访时，对未来 5000 天后的世界进行了预测。凯利强调，智能眼镜将实现现实世界与数字世界的合二为一，未来甚至可能取代手机。

作为互联网的奠基人之一，凯利一直持有对未来科技发展的前瞻性视角。他表示，科技的发展是一个不断迭代和演变的过程，而智能眼镜则是这个过程中的一个重要里程碑。"我认为智能眼镜将会成为比手机更重要的设备。"凯利在采访中说道，"我们可以通过智能眼镜直接看到现实世界，同时也能看到数字信息，如新闻、社交媒体、实时翻译等。这是一种全新的体验。"

近年来，随着增强现实（AR）和虚拟现实（VR）技术的不断发展，智能眼镜在显示、交互、计算等方面取得了很大的进步，这些技术的进步也为智能眼镜的发展提供了强大的技术支持。

与手机相比，智能眼镜（见图 15-1）具有更高的便携性和更自然的交互方式，它解放人们的双手，提供更便捷的信息获取方式和更真实的虚拟体验。从趋势看，随着消费者对科技产品的要求越来越高，智能眼镜的市场需求也在不断增长。

与此同时，智能眼镜的发展仍存在一些技术和用户体验的问题，如容易引起眩晕和视觉疲劳，以及佩戴不适。另外，智能眼镜的价格也相对较高，目前还没有普及到大众市场。

图 15-1　智能眼镜

凯利表示，智能眼镜的普及还需要一段时间，但这是未来科技发展的必然趋势。他指出，现在的科技发展速度比我们想象的要快得多，而这种发展速度是呈指数级的。凯利解释道，"这意味着未来的科技将会以我们无法想象的速度发展，尤其是人工智能和物联网等领域。"

他认为，苹果、谷歌等科技巨头不太可能在智能眼镜领域取得突破。凯利表示："如果现有的巨头公司中有一家成功了，我会感到震惊。这些公司都有人工智能项目，它们是最大的人工智能资助者，拥有最多的人工智能研究人员。但是是谁创造了 ChatGPT，是一家名叫 OpenAI 的初创公司。因此，能够成功制造这种眼镜的公司将是一家初创公司，将会是一家小公司，它们没有太多可以失去的，也没有太多资金可以花费，它们必须发明很多新东西。"

在采访中，凯利提到了他对未来 5000 天后的世界的预测。他表示，未来的世界将会是一个更加互联、更加智能的世界，科技将会渗透到我们生活的每一个角落。同时，未来的世界也将会有更多的可能性等待着我们去探索。"我对未来充满了信心。"凯利说道，"我相信科技将会给我们带来更多的惊喜和机会。"

在采访中，凯利表达了对年轻人的期待："我希望年轻人能够保持对科技的热情和好奇心。同时也要勇于尝试、勇于创新。只有这样，我们才能不断推动科技的发展。"

智能制造（见图 15-2）源于对人工智能的研究。一般认为，智能是知识和智力的总和，前者是智能的基础，后者是指获取和运用知识求解的能力。智能制造包含智能制造技术和智能制造系统。智能制造系统不仅能够在实践中不断地充实知识库，而且具有自学习功能，有搜集与理解环境信息和自身的信息，并进行分析判断和规划自身行为的能力。

另一方面，数字孪生也被称为数字映射、数字镜像，是指充分利用物理模型、传感器更新、运行历史等数据，在虚拟空间中完成映射，从而反映相对应的实体装备的全生命周期过程。

图 15-2　智能制造

得益于数字化和智能化技术的发展，智能建造由"数字建造"衍化而来，是以 BIM（Building Information Modeling，建筑信息模型）、物联网、人工智能、云计算、大数据等技术为基础，可以实时自适应于变化需求的高度集成与协同的建造系统。

15.1　智能制造

智能制造系统是一种由智能机器和人类专家共同组成的人机一体化智能系统，它突出了在制造诸环节中以一种高度柔性与集成方式，借助计算机模拟人类专家的智能活动，进行分析、判断、推理、构思和决策，取代或延伸制造环境中人的部分脑力劳动，同时，收集、存储、完善、共享、继承和发展人类专家的制造智能。由于这种制造模式突出了知识在制造活动中的价值地位，而知识经济又是继工业经济后的主体经济形式，因此智能制造将成为影响未来经济发展过程的制造业的重要生产模式。智能制造系统是智能技术集成应用的环境，也是智能制造模式展现的载体。

一般而言，制造系统被认为是一个复杂的相互关联的子系统的整体集成，从制造系统的功能角度，可将智能制造系统细分为设计、计划、生产和系统活动 4 个子系统。在设计子系统中，智能制造突出了产品的概念设计过程中消费需求的影响；功能设计关注产品的可制造性、可装配性、可维护性及保障性。在计划子系统中，数据库构造将从简单信息型发展到知识密集型。在排序和制造资源计划管理中，模糊推理等多类的专家系统将集成应用；智能制造的生产系统将是自治或半自治系统。在监测生产过程、生产状态获取和故障诊断、检验装配以及模拟测试中，也广泛应用了智能技术；从系统活动角度，在系统控制中开始应用神经网络技术，同时应用分布技术、多元代理技术和全能技术，并采用开放式系统结构，使系统活动并行，实现系统集成。

由此可见，智能制造系统的理念建立在自组织、分布自治和社会生态学机理上，目的是通过设备柔性和智能控制，自动地完成设计、加工、控制管理过程，旨在解决适应高度变化环境的制造的有效性。

1. 分布式数字控制

分布式数字控制（Distributed Numerical Control，DNC，见图15-3）是网络化数控机床常用的制造术语，其本质是计算机与具有数控装置的机床群使用计算机网络技术组成的分布在车间中的数控系统。该系统对用户来说就像一个统一的整体，系统对多种通用的物理和逻辑资源整合，动态分配数控加工任务给任一加工设备。分布式数字控制是提高设备利用率、降低生产成本的有力手段，是未来制造业的发展趋势。

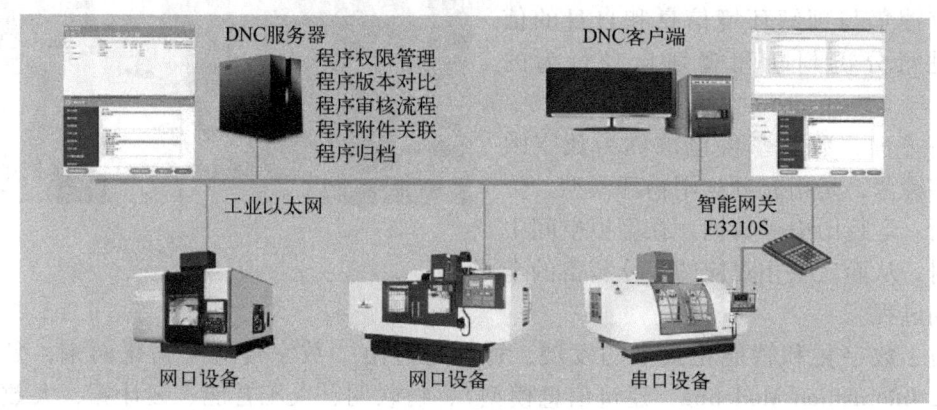

图15-3 分布式数字控制

DNC早期只是作为解决数控设备通信的网络平台，随着客户的不断发展和成长，仅解决设备联网已远远不能满足现代制造企业的需求。早在20世纪90年代初，美国的Predator Software INC就赋予DNC更丰富的内涵；生产设备和工位智能化联网管理系统，这也是全球范围内最早且使用成熟的物联网技术。车间内的物联网也使得DNC成为离散制造业MES系统必备的底层平台。DNC能够承载更多的信息，同时DNC系统必须能有效地结合先进的数字化的数据录入或读出技术，如条码技术、射频技术、触屏技术等，帮助企业实现生产工位数字化。

从广义概念上来理解，计算机/现代集成制造系统（Computer/contemporary Integrated Manufacturing Systems，CIMS）、敏捷制造等都可以看作智能自动化的例子。除了制造过程本身可以实现智能化外，还可以逐步实现智能设计、智能管理等，再加上信息集成、全局优化，逐步提高系统的智能化水平，最终建立智能制造系统。这是实现智能制造的一种可行途径。

2. 多智能体系统

迅速发展的多智能体系统是一种分布式计算技术，已经成为一种进行复杂系统分析与模拟的思想方法与工具。

随着人工智能和计算机技术在制造业中的广泛应用，多智能体系统技术对解决产品设计、生产制造乃至产品的整个生命周期中的多领域间的协调合作提供了一种智能化的方法，也为系统集成、并行设计并实现智能制造提供了更有效的手段。

3. 整子系统

整子系统的基本构件是整子（Holon，源自希腊语）。人们用 Holon 表示系统的最小组成个体，整子系统就是由很多不同种类的整子构成的。整子的最本质特征是：

1）自治性，每个整子都可以对其自身的操作行为做出规划，可以对意外事件（如制造资源变化、制造任务货物要求变化等）做出反应，并且其行为可控。

2）合作性，每个整子都可以请求其他整子执行某种操作行为，也可以对其他整子提出的操作申请提供服务。

3）智能性，整子具有推理、判断等智力，这也是它具有自治性和合作性的内在原因。整子的上述特点表明，它与智能体的概念相似。由于整子的全能性，因此有人把它也译为全能系统。

4）敏捷性，具有自组织能力，可快速、可靠地组建新系统。

5）柔性，对快速变化的市场、变化的制造要求有很强的适应性。

除此之外，还有生物制造、绿色制造、分形制造等模式。

15.1.1 综合特征

与传统的制造相比，智能制造系统具有以下特征：

1）自律能力。可搜集与理解环境信息和自身的信息，并具有进行分析判断和规划自身行为的能力。具有自律能力的设备称为"智能机器"，它在一定程度上表现出独立性、自主性和个性，甚至相互间还能协调运作与竞争。强有力的知识库和基于知识的模型是自律能力的基础。

2）人机一体化。智能制造系统是人机一体化的智能系统，是一种混合智能。基于人工智能的智能机器只能进行机械式的推理、预测、判断，它只能具有逻辑思维（专家系统），最多做到形象思维（神经网络），而做不到灵感（顿悟）思维，只有人类专家才真正同时具备以上3种思维。因此，想以人工智能全面取代制造过程中人类专家的智能，独立承担起分析、判断、决策等任务是不现实的。

人机一体化突出人在制造系统中的核心地位，同时在智能机器的配合下，更好地发挥出人的潜能，使人机之间表现出一种平等共事、相互"理解"、相互协作的关系，使两者在不同的层次上各显其能，互相配合，相辅相成。

3）虚拟现实技术。这是实现虚拟制造的支持技术，也是实现高水平人机一体化的关键技术之一。虚拟现实技术以计算机为基础，融合信号处理、动画技术、智能推理、预测、仿真和多媒体技术为一体；借助各种音像和传感装置，虚拟展示现实生活中的各种过程、物件等，因而也能拟实制造过程和未来的产品，从感官和视觉上使人获得完全如同真实的感受。但其特点是可以按照人们的意愿任意变化，这种人机结合的新一代智能界面，是智能制造的一个显著特征。

4）自组织超柔性。智能制造系统中的各组成单元能够依据工作任务的需要，自行组成一种最佳结构，其柔性不仅突出在运行方式上，而且突出在结构形式上，所以称这种柔性为超柔性，如同一群人类专家组成的群体，具有生物特征。

5)学习与维护。智能制造系统能够在实践中不断地充实知识库,具有自学习功能。同时,在运行过程中自行进行故障诊断,并具备对故障自行排除、自行维护的能力。这种特征使智能制造系统能够自我优化并适应各种复杂的环境。

15.1.2 智能技术

智能制造中的智能技术包括:

1)传感技术:高传感灵敏度、精度、可靠性和环境适应性的传感技术,采用新原理、新材料、新工艺的传感技术(如量子测量、纳米聚合物传感、光纤传感等),微弱传感信号提取与处理技术。

2)模块化、嵌入式控制系统设计技术:不同结构的模块化硬件设计技术、微内核操作系统和开放式系统软件技术、组态语言和人机界面技术,以及实现统一数据格式、统一编程环境的工程软件平台技术。

3)先进控制与优化技术:工业过程多层次性能评估技术、基于大量数据的建模技术、大规模高性能多目标优化技术、大型复杂装备系统仿真技术。以及高阶导数连续运动规划、电子传动等精密运动控制技术。

4)系统协同技术:大型制造工程项目复杂自动化系统整体方案设计技术以及安装调试技术、统一操作界面和工程工具设计技术、统一事件序列和报警处理技术、一体化资产管理技术。

5)故障诊断与健康维护技术:在线或远程状态监测与故障诊断、自愈合调控与损伤智能识别及健康维护技术,重大装备的寿命测试和剩余寿命预测技术,可靠性与寿命评估技术。

6)高可靠实时通信网络技术:嵌入式互联网技术、高可靠无线通信网络构建技术、工业通信网络信息安全技术和异构通信网络间信息无缝交换技术。

7)功能安全技术:智能装备硬件、软件的功能安全分析、设计、验证技术及方法,建立功能安全验证的测试平台,研究自动化控制系统整体功能安全评估技术。

8)特种工艺与精密制造技术:多维精密加工工艺,精密成型工艺,焊接、粘接、烧结等特殊连接工艺,微机电系统、精确可控热处理技术,精密锻造技术等。

9)识别技术:低成本、低功耗 RFID 芯片设计制造技术,超高频和微波天线设计技术,低温热压封装技术,超高频 RFID 核心模块设计制造技术,基于深度三位图像识别技术,物体缺陷识别技术。

15.1.3 测控装置

智能制造中的测控装置包括:

1)新型传感器及其系统:新原理、新效应传感器,新材料传感器,微型化、智能化、低功耗传感器,集成化传感器(如单传感器阵列集成和多传感器集成)和无线传感器网络。

2)智能控制系统:现场总线分散型控制系统、大规模联合网络控制系统、高端可编程控制系统(PLC)、面向装备的嵌入式控制系统、功能安全监控系统。

3)智能仪表:智能化温度、压力、流量、物位、热量、工业在线分析仪表,智能变频电动执行机构,智能阀门定位器和高可靠执行器。

4）精密仪器：在线质谱、激光气体、紫外光谱、紫外荧光、近红外光谱分析系统，板材加工智能板形仪，高速自动化超声无损探伤检测仪，特种环境下蠕变疲劳性能检测设备等产品。

5）工业机器人与专用机器人：焊接、涂装、搬运、装配等工业机器人，安防、危险作业、救援等专用机器人。

6）精密传动装置：高速精密重载轴承，高速精密齿轮传动装置，高速精密链传动装置，高精度、高可靠性制动装置，谐波减速器，大型电液动力换档变速器，高速、高刚度、大功率电主轴，直线电机、丝杠、导轨。

7）伺服控制机构：高性能变频调速装置、数位伺服控制系统、网络分布式伺服系统等产品，可提升重点领域电气传动和执行的自动化水平，提高运行稳定性。

8）液气密元件及系统：高压大流量液压元件和液压系统、高转速大功率液力耦合器调速装置、智能润滑系统、智能化阀岛、智能定位气动执行系统、高性能密封装置。

15.1.4 运作过程

智能制造的总体目标是快速创建应用程序，从而使处于整个价值链应用程序和架构中的人、系统和资产之间的协作成为可能，为未来构建一个新的智能制造软件平台（见图15-4）。新技术每天都在产生更多的数据，一些制造商正在应用大数据和分析技术，希望从这些数据中挖掘出更多的智能信息，从而将它们的经营业绩提升到新的水平。制造企业知道，要想提高经营业绩，获取数据是非常重要的一环。如果可以将背景信息在正确的时间提供给正确的人，做出正确的决策，那么就可以提高整体性能。

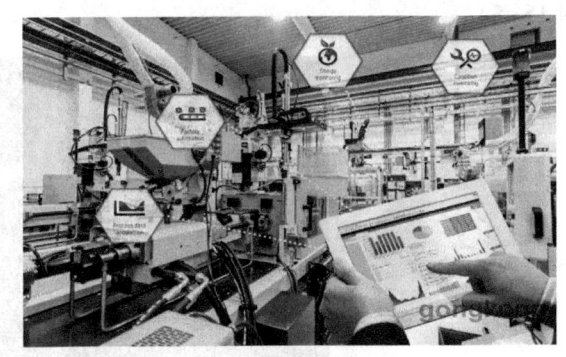

图15-4 智能制造软件平台

1）任一网络用户都可以通过访问该系统的主页获得该系统的相关信息，还可通过填写和提交系统主页所提供的用户订单登记表来向该系统发出订单。

2）如果接到并接受网络用户的订单，智能体就将其存入全局数据库，任务规划节点可以从中取出该订单，进行任务规划，将该任务分解成若干子任务，将这些任务分配给系统上获得权限的节点。

3）产品设计子任务被分配给设计节点，该节点通过良好的人机交互完成产品设计子任务，生成相应的CAD/CAPP数据和文档以及数控代码，并将这些数据和文档存入全局数据库，最后向任务规划节点提交该子任务。

4）加工子任务被分配给生产者。一旦该子任务被生产者节点接受，机床智能体将被允许从全局数据库读取必要的数据，并将这些数据传给加工中心，加工中心则根据这些数据和命令完成加工子任务，并将运行状态信息送给机床智能体，机床智能体向任务规划节点返回结果，提交该子任务。

5）在系统的整个运行期间，系统智能体都对系统中的各个节点间的交互活动进行记录，如消息的收发，对全局数据库进行数据的读写，查询各节点的名字、类型、地址、能力及任务完成情况等。

6）网络客户可以了解订单执行的结果。

15.2 数字孪生

简单来说，数字孪生就是在一个设备或系统的基础上创造一个信息化平台上的数字版虚拟"克隆体"。

15.2.1 数字孪生的动态仿真

相比于设计图纸，数字孪生体最大的特点在于：它是对实体对象（本体）的动态仿真。也就是说，数字孪生体是会"动"的。数字孪生体"动"的依据来自本体的物理设计模型，还有本体上面传感器反馈的数据，以及本体运行的历史数据。实际上，本体的实时状态，还有外界环境条件，都会复现到"孪生体"身上。

如果需要改动系统设计，或者想要知道系统在特殊外部条件下的反应，则可以在孪生体上进行"实验"。这样一来，既避免了对本体的影响，也可以提高效率，节约成本（见图15-5）。

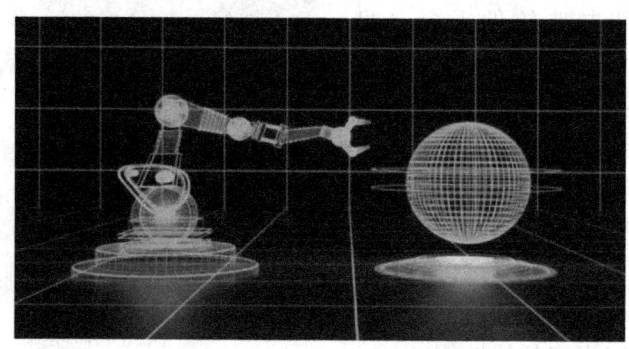

图 15-5　在孪生体上进行实验

数字孪生源自工业制造领域中的"产品生命周期管理（PLM）"概念。除了"会动"之外，理解数字孪生还有3个关键词，分别是"全生命周期""实时/准实时""双向"。

1）全生命周期是指数字孪生贯穿产品的设计、开发、制造、服务、维护乃至报废回收的整个周期，它并不仅限于帮助企业把产品更好地造出来，还包括帮助用户更好地使用产品。

2）实时/准实时是指本体和孪生体之间可以建立全面的实时或准实时联系。两者并不是完全独立的，映射关系也具备一定的实时性。

3）双向是指本体和孪生体之间的数据流动可以是双向的，并不是只能本体向孪生体输出数据，孪生体也可以向本体反馈信息。可以根据孪生体反馈的信息，对本体采取行动和干预。

15.2.2 数字孪生的价值

我们通过一些案例来了解数字孪生体的价值。

1）工业制造。数字孪生起源于工业制造领域，这里也是数字孪生技术的主战场。

在产品研发的过程中，数字孪生可以虚拟构建产品数字化模型，对其进行仿真测试和验证。生产制造时，可以模拟设备的运转及参数调整带来的变化（见图15-6）。数字孪生能够有效提升产品的可靠性和可用性，同时降低产品研发和制造风险。

采用数字孪生技术，通过对运行数据进行连续采集和智能分析，可以预测维护工作的最佳时间点，也可以提供维护周期的参考依据。数字孪生体也可以提供故障点和故障概率的参考。数字孪生给工业制造带来了显而易见的效率提升和成本下降。

例如，美国通用公司号称已经为每个引擎、每个涡轮、每台核磁共振设备都创造了一个数字孪生体（总数超过了120万个）。通过这些拟真的数字化模型，工程师们可以在虚拟空间调试、实验，能够让机器的运行效果达到最佳。

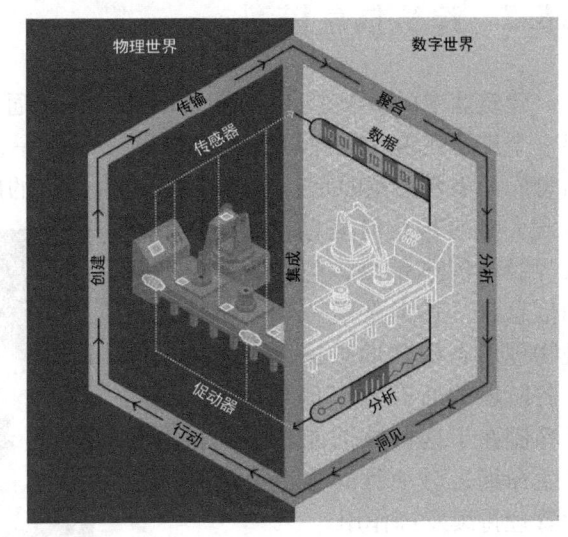

图15-6　生产流程数字孪生模型

2）智慧城市。数字孪生和5G/6G通信技术、智慧城市等有着非常密切的关系。5G开启"万物互联"时代，它使得人类的连接技术到了前所未有的高度。未来，在现代通信技术的支持下，云和端之间可以建立更紧密的连接。这也就意味着，更多的数据将被采集并集中在一起。这些数据可以帮助构建更强大的数字孪生体，如一个数字孪生城市。

如今，我们的城市布满了各种各样的传感器、摄像头。借助通信技术和物联网技术，这些终端采集的数据可以更快地被提取出来。在数字孪生城市中，基础设施（水、电、气、交通等）的运行状态，市政资源（警力、医疗、消防等）的调配情况，都会通过传感器、摄像头、数字化子系统采集出来，并传递到云端。城市的管理者基于这些数据及城市模型，构建数字孪生体，从而更高效地管理城市。

相比于工业制造的"产品生命周期"，城市管理的"生命周期"更长，数字孪生带来的回报也更大。当然，城市数字孪生的部署难度也更大。

3）基建工程。这是数字孪生的重要应用领域（见图15-7）。在修建高速公路、桥梁等基础设施前，完成对工程的数字化建模，然后在虚拟的数字空间对工程进行仿真和模拟，评估工程的结构和承受能力，还可以导入流量数据，评估工程是否可以满足投入使用后的需求。在工程交付之后，在维护阶段评估工程是否可以承担特殊情况的压力，以及监测可能出现的事故隐患。

图15-7　基建工程的数字孪生

除了上述领域之外，包括医疗、物流、环保等的很多场景都适合采用数字孪生技术，应用场景非常广阔。数字孪生是一项非常有潜力的前沿技术，会给企业带来丰厚的价值回报。

15.3 建筑信息模型

扫码看视频

建筑业中的 BIM 技术（见图 15-8）是指通过数字化手段在计算机中建立出一个虚拟建筑，该虚拟建筑会提供一个单一、完整、包含逻辑关系的建筑信息库。需要注意的是，在这其中，"信息"的内涵不仅仅是几何形状描述的视觉信息，还包含大量的非几何信息，如材料的耐火等级和传热系数、构件的造价和采购信息等，其本质是一个按照建筑直观物理形态构建的数据库，其中记录了各阶段的所有数据信息。BIM 应用的精髓在于这些数据能贯穿项目的整个生命期，对项目的建造及后期的运营管理持续发挥作用。

15.3.1 BIM 基本特性

BIM 是以建筑工程项目的各项相关信息数据为基础而建立的建筑模型，通过数字信息仿真，模拟建筑物所具

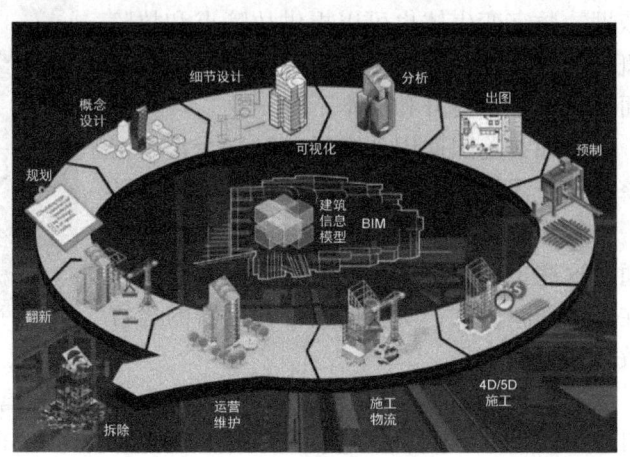

图 15-8　BIM 全景图

有的真实信息。BIM 从设计、施工到运营协调，以项目信息为基础构建集成流程，具有可视化、协调性、可模拟、可优化和可出图纸五大特点。建筑公司通过使用 BIM，可以在整个流程中根据统一的信息创新设计和绘制，还可以通过真实性模拟和建筑可视化来更好地沟通，以便让项目各方了解工期、现场实时情况、成本和环境影响等项目基本信息。

1. 可视化

对于建筑业来说，可视化，即"所见即所得"的形式，真正运用在建筑业时的作用非常大。例如，经常拿到的施工图纸只是各个构件的信息，在图纸上以线条绘制表达，但是真正的构造形式需要建筑业人员去自行想象。如果建筑结构简单，则问题不大，但是如今形式各异、复杂造型的建筑不断推出，光靠想象就不太实际了。所以，BIM 提供了可视化的思路，将以往的线条式的构件，形成一种三维的立体实物图形展示在人们的面前。

以前，建筑业也会制作设计方面的效果图，但是这种效果图是分包给专业的效果图制作团队的，是根据线条式信息识读设计制作出来的，并不是通过构件的信息自动生成的，因此缺少了同构件之间的互动性和反馈性。而 BIM 的可视化能够同构件之间形成互动和反馈。在 BIM 建筑信息模型中，由于整个过程都是可视的，因此可以用于效果图的展示和报表的生成。更重要的是通过建筑可视化，可以在项目的设计、建造和运营过程中进行沟通、讨论和决策。

2. 协调性

协调性是建筑业中的重点，无论是施工单位和设计单位还是业主，都在做着协调及相互

配合的工作。一旦在项目的实施过程中遇到了问题，就需要相关人员组织起来召开协调会议，找出施工中问题发生的原因及解决办法，然后做出相应变更、采取补救措施等来解决问题。在设计时，由于专业设计师之间的沟通不到位，往往会出现各种专业之间的碰撞问题，例如，在对暖通（供热、供燃气、通风及空调工程）等专业中的管道进行布置时，可能会遇到构件阻碍管线，而 BIM 的协调性服务则可以帮助处理这种问题。也就是说，BIM 建筑信息模型可在建筑物建造前期对各专业的碰撞问题进行协调，生成并提供协调数据。当然，BIM 的协调作用还可以解决电梯井布置与其他设计布置及净空要求的协调、防火分区与其他设计布置的协调及地下排水布置与其他设计布置的协调等问题。

3. 可模拟

除了模拟、设计出建筑物的模型，BIM 还可以模拟难以在真实世界中进行操作的事件。在设计阶段，BIM 可以对设计上需要进行模拟的一些事件进行模拟实验，如节能模拟、紧急疏散模拟、日照模拟和热能传导模拟等。在招投标和施工阶段可以进行 4D 模拟（3D 模型加项目进展时间），也就是根据施工的组织设计模拟实际施工，从而确定合理的施工方案。同时还可以进行 5D 模拟（基于 3D 模型的造价控制），从而实现成本控制。在后期运营阶段，还可以进行日常紧急情况处理方式的模拟，如地震人员逃生模拟和消防人员疏散模拟等。

4. 可优化

事实上，整个设计、施工和运营的过程就是一个不断优化的过程，在 BIM 的基础上，可以更好地进行优化。优化活动通常受信息、复杂程度和时间的制约。准确的信息影响优化的最终结果，BIM 模型提供了建筑物的实际存在的信息，包括几何信息、物理信息以及规则信息。对于高度复杂的项目，由于参与人员本身的原因，往往无法掌握所有的信息，因此需要借助一定的科技和设备的帮助。现代建筑物的复杂程度大多超过参与人员本身的能力极限，BIM 及与其配套的各种优化工具提供了对复杂项目进行优化的服务。基于 BIM 的优化，可以完成以下两种任务：

1）对项目方案的优化。把项目设计和投资回报分析结合起来，可以实时计算出设计变化对投资回报的影响，使业主对设计方案的选择不会停留在对形状的评价上，而是哪种项目设计方案更有利于自身的需求。

2）对特殊项目的设计优化。在大空间随处可看到异型设计，如裙楼、幕墙和屋顶等。这些内容看似占整个建筑的比例不大，但是占投资和工作量的比例却往往很大，而且通常是施工难度较大和施工问题较多的地方，对这些内容的设计施工方案进行优化，可以显著地改善工期和造价。

5. 可出图纸

使用 BIM 绘制的图纸，不同于建筑设计院所设计的图纸或者一些构件加工的图纸，而是通过对建筑物进行可视化展示、协调、模拟和优化以后，绘制出的综合管线图（经过碰撞检查和设计修改，消除了相应错误）、综合结构留洞图（预埋套管图）以及碰撞检查侦错报告和建议改进方案。

15.3.2 BIM 对工程造价的影响

BIM 用于造价业务，很有可能会改变造价的整个工作流程，包括造价员的整个工作思维模式。传统的造价工作模式是识图→算量（软件提量+手工算量）→套项→调整材料价、调整计费，完成造价。一个过程中有很多重复的工作，并且很多环节都需要大量的人工劳动力来解决造价中遇到的复杂问题，在可研、设计、招标、施工阶段需要重复计算不同阶段的造价。这样的工作模式势必会增加很多额外的成本，尤其后期设计中的变更修改阶段，每一次修改都需要重新核对图纸的改变程度。在传统的单机单专业的工作方式下，很多设计修改不会被造价人员发现，这样的造价计算肯定会和实际的清单存在很多误差。而 BIM 下的造价可以在不同阶段计算造价清单，只要模型建立得足够精细，就可以得到十分精准的造价信息。

工程造价分为3个部分：算量、组价和合同。现阶段来看，BIM 技术的普及对工程造价的冲击主要在算量问题上。BIM 作为应用软件，简化了工程量的计算，使造价师从算量的烦琐工作中脱离出来，大量减少了计算工作，将更多的目光放在组价和合同问题上。

另外，BIM 技术使各阶段数据无缝对接，实现全过程、全要素可靠、准确的工程造价管理。这在一定程度上打破了之前由于各阶段数据不连续、各环节之间协同共享存在障碍而导致工程信息不透明、工程项目"水深"的现象。

15.3.3 BIM 模型的构架

BIM 模型是设施所有信息的数字化表达，是一个可以作为设施虚拟替代物的信息化电子模型，是共享信息的资源，也是建筑信息模型和建筑信息管理的基础。

人们常以为 BIM 模型是一个单一的模型，但到了实际操作层面，由于项目所处的阶段不同、专业分工不同、实现目标不同等多种原因，项目的不同参与方还必须拥有各自的模型，如场地模型、建筑模型、结构模型、设备模型、施工模型、竣工模型等。这些模型是从属于项目总体模型的子模型，但规模比项目的总体模型要小。

所有的子模型都是在同一个基础模型上生成的，这个基础模型包括了建筑物最基本的构架，如场地的地理坐标与范围、柱、梁、楼板、墙体、楼层、建筑空间等，而专业的子模型就是在基础模型的上面添加各自的专业构件形成的，这里专业子模型与基础模型的关系相当于引用与被引用的关系，基础模型的所有信息都被各个子模型共享。

15.3.4 BIM 生态系统

BIM 应用是与计算机和网络系统密切相关的。如何从软硬件的角度搭建起 BIM 应用系统的框架是 BIM 应用的必要条件，但是无论从纵向的全生命周期来说，还是从横向的各行各业的项目参与方来说，BIM 应用的广泛性都给 BIM 系统应用框架的搭建提出了很高的要求，必须保证设施全生命周期中的 BIM 应用充分实现信息交换。目前建筑业的信息表达与交换的国际标准技术是行业基础分类（Industry Foundation Class，IFC）标准，产生于 1994 年 Autodesk 公司发起的一项产业联盟，用于定义建筑信息可扩展的统一数据格式，以便在建筑、工程和施工软件应用程序之间进行交互。如何在系统中直接传递、交换 IFC 数据，就需要设置 BIM 服务器。BIM 服务器与 BIM 知识库一起组成一个以 IFC 格式为网络的数据集成与应用平台。

用户进行相关应用时可通过 BIM 服务器提取所需的信息，同时也可以对模型中的信息进行扩展，然后将扩展的模型信息重新提交给服务器，这样就实现了 BIM 数据的存储、管理、交换和应用。再进一步，如果 BIM 服务器实现以集成 BIM 为基础，就可以实现对象级别的数据管理以及权限配置，能支持多用户协作和同步修改。

15.3.5　BIM 全周期实施规划

采用 BIM 技术，不仅可以实现设计阶段的协同设计、施工阶段的建造全过程一体化、运营阶段对建筑物的智能化维护和设施管理，同时还能打破从业主到设计、施工运营之间的隔阂和界限，实现对建筑的全生命周期管理。

在 2010 年美国宾夕法尼亚州立大学的计算机集成化施工研究组经研究写成的《BIM 项目实施计划指南》第二版中，发表了 BIM 技术的 25 种常见的应用图，这 25 种应用跨越了设施全生命周期的 4 个阶段，即规划阶段（项目前期策划阶段）、设计阶段、施工阶段、运营阶段。我国借鉴上述对 BIM 应用的分类框架，结合目前的国内现状，归纳得出项目 4 阶段中的 20 种 BIM 典型应用。

15.4　智能建造

面对建筑业生产效率低、事故率高、劳动力短缺及成本逐年上升的压力，在数字化、智能化技术快速发展的背景下，智能建造被认为是行业发展的方向。

15.4.1　智能建造的定义

智能建造由"数字建造"衍化而来。一般来讲，智能建造是以 BIM、物联网、人工智能、云计算、大数据等技术为基础，可以实时自适应于变化需求的高度集成与协同的建造系统。智能建造不是一个面向单一生产环节的技术，而是一个高度集成多个环节的建造系统，即融合了设计、生产、物流和施工等关键环节（见图 15-9）。

智能建造系统由智能设计、智能生产、智能物流和智能施工组成。智能设计就是要实现设计方式与流程的智能化，既可以有效评估设计的功能性以及设计对智能生产和智能施工的支撑性，又可以对设计变更、供应变化、工厂或工地环境变化做出快速响应。

智能生产和智能施工，不是将传统的生产和施工环节简单地自动化、智能化，而是实现面向自动化和智能化的生产方式与工艺流程，并适应于设计变更、供应变化、现场环境变化等。

图 15-9　智能建造现场

而智能物流则是根据生产和施工的需要，实现原材料或构配件的智能采购和配送，同样可对设计、生产和施工中的变化做出快速响应。这些环节的有机融合，有利于实现建造过程的弹性。

智能建造云平台如图 15-10 所示。

图 15-10　智能建造云平台

15.4.2　实现智能建造

由于建造产品的唯一性、建造过程的不可重复性、建造环节的碎片性以及现场环境的复杂动态性，智能建造在实施过程中仍面临诸多困境。

1）构建跨行业多方协作机制。智能建造面向的不是一个环节，而是多个环节，这就需要各环节的执行主体共同协作来构建智能建造解决方案。同时，信息技术作为智能建造的支撑手段，相关主体也应参与整个方案的构建。因此，在顶层设计上，应构建集设计、生产、物流、施工、信息技术等多行业、多专业的联合攻关团队与协作机制。

2）加强基础技术与平台研发。BIM、物联网、人工智能、云计算、大数据等技术的快速发展及其在建筑业的推广应用，为智能建造实施奠定了良好的基础。然而，相关技术的集成度和平台的支撑度还远远无法满足智能建造系统的需要。

因此，需要加强产学研用，研发适用的智能建造基础技术与平台，支撑智能设计、智能生产、智能物流和智能施工的有效实施。

3）发展集成式智能建造装备。智能生产和施工装备或机器人是智能建造理念落地的基础。智能装备或机器人涉及单专业机器人或平台式机器人，前者一般以代替某种作业为目标，后者则以完成一项综合任务为目标。考虑到智能建造是一个集成多环节的建造系统，在智能建造装备或机器人研发时应充分考虑机器人之间的集成性、交互性和协作性。

因此，提倡发展集成多个单专业机器人的集群式建造机器人或平台式建造机器人，并加强相关装备的工程示范应用与推广。

4）协同建造工业化与智能化。建造工业化为建造智能化提供了便利条件。特别是预制构件（如混凝土构件、钢构件）的大量推广应用，突显了制造业的特点和优势，使得各个建造环节更易于融合，可有力推动智能建造的发展。

而数字化、智能化技术在建筑业的深度应用，又为预制构件的设计、生产、运输、装配等环节的有效融合提供了可能性。因此，协同推进建造工业化与智能化，将加快智能建造的发展进程，更有利于建筑业的转型升级。

智能建造作为建筑业的发展方向和新的引擎，将有利于推进建筑业的改造升级和高质量发展。相信随着智能建造的持续推进，建筑业一定能够成功转型，实现弹性建造、高效建造、高质量建造、安全建造和绿色建造的目标。

【作业】

1. 智能制造源于对人工智能的研究。其中的（　　）不仅能够在实践中不断充实知识库，而且具有自学习功能，可搜集与理解环境信息和自身的信息，并具有分析判断和规划自身行为的能力。
   A. 数字通信技术　　　　　　　　　　B. 智能制造系统
   C. 建筑信息模型　　　　　　　　　　D. 数字孪生系统

2. （　　）是指充分利用物理模型、传感器更新、运行历史等数据，在虚拟空间中完成映射，从而反映相对应的实体装备的全生命周期过程。
   A. 智能建造　　　B. 智能制造　　　C. 建筑模型　　　D. 数字孪生

3. 得益于数字化和智能化技术的发展，（　　）是以BIM、物联网、人工智能、云计算、大数据等技术为基础，可以实时自适应于变化需求的高度集成与协同的建造系统。
   A. 智能建造　　　B. 智能制造　　　C. 建筑模型　　　D. 数字孪生

4. 智能制造系统是一种由（　　）共同组成的一体化智能系统，它突出了在制造诸环节中以一种高度柔性与集成方式，借助计算机模拟人类专家的智能活动。
   ① 智能机器　　　② 数字模型　　　③ 人类专家　　　④ 技术装备
   A. ③④　　　　　B. ①②　　　　　C. ①③　　　　　D. ②④

5. 一般而言，制造系统被认为是一个复杂的相互关联的子系统的整体集成。从制造系统的功能角度，可将智能制造系统细分为（　　）和系统活动4个子系统。
   ① 设计　　　　　② 计划　　　　　③ 生产　　　　　④ 营销
   A. ②③④　　　　B. ①②③　　　　C. ①②④　　　　D. ①③④

6. 智能制造系统的理念建立在自组织、分布自治和社会生态学机理上，目的是通过（　　），自动地完成设计、加工、控制管理过程，解决适应高度变化环境的制造的有效性。
   ① 数据精准　　　② 设备柔性　　　③ 智能控制　　　④ 质地优良
   A. ①④　　　　　B. ③④　　　　　C. ①②　　　　　D. ②③

7. （　　）的本质是计算机与具有数控装置的机床群使用网络技术组成的分布在车间中的数控系统。该系统对多种通用的物理和逻辑资源整合，是未来制造业的发展趋势。
   A. 分布式数字控制　　　　　　　　　B. 多智能体系统
   C. 整子系统　　　　　　　　　　　　D. 智能逻辑布线系统

8. 与传统制造相比，智能制造系统能搜集与理解环境信息和自身信息，在实践中不断地充实知识库，具有自学习功能。它还具有（　　）特征。
   ① 人机一体化　　② 虚拟现实技术　③ 复杂超自然　　④ 自组织超柔性
   A. ①③④　　　　B. ①②④　　　　C. ①②③　　　　D. ②③④

9. 数字孪生是在一个设备或系统的基础上创造一个信息化平台上的数字版虚拟"克隆体"。相比于设计图纸，数字孪生体最大的特点在于：它是对实体对象（本体）的（　　）。
    A. 动态连接　　　　　　B. 智能架构　　　　　　C. 静态模拟　　　　　　D. 动态仿真

10. 数字孪生体"动"的依据来自（　　）。实际上，本体的实时状态，还有外界环境条件，都会复现到"孪生体"身上。
    ① 孪生体的准确模仿　　　　　　　　② 本体的物理设计模型
    ③ 本体上传感器反馈的数据　　　　　④ 本体运行的历史数据
    A. ①③④　　　　　　B. ①②④　　　　　　C. ②③④　　　　　　D. ①②③

11. 数字孪生源自工业制造领域中的"产品生命周期管理"概念。除了"会动"之外，理解数字孪生还有 3 个关键词，分别是（　　）。
    ① 全生命周期　　　　② 实时/准实时　　　　③ 灵活　　　　④ 双向
    A. ①②④　　　　　　B. ①③④　　　　　　C. ①②③　　　　　　D. ②③④

12. 建筑业中的（　　）技术是指通过数字化手段在计算机中建立出一个虚拟建筑，该虚拟建筑会提供一个单一、完整、包含逻辑关系的建筑信息库。
    A. 仿真　　　　　　B. BIM　　　　　　C. DIY　　　　　　D. 克隆

13. BIM 技术中的"信息"除了几何形状描述的视觉信息外，还包含大量的非几何信息，如（　　）等，其本质是一个按照建筑直观物理形态构建的数据库，其中记录了各阶段的所有数据信息。
    ①材料的耐火等级和传热系数　　　　② 构件的造价
    ③ 采购信息　　　　　　　　　　　　④ 行情波动信息
    A. ①③④　　　　　　B. ①②④　　　　　　C. ②③④　　　　　　D. ①②③

14. BIM 是以建筑工程项目的各项相关信息数据为基础而建立的建筑模型。BIM 从设计、施工到运营协调，以项目信息为基础构建集成流程，具有可视化、（　　）和可出图纸五大特点。
    ① 可塑性　　　　② 协调性　　　　③ 可模拟　　　　④ 可优化
    A. ①③④　　　　　　B. ①②④　　　　　　C. ②③④　　　　　　D. ①②③

15. 除了模拟、设计出建筑物的模型，BIM 还可以模拟难以在真实世界中进行操作的事件。例如在设计阶段，BIM 可以对设计进行模拟实验，如节能模拟、（　　）等。
    ① 紧急疏散模拟　　　② 日照模拟　　　③ 热能传导模拟　　　④ 知识模拟
    A. ①②③　　　　　　B. ②③④　　　　　　C. ①②④　　　　　　D. ①③④

16. （　　）是设施所有信息的数字化表达，是一个可以作为设施虚拟替代物的信息化电子模型，是共享信息的资源，也是建筑信息模型和建筑信息管理的基础。
    A. 仿真计算　　　　B. BIM 模型　　　　C. 电子合成　　　　D. 架构克隆

17. 人们常以为 BIM 模型是一个单一的模型，但到了实际操作层面，由于项目（　　）等的不同，项目的不同参与方还必须拥有各自的模型。
    ① 所处阶段　　　　② 专业分工　　　　③ 财务条件　　　　④ 实现目标
    A. ②③④　　　　　　B. ①②③　　　　　　C. ①②④　　　　　　D. ①③④

18. 智能建造系统由智能设计、智能生产、智能物流和智能施工组成。其中，（　　）是实现面向自动化和智能化的生产方式与工艺流程，并适应于设计变更、供应变化、现场环境变化等。

① 智能设计　　　② 智能生产　　　③ 智能物流　　　④ 智能施工

A. ③④　　　　　B. ①②　　　　　C. ①③　　　　　D. ②④

19. 由于（　　），智能建造在实施过程中仍面临诸多困境。

① 建造产品的唯一性　② 建造过程的可重复性
③ 建造环节的碎片性　④ 现场环境的复杂动态性

A. ①③④　　　　B. ①②④　　　　C. ①②③　　　　D. ②③④

20. 作为建筑业的发展方向和新引擎，智能建造有利于推进建筑业的改造升级和高质量发展，实现高质量建造、安全建造和（　　）的目标。

① 弹性建造　　　② 高效建造　　　③ 绿色建造　　　④ 重复建造

A. ②③④　　　　B. ①②③　　　　C. ①②④　　　　D. ①③④

第 16 章 自动规划及其方法

【导读案例】人与机器更好相处的"阿凡达"之路

1981 年,年轻的詹姆斯·卡梅隆做了一个奇怪的梦,他梦见自己被机器人追杀,几年后,他将梦境搬上大银幕,以《终结者》这一形象征服了全世界观众,而在多年后回忆自己的创作动机,他说道:"机器是我们的梦想,可能也是噩梦,问题在于人类和机器能否共同打造未来。"

这个问题直到今天仍然没有定论,但卡梅隆以自己的方式给出了一个方向——在创作影片《阿凡达》的过程中,"将人类智力注入遥控的生物身体中"(即所谓的"化身")这一概念成为整个故事的背景。这也指出了人与机器人在未来世界共存的另一种可能性。

由日本全日空(ANA)赞助的机器人赛事 Avatar XPRIZE,旨在全球寻找以人类智慧远程操控机器人的"阿凡达机器人"的优秀团队。如果团队能使用"化身"完成数十项挑战,则有机会获得千万美元大奖。

奖金或许只是奖励,但是团队的尝试或许会成为人类"阿凡达"之路的重要一环。

更"接地气"的机器人大赛

与其他机器人比赛有所不同,面向机器人领域的 Avatar XPRIZE 的目的是寻找能够将人类感官、行为和存在实施部署至遥远地点的化身系统(即 Avatar),从而打造出联系更加紧密的世界。显然,这样的目标相较于更加科幻的 AI 机器人来说显得更接地气。

正如其首席执行官阿努什·安萨里所说:"当某地出现危机时,另一个国家的人足不出户就能为其提供援助。"这种虚拟化身的方式将解决现实世界的问题,正是这种特殊之处让 Avatar XPRIZE 具有更贴近当前产业结合的现实意义。

正如大赛名称所代表的含义,该比赛更多地强调机器人是一种化身,而不是一种工具。操作员需要能够识别他们的机器人正在触摸的物体,听到机器人听到的声音,看到机器人看到的画面,并需要通过温度传感感知温度,这也是为何你会看到参赛队伍都在采用类似头戴式 VR 设备的重要原因。

其次,XPRIZE 将使用模拟的"高质量"网络连接,其中,可靠性、带宽、延迟和抖动将代表最佳可用的公共互联网服务。对于使用了 VR 设备,追求尽可能高同步率的 Avatar XPRIZE 比赛来说,网络质量相较于其他比赛会更胜一筹。

还有一点值得注意,参赛队伍必须在 20 min 或更短的时间内完成设定的目标,这实际上也变相增加了难度。

Avatar XPRIZE 不仅考验参赛队伍设计出的机器人的灵敏度和多功能性,还对队伍的熟练度提出了很高的要求。这些都暗示了比赛项目一旦能够实现,将对现实具有的重要意义。

从现实世界寻找"未来之路"

作为一项人机协作的赛事,Avatar XPRIZE 设定的任务看起来较基础,但多样化,不仅仅是针对灾难场景,还有很多看似非常日常的任务目标。并且,现场也会给出其他的任务要求，虽然整体来看，这些项目的难度并不大，但要在特定时间内完成却更加复杂。表 16-1 是此前比赛时的项目，从中我们也可看出该比赛的特点。

表 16-1　比赛项目参考

示范	任务	分数
方案 1 提供"关心" （20 min）	在养老院看望你的亲戚 服用晨间药物（药丸和液体） 把轮椅推到 5 m 高的坡道上，进入公共休息室 与员工讨论可以进行的日常活动 在架子上的盒子里找出国际象棋或者围棋 拿起它，把它放到一个桌子上，并把它设置为游戏 把亲戚推送到医疗站 大声朗读书面检查报告并签字 把亲戚推下斜坡，回到原来的位置 从轮椅上拿一条毯子，叠好放在架子上	100 分
方案 2 "灾难救援" （20 min）	用铲子把 20 kg 的碎片装进手推车里 将手推车推 10 m 至发货区 用铲子把手推车上的东西卸下来 回到原来的位置，听呼救声 找到求救信号的来源 在一个粗糙的泥土表面向前走到那个位置 拿起一根末端加重的盘绕的绳子 把有重量的绳子一端朝声音的方向扔过去 转头，大声呼救 把未加重量的绳子一端交给助手	200 分
方案 3 多用途效用 （20 min）	找到一组说明并大声读出来 将指定数量的液体从一个烧杯倒入另一个烧杯 用勺子收集指定的粉末样本 将图纸展开到一张平桌上，在它的角上压上重物 使用量角器直尺和机械铅笔画画，画出平面上相交 45° 的两条线 确认电器控制器上的一个损坏的插件组件 步行 6 m 走到工作台，在上面焊接一根电线 返回控制台并更换组件	300 分

这些动作每一项看起来都很平常，但综合在一起却能体现出在特定场景中的复杂性，而一旦能够操控机器人快速完成，就意味着参赛队伍能够让机器人在一些特殊场景发挥出实际作用。例如，在 2021 年半决赛中获得第一名的 NimbRo，是来自德国波恩大学自主智能系统实验室的机器人，由一个操作员站点和一个可移动化身机器人组成（见图 16-1）。

机器人有一个类似人类的上半身、两条手臂和一双具有 5 个指头的双手，头部则装备了广角摄像头、麦克风阵列和展示操作员面部表情的显示器（见图 16-2）。

图 16-1　德国波恩大学自主智能系统实验室的 NimbRo 在进行比赛

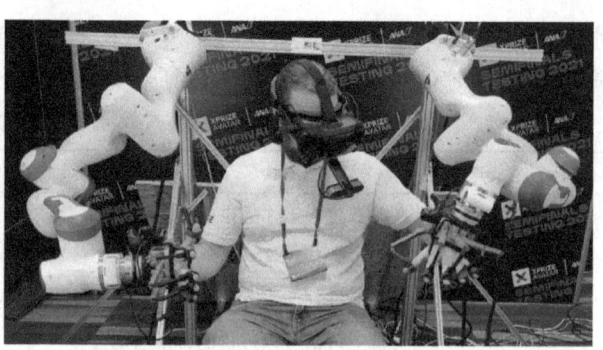

图 16-2　NimbRo 团队在操控机器人

在远程操控过程中，机器人能将操作员的面部表情和声音实时同步到现场，这一过程由 VR 头戴设备内的多个摄像头和眼球追踪技术得以实现，而其头部和手部动作则会被捕捉并传输给机器人，操作员通过 VR 设备控制器以及手部操控装置来"化身"成机器人完成各种动作。

NimbRo 机器人团队指出，操作者可以通过手腕上的力-扭矩传感器来感受化身机器人后手掌抓握时的力度，也能通过电机的电流感应刺激感受到手指的细微触感。

利用这套设备，在半决赛时，NimbRo 机器人完成了包括煮咖啡、下棋、玩拼图游戏、测量高血压、体温、血氧饱和度等操作，还帮助需要帮助的人穿上夹克，这都让这台机器人具有更大的现实意义。

类似地，由伊利诺伊大学厄巴纳-香槟分校（UIUC）研发的 Avatrina 机器人也将 VR 技术与机器人技术进行融合，通过操控人员的 VR 设备来实现机器人的实时动作（见图 16-3）。

Avatrina 配备了视觉和听觉系统，可以让远程操控人员和机器人面前的人进行沟通，而机器人也能通过头部的平板计算机（即机器人的脸）看到机器人面前的一切。

在很多团队看来，这种机器人与 VR 技术结合的方式，让人类距离未来世界更进了一步。相较于其他实现方式，该领域面临的问题并不那么致命，如网络延迟、VR 设备的分辨率和视角不够高、化身机器人不够灵活等，这些都是会随着时间推移逐渐解决的。

更重要的是，这种通过人来远程操控机器人的方式，在日益严重的"AI 取代人类"的焦虑中找到了另一种解决办法。想象一下，当获胜团队能够结合最先进的技术，让任何未经培训的操作员在非常短的时间内训练之后，远程操控 100km 外的化身机器人，在特定环境中完成从简单到

图 16-3　伊利诺伊大学厄巴纳-香槟分校团队的 Avatrina 机器人

复杂的各种任务，就会颠覆商业领域的部分工作形式，如商场引导、酒店服务、景区旅游、产品销售等，均可以在人们足不出户的情况下完成，并节约大量资源。

正如伊利诺伊大学厄巴纳-香槟分校计算机科学教授克里斯·豪瑟所说："虚拟体验不会完美替代所有面对面的互动，即使可以替代 50% 的出行，这仍然是时间、成本和能源消

耗方面的巨大胜利。"

"阿凡达"照进现实

在机器人研究中，具有自我决策能力的 AI 机器人作为当下最热门的话题时常登上热搜，也伴随"AI 取代人类"的焦虑被不断讨论，实际情况或许并非如此。

如今的我们可以看到，无论是深空之中的太空舱机械臂，还是家庭当中的机器人助手，人类通过远程控制机器人完成一些特定工作早已成为现实，而 Avatar XPRIZE 的目标则是再向前一步，让机器和人的结合更加紧密。

一些可远程操控的机器人已经被用于为隔离在家的患者提供远程医疗服务，与亲人交流，通过远程操控还可以完成喷洒药物，或者进行紫外线消毒等任务。而更进一步，它们还出现在手术操作、爆炸物处理甚至太空探索中。在克里斯·豪瑟教授眼中，这类机器人是应对老龄化的重要工具，正如他所说："化身机器人即将出现的最大机遇之一是家庭保健。由于人口老龄化，美国到 2035 年将会出现超过 100 万的家庭保健助理缺口。老年人需要的很多帮助都是相当常规的，如果你可以在半夜登录机器人的虚拟化身，花 10 min 来帮助他们，而不必聘请全天候护理，那么对很多家庭来说将是一个巨大的帮助。"

更实际一些的应用在于，化身机器人与我们如今常见的商用 AI 机器人还能相互结合，实现 1+1>2 的效果。

从某种意义上看，机器人技术的发展和现在正火热的自动驾驶类似，终极目标是 L4、L5 级别的完全自动驾驶汽车。但是，要真正达到这个目标，仍然需要很长的路要走。在此之前，人类驾驶员依然是主角。

在科学家能够研发出"终结者"一样的通用 AI 型机器人之前，使用 VR 等方式将远方的人类作为操作和决策主体，可能是未来机器人发展的重要变量和非常可行的方式之一。

Avatar XPRIZE 大赛所展示的正是人类向"阿凡达"机器人方向的努力。

规划一系列动作是人工智能技术中智能体的关键需求，而正确表示的动作和状态以及正确的算法则可以使规划变得更容易。

自动规划是一种重要的问题求解技术（见图 16-4）。与一般问题的求解相比，自动规划更注重问题的求解过程，而不是求解结果。此外，规划要解决的问题，如机器人世界问题，往往具有真实性，而不是比较抽象的数学模型问题。与一些求解技术相比，自动规划系统与专家系统均属于高级求解系统与技术。

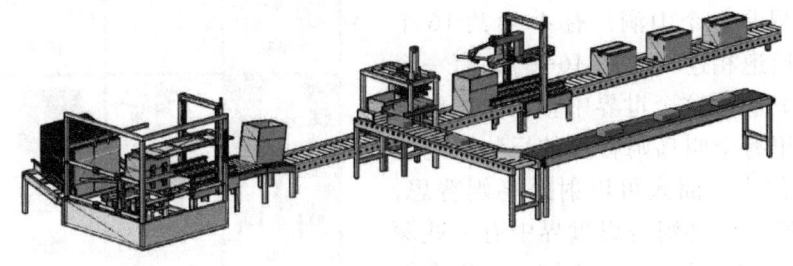

图 16-4　自动装箱规划

16.1　规划的概念

所谓规划，是指个人或组织制订的比较全面长远的发展计划，是对未来整体性、长期性、基本性问题的考量，以设计未来的整套行动方案。规划是融合多要素、多人士看法的某一特定领域的发展愿景，它代表了人类为实现目标而对活动进行调整的一种自我意识和能力。

在日常生活中，规划意味着在行动之前决定其进程，或者说，是在执行一个问题求解程序之前，计算该程序具体执行的过程。规划可用来监控问题求解过程，并能够在造成较大危害之前发现差错。规划的好处可归纳为简化搜索、解决目标矛盾及为差错补偿提供基础。

规划有两个突出的特点：一是为了完成任务可能需要一系列确定的步骤；二是定义问题解决方案的步骤顺序可能是有条件的。也就是说，构成规划的步骤可能会根据条件进行修改（称为条件规划）。

一个规划是一个行动过程的描述，它虽然可以是像商品清单那样的没有次序的目标列表，但一般都具有某个目标的蕴含排序。例如，一个机器人要搬动某工件，就必须首先移动到该工件附近，抓住该工件，然后带着工件移动。

大多数规划都具有子规划结构，具有分层结构的每个子目标都由达到此目标的比较详细的子规划确定，最终得到的规划是某个问题求解算符的线性或分步排序。

规划的概念很多，具体可以整理成如下几点：

1）从某个特定的问题状态出发，寻求一系列行为动作并建立一个操作序列，直到求得目标状态为止，这个求解过程就是规划。

2）规划是关于动作的推理，它是一种抽象但清晰的深思熟虑的过程。该过程通过预期动作的期望效果，选择和组织一组动作，其目的是尽可能好地实现一个预先给定的目标。

3）规划是针对某个待求解问题给出求解过程的步骤，规划设计如何将问题分解为若干相应的子问题，记录和处理问题求解过程中发现的子问题间的关系。

4）规划系统是一个涉及有关问题求解过程的步骤的系统。

把某些较复杂的问题分解为一些较小的子问题，有两条实现这种分解的重要途径。第一条是当从一个问题状态移动到下一个状态时，无须计算整个新的状态，而只要考虑状态中可能变化了的那些部分。第二条是把单一困难问题分解为几个有希望较为容易解决的子问题。

16.2 人工智能的乌姆普思世界

这是一个简单的世界示例。乌姆普思（Wumpus）世界是一个山洞，有4×4共16个房间，房间与通道相连（见图16-5），有一个商人（智能体）将在这个世界中移动。山洞里的某一间屋子里有个叫乌姆普思的怪物，它会吃掉进屋的任何人。商人可以射杀乌姆普思，但他只有一支箭。在乌姆普思世界中有一些深坑洞室（PIT），如果商人落在深坑中，则会被永远困在坑里。令人兴奋的是，洞穴中有一个房间里有可能找到一大堆金子。因此，商人的目标是找到金子并爬出洞穴，而不会掉落坑中或被乌姆普思吃掉。如果商人带金子出来，就

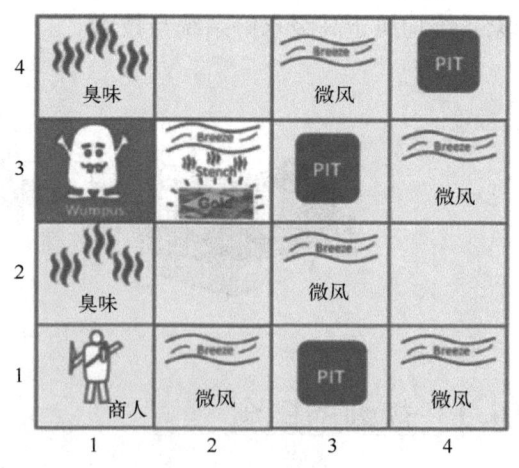

图16-5 乌姆普思世界

会得到奖励；如果被乌姆普思吃掉或掉进坑里，就会受到惩罚。

16.2.1 描述乌姆普思世界

为解释乌姆普思世界，对任务环境做如下描述。

1）性能指标：
- 如果商人带着金子从乌姆普思世界中出来，则可获得1000点奖励积分。
- 被乌姆普思吃掉或掉进坑里，点数为-1000分。
- -1表示每个操作，-10表示使用箭。
- 如果商人死亡或从山洞出来，游戏就结束。

2）环境：
- 4×4的房间网格。
- 商人最初位于房间正方形[1,1]中，朝向右侧。
- 除了第一个正方形[1,1]以外，都是随机选择乌姆普思和金子的位置。
- 除第一个正方形以外，洞穴中每个正方形是坑室的概率为0.2。

3）执行器：左转、右转、前进、抓取、发布、射击。

4）传感器：
- 如果商人进到与乌姆普思相邻的房间（不是对角线的），会闻到恶臭。
- 如果商人进到与坑室相邻的房间，会感觉到微风。
- 商人能感知到放有金子的房间中的闪光。
- 商人走向墙壁会感觉到撞击。
- 射杀乌姆普思时，它会发出可怕的尖叫声，这在山洞的任何地方都可以感觉到。
- 这些感知可以表示为5个元素列表。例如，如果商人闻到恶臭或者感到微风，但没有闪光，没有碰撞和尖叫声，则可以表示为[恶臭,微风,无,无,无]。

5）乌姆普思世界：
- 部分可观察：因为商人只能感知附近的环境，如相邻的房间。
- 确定性的：因为世界的结果是已知的。
- 顺序的：顺序很重要。
- 静态：乌姆普思和深坑不移动，是静态的。
- 离散的：环境是离散的。
- 一个智能体（商人）：环境中只有一个智能体，乌姆普思不被视为智能体。

16.2.2 探索乌姆普思世界

现在我们来探索乌姆普思世界，并通过逻辑推理来确定商人如何找到目标。

步骤1：商人位于第一个房间，即正方形[1,1]上，并且已知该房间对商人是安全的。因此，图16-6a表示该房间是安全的。符号A代表商人，符号B代表微风，符号G代表闪光或金子，符号V代表已访问过的房间，符号P代表深坑，符号W代表乌姆普思。在[1,1]室，商人不会感到微风或恶臭，这意味着相邻的正方形也是安全的。

步骤2：商人需要向前移动，因此它将移动到[1,2]或[2,1]。假设移动到房间[2,1]，商人感知到微风，这意味着坑在这个房间周围，可能在[3,1]或[2,2]中有坑室。

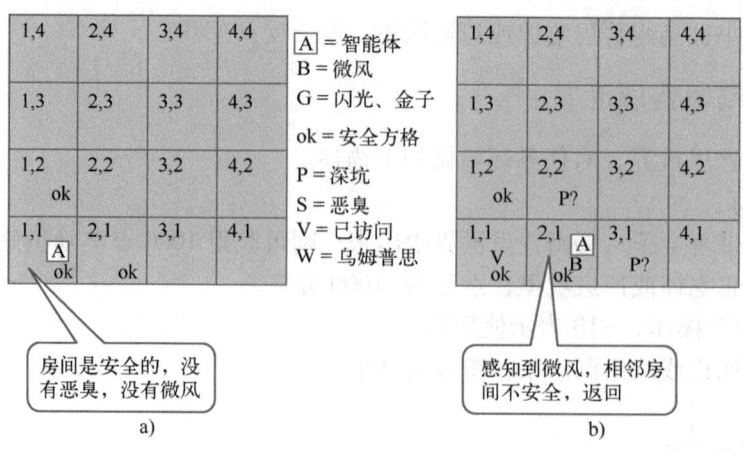

图 16-6 探索乌姆普思世界的步骤 1 和步骤 2

现在，商人停止思考，不采取任何措施，回到[1,1]房间。商人访问过房间[1,1]和[2,1]，因此使用符号 V 表示访问过的正方形。

步骤 3：商人移动到房间[1,2]（见图 16-7），这时商人闻到恶臭，这意味着附近有乌姆普思。而按照游戏规则，乌姆普思不能在房间[1,1]中，也不在[2,2]中（商人在[2,1]时没有闻到恶臭），因此推断出乌姆普思在房间[1,3]中，并且当前状态下没有微风，这意味着在[2,2]中没有深坑也没有乌姆普思，是安全的，将其标记为 ok。商人在[2,2]中进一步移动。

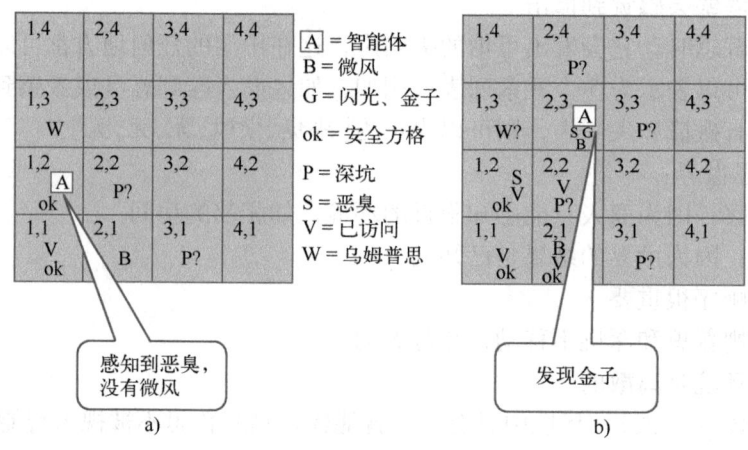

图 16-7 探索乌姆普思世界的步骤 3 和步骤 4

步骤 4：在房间[2,2]中没有恶臭，也没有微风，所以我们假设商人决定移动到[2,3]。在[2,3]房间，商人感知到闪光，他抓住金子并爬出洞穴。

16.3 什么是自动规划

自动规划属于高级的求解系统与技术。由于自动规划系统具有广泛的应用场合和应用前景，因而引起人们的浓厚兴趣并取得了许多研究成果。

扫码看视频

16.3.1 定义经典规划

经典规划定义为在一个离散的、确定性的、静态的、完全可观测的环境中，找到完成目标的一系列动作的任务。完成这个任务的方法受到两个限制。首先，对于每个新领域，它们都需要特定的启发式方法：用于搜索的启发式评价函数和用于混合乌姆普思智能体的人工代码。其次，它们都需要明确地表示指数量级的状态空间。例如，在乌姆普思世界的命题逻辑模型中，向前移动一步的公理只能在所有 4 个智能体朝向、T 个时间步和 n 个当前位置重复。我们来看另外两个例子。

1）范例 1：积木世界问题。这是最著名的规划领域之一，这个问题由一组立方体形状的积木组成，积木放在一张任意大的桌子上。积木可以堆叠，但只有一块积木可以直接放在另一个上面。机械臂可以拿起一块积木并将其放到另一个位置，可以放在桌子上，也可以放在另一块积木上。机械臂一次只能拿一块积木，因此它无法拿起上面有另一块积木的积木。一个典型的目标是使积木 A 在积木 B 上，并且积木 B 在积木 C 上（见图 16-8）。

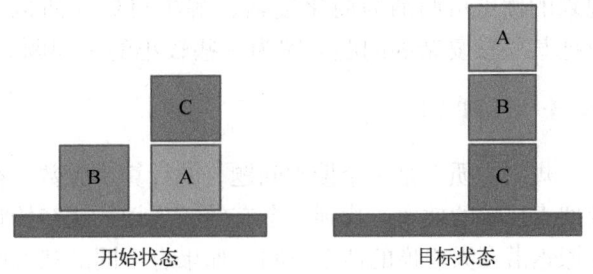

图 16-8　积木世界问题的示意图

2）范例 2：备用轮胎问题。考虑更换瘪气轮胎的问题。其目标是在车轴上正确安装一只备用轮胎，而初始状态是车轴上有一只瘪气轮胎，后备箱里有一只备用轮胎。为简单起见，我们对这个问题的描述是抽象的，不考虑难拧的螺母之类的复杂问题。问题只有 4 种动作：从后备箱取出备用轮胎；从车轴上卸下瘪气轮胎；把备用轮胎装在车轴上；把汽车留下，整夜无人看管。我们假设汽车停在一个特别糟糕的街区，因此"把汽车留下，整夜无人看管"的效果是轮胎不见了。

16.3.2 自动规划问题

规划一直是人工智能研究的活跃领域，包括机器人技术、流程规划、基于 Web 的信息收集、自主智能体、动画和多智能体。人工智能中，一些典型的规划问题如下：

1）对时间、因果关系和目标的表示与推理。
2）在可接受的解决方案中，物理和其他类型的约束。
3）规划执行中的不确定性。
4）如何感觉和感知"现实世界"。
5）可能合作或互相干涉的多个智能体。

以机器人规划与问题求解作为典型例子来讨论自动规划，是因为机器人规划能够得到形象和直观的检验，它是机器人学的一个重要研究领域，也是人工智能与机器人学一个令人感兴趣的结合点。机器人规划的原理、方法和技术可以推广应用到其他规划对象或系统。

虽然通常我们会将规划和调度视为相同的问题类型，但它们之间有一个明确的区别：规划关注"找出需要执行哪些操作"，而调度关注"计算出何时执行动作"。即规划侧重于为实现目标选择适当的行动序列，而调度侧重于资源约束（包括时间）。可以把调度问题当作规划问题的一个特例。

在人工智能领域，所有规划问题的本质就是将当前状态（可能是初始状态）转变为所需目标状态。求解规划问题所遵循的步骤顺序称为操作符模式。操作符模式表征动作或事件（可互换使用的术语）。操作符模式表征一类可能的变量，这些变量可以用值（常数）代替，构成描述特定动作的操作符实例。"操作符"这个术语可以用作"操作符模式"或"操作符实例"的同义词。

16.4 规划方法

规划可用来监控问题求解过程，并能够在造成较大的危害之前发现差错。规划的优点可归纳为简化搜索、解决目标矛盾以及为差错补偿提供基础，以及把某些较复杂的问题分解为一些较小的子问题。

扫码看视频

16.4.1 规划即搜索

规划本质上是一个搜索问题，就计算步骤数、存储空间、正确性和最优性而言，这些都涉及搜索技术的效率。找到一个有效的规划，从初始状态开始，并在目标状态处结束，一般要涉及探索潜在大规模的搜索空间。如果有不同的状态或部分规划相互作用，事情就会变得更加困难。因此，研究结果也证明了，即使是简单的规划问题在大小方面也可能是指数级的。

1. 状态空间搜索

早期的规划工作集中在游戏和拼图的"合法移动"方面，观察是否可以发现一系列的移动将初始状态转换到目标状态，然后应用启发式来评估到达目标状态的"接近度"——这些技术已经应用到规划领域了。

2. 中间结局分析

最早的人工智能系统的一般问题求解器（GPS）使用了一种称为"中间结局分析"的问题求解和规划技术，中间结局分析背后的主要思想是减少当前状态和目标状态之间的距离。也就是说，如果要测量两个城市之间的距离，那么算法将选择能够在最大程度上减少到目标城市距离的"移动"，而不考虑是否存在机会从中间城市到达目标城市。这是一个贪心算法，它对所到过的位置没有任何记忆，对其任务环境没有特定的知识。

例如，你想从美国的纽约到加拿大的渥太华，距离是 682 km，估计需要约 9 h 的车程。飞机只需要 1 h，但由于这是一次国际航班，费用高达 600 美元。

对于这个问题，中间结局分析自然偏向飞行，但这是非常昂贵的。一个有趣的可替代方法是结合了时间和金钱的成本效率，同时允许充分的自由，即飞往纽约州锡拉丘兹（最接近渥太华的美国大城市），然后租一辆车，开车到渥太华。注意到，就推荐的解决方案而言，可能会有一些关键性因素。例如，必须考虑租车的实际成本、将在渥太华度过的天数以及是否真的需要在渥太华开车。根据这些问题的答案，可以选择公共汽车或火车来满足部分或全部的交通需求。

3. 规划中的各种启发式搜索方法

状态空间（非智能、穷尽）的搜索技术可能会导致巨大的探索工作量，为此简要介绍为此开发的各种启发式搜索方法。

1）最小承诺搜索。这是指"规划器的任何方面，只有在受到某些约束迫使的情况下，才承诺特定的选择"。比如，你打算搬到一所新的公寓，你根据自己的收入水平选定合适的城镇和社区，而不需要决定将要居住的区块、建筑和具体的公寓，这些决定可以推迟到更晚、更适合的时间做出。

2）选择并承诺。这是一种独特的规划搜索技术，这种方法并不能激发太多的信心。它是指基于局部信息（类似于中间结局分析）的遵循一条解决路径的新技术，它通过做出的决策（承诺）得到测试。使用这种方式测试的其他规划器可以集成到稍后的规划器中，然后可以搜索替代方案。当然，如果对一条路径的承诺没有产生解，就会存在问题。

3）深度优先回溯。这是考虑替代方案的一种简单方法，特别是当只有少数解决方案可供选择时。这种方法涉及在有替代解决方案的位置保存解决方案路径的状态，选中第一个替代路径，备份搜索；如果没有找到解决方案，则选择下一个替代路径。通过部分实例化操作符来查看是否已经找到解决方案，测试这些分支的过程被称为"举起"。

4）集束搜索。它与其他启发式方法一起实现，选择"最佳"解决方案，也许是由集束搜索建议子问题的"最佳"解决方案。

5）主因最佳回溯。通过搜索空间的回溯，虽然可能得到解决方案，但是在多个层次中需要探索的节点数量庞大，所以这可能非常昂贵。主因最佳回溯花费更多的努力，确定了在特定节点所备份的局部选择是最佳选择。

作为一个类比，让我们回到选择生活在某个城镇的问题。考虑候选城镇的两个主要因素是距离和价格，根据这些因素来找到最理想的区域。但是现在，我们必须在可能的 5～10 个合理候选城镇中做出决定，为此必须考虑更多的因素。

① 学校设置怎么样（为了小孩）？
② 在这个地区购物是否便利？
③ 这个城镇安全吗？
④ 它距离中心区域有多远（运输）？
⑤ 这个地区有哪些景点？

当进行评估时，基于公寓的价格和每个候选城镇到工作地点的距离，再加上上述 5 个附加因素，应该可以选择一个城镇，然后继续进行搜索，进而选择一处适当的公寓。一旦选定了城镇，就可以查看这个城镇某些公寓的可用性和适用性。如果有必要，则可以重新评估其他城镇的可能性，并选择另一个城镇（基于两个主要因素和五个次要因素）作为主要选择。这就是主因最佳回溯算法的工作原理。

6）依赖导向式搜索。回溯到保存状态并恢复搜索可能带来极大的浪费。实践证明，存储决策之间的依赖关系所做出的假设和可以做出选择的替代方案可能更有用、更有效。通过重建解决方案中的所有依赖部分，系统避免了失败，同时不相关的部分也可以保持不变。

7）机会式搜索。该方法基于可执行的最受约束的操作。所有问题求解组件都可以将其对解决方案的要求归结为对解决方案的约束，或对表示被操作对象的变量值的限制。操作可以暂停，直到有进一步的可用信息。

8）元级规划。这是从各种规划选项中进行推理和选择的过程。一些规划系统具有类似操作符表示的规划转换可供规划器使用。系统执行独立的搜索，在任何点上都确定最适合应用哪个操作符。这些动作发生在做出任何关于规划应用的决策之前。

9)分布式规划。系统对一群专家分配子问题,让他们求解这些问题,在通过黑板进行沟通的专家之间传递子问题并执行子问题。

这里总结回顾了在规划中使用的搜索方法。人工智能的自动规划领域已经开发了一些技术来限制所需要的搜索量。

16.4.2 部分有序规划

部分有序规划(POP)被定义为"事件(操作符)的某个子集可以实现、达到目标,而无须特别关注执行步骤的顺序"。在部分有序规划器中,可以使用操作符的部分有序网络表示规划。在制定规划的过程中,只有当问题请求操作符之间存在有序链时,才引进它。在这个意义上,部分有序规划器表现为最小承诺。相比之下,完全有序规划器使用操作符序列表示其搜索空间中的规划。

部分有序规划通常有以下 3 个组成部分。

1)动作集。如 {开车上班,穿衣服,吃早餐,洗澡}。
2)顺序约束集。如 {洗澡,穿衣服,吃早餐,开车去上班}。
3)因果关系链集。如穿衣服→开车去上班。

这里的因果关系链是,如果你不想没穿衣服就开车,那么请在开车上班前穿好衣服。在不断完善和实现部分规划时,这种链有助于检测和防止不一致。

在标准搜索中,节点等于具体世界(或状态空间)中的状态。在规划世界中,节点是部分规划。因此,部分规划包括以下内容。

- 操作符应用程序集 S_i。
- 部分(时间)顺序约束 $S_i < S_j$。
- 因果关系链 $S_i \longrightarrow S_j$。

操作符是在因果关系条件上的动作,可以用来获得开始条件。开始条件是未被因果关系链接的动作的前提条件。

这些步骤组合,形成一个部分规划:

- 为获得开始条件,使用因果关系链描述动作。
- 从现有动作到开始条件的过程中,做出因果关系链。
- 在上述步骤之间做出顺序约束。

图 16-9 描绘了一个简单的部分有序规划。这个规划在家开始,在家结束。

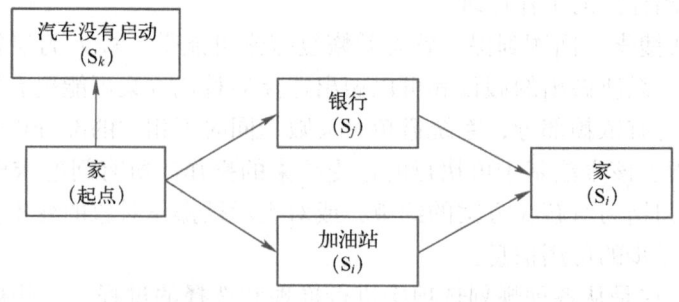

图 16-9 一个简单的部分有序规划

在部分有序规划中，不同的路径（如首先选择去加油站还是去银行）不是可选规划，而是可选动作。如果每个前提条件都能达成（我们到银行和加油站，然后安全回家），就说规划完成了。当动作顺序完全确定后，部分有序规划就成了完全有序规划。例如，如果发现汽车的油箱几乎是空的，当且仅当达成每个前提条件时，规划才能算完成。当一些动作 S_k 发生时，阻止了我们实现规划中的所有前提条件，阻碍了规划的执行，我们就说发生了对规划的威胁。威胁是一个潜在的干扰步骤，阻碍因果关系达成条件。

在上面的例子中，如果车子没有启动，那么这个威胁就可能会推翻"最好的规划"。

总之，当与良好的问题描述结合时，部分有序规划是一种健全的、完整的、有效的规划方法。如果失败，那么它可以回溯到选择点，但它对子目标的顺序非常敏感。

16.4.3 分级规划

并不是所有的任务都处于同一个重要级别，一些任务必须在进行其他任务之前完成，而其他任务可能会交错进行。层次结构有助于降低复杂性。

分级规划通常由动作描述库组成，而动作描述包含了执行组成规划的一些前提条件的操作符。其中一些动作描述被"分解"成多个子动作，在更详细（较低）的级别上操作。因此，一些子动作被定义为"原语"，即不能进一步分解为更简单的任务。

在实际应用中，分级规划已经得到广泛部署，如物流、军事运行规划、危机应对（如漏油）、生产线调度、施工规划，又如任务排序、卫星控制的空间应用和软件开发。

16.4.4 基于案例的规划

基于案例的推理是一种经典的人工智能技术，它描述某个世界中状态的先前实例，确定新情况与先前情况的相符程度。在基于案例的规划中，学习的过程是通过规划重演以及通过在类似情况下工作过的先前规划进行"派生类比"。基于案例的规划侧重于应用过去的成功规划以及从过去失败的规划中恢复。

基于案例的规划器设计用于寻找以下问题的解决方案：

- 规划内存表示是指决定存储的内容以及如何组织内存的问题，以便有效及高效地检索和重用旧规划。
- 规划检索处理检索一个或多个解决过类似当前问题的规划问题。
- 规划重用解决为满足新问题而能够重新利用（适应）已检索的规划的问题。
- 规划修订是指成功测试新规划，如果规划失败了，则修复规划的问题。
- 规划保留处理存储新规划的问题，以便用于将来的规划。通常情况下，如果新规划失败了，则此规划与一些导致其失败的原因一起被存储。

基于案例的规划器使用合理的局部选择，积累和协商成功的规划。重复使用部分匹配所学习到的经验，新问题只需要相似就可以重新使用规划，这样所学的片断就不需要为其正确性做解释，因此也就不需要完整的领域理论。在局部决策中的学习可以增加所学知识的转移（但是也增加了匹配成本），因此还需要定义规划情况之间的相似性度量。为了完成此类任务，现代规划系统通常与机器学习方法相关联。

16.4.5 规划方法分析

规划结合了人工智能的两个主要领域：搜索和逻辑。一个规划器可以被看作一个搜索解的程序，或者是一个（构造性地）证明解存在的程序。这两个领域的思想相互渗透，使规划器能够从动作和状态数量为十几个的玩具问题扩展到具有数百万状态和数千动作的实际工业应用。

规划首先是一种控制组合爆炸的方法。如果一个领域中有 n 个命题，那么就有 2^n 个状态。为应对这种悲观情况，找出独立子问题可能是一个强大的武器。最好的情况下是问题完全可分解，我们会得到指数级的加速。然而，动作之间的负相互作用破坏了可分解性。

遗憾的是，我们还没有清楚地了解哪种技术对哪种类型的问题最有效。新技术很可能还会出现，也许会提供一种具有高度表现力的方法的整合，并具有当今占主导地位的高效因子化表示和命题化表示。我们可以看到一些组合规划系统正在出现，它们的算法集可用来求解任意给定的问题。这既可以是选择性的（系统对每个新问题进行分类以选择最佳算法），也可以是并行的（所有算法都同时运行在不同的 CPU 上），或者根据调度轮流执行算法。

16.5 时间、调度和资源

经典的规划讨论的是要做什么、以什么顺序，但不讨论时间：动作需要多长时间以及何时发生。例如，在机场领域，我们可以生成一份规划，说明哪些飞机要去哪里、携带什么，但不能指定起飞和到达时间——这是调度所讨论的主题。

真实世界还存在资源约束，比如航空公司的员工数量有限，一名乘务员不能同时执飞两个航班。我们来了解资源约束下解决规划和调度问题的技术，采取的方法是"先规划，后调度"：整个问题划分成在顺序约束下选择动作以达到问题目标的规划阶段、之后为规划添加时间信息来确保它符合资源和截止时间约束的调度阶段。这种方法在真实世界的制造业和物流场景中很常见，其中规划阶段有时是自动化的，而有时由人类专家进行。

16.5.1 时间约束和资源约束的表示

典型的作业车间调度问题由一组作业组成，每个作业都有一组动作，这些动作之间有顺序约束。每个动作都有一个持续时间和一组动作所需的资源约束。约束指定资源的类型（如螺钉、扳手或飞行员）、所需资源的数量、资源是否是消耗型的（如螺钉不可再用）或可复用的（如一个飞行员飞行期间没有空，但在飞行结束后可再次执飞下个航班）。动作也可以产生资源（如制造动作和再供应动作）。

作业车间调度问题的解决方案指定了每个动作的开始时间，并且必须满足所有的时间顺序约束和资源约束。与搜索和规划问题一样，解决方案可以根据代价函数进行评估，这可能非常复杂，存在非线性资源成本、依赖于时间的延迟成本等。为简单起见，我们假设成本函数就是规划的总持续时间，称为最大完工时间。

16.5.2 解决调度问题

从忽略资源约束，只考虑时间调度问题开始。为了最小化最大完工时间（规划持续时间），必须找到与问题提供的顺序约束一致的所有动作的最早开始时间，将这些顺序约束视为与动作相关的有向图会很有帮助。

我们可以应用关键路径方法，以确定每个动作可能的开始时间和结束时间。关键路径是总持续时间最长的路径，这条路径之所以是"关键的"，是因为它决定了整体规划的持续时间。缩短其他路径并不会缩短整体规划，但是延迟关键路径上的任何动作的开始时间都会减慢整体规划的进度。不在关键路径上的动作有一个执行时间窗口。窗口由最早可能开始时间（ES）和最晚可能开始时间（LS）指定。LS-ES的量称为动作的松弛。所有动作的ES和LS一起构成了问题的调度。

从数学上讲关键路径问题容易求解，当引入资源约束时，在开始时间和结束时间上产生的约束将变得更加复杂。

到目前为止，我们假设动作集和顺序约束是固定的。在这些假设下，每个调度问题都可以通过避免所有资源冲突的不重叠序列来求解，只要每个动作本身是可行的。然而，如果一个调度问题被证明是非常困难的，那么以这种方式求解可能不是一个好主意，更好的方法是重新考虑动作和约束，也许会产生一个简单得多的调度问题。因此，通过在规划的构建过程中考虑持续时间和重叠部分来整合规划与调度是有意义的。

16.6 自动规划的应用

在魔方拼图和15拼图（见图16-10）的移动方块示例中可以找到熟悉的规划应用，其中包括国际象棋、桥牌以及调度问题。由于运动部件的规律性和对称性，这些领域非常适合开发和应用规划算法。计算机和机器人视觉领域的一个典型问题是试图让机器人识别墙壁和障碍物，在迷宫中移动并成功地到达其目标。如图16-11所示，机器人不仅需要从A移动到B，还需要能够识别墙壁并进行妥善处理。

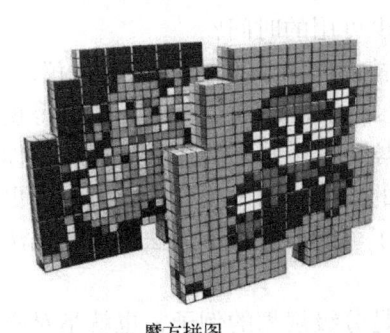
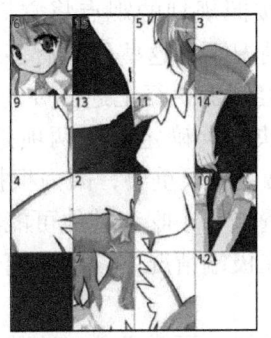

魔方拼图　　　　　　　　　　15拼图

图16-10　魔方拼图与15拼图示例　　　　　图16-11　一个典型的迷宫问题

在设计和制造应用中，人们应用规划来解决组装、可维护性和机械部件拆卸问题。人们使用运动规划，自动计算从组装中移除零件的无碰撞路径。

在视频游戏中，自动智能可以用来生成精彩的、独特的、类似人类的角色。动画师的目标是开发具有人类演员特征的角色，同时能够设计高层次的运动描述，使得这些运动可以由智能体执行。这是一个非常详细的、费力的逐帧过程，动画师希望通过规划算法的发展来减少这些过程。

将自动规划应用在计算机动画中,根据任务规格计算场景中人物的动画,使动画师可以专注于场景的整体设计,而无须关注如何在逼真的、无碰撞的路径中移动人物的细节。这不但与计算机动画相关,而且与人体工程学和产品的可用性评估相关。图 16-12 所示的是一个机器人手臂规划器,这个规划器执行了多臂任务,在汽车装配线上协助制造。

示例 说明制定规划过程和执行规划过程的区别。

请规划你离开家去工作场所的过程。你必须出席上午 9:00 的会议。早上上班的路上通常需要花费 40 min。在准备上班的过程中,

图 16-12 在汽车装配线上协助制造的机器人手臂规划器

你还可以做一些自己喜欢做的任务——一些任务是非常重要的,一些任务是可有可无的,这取决于你可用的时间。下面所列出的是在工作前你认为要完成的一些任务。

1)将几件衬衫送至干洗店。
2)将瓶子送去回收。
3)把垃圾拿出去。
4)在银行的自动提款机上取现金。
5)以本地最便宜的价格购买汽油。
6)为自行车轮胎充气。
7)清理汽车——整理和吸尘。
8)为汽车轮胎充气。

你可能立刻会问这些事情(以下按照规划的观点将它们称为任务)的限制时间。也就是说,在保证你能够准时参加会议的情况下,这些任务有多少可用的时间?

你于上午 7:00 起床,认为 2 h 已经足够执行上述任务,能及时参加上午 9:00 的会议。

在上述 8 项可能的任务中,你很快就会确定只有两项是非常重要的:第 4 项(获得现金)和第 8 项(为汽车轮胎充气)。第 4 项很重要,因为根据经验,如果现金不足,那么你这一天可能会寸步难行。你需要购买餐点、小吃和其他可能的物品。第 8 项可能比第 4 项更重要,这取决于轮胎中还有多少气。在极端情况下,轮胎瘪了可能会导致你无法驾驶或无法安全驾驶。

现在,你确定第 4 项和第 8 项很重要、不能避免。这就是分级规划的例子,也就是对必须完成的任务进行分级或赋值。

你查询是否有靠近银行 ATM 的加油站,结论是最近的加油站距离银行有约 3 个街区。你还可以想:"在银行附近的哪个加油站会有轮胎的充气泵?"这是一个机会规划的例子。也就是说,你正在尝试利用在规划形成和规划执行过程中的某个状态所提供的条件和机会。

在这一点上,第 1~3 项看起来完全不重要;第 6、7 项看起来同样不重要,并且这些任务更适合在周末进行,因为周末可以有更多的时间完成这样的任务。

基于某些可能发生的事件或某些紧急情况所做出的规划称为条件规划。这种规划通常作为一种有用的"防御性"措施,或者必须考虑到一些可能发生的事件。例如,如果你计划 7

月份在杭州举办大型活动,那么就应该考虑台风保险。

有时候,我们只能规划事件(操作符)的某些子集,这些事件的子集可能会影响我们达成目标,而无须特别关注这些步骤执行的顺序。我们将此称为部分有序规划。在示例的情况下,如果轮胎的情况不是很糟糕,那么我们可以先去充气,也可以先到银行取现金。但是,如果轮胎确实瘪了,那么执行该规划的顺序是先充气,然后进行其他任务。

在距离地球1.6亿千米的太空,美国国家航空航天局(NASA)的"远程智能体"程序成为第一个控制航天器操作调度的机载自动规划程序。远程智能体根据地面指定的高级目标生成规划,并监控这些规划的执行(在出现问题时检测、诊断和恢复)。现在,Europa规划工具包被用于NASA火星探测器的日常操作,而Sextant系统允许航天器在全球GPS系统之外进行深空自主导航。

在1991年的海湾危机期间,美国军队部署了动态分析和重新规划工具DARPA,为运输进行自动化的后勤规划和调度。规划涉及的交通工具、货物和人员很多,并且必须考虑起点、目的地、路线、运输能力、港口和机场能力,以及解决所有参数之间的矛盾。美国国防高级研究计划局(DARPA)表示,这一应用取得的效果足以回报DARPA过去30年在人工智能领域的投资。

每天,优步(Uber)等网约车公司和谷歌地图等地图服务为数亿用户提供行车向导,在考虑当前和预测未来交通状况的基础上,快速规划最佳路线。

【作业】

1. (　　)一系列动作是人工智能技术中智能体的关键需求,而正确表示的动作和状态以及正确的算法可以使它变得更容易。
    A. 计划　　　　　　B. 分析　　　　　　C. 执行　　　　　　D. 规划
2. 自动规划是一种重要的问题求解技术。与一般问题求解相比,自动规划更注重于问题的(　　),而不是(　　)。
    A. 分析步骤　算法能力　　　　　　B. 算法能力　分析步骤
    C. 求解过程　求解结果　　　　　　D. 求解结果　求解过程
3. 与一些求解技术相比,(　　)都属于高级的求解系统与技术。
    A. 自动规划与专家系统　　　　　　B. 图像处理与语音识别
    C. 机器人与专家系统　　　　　　　D. 图像处理与机器人
4. 在日常生活中,规划意味着(　　)。它可用来监控问题求解过程,并能够在造成较大危害之前发现差错。
    A. 执行期间可随机调整进程执行　　B. 行动之前拒绝当前进程
    C. 进程可控,可随机变动　　　　　D. 执行过程中固定不可改变
5. 下面关于"规划"的说法中,正确的是(　　)。
① 规划代表了人类为实现目标而对活动进行调整的一种自我意识和能力
② 在日常生活中,规划意味着在行动之前决定其进程
③ 规划指的是在执行一个问题求解程序中的任何一步之前,计算该程序几步的过程
④ 规划是一项随机的活动

A. ①②④ B. ①③④ C. ②③④ D. ①②③

6. 大多数规划都具有（　　）结构。

A. 单一 B. 简单 C. 子规划 D. 复杂

7. 规划有几个突出的特点，包括（　　）。

① 为了完成任务，可能需要完成一系列确定的步骤

② 可能需要加强团队互动建设

③ 定义问题解决方案的步骤顺序可能是有条件的

④ 构成规划的步骤可能会根据条件进行修改

A. ①②④ B. ①③④ C. ①②③ D. ②③④

8. （　　）定义为在一个离散的、确定性的、静态的、完全可观测的环境中，找到完成目标的一系列动作的任务。

A. 复杂规划 B. 简单规划 C. 经典规划 D. 智能规划

9. 规划人工智能研究的活跃领域，包括（　　），以及基于 Web 的信息收集、动画和多智能体等。

① 科学计算 ② 机器人技术 ③ 流程规划 ④ 自主智能体

A. ②③④ B. ①②③ C. ①②④ D. ①③④

10. 自动规划要解决的问题，往往是（　　）问题，而不是比较抽象的数学模型问题。

A. 数学模型 B. 真实世界 C. 抽象世界 D. 经典理论

11. 在研究自动规划时，往往以（　　）与问题求解作为典型例子加以讨论，这是因为它能够得到形象的和直觉的检验。

A. 图像识别 B. 语音识别 C. 机器人规划 D. 数学模型

12. 在魔方拼图和 15 拼图移动方块拼图中，可以找到熟悉的规划应用，包括（　　）问题。

① 国际象棋 ② 桥牌 ③ 调度 ④ 聚合

A. ①②④ B. ①③④ C. ②③④ D. ①②③

13. 在本章示例中，通过规划你离开家去工作的过程，说明了（　　）之间的区别。

A. 制定规划过程和执行规划过程 B. 算法与程序

C. 对象与类 D. 复杂与简单

14. 规划本质上是一个（　　）问题，就计算步骤数、存储空间、正确性和最优性而言，这些涉及该技术的效率。

A. 算法 B. 搜索 C. 输出 D. 分析

15. 下列（　　）都是启发式搜索方法。

① 最小承诺搜索 ② 选择并承诺

③ 深度优先回溯 ④ 自下而上

A. ①③④ B. ①②④ C. ②③④ D. ①②③

16. 部分有序规划（POP）通常有（　　）3 个组成部分。

① 动作集 ② 顺序约束集 ③ 数据集 ④ 因果关系链集

A. ②③④ B. ①②③ C. ①②④ D. ①③④

17. 规划适用层次结构，也就是说，（　　）所有的任务都处于同一个重要级别，一些

任务必须在进行其他任务之前完成,而其他任务可能会交错进行。

A. 并不是　　　　B. 通常　　　　C. 一般　　　　D. 几乎

18. 规划结合了人工智能的两个主要领域:(　　)。这两个领域的思想相互渗透。

A. 计算与执行　　B. 搜索和逻辑　　C. 视觉与调度　　D. 行为与分析

19. 经典的规划讨论的是要做什么、以什么顺序,但不讨论(　　),那是调度所讨论的主题。

A. 对象　　　　B. 约束　　　　C. 过程　　　　D. 时间

20. 真实世界存在(　　),在这种情况下解决规划和调度问题的技术,采取的是"先规划,后调度",这在真实世界的制造业和物流场景中很常见。

A. 人文风俗　　B. 条件制约　　C. 资源约束　　D. 政策限制

第17章 搜索技术与算法

【导读案例】 科研变革进入第五范式:"加速"也要防"跑偏"

纵观人类历史,大量的先进技术成果涌现,推动科学研究从"马拉松"到"加速跑",随之向产业界转化,最终实现社会经济指数级增长。事实上,人类科学研究范式一直在迭代:几千年前是经验范式,几百年前是理论范式,几十年前是计算范式,十几年前是数据范式,而今迈入人工智能范式。AI for science(面向科学的人工智能)即科研第五范式。多国科学家就人工智能驱动的科学研究变革提出了真知灼见。

新范式打破传统科研"天花板"

传统科研面临的最大问题是比较低效。例如在围棋博弈中,AlphaGo 比人类学习得更好,可以更快速地找到最佳策略。事实上,围棋的最佳策略是一个 Bellman(行李)方程的解,AlphaGo 所做的事情就是试图解一个 Bellman 方程。又如图像识别。从图像识别到内容识别犹如一个函数,每个图像都可以看成是 3072 维空间的函数,如此的高维函数,以前人类是根本没办法处理的,而 AI 深度学习正好可以帮助人类开拓维度空间。

在科学家看来,除量子力学、流体力学等基本理论和定律之外,人工智能也可以作为第一性原理。早在一百年前,量子力学奠基人之一的保罗·狄拉克就曾表示,寻求基本原理这个任务已基本完成,但用基本原理解决实际问题的效率比较低,因为表达基本原理的数学问题太难了。

作为科研第五范式的 AI for science,运用在分子动力学,可以实现更加高效的、精准的实验与计算成果,由此发挥更大潜力;运用在大语言模型,可以有效利用大量现有知识拓展人类局限的想象力……第五范式将带来革命性改变。传统做科研的具体操作犹如"小农作坊",AI for science 将推动下一种工具建设过渡到"安卓模式",事实上,科研团队已针对基本原理建设科研大平台开源平台,以此实现科研的"加速跑"迭代。

AI 异常高效,但也并非万能

诺贝尔化学奖得主阿里耶·瓦谢尔表示:"我与 AI 为数不多的联系,是物理科学在酶反应中的应用。"酶是生物化学催化剂中非常重要的部分,瓦谢尔与他的团队开创了"酶和溶剂中化学反应的计算机模型",这一模型非常有效,实现了传统酶反应实验的高倍加速。瓦谢尔说,AI 仿佛设定了一场比赛,一场与定向进化开展的竞争,这为他带来深思,进一步研究 AI 加持后为何会有这样的反应,而这成就了后续研究的动力。尽管 AI 建模为这位科学家带来突破性的研究成果,但瓦谢尔直言:"令我感兴趣的永远是'酶为何会这样工作',而不是 AI 本身"。

复旦大学复杂体系多尺度研究院院长马剑鹏教授曾运用阿尔法折叠(AlphaFold)来研究解决药物蛋白质动态模拟问题。他也提出,实际上 AI 不能解决所有问题。如果缺乏实验信息等,那么 AI 本身没有办法判断计算机模型是正确的还是错误的。

AI 用于药物研发时的成绩如何？科学家表示，利用 AlphaFold2、MSA 等来开展药物设计，敏感度差强人意，在预测准确性上有显著提高，但仍有偏差，AlphaFold2 更偏重于高同源性蛋白质，这就提示我们在蛋白质设计中要相当谨慎。

科学家认为：结构生物学领域未来还将会进一步依赖于经验性方法，包括 AI 等计算性方法，将会提升在结构分析方面的能力，但不会取代传统经验方法。未来的药物研发需要湿式、干式方法相结合，仅靠 AI 本身无法推进药物的设计和研发。

面对 AI，人类还应思索的更多

AI 是非常优秀的工具，被誉为"宇宙胚胎学之父"的诺贝尔物理学奖得主乔治·斯穆特提出：AI 熟练度比 5 年前好很多，例如，AlphaFold 可以运用惊人的准确率预测蛋白质结构。但一些伦理思考也应该跟得上。

AI 已渗透到人类生活的每个角落。专家认为，AI 向善至关重要。先进的 AI 可以写论文、计算数据，对观察结论进行分析处理，与普通学者写出来的论文水平持平。在这样的情况下，该如何确定作者身份？类似的一系列新问题也将随之出现。

正是基于一系列考量，斯穆特认为：第五范式迎面而来，但 AI 时代还有很多不透明、不可靠之处，目前人类还未考虑到部分关键问题。当前 AI 取得的突出成果是碎片式的，在逼近研究的过程中，没有 AI 是完全正确的，有的与研究虽然很接近，但仍是错误的，可能会导致非常危险的结果。

专家最后表示，与 AI 打交道中，人类自身的伦理道德、人机互动之间的伦理门槛等均需深思，最终人类设计培养的 AI 应该是友善的、能与人类沟通的。人机互动建立在信任的基础上，以此发挥科技变革最大的优势。

搜索是大多数人日常生活中的一部分。我们恐怕都有过找不到钥匙、找不到电视遥控器的经历，然后翻箱倒柜一番折腾。有时候，搜索可能更多的是在大脑中进行的。你可能会突然不记得自己到访过的地方的名字、不记得熟人的名字，或者不记得曾经谙熟于心的歌词。

搜索及其执行也是人工智能技术的重要基础，是人工智能中经常遇到的最重要的问题之一。许多算法专门通过列表进行搜索和排序。当然，如果数据按照逻辑顺序组织，那么搜索就会比较方便一些。想象一下，如果姓名和电话号码随机排列，那么搜索相对较大城市的电话簿会有多麻烦。因此，搜索和信息组织在智能系统的设计中发挥了重要作用。例如人们认为，性能更好的国际象棋博弈程序比同类型的程序更加智能。

17.1 关于搜索算法

所谓搜索算法，就是利用计算机的高性能来有目的地穷举一个问题的部分或所有的可能情况，从而求出问题的解的一种方法。搜索过程实际上是根据初始条件和扩展规则构造一棵"解答树"并寻找符合目标状态的节点的过程。

扫码看视频

从最终的算法实现上来看，所有的搜索算法都可以划分成两个部分——控制结构（扩展节点的方式）和产生系统（扩展节点），而所有的算法优化和改进主要都是通过修改其控制结构来完成的。其实，在这样的思考过程中，人们已经不知不觉地将一个具体的问题抽象成了一个图论的模型——树，即搜索算法使用的第一步在于搜索树（见图 17-1）的建立。

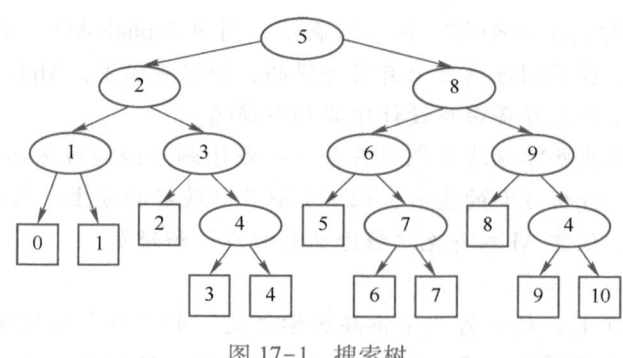

图 17-1 搜索树

由图 17-1 可以知道，搜索树的初始状态对应着根节点，目标状态对应着目标节点。排在前的节点称为父节点，其后的节点称为子节点，同一层中的节点是兄弟节点，由父节点产生子节点称为扩展。完成搜索的过程就是找到一条从根节点到目标节点的路径，找出一个最优的解，这种搜索算法的实现类似于图或树的遍历。

17.2 盲目搜索

基本的搜索算法即"盲目搜索"，或者称为"无信息搜索"，又称为非启发式搜索。所谓无信息搜索，意味着该搜索策略没有超出问题定义提供的状态之外的附加信息，所能做的就是生成后继节点，并且区分一个目标状态或一个非目标状态。所有的搜索策略都由节点扩展的顺序加以区分。这些算法不依赖任何问题领域的特定知识，一般只适用于求解比较简单的问题，且通常需要占用大量的空间和时间。例如，假设你正在迷宫中找出路，在盲目搜索中，你可能总是选择最左边的路线，而不考虑任何其他可替代的选择。

盲目搜索通常按预定的搜索策略进行搜索，而不会考虑问题本身的特性。常用的盲目搜索有广度优先搜索（Breadth First Search，BFS）和深度优先搜索（Depth First Search，DFS）两种。

17.2.1 状态空间图

状态空间图是一种有助于形式化搜索过程的数学结构，是对一个问题的表示。通过它，人们可以探索和分析通往解的可能的可替代路径。特定问题的解将对应状态空间图中的一条路径。有时候，我们要搜索一个问题的任意解；而有时候，我们希望得到一个最短（最优）的解。

在计算机科学领域里，有一个著名的假币问题。有 12 枚硬币，已知其中一枚是假的或是伪造的，但是不知道假币是比其他真币更轻还是更重。普通的秤可以用于确定任何两组硬币的质量，即一组硬币比另一组硬币更轻或更重。为了解决这个问题，你应该创建一个程序，通过称量 3 组硬币的组合来识别假币。

下面就来解决一个相对简单的问题实例。假设只涉及 6 枚硬币，与上述的原始问题一样，它也需要比较 3 组硬币。由于在这种情况下，任何一组的硬币枚数都相对较少，因此称之为最小假币问题。我们使用符号 $C_{i1}C_{i2}\cdots C_{ir}：C_{j1}C_{j2}\cdots C_{jr}$ 来指示 r 枚硬币，比较 $C_{i1}C_{i2}\cdots C_{ir}$

与另 r 枚硬币 $C_{j1}C_{j2}\cdots C_{jr}$ 的质量大小。结果是，要么这两组硬币同样重，要么不一样重。我们不需要进一步知道左边盘子的硬币是否比右边盘子的硬币更重或更轻（如果要解决这个问题的 12 枚硬币的版本，就需要知道其他知识）。最后，我们采用记号 $[C_{k1}C_{k2}\cdots C_{km}]$ 来指示具有 m 枚硬币的子集是所知道的包含了假币的最小硬币集合。图 17-2 给出了这个最小假币问题的一个解。

如图 17-2 所示，状态空间树由节点和分支组成。一个椭圆是一个节点，代表问题的一个状态。节点之间的弧表示将状态空间树移动到新节点的算符（或所应用的算符）。请参考图 17-2 中标有（*）的节点。节点 $[C_1C_2C_3C_4]$ 表示假币可能是 C_1、C_2、C_3 或 C_4 中的任何一个。我们决定对 C_1 和 C_2 以及 C_5、C_6 之间的质量大小（应用算符）进行比较。如果结果是这两个集合中的硬币质量相等，那么就知道假币必然是 C_3 或 C_4 中的一个；如果这两个集合中的硬币质量不相等，那么可以确定 C_1 或 C_2 是假币。为什么呢？状态空间树

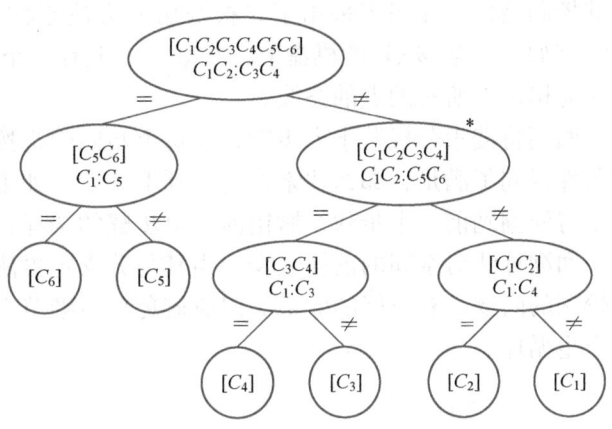

图 17-2 最小假币问题的一个解

中有两种特殊类型的节点。第一个是表示问题起始状态的起始节点。在图 17-2 中，起始节点是 $[C_1C_2C_3C_4C_5C_6]$，这表明起始状态时，假币可以是 6 枚硬币中的任何一个。另一种特殊类型的节点对应于问题的终点或最终状态。图 17-2 中的状态空间树有 6 个终端节点，标记为 $[C_i](i=1,\cdots,6)$，其中 i 的值指定了哪枚是假币。

问题的状态空间树包含了问题可能出现的所有状态以及这些状态之间所有可能的转换。事实上，由于回路经常出现，这样的结构通常称为状态空间图。问题的解通常需要在这个结构中搜索（无论它是树还是图），这个结构始于起始节点，终于终点或最终状态。有时候，我们关心的是找到一个解（不论代价）；但有时候，我们可能希望找到最低代价的解。

说到解的代价，指的是到达目标状态所需的算符的数量，而不是实际找到此解所需的工作量。相比计算机科学，解的代价等同于运行时间，而不是软件开发时间。

到目前为止，我们不加区别地使用了节点和状态这两个术语。但是，这是两个不同的概念。通常情况下，状态空间图可以包含代表相同问题状态的多个节点（见图 17-3）。回顾最小假币问题可知，通过对两个不同集合的硬币进行称重，可以到达表示相同状态的不同节点。

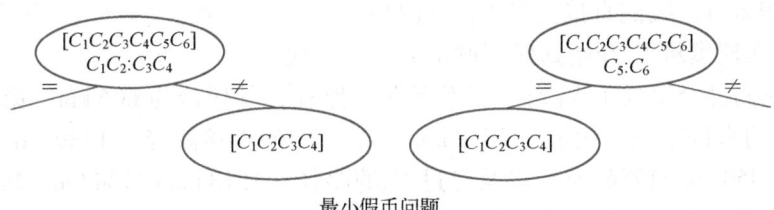

最小假币问题

图 17-3 状态空间图中的不同节点可以表示相同的状态

在求解过程中，可以有意忽略系统的某些细节，这样就可以允许在合理的层面与系统进行交互，这就是抽象。例如，如果你想玩棒球，那么抽象就可以更好地让你练习如何打弧线球，而不是让你花6年时间成为研究物体如何移动的力学方面的博士。

17.2.2 回溯算法

回溯算法是所有搜索算法中最基本的一种算法，它采用一种"走不通就掉头"思想作为其控制结构，相当于采用了先根遍历的方法来构造解答树，可用于找解、所有解及最优解。例如，一个 $M×M$ 的棋盘上，在某一点上有一个马，要求寻找一条从这一点出发不重复的跳完棋盘上所有的点的路线。

回溯将搜索分成若干个步骤，在每个步骤中都按照规定的方式做出选择。如果问题的约束条件得到了满足，那么搜索将进行到下一步；如果没有选项可以得到有用的部分解，那么搜索将回溯到前一个步骤，撤销前一个步骤的选择，继续下一个可能的选择。

回溯算法对空间的消耗较少，当其与分支定界法一起使用时，对于所求解在解答树中层次较深的问题，有较好的效果。但应避免在后继节点可能与前继节点相同的问题中使用，以免产生循环。

17.2.3 贪婪算法

贪婪算法也是先将一个问题分成几个步骤进行操作，它包含了一个已优化的目标函数（如最大化或最小化）。典型的目标函数可以是行驶的距离、消耗的成本或流逝的时间。

图17-4假设了我国几个城市的地理位置。假设销售人员从成都开始，想找到去哈尔滨的一条最短路径，这条路径只经过成都（V_1）、北京（V_2）、哈尔滨（V_3）、杭州（V_4）和西安（V_5）。这5个城市之间的距离以 km 表示。图17-4中的距离为假设距离。

1）采用 V_1 到 V_5 的路径，因为西安是离成都最近的城市。

2）只有先前已经访问过的顶点，我们才可以考虑经过该顶点的路径。下一个生成的路径是从 V_1 到 V_2，它的代价（距离）是 1518 km。这条直接的路径比通过 V_5 的路径便宜，代价为 606 km+914 km = 1520 km。

3）V_1 到 V_3 便宜的路径是由从 V_1 到中间节点（V_i）以及从 V_i 到 V_3 的最便宜的路径构成的。此处，I 等于 V_2；V_1 到 V_3 代价最小的路径经过了 V_2，其代价为 1518 km+1061 km = 2579 km。然而，V_1 到 V_4 的直接路径代价较低（1539 km）。我们直接去了 V_4（杭州）。

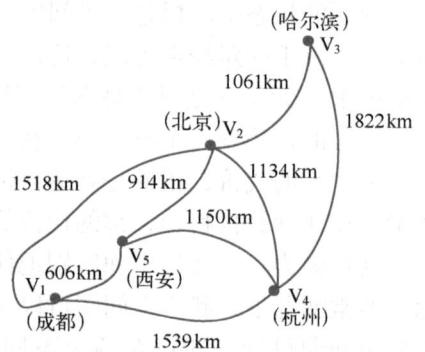

图 17-4　5个城市，假设了城市之间的距离，这些城市彼此之间直接相连

4）我们正在搜索从 V_1 开始到任何城市的下一条代价最小路径。我们已经得到了 V_1 到 V_5 的代价最小路径，其代价为 606 km。第二条代价最小路径为 V_1 到 V_2 的直接路径，代价为 1518 km。V_1 到 V_4 的直接路径（1539 km）比经过 V_5 的路径（606 km+1150 km = 1756 km）以及经过 V_2 的路径（1518 km+1134 km = 2652 km），其代价最低。因此，下一条代价最小路径是那条经过 V_3 的路径（2579 km）。

这里有几种可能性：

- V_1 到 V_5（代价为 606 km），然后 V_5 到 V_2（代价为 914 km），即从 V_1 到 V_2，经过 V_5 的代价是 1520 km。然后，你需要从 V_2 到 V_3（代价为 1061 km）。从 V_1 到 V_3，经过 V_5 和 V_2 的路径，其总代价是 1520 km+1061 km＝2581 km。
- V_1 到 V_2 的代价为 1518 km，V_2 到 V_3 的代价为 1061 km，这条路径的总代价为 2579 km。
- V_1 到 V_4 的代价为 1539 km，V_4 到 V_3 的代价为 1822 km，这条路径的总代价为 3361 km。

我们采用从 V_1 到 V_3 的路径，这条路径首先经过 V_2，总代价为 2579 km。

这个例子采用的特定算法是 Dijkstra 最短路径算法，这个算法是贪婪算法的一个例子。使用贪婪算法求解问题的效率很高，但有一些问题不能使用这种范式求解，如旅行销售员问题。

17.2.4 旅行销售员问题

在旅行销售员问题的加权图（即边具有代价的图）中，给定 n 个顶点，你必须找到始于某个顶点 V_i，有且只有一次经过图中的每个顶点，然后返回 V_i 的最短路径。就用 17.2.3 小节中 5 个城市的例子。假设销售员住在西安，必须按照某种次序依次访问成都、北京、杭州和哈尔滨，然后回到西安。在寻求代价最小的路径时，旅行销售员问题基于贪婪算法的解总是访问下一个最近的城市。

使用贪婪算法访问成都、北京、哈尔滨、杭州，然后回到西安。这个路径的代价是 606 km+1518 km+1061 km+1822 km+1050 km＝6057 km。如果销售人员依次访问北京、哈尔滨、杭州、成都，然后返回西安，那么总代价为 914 km+1061 km+1822 km+1539 km+606 km＝5942 km。显然，贪婪算法未能找到最佳路径。

17.2.5 深度优先搜索

盲目搜索是不使用领域知识的不知情搜索算法。这些方法假定不知道状态空间的任何信息。3 种主要算法是：深度优先搜索（DFS）、广度优先搜索（BFS）和迭代加深（DFS-ID）的深度优先搜索。这些算法都具有如下两个性质：

1）它们不使用启发式估计。如果使用启发式估计，那么搜索将沿着最有希望得到解决方案的路径前进。

2）它们的目标是找出给定问题的某个解。

深度优先搜索（DFS），顾名思义，就是试图尽可能快地深入树中。每当搜索方法可以做出选择时，它选择最左（或最右）的分支（通常选择最左分支）。可以将图 17-5 所示的树作为 DFS 的一个例子，它将按照 A、B、D、E、C、F、G 的顺序访问节点。树的遍历算法将多次"访问"某个节点，例如，在图 17-5 中，依次访问 A、B、D、B、E、B、A、C、F、C、G。

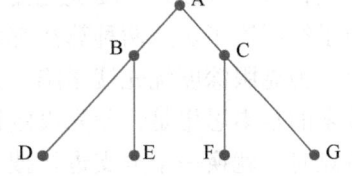

图 17-5 DFS 遍历

深度优先搜索的基本思想是：从初始节点 S_0 开始进行节点扩展，考察 S_0 扩展的最后一个子节点是否为目标节点，若不是目标节点，则对该节点进行扩展；然后对其扩展节点中的最后一个子节点进行考察，若又不是目标节点，则对其进行扩展，一直如此向下扩展。当发现节点本身不能扩展时，对其一个兄弟节点进行扩展。如果所有的兄弟节点都不能够扩展，则寻找它们的父节点，对父节点的兄弟节点进行扩展；以此类推，直到发现目标状态 S_g 为止。因此，深度优先搜索法存在搜索和回溯交替出现的现象。

DFS 采用不同的策略来达到目标：在寻找可替代路径之前，它追求寻找单一的路径来实现目标，搜索一旦进入某个分支，就将沿着该分支一直向下搜索。如果目标节点恰好在此分支上，则可较快地得到问题解。但若目标节点不在该分支上，且该分支又是一个无穷分支，就不可能得到解。所以，DFS 是不完备搜索。DFS 内存需求合理，但是它可能会因偏离开始位置无限远而错过了相对靠近搜索起始位置的解。

17.2.6 广度优先搜索

广度优先搜索（BFS，又称宽度优先搜索）是第二种盲目搜索方法。使用 BFS，从树的顶部到树的底部，按照从左到右的方式（或从右到左，不过一般是从左到右），可以逐层访问节点。要先访问层次 i 的所有节点，然后才能访问 $i+1$ 层的节点。图 17-6 所示为 BFS 的遍历过程。按照以下顺序访问节点：A、B、C、D、E、F、G。

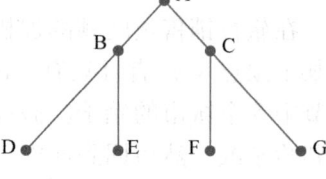

图 17-6　BFS 遍历

广度优先搜索的基本思想是：从初始节点 S_0 开始进行节点扩展，考察 S_0 的第 1 个子节点是否为目标节点，若不是目标节点，则对该节点进行扩展；再考察 S_0 的第 2 个子节点是否为目标节点，若不是，则对其进行扩展；对 S_0 的所有子节点全部考察并扩展以后，再分别对 S_0 的所有子节点的子节点进行考察并扩展，如此向下搜索，直到发现目标状态 S_g 为止。因此，广度优先搜索在对第 n 层的节点没有全部考察并扩展之前，不会对第 $n+1$ 层的节点进行考察和扩展。

在继续前进之前，BFS 在离开始位置的指定距离处仔细查看所有替代选项。BFS 的优点是：如果一个问题存在解，那么 BFS 总是可以得到解，而且得到的解是路径最短的，所以它是完备的搜索。但是，如果每个节点的可替代选项很多，那么 BFS 可能会因需要消耗太多的内存而变得不切实际。BFS 的盲目性较高，当目标节点离初始节点较远时，会产生许多无用节点，搜索效率低。

17.2.7 迭代加深搜索

深度优先搜索会深入探索一棵树，而广度优先搜索在进一步深入探索之前先检查靠近根的节点。一方面，深度优先搜索（DFS）会坚定地沿长路径搜索，结果错过了靠近根的目标节点；另一方面，广度优先搜索（BFS）的存储空间需求过高，很容易就被中等大小的分支因子给压垮了。这两种算法都表现出了指数级的最坏情况时间复杂度。

为克服深度优先搜索陷入无穷分支死循环的问题，提出了有界深度搜索方法。有界深度搜索的基本思想是：预先设定搜索深度的界限，当搜索深度到达了深度界限而尚未出现目标节点时，就换一个分支进行搜索。

在有界深度搜索策略中，深度限制 d 是一个很重要的参数。当问题有解且解的路径长度小于或等于 d 时，则搜索过程一定能找到解。但是，这不能保证最先找到的是最优解，此时深度搜索是完备而非最优的。如果 d 取得太小，并且解的路径长度大于 d，则在搜索过程中找不到解，此时搜索过程不完备。但是，深度限制 d 也不能太大，否则会产生过多的无用节点。为了解决深度限制 d 的设置，可以采用这样的方法：先任意给定一个较小的深度限制，然后按有界深度搜索，如果在此深度找到解，则结束，否则增大深度限制，继续搜索。此种搜索方法称为迭代加深搜索。

具有迭代加深的 DFS 是介于 BFS 和 DFS 之间的折中方案，它将 DFS 中等空间需求与 BFS 提供能找到解的确定性结合到了一起，结合了两种算法的有利特征——DFS 的中等空间需求与 BFS 的完备性。但是，即使迭代加深的 DFS，在最坏的情况下也具有指数级别的时间复杂度。

17.3 知情搜索

扫码看视频

由人工智能处理的大型问题通常不适合通过以固定方式搜索空间的盲目搜索算法来求解。知情搜索方法，如启发法，通过限定搜索深度或是限定搜索宽度来缩小问题空间，常利用领域知识来避开没有结果的搜索路径。作为经验法则的启发法在问题求解中通常是很有用的工具。

知情搜索方法中的爬山法是贪婪且原始的，但是有时候这种方法也能够"幸运"地找到在最陡爬坡法中的最佳方法。更常见的是，爬山法可能会受到 3 个常见问题的困扰：山麓问题、高原问题和山脊问题。比较智能、优选的搜索方法是最佳优先搜索，使用这个方法，在评估给定路径如何接近解时，要保持开放节点列表，接受反馈。集束搜索提供了更集中的视域，通过这个视野，可以寻找到一条狭窄路径通往解。

爬山、最佳优先搜索和集束搜索这些算法"从不回头"。在状态空间中，它们的路径完全由到目标的剩余距离的启发式评估（近似）引导。

17.3.1 启发法

启发法是解决问题的经验法则。换句话说，启发法是用于解决问题的一组常用指南。与算法相比，算法是规定的用于解决问题的一组规则，其输出是完全可预测的，如排序算法（包括冒泡排序和快速排序）以及搜索算法（包括顺序搜索和二分查找）。而使用启发法，可以得到一个很有利但不能保证的结果。

"启发式之父"乔治·波利亚所描述的启发法是：当面对一个困难的问题时，首先尝试解决一个相对简单但相关的问题。这通常提供了有用见解，以帮助找到原始问题的解决方法。波利亚的工作侧重于问题的求解、思考和学习，他建立了启发式原语的"启发式字典"，运用形式化观察和实验的方法来寻求创立与获得人类问题求解过程的见解。

启发法可在特定的问题领域寻求更形式化的、更严格的类似算法的解，而不是发展可以从特定的问题中选择并应用到特定问题中的更一般化方法。其目的是在考虑到要达到目标状态的情况下极大地减少节点数目。它们非常适合组合复杂度快速增长的问题。通过知识、信息、规则、见解、类比和简化，再加上一堆其他的技术，启发法旨在减少必须检查的对象数目。好的启发法不能保证获得解，但是它们经常有助于引导人们到达解路径。

使用启发法可以修改策略，显著降低成本，达到一个准最优（而不是最优）解。博弈，特别是二人零和博弈，具有完全的信息，如国际象棋和跳棋。实践证明，二人零和博弈是进行启发法研究和测试的一个非常有前景的领域。

"启发式"与通过智能猜测而不是遵循一些预先确定的公式来获得知识或一些期望结果

的过程相关。这个术语有两种用法：

1）描述一种学习方法，这种方法不一定用一个有组织的假设或方式来证明结果，而是通过尝试来证明结果，这个结果可能证明了假设或反驳了假设。也就是说，这是"凭经验"或"试错法"的学习方式。

2）根据经验，有时候表达为"使用经验法则"获得一般的知识（但是，启发式知识可以应用于简单或者复杂的日常问题。人类棋手使用启发式方法）。

下面是启发式搜索的几个定义。

"启发"作为一个名词，是特定的经验法则或从经验衍生出来的论据。相关问题的启发式知识的应用有时候称为启发法。

- 它是一个提高复杂问题解决效率的实用策略。
- 它引导程序沿着一条最可能的路径到达解，忽略最没有希望的路径。
- 它应该能够避免去检查死角，只使用已收集的数据。

启发式信息可以添加到搜索中。

- 决定接下来要扩展的节点，而不是严格按照广度优先或深度优先的方式进行扩展。
- 在生成节点的过程中，决定哪个是后继节点及待生成的后继节点，而不是一次性生成所有可能的后继节点。
- 确定某些节点应该从搜索树中丢弃（或裁剪掉）。

在构建解的过程中，使用启发法增加了获得结果的不确定性。由于非正式知识的使用（规则、规律、直觉等），这些知识的有用性从未得到充分证明。因此，在算法给出不满意的结果或不能保证给出任何结果的情况下，采用启发法。在求解非常复杂的问题时，特别是在语音和图像识别、机器人和博弈策略问题中，它们特别重要（精确的算法失败了）。

我们再考虑几个启发法的例子。例如，人们可以根据季节选择车辆的机油。冬天，由于温度低，液体容易冻结，因此应使用较低黏度（稀薄）的发动机油；而在夏季，由于温度较高，因此选择具有较高黏度的油是明智的。类似地，冬天，气体冷缩了，应在汽车轮胎内充入更多的空气；反之，夏天，当气体膨胀时，应减少轮胎内的空气。

启发式应用与纯计算算法的问题求解比较的一个常见示例是大城市的交通。许多学生使用启发法，在上午 7:00～9:00 从不开车到学校，而在下午 4:00～6:00 从不开车回家，因为在大部分的城市中，这是高峰时间，正常情况下，45 min 的行程很容易 1～2 h 完成。如果在这段时间必须开车，那么这是例外情况。

现在，使用谷歌地图、高德地图等程序来获取两个位置之间建议的行车路线，这是很常见的。这些程序是否具有内置 AI？采用启发法是否使它们能够智能地执行任务？如果它们采用了启发法，那么这些启发法是什么？例如，程序是否考虑道路是国道、省道、高速公路还是林荫大道，是否考虑驾驶条件，是否考虑如何影响在特定道路上驾驶的平均速度和难度，以及它们选择哪种方式到特定目的地。

当使用任何行车指南或地图时，最好检查并确保道路仍然存在，注意是否为施工地段，并遵守所有交通安全预防措施。这些地图和指南仅用作交通规划的辅助工具。

谷歌地图、高德地图这样的程序正在不断变得"更智能"，以满足应用的需要，并且它们可以包括最短时间、最短距离、避免高速公路（可能存在驾驶员希望避开高速公路的情况）、收费站、季节性关闭等信息。

17.3.2 爬山法

爬山法背后的概念是：在爬山过程中，即使更接近顶部的目标节点，但是却可能无法从当前位置到达目标/目的地。换句话说，你可能接近了一个目标状态，但是无法到达它。爬山法最简单的形式是一种贪婪算法，在这个意义上，这种算法不存储历史记录，也没有能力从错误或错误路径中恢复。它使用一种测度（最大化这种测度，或是最小化这种测度）来指导它到达目标，从而指导下一个"移动"选择。

假设有一位试图到达山顶的爬山者。他唯一的装备是一个高度计，以指示他所在的山有多高，但是这种测度不能保证他会到达山顶。爬山者在任何一点都要做出一个选择，即总是向所标识的最高海拔方向前进，但是除了给定的海拔，他不确定自己是否在正确的路径上。显然，这种简单的爬山法的缺点是，做出决策的过程（启发式测度）太过朴素简单，以致登山者没有真正足够的信息确定自己在正确的路径上。爬山只会估计剩余距离，而忽略了实际走过的距离。图 17-7 中，在 A 和 B 中做出的爬山决定，由于 A 估计的剩余距离小于 B，因此选择了 A，而"忘记"了 B。然后，爬山者从 A 的搜索空间看去，在节点 C 和 D 之间考虑，很明显选择了 C，接下来是 H。

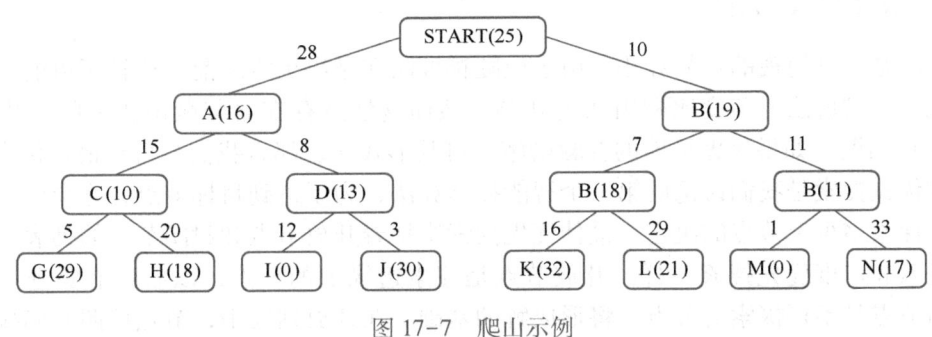

图 17-7 爬山示例

注意：在这个示例中，节点中的数字是到目标状态的估计距离，顶点的数字仅仅指示爬过的距离，没有添加任何重要的信息。

17.3.3 最陡爬坡法

最陡爬坡法知道你将能够接近某个目标状态，能够在给定的状态下做出决策，并且从多个可能的选项中做出最好的决定。从本质上讲，相比于上述简单的爬山法，这解释了最陡爬坡法的优势。这个优势是从多个比当前状态可能"更好的节点"中做出一个选择，而不仅仅是选择向当前状态"更好"（更高）的目标移动，这种方法从给定的可能节点集合中选择了"最好"的移动（在这个情况下是最高的分数）。

图 17-8 所示为最陡爬坡法示例。如果程序按字母顺序选择节点，则从节点 A（-30）开始，我们可以得出结论：下一个最好的状态是节点 B，具有（-15）的分数。但是这比当前的状态（0）更差，因此最终它将移动到节点 C（50）。从节点 C，我们将考虑节点 D、E 或 F。但是，由于节点 D 处于比当前状态更糟的状态，因此不选择节点 D。节点 E（90）改进了当前的状态（50），因此我们选择节点 E。

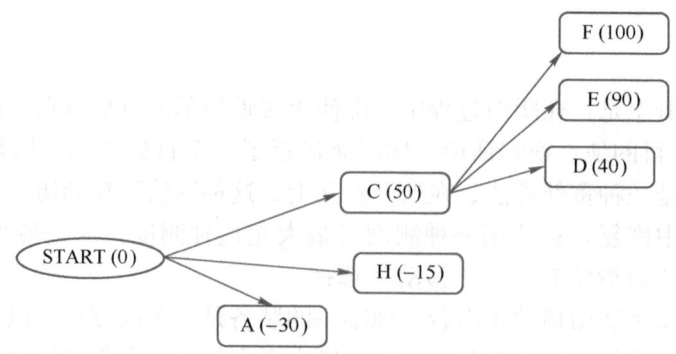

图17-8 最陡爬坡法示例［这里有一位登山者,我们按照字母表顺序将节点呈现给他。
从节点C（50）,爬山法选择了节点E（90）,最陡爬坡法选择了F（100）］

如果使用这里的描述,标准爬山法将永远不会检查可以返回比节点E更高分数的节点F,即100。与标准爬山法相反,最陡爬坡法将评估3个节点D、E和F,并总结出F（100）是从节点C出发的选择的最好节点。

17.3.4 最佳优先搜索

爬山法是一种短视的贪婪算法。由于最陡爬坡法在做出决定之前,比较了可能的后继节点,因此最陡爬坡法的角度比爬山法更开阔,然而这依然存在着与爬山相关的（山麓、高原和山脊）问题。如果考虑可能的补救措施并将其形式化,那么我们会得到最佳优先搜索。

最佳优先搜索是我们讨论的第一个智能搜索算法,为了达到目标节点,它会做出探索哪个节点和探索多少个节点的决定。最佳优先搜索维持着开放节点和封闭节点的列表,就像深度优先搜索和广度优先搜索一样。开放节点是搜索边缘上的节点,以后可能要进一步探索到。封闭节点是不再探索的节点,将形成解的基础。在开放列表中,节点按照它们接近目标状态的启发式估计值顺序排列。因此,每次迭代搜索,都考虑在开放列表上最有希望的节点,从而将最好的状态放在开放列表前端。重复状态（例如,可以通过多条路径到达的状态,但是具有不同的代价）是不会被保留的。相反,花费最少代价、最有希望以及在启发法下最接近目标状态的重复节点被保留了。

从以上讨论可以看出,在爬山法中,最佳优先搜索的最显著优势是它可以通过回溯到开放列表的节点,从错误、假线索、死胡同中恢复。如果要寻找可替代的解,那么它可以重新考虑开放列表中的子节点。如果按照相反的顺序追踪封闭节点列表,忽略到达死胡同的状态,就可以用来表示所找到的最佳解。

如上所述,最佳优先搜索维持开放节点列表的优先级队列。回想一下,优先级队列具有的特征：可以插入的元素、可以删除最大节点（或最小节点）。图17-9所示为最佳优先搜索的工作原理。注意,最佳优先搜索的效率取决于所使用的启发式测度的有效性。

开放列表保存了每一层中到达目标节点的最低估计代价节点。保存在开放节点列表中相对较早的节点稍后会较早被探索。"获胜"路径是A→C→F→H。如果存在这条路径,那么搜索总是会找到这条路径。

好的启发式测度将会很快找到一个解,甚至找到可能的最佳解。糟糕的启发式测度有时会找到解,但即使找到了,这些解通常也不是最佳的。

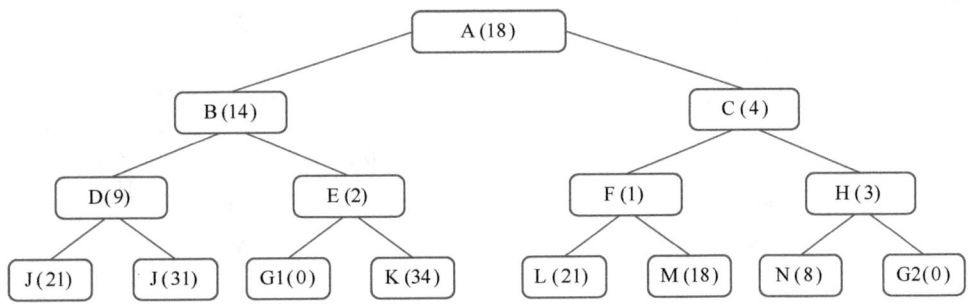

1. Open=[A]; Closed[]
2. Open=[C, B]; Close[A]
3. Open=[F, H, B]; Closed[C, A]
4. Open=[H, B, L, M]; Closed[F, C, A]
5. Open=[G2, N, B, L, M]; Closed[H, F, C, A]

图 17-9　最佳优先搜索示例

17.3.5　分支定界法

前面的搜索算法系列有一个共同的属性：为了指导前进，每个算法都使用到目标剩余距离的启发式估计值。现在，我们将注意力转向向后看的搜索算法集合，从这个意义上来说，向后就是到初始节点的距离。例如 $g(n)$，这既不是整条路径的估值，也不是一个大的分量。通过将 $g(n)$ 包含在内，作为总估值路径代价 $f(n)$ 的一部分，就不太可能搜索到到达目标的次优路径。

第一个算法称为"普通"分支定界法。这种算法在文献中通常称为统一代价搜索。按照递增的代价——更精确地说，按照非递减代价制定路径。路径的估计代价很简单：$f(n) = g(n)$，不采用剩余距离的启发式搜索；或等价地说，估计 $h(n)$ 处处都为 0。这种方法与广度优先搜索的相似性显而易见，即首先访问最靠近起始节点的节点。但是，使用分支定界法，代价值可以假设为任何正实数值。这两个搜索之间的主要区别是，BFS 努力找到通往目标的某一路径，然而分支定界法努力找到一条最优路径。使用分支定界法时，一旦找到了一条通往目标的路径，这条路径很可能是最优的。为了确保这条找到的路径确实是最优的，分支定界法继续生成部分路径，直到每条路径的代价大于或等于所找到的路径的代价。

图 17-10 所示是用来说明搜索算法的树。因为分支定界法不采用启发式估计值，所以这些启发式估计值不包括在图中。

遵循分支定界法，寻求一条到达目标的最佳路径，如图 17-11a～图 17-11g 所示。我们观察到，节点按照递增的路径长度扩展。搜索在图 17-11f 和图 17-11g 中继续，直到任何部分的路径的代价大于或等于到达目标的最短路径 21。如图 17-11g 所示，请观察分支定界法的其余部分。

分支定界算法接下来的 4 个步骤如下。

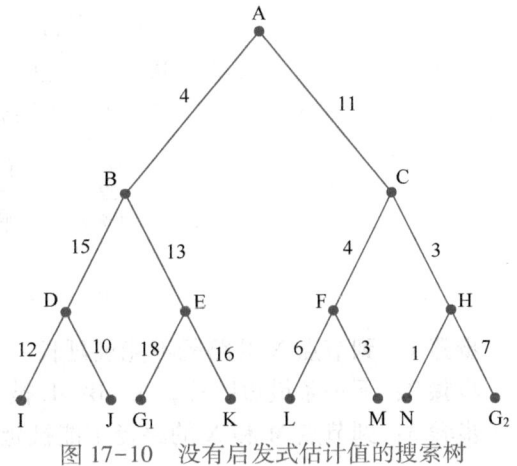

图 17-10　没有启发式估计值的搜索树

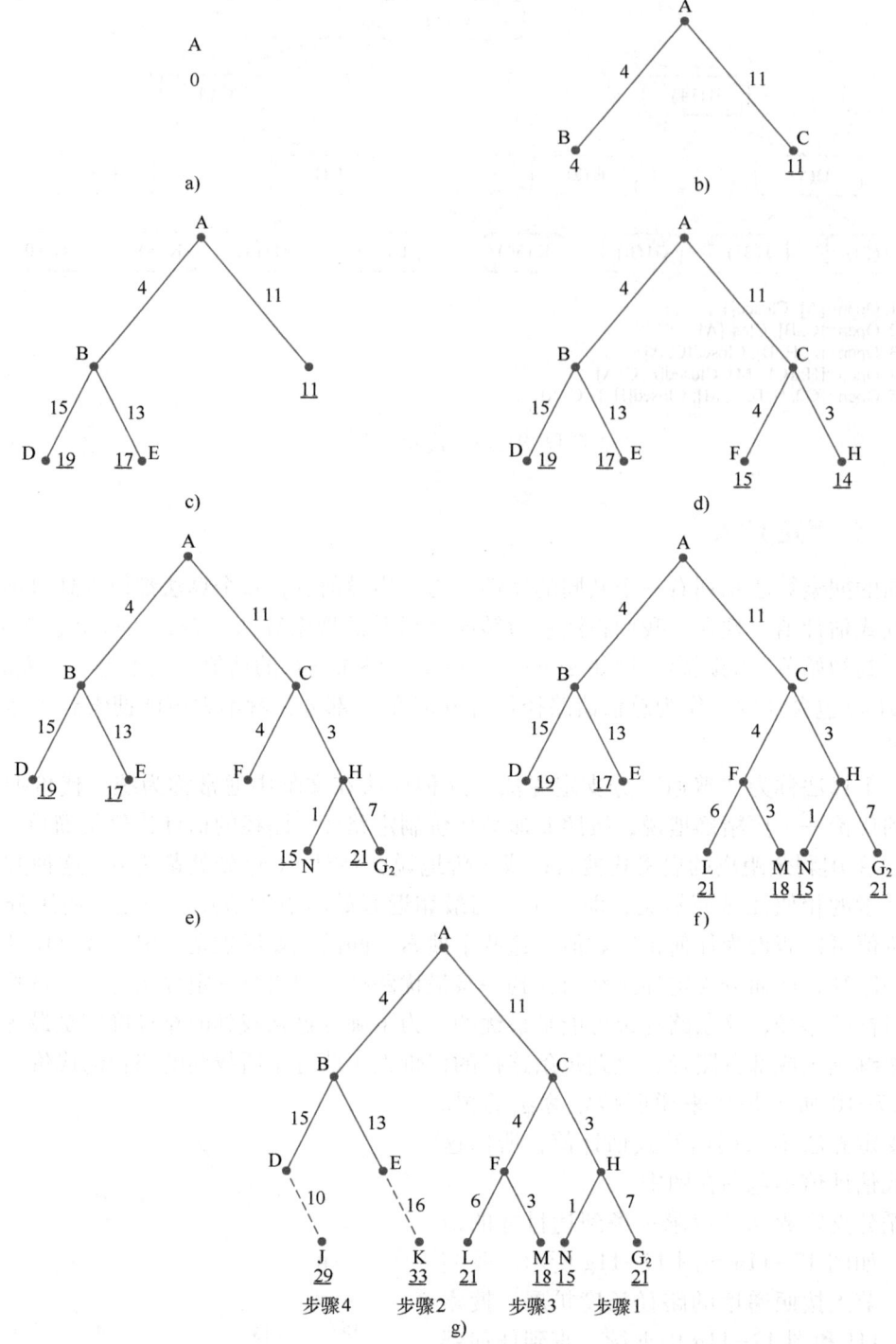

图 17-11 分支定界法示例

步骤 1：到节点 N 的路径不能被延长。

步骤 2：下一条最短路径，A→B→E 被延长了；当前，它的代价超过了 21。

步骤 3：到节点 M 和 N 的路径不能被延长。

步骤 4：最小部分路径，具有的代价小于或等于 21，被延长了。

当前，代价是 29，超过了开始到目标最短路径。在图 17-11g 中，分支定界法发现到达目标的最短路径是 A→C→H→G_2，代价为 21。

① 从根节点 A 开始。生成从根开始的路径。
② 因为 B 具有最小代价，所以它被扩展了。
③ 在 3 个选择中，C 具有最小代价，因此它被扩展了。
④ 节点 H 具有最低代价，因此它被扩展了。
⑤ 发现了到目标 G_2 的路径，但是为了查看是否有一条路径到目标的距离更小，需要扩展到其他分支。
⑥ F 和 N 的节点都具有 15 的代价，最右边的节点首先扩展。
⑦ 支定界法的其余部分。

分支定界实际上是 A*算法的一种雏形，其对于每个扩展出来的节点给出一个预期值，如果这个预期值不如当前已经搜索出来的结果好，则将这个节点（包括其子节点）从解答树中删去，从而达到加快搜索速度的目的。

17.3.6 A*算法

A*算法中更一般地引入了一个估价函数 f，其定义为 $f=g+h$。其中，g 为到达当前节点的耗费，而 h 表示对从当前节点到达目标节点的耗费的估计。其必须满足两个条件：

1) h 必须小于或等于实际的从当前节点到达目标节点的最小耗费 $h*$。
2) f 必须保持单调递增。

A*算法的控制结构与广度搜索的十分类似，只是每次扩展的都是当前待扩展节点中 f 值最小的一个。如果扩展出来的节点与已扩展的节点重复，则删去这个节点。如果与待扩展节点重复，并且如果这个节点的估价函数值较小，则用其代替原待扩展节点。

当 A*算法出现数据溢出时，从待扩展节点中取出若干个估价函数值较小的节点，然后放弃其余的待扩展节点，从而可以使搜索进一步地进行下去。

17.4 受到自然启发的搜索

完全搜索整个状态空间可能是一个艰巨的挑战。一些搜索算法的灵感来自于自然系统——包括生物系统和非生物系统。遗传、蚁群、模拟退火和粒子群这 4 种典型算法在图像边缘检测、图像分割、图像识别、图像匹配、图像分类等领域有着广泛应用。目前，大多数人工智能算法还不是特别成熟，随着科学的发展还会有更多的智能算法被发现，在图像处理方面的应用也在不断深化，将多种智能算法进行融合将是未来一个重要的发展方向。

17.4.1 遗传规划

查尔斯·达尔文在其 1859 年出版的巨著《物种起源》中，通过一个称为自然选择的过程，提出了生物种群数量是如何演化的理论。个体交配后，它们的后代显示出来自父母双方的性状。具有有利于生存性状的后代更有可能繁殖。随着时间的推移，这些有利的特征可能会以更大的频率发生。

一个很好的例子就是英国的吉普赛蛾。19 世纪初期，大多数吉普赛蛾是浅灰色的，因为这种颜色是它们的伪装色，可以迷惑捕食者。但是，此时工业革命正进行得如火如荼，大量的污染物被排放到工业化国家的环境中。原本干净浅色的树木蒙上了烟灰，变黑了。浅灰色的吉普赛蛾再也无法依赖它们的着色保护自己。过了几十年，灰黑色的吉普赛蛾进化成了常态。

在计算机程序中可以进行"人工进化"。遗传算法（Genetic Algorithm，GA）模拟生物进化论的自然选择和遗传学进化过程的计算模型，是一种通过模拟自然进化过程随机搜索最优解的方法，体现了适者生存、优胜劣汰的进化原则。其主要特点是直接对结构对象进行操作，不存在求导和函数连续性的限定，具有并行性和较强的全局寻优能力。

17.4.2 蚂蚁聚居地优化

在分布式算法中，计算机科学家的灵感来自昆虫聚居地，更具体地说是蚂蚁聚居地，模拟这种行为求解困难的组合问题，并执行有用的数据聚类程序。蚁群算法（Ant Colony Optimization，ACO），其灵感来源于蚂蚁觅食。

作为社会性昆虫，蚂蚁表现出少有的敏锐，能够求解优化问题。在所谓共识主动性的过程中，蚂蚁通过在所经路径上留下信息激素（化学气味）来间接通信，相互传递信息，信息激素浓度较高的线路就会吸引更多的蚂蚁，经过多次迭代，蚂蚁就能找到蚁巢到食物的最短路径。

蚁群算法具有并行性、强鲁棒性、正反馈性和自适应性，能用于解决大多数优化问题，在图像分割、边缘检测、分类、匹配、识别等领域有着重要应用。

17.4.3 模拟退火

钻石和煤都是由碳元素组成的，两者的区别在于碳分子的排列：在钻石中，碳的排列是金字塔形的；而在煤中，碳的排列是平面的。物质的物理性质不仅取决于组成，还取决于分子的排列，而且这种排列是可以修改的——这就是退火背后的动力。

在退火过程中，金属首先被加热至液化，然后缓慢冷却，直至再次凝固。加温时，固体内部粒子随温升变为无序状，内能增大，冷却时粒子渐趋有序，在每个温度都达到平衡态，最后在常温时达到基态，内能减为最小。经过退火后，所得到的金属通常更坚韧。

模拟退火（Simulated Annealing，SA，见图 17-12）算法是对物理中固体退火原理进行模拟的一种搜索算法。SA 算法具有全局优化性能，在工程中得到广泛应用。模拟退火算法可以分解为解空间、目标函数和初始解 3 部分。

17.4.4 粒子群

粒子群算法（Particle Swarm Optimization，PSO，见图 17-13）源于对鸟群捕食的行为研究。在对动物集群活动行为观察的基础上，利用群体中的个体对信息的共享使整个群体的运动在问题求解空间中产生从无序到有序的演化过程，从而获得最优解。同遗传算法类似，这是一种基于迭代的优化算法，它的优势在于简单容易实现，并且没有许多参数需要调整，广泛应用于函数优化、神经网络、模糊控制等领域。

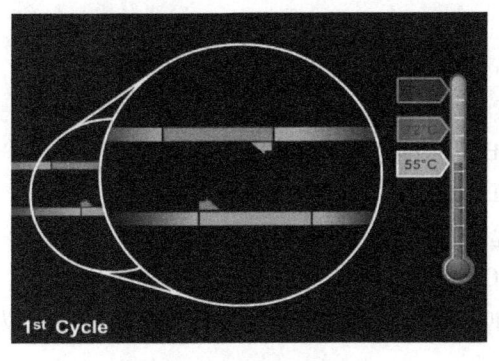
图 17-12　模拟退火算法

图 17-13　粒子群算法

17.4.5　禁忌搜索

禁忌搜索是基于社会习俗发展出来的搜索方法。禁忌是社会认为应该禁止的行为。根据对人类行为的了解，可以发现随着时间的推移，某些事情发生了变化。例如，在历史上的某个时期，男人戴耳环被视为禁忌。显然，这样的禁忌现在不存在了。禁忌搜索维护了一张禁忌清单（存储最近做出的移动），这些移动在某段时间内被禁止重复使用。由于暂时禁止搜索已访问的状态空间，因此这种禁止促进了探索。如果禁止的移动可以引导搜索，所得到的目标函数优于以前访问的目标函数，则可以重新允许被禁止的移动，因此禁忌搜索并不完全忽视开发。后者的"暂缓"称为特赦标准。在解决调度问题中，禁忌搜索取得了巨大的成功。

【作业】

1. 搜索是大多数人生活中的（　　）。
   A. 稀罕情况　　　　　　　　　B. 自然组成部分
   C. 不可能出现　　　　　　　　D. 小概率事件
2. 搜索及其执行是人工智能技术的（　　）。
   A. 一般应用　　B. 重要应用　　C. 重要基础　　D. 不同领域
3. 关于搜索算法，下列正确或者合适的说法是（　　）。
   ① 利用计算机的高性能来有目的地穷举一个问题的部分或所有的可能情况，从而求出问题的解的一种方法
   ② 根据初始条件和扩展规则构造一棵"解答树"并寻找符合目标状态的节点
   ③ 可以划分成两个部分——控制结构（扩展节点的方式）和产生系统（扩展节点）
   ④ 主要是通过修改其数据结构来实现的
   A. ①②③　　　　B. ②③④　　　　C. ①②④　　　　D. ①③④
4. 关于盲目搜索，下列选项中正确或者合适的选项是（　　）。
   ① 又称启发式搜索，是一种多信息搜索
   ② 这些算法不依赖任何问题领域的特定知识
   ③ 一般只适用于求解比较简单的问题

④ 通常需要大量的空间和时间

　　A. ①③④　　　　B. ①②④　　　　C. ①②③　　　　D. ②③④

5. 盲目搜索通常按预定的搜索策略进行搜索，常用的盲目搜索有（　　）两种。

　　A. 连续搜索和重复搜索　　　　　　B. 上下搜索和超链接搜索
　　C. 广度优先搜索和深度优先搜索　　D. 多媒体搜索和 AI 搜索

6. 状态空间图是一个有助于形式化搜索过程的（　　），是对一个问题的表示。

　　A. 程序结构　　B. 算法结构　　C. 模块结构　　D. 数学结构

7. 回溯算法是所有搜索算法中最基本的一种算法，它采用一种"（　　）"思想作为其控制结构。

　　A. 走不通就掉头　　　　　　B. 一走到底
　　C. 循环往复　　　　　　　　D. 从一点出发不重复

8. 盲目搜索是不使用领域知识的不知情搜索算法，它有（　　）3 种主要算法。

　　① 深度优先搜索　　　　　　② 广度优先搜索
　　③ 广度迭代搜索　　　　　　④ 迭代加深的深度优先搜索

　　A. ②③④　　　　B. ①②④　　　　C. ①③④　　　　D. ①②③

9. 知情搜索使用启发法，通过（　　）来缩小问题空间，在问题求解中通常是很有用的工具。

　　A. 既不限定搜索深度，也不限定搜索宽度
　　B. 提高搜索算法智能化水平
　　C. 提高搜索算法的软件工程设计水平
　　D. 限定搜索深度或是限定搜索宽度

10. 爬山法是贪婪且原始的，它可能会受到 3 个常见问题的困扰，包括（　　）。

　　① 山麓问题　　② 高原问题　　③ 山脊问题　　④ 压缩问题

　　A. ①③④　　　　B. ①②④　　　　C. ①②③　　　　D. ②③④

11. 启发法是用于解决问题的一组常用指南。使用启发法，我们可以得到一个（　　）的结果。

　　A. 很有利，但不能保证　　　　B. 很有利且可以得到有效保证
　　C. 不利且不能得到保证　　　　D. 不明确

12. 启发法的目的是在考虑到要达到的目标状态的情况下，（　　）节点数目。

　　A. 极大地增加　　B. 极大地减少　　C. 稳定已有的　　D. 无须任何

13. 有 3 种可以找到任何解的知情搜索的特定算法，包括（　　）。

　　① 爬山法　　② 最陡爬坡法　　③ 直接爬坡法　　④ 最佳优先法

　　A. ②③④　　　　B. ①②③　　　　C. ①③④　　　　D. ①②④

14. 有一些搜索算法的设计灵感来自于自然系统，例如遗传、（　　）等典型算法在图像边缘检测、图像分割、图像识别、图像匹配、图像分类等领域有广泛应用。

　　① 蚁群　　② 模拟退火　　③ 粒子群　　④ 最优化

　　A. ①③④　　　　B. ①②④　　　　C. ①②③　　　　D. ②③④

15. 查尔斯·达尔文在其 1859 年出版的巨著《（　　）》中，通过一个称为自然选择的过程，提出了生物种群数量是如何演化的理论。个体交配后，其后代显示出来自父母双方的

性状。具有有利于生存性状的后代更有可能繁殖。

A. 物种起源　　　　B. 盘古纪元　　　　C. 进化法则　　　　D. 生物进化

16. 在计算机程序中，（　　）是一种通过模拟自然进化过程随机搜索最优解的方法，体现了适者生存、优胜劣汰的进化原则，它具有并行性和较强的全局寻优能力。

A. 粒子群算法　　　B. 遗传算法　　　　C. 禁忌搜索　　　　D. 蚁群算法

17. （　　）具有并行性、强鲁棒性、正反馈性和自适应性，能用于解决大多数优化问题。

A. 粒子群算法　　　B. 遗传算法　　　　C. 禁忌搜索　　　　D. 蚁群算法

18. 模拟退火算法是对物理中固体退火原理进行模拟的一种搜索算法。它可以分解为（　　）3部分。

① 解空间　　　　　② 目标函数　　　　③ 元数据　　　　　④ 初始解

A. ②③④　　　　　B. ①②③　　　　　C. ①②④　　　　　D. ①③④

19. （　　）源于对鸟群捕食的行为研究。利用群体中的个体对信息的共享使整个群体的运动在问题求解空间中产生从无序到有序的演化过程，从而获得最优解。

A. 粒子群算法　　　B. 遗传算法　　　　C. 禁忌搜索　　　　D. 蚁群算法

20. （　　）是基于社会习俗发展出来的搜索方法。它维护一张清单（存储最近做出的移动），这些移动在某段时间内被禁止重复使用，由此促进了探索。

A. 粒子群算法　　　B. 遗传算法　　　　C. 禁忌搜索　　　　D. 蚁群算法

第18章 人工智能的发展

【导读案例】AI 生成的作品也有著作权

随着 AI 产业迅速崛起，涌现出了大量的 AI 创作类产品，包括 AI 文生图、AI 图生文等多种类型。用户只需要输入提示词，AI 大模型就可以生成相应的文字、图片、代码等内容。

AI 生成的内容受著作权法保护吗？相应权利归属于谁？是否可以随意使用网络上由 AI 生成的内容？这些问题一直困扰着大家。北京互联网法院审结李某与刘某就侵害作品署名权和信息网络传播权纠纷一案，明确了利用人工智能生成图片的"作品"属性和使用者的"创作者"身份。

据介绍，原告使用开源软件 Stable Diffusion，通过输入提示词的方式生成了涉案图片后发布在小红书平台。被告在百家号上发布文章，文章配图使用了涉案图片。

原告认为，被告未经许可使用涉案图片，且截去了原告在小红书平台的署名水印，使得相关用户误认为被告为该作品的作者，侵犯了原告享有的署名权及信息网络传播权，要求被告公开赔礼道歉、赔偿经济损失等。被告辩称，不确定原告是否享有涉案图片的权利，被告所发布文章的主要内容为原创诗文，而非涉案图片，而且没有商业用途，不具有侵权故意。法院经审理认为：涉案图片符合作品的定义，属于作品。

从涉案图片的外观上来看，其与通常人们见到的照片、绘画无异，显然属于艺术领域，具有一定的表现形式。涉案图片系原告利用生成式人工智能技术生成的，从原告构思涉案图片起，到最终选定涉案图片止，原告进行了一定的智力投入，比如设计人物的呈现方式、选择提示词、设定提示词的顺序、设置相关的参数、选定哪个图片符合预期等。涉案图片体现了原告的智力投入，因此涉案图片具备"智力成果"要件。

从涉案图片本身来看，体现出与先前作品存在着可以识别的差异性。

从涉案图片生成过程来看，原告通过提示词对人物及其呈现方式等画面元素进行设计，通过参数对画面布局构图等进行设置，体现了原告的选择和安排。另外，原告通过输入提示词、设置相关参数，获得第一张图片后，继续增加提示词、修改参数，不断调整修正，最终获得涉案图片，这一调整修正过程体现了原告的审美选择和个性判断。在无相反证据的情况下，可以认定涉案图片由原告独立完成，体现出原告的个性化表达，因此涉案图片具备"独创性"要件。涉案图片是以线条、色彩构成的有审美意义的平面造型艺术作品，属于美术作品，受到著作权法的保护。

最终，北京互联网法院做出一审判决，判决被告赔礼道歉并赔偿原告 500 元，双方均未提起上诉。一审判决已生效。

繁重的科学和工程计算本来是要人脑来承担的，如今计算机不但能完成这种计算，而且能够比人脑做得更快、更准确，因此，人们已不再把这种计算看作"需要人类智能才能完成的复杂任务"。可见，复杂工作的定义是随着时代的发展和技术的进步而变化的，人工智能的具体目标也随着时代的变化而发展。它一方面不断获得新进展，另一方面又转向更有意义的、更加困难的新目标。

用来研究人工智能的主要物质基础以及能够实现人工智能技术平台的机器就是计算机，人工智能的发展是和计算机科学技术以及其他很多科学的发展联系在一起的。人工智能学科研究的主要内容包括知识表示、知识获取、自动推理和搜索方法、机器学习、神经网络和深度学习、知识处理系统、自然语言学习与处理、遗传算法、计算机视觉、智能机器人、自动程序设计、数据挖掘、复杂系统、规划、组合调度、感知、模式识别、逻辑程序设计、软计算、不精确和不确定的管理、人类思维方式等方面。一般认为，人工智能最关键的难题还是机器自主创造性思维能力的塑造与提升。

18.1 创新发展与社会影响

经过数十年的突破性发展，人工智能在经济社会各领域得到了广泛应用并引领着新一轮的产业变革，推动人类社会进入智能化时代。世界各发达国家都制定了发展人工智能的国家战略，我国于 2017 年发布了《新一代人工智能发展规划》，国家发展和改革委员会、工业和信息化部、科技部、教育部等部委和一些地方政府相继出台了推动人工智能发展的相关政策文件，社会各界对人工智能的重大战略意义已形成广泛共识。

人们研究了各种不同的智能体设计，从反射型智能体到基于知识的决策论智能体，再到使用强化学习的深度学习智能体。将这些设计组合起来的技术也是多样的：可以使用逻辑推理、概率推理或神经推理，可以使用状态的原子表示、因子化表示或结构化表示，对各种类型的数据使用不同的学习算法，以及多种与外界交互的传感器和执行器。

总体上看，人工智能的发展具有"四新"特征：
1）以深度学习为代表的人工智能核心技术取得新突破。
2）"智能+"模式的普适应用为经济社会发展注入新动能。
3）人工智能成为世界各国竞相战略布局的新高地。
4）人工智能的广泛应用给人类社会带来法律法规、道德伦理、社会治理等一系列新挑战。

18.1.1 人工智能发展的启示

人工智能的目标是模拟、延伸和扩展人类智能，探寻智能本质，发展类人智能机器，其探索之路充满未知且曲折起伏。通过总结人工智能发展历程中的经验和教训，可以得到以下启示：

1）尊重发展规律是推动学科健康发展的前提。科技发展有其自身的规律，人工智能学科的发展需要基础理论、数据资源、计算平台、应用场景的协同驱动，当条件不具备时很难实现重大突破。

2）基础研究是学科可持续发展的基石。加拿大多伦多大学的杰弗里·辛顿教授坚持研究深度神经网络 30 年，奠定了人工智能蓬勃发展的重要理论基础。谷歌 DeepMind 团队长期深入研究神经科学启发的人工智能等基础问题，取得了阿尔法狗等一系列重大成果。

3）应用需求是科技创新的不竭之源。引领学科发展的动力主要来自于科学和需求的双轮驱动。人工智能发展的驱动力除了知识与技术体系等的内在矛盾外，贴近应用、满足用户需求是创新的最大源泉与动力。比如,人工智能专家系统实现了从理论研究走向实际应用的突破,安防监控、身份识别、无人驾驶、互联网和物联网等应用需求带动了人工智能的技术突破。

4)学科交叉是创新突破的"捷径"。人工智能研究涉及信息科学、脑科学、心理科学等。20世纪50年代,人工智能的出现本身就是学科交叉的结果。特别是脑认知科学与人工智能的成功结合,带来了人工智能神经网络几十年的持久发展。智能本源、意识本质等一些基本科学问题正在孕育重大突破,对人工智能学科发展具有重要的促进作用。

5)宽容失败是支持创新的题中应有之义。任何学科的发展都不可能一帆风顺,任何创新目标的实现都不会一蹴而就。人工智能的发展生动地诠释了一门学科创新发展起伏曲折的历程。可以说,没有过去发展历程中的"寒冬",就没有人工智能发展新的春天。

6)实事求是地设定发展目标是制定学科发展规划的基本原则。达到全方位类人水平的机器智能是人工智能学科宏伟的终极目标,但是需要根据科技和经济社会发展水平来设定合理的阶段性研究目标,否则会有挫败感,从而影响学科发展。人工智能发展过程中的几次低谷皆因当时不切实际的发展目标所致。

18.1.2 人工智能的发展现状与影响

从技术维度来看,人工智能技术突破集中在专用智能,但是通用智能发展水平仍处于起步阶段;从产业维度来看,人工智能创新创业如火如荼,技术和商业生态已见雏形;从社会维度来看,世界主要国家纷纷将人工智能上升为国家战略,人工智能社会影响日益凸显。

1)专用人工智能取得重要突破。面向特定领域的人工智能技术(即专用人工智能)由于任务单一、需求明确、应用边界清晰、领域知识丰富、建模相对简单,因此形成了人工智能领域的单点突破,在局部智能水平的单项测试中甚至可以超越人类智能。人工智能的近期进展主要集中在专用智能领域,统计学习是专用人工智能走向实用的理论基础。深度学习、强化学习、对抗学习等统计机器学习理论在计算机视觉、语音识别、自然语言理解、人机博弈等方面取得了成功应用。例如,阿尔法狗在围棋比赛中战胜了人类冠军,人工智能程序在大规模图像识别和人脸识别中达到了超越人类的水平,语音识别系统5.1%的错误率比肩专业速记员,人工智能系统诊断皮肤癌达到专业医生水平,等等。

2)通用人工智能尚处于起步阶段。人的大脑是一个通用的智能系统,能举一反三、融会贯通,可处理视觉、听觉、判断、推理、学习、思考、规划、设计等各类问题,可谓"一脑万用"。真正意义上完备的人工智能系统应该是一个通用的智能系统。美国国防高级研究计划局把人工智能发展分为3个阶段,即规则智能、统计智能和自主智能,其认为当前国际主流的人工智能水平仍然处于第二阶段,核心技术依赖于深度学习、强化学习、对抗学习等统计机器学习,人工智能系统在信息感知、机器学习等智能水平维度进步显著,但是在概念抽象和推理决策等方面的能力还很薄弱。

3)人工智能创新创业如火如荼。全球产业界充分认识到人工智能技术引领新一轮产业变革的重大意义,纷纷调整发展战略。比如,谷歌明确提出将发展战略从"移动优先"转向"AI优先",微软将人工智能作为公司发展愿景。

4)创新生态布局成为人工智能产业发展的战略高地。信息技术(IT)和产业的发展史就是新老IT巨头抢滩布局IT创新生态的更替史。例如,传统信息产业IT代表企业有微软、英特尔、IBM、甲骨文等,互联网和移动互联网IT代表企业有谷歌、苹果、脸书、亚马逊、阿里巴巴、腾讯、百度等。目前智能科技 IT 的产业格局还没有形成垄断，全球科技产业巨头都在积极推动人工智能技术生态的研发布局，全力抢占人工智能相关产业的制高点。

人工智能创新生态包括纵向的数据平台、开源算法、计算芯片、基础软件、图形处理 GPU 服务器等技术生态系统，以及横向的智能制造、智能医疗、智能安防、智能零售、智能家居等商业和应用生态系统。在技术生态方面，人工智能算法、数据、图形处理器（GPU）/张量处理器（TPU）/神经网络处理器（NPU）计算、运行/编译/管理等基础软件已有大量开源资源。此外，谷歌、IBM、英伟达、英特尔、苹果、华为、中国科学院等积极布局人工智能领域的计算芯片。

在人工智能商业和应用生态布局方面，"智能+X"成为创新范式，如"智能+制造""智能+医疗""智能+安防"等，人工智能技术向创新性的消费场景和不同行业快速渗透融合并重塑整个社会发展，这是人工智能作为第四次技术革命关键驱动力的最主要表现方式。人工智能商业生态竞争进入白热化，例如，智能驾驶汽车领域的参与者既有通用、福特、奔驰、丰田等传统车企，又有互联网造车者如谷歌、特斯拉、苹果、华为等新贵。

5）人工智能上升为国家重大发展战略。人工智能正在成为新一轮产业变革的引擎，必将深刻影响国际产业竞争格局和一个国家的国际竞争力。世界主要发达国家纷纷把发展人工智能作为提升国际竞争力、维护国家安全的重大战略，加紧积极谋划政策，围绕核心技术、顶尖人才、标准规范等强化部署，力图在新一轮国际科技竞争中掌握主导权。在世界各国的重大国家战略中，人工智能都是其中的核心关键技术。

6）人工智能的社会影响日益凸显。人工智能的社会影响是多元的，既有拉动经济、服务民生、造福社会的正面效应，又可能出现安全失控、法律失准、道德失范、伦理失常、隐私失密等社会问题，以及利用人工智能热点进行投机炒作从而存在泡沫风险。

人类社会已开始迈入智能化时代，人工智能引领社会发展是大势所趋，不可逆转。经历 60 余年的积累后，人工智能开始进入爆发式增长的红利期。伴随着人工智能自身的创新发展和向经济社会的全面渗透，这个红利期将持续相当长的时间。

18.2 伦理与安全

随着人工智能在经济、社会、科学、医疗、金融和军事领域发挥越来越重要的作用，我们应该考虑它可能带来的伤害和补救措施，用现代的说法就是风险和收益。

18.2.1 创造智能机器的大猩猩问题

对创造超级智能机器的想法产生普遍的不安感觉是自然的，称为大猩猩问题：大约 700 万年前，一种现已灭绝的灵长类进化了，一个分支进化为大猩猩，另一个分支进化为人类。今天，大猩猩对人类分支不太满意，它根本无法控制自己的未来。试想，如果这是成功创造出超级人工智能的结果（人类放弃对未来的控制），那么我们也许应该停止人工智能的研究，并且作为一个必然的结果，放弃人工智能可能带来的好处。这就是图灵警告的本质：我们可能无法控制比我们更聪明的机器。如果超级人工智能是一个来自外太空的黑匣子，那么谨慎地打开这个黑匣子确实是明智之举。但事实并非如此：人类设计了人工智能系统，所以如果它们最终"掌控了自己",那将是设计失败的结果(正如图灵所说)。为了避免这种结果,需要了解潜在失败的根源。

18.2.2 积极与消极的方面

跟其他高科技一样,人工智能也是一把双刃剑。认识人工智能的社会影响,正在日益得到人们的重视。

积极的方面有很多,例如,通过改进医学诊断、发现新的医学成果、更好地预测极端天气、通过辅助驾驶直至最终做到自动驾驶来实现更安全的驾驶。改善生活的机会也很多,谷歌的赋能社会 AI 项目支持雨林保护、污染监测、化石燃料排放量测量、危机咨询、新闻事实核查、自杀预防、回收利用等方面的工作。芝加哥大学社会福利数据科学中心应用机器学习处理刑事司法、经济发展、教育、公共卫生、能源和环境等领域的问题。

用机器学习优化业务流程,可使企业更具生产力,创造更多财富,提供更多就业机会。残障人士将从基于人工智能的视觉、听觉和移动辅助功能中受益。机器翻译已经让来自不同文化背景的人们可以相互交流。基于软件的人工智能解决方案的边际生产成本几乎为零,因此可能有助于先进技术的大众化(即使软件的其他方面有集权的可能性)。

尽管有这么多积极方面,我们也不应该忽略人工智能的消极方面。

所有科学家和工程师都面临着伦理考量,哪些项目应该做,哪些项目不应该进行,以及如何确保项目执行是安全且有益的。2010 年,英国工程和物理科学研究委员会制定了一系列机器人准则。接下来数年里,其他政府机构、非营利组织以及各公司纷纷建立了类似的准则。建立准则的重点是,要让每一个创造人工智能技术的机构,以及这些机构中的每个人都要负责确保技术对社会有益而非有害。最常被提到的准则是:

确保安全性	建立问责制
确保公平性	维护人权和价值观
尊重隐私	体现多样性与包容性
促进协作	避免集权
提供透明度	承认法律和政策的影响
限制人工智能的有害用途	考虑对就业的影响

这些原则中的许多(如"确保安全性")适用于所有软硬件,而不仅仅是人工智能系统。一些原则措辞模糊,难以衡量与执行。这在一定程度上是因为人工智能有着众多子领域,每个子领域都有着不同的历史规范,每个子领域中的人工智能开发者和利益相关者之间的关系也不同。

18.2.3 人才和基础设施短缺

对于很多潜在的人工智能用户而言,要想实现人工智能的成功应用,必须首先解决两方面的突出问题:一是人才短缺问题,即无法吸引和留住人工智能技术开发方面与相关管理方面的人才;二是技术基础设施短缺问题,即数据能力、运算网络能力等数字能力薄弱。

人工智能仍然仅能解决特定问题并具有严重的背景依赖性,这意味着,人工智能当前执行的是有限的任务,通过嵌入较大型的系统来发挥作用。作为一种处于早期发展阶段的技术,人工智能促成的能力提高微不足道,这意味着迫切将人工智能投入使用的当前用户面临着巨大的前期成本，效益不大。

许多用户所执行的任务涉及人类生命或很大的设备风险，因此在依靠人工智能来执行任务之前要首先解决人工智能的可靠性问题。在私营领域，许多责任和知识产权相关法律问题尚未得到充分研究；在公共部门，大量关键任务尚无明确途径来确保人工智能的可靠性。以上都是人工智能管理的挑战，只有建立了配套的人工智能生态系统，人工智能用户才能在这些方面得到满足。虽然人工智能生态系统的大部分也会在私营部门中发展起来，但这对很多政府用户来说，特别是国家安全用户来说，只是必要因素，而非充分因素。

信任方面 人工智能透明度的重要性和必要性因具体的人工智能应用而定；人工智能的算法、数据和结果都必须可信；用户必须能理解人工智能系统可能被愚弄的机制。

安全性方面 为打造强大且富有弹性的数字化能力，需要在研发、操作和安全之间进行平衡；在各机构中树立网络风险管理文化与网络安全负责制至关重要。

人员与文化方面 使用人工智能需要具备相关领域专业知识、接受过技术训练且拥有合适的工具；各机构必须培养数据卓越文化。

数字能力方面 为了成功运用人工智能技术，各机构必须打造基本的数字能力；通过信息分析获得竞争优势，需要包括上至总部、下至部署作战人员在内的整个系统的全力投入。

政策方面 一是必须制定伦理方面的政策和标准，指导人工智能技术的应用。二是必须通过一系列政策措施来加强人工智能生态系统：改革人员利用权限和安全许可流程，以更好地招募和利用人才；改变软件开发方面的预算措施，以提升政府采购和迭代开发软件的能力；与业界进行全面接触与合作，除了利用技术巨头和国防工业巨头外，还要利用中小型数据科学公司；投资处在早期阶段的研发工作，尤其是那些需要政府支持的领域；开发可解决人工智能可靠性问题的工具。三是必须认识到国际社会在人工智能方面的活动，采取措施保护人工智能生态环境，使其免遭攻击、免受有害投资的影响；利用资源，主要手段是与拥有共同目标、设备和数据共享协议的伙伴合作。同时，在拓展新伙伴时，也要注意打造这些共同性。

在理解人工智能对国家安全的影响方面，我们仍处于早期阶段。

18.2.4 设定伦理要求

人工智能是人类智能的延伸，也是人类价值系统的延伸。在其发展的过程中，应当包含对人类伦理价值的正确考量。设定人工智能技术的伦理要求，要依托于社会和公众对人工智能伦理的深入思考和广泛共识，并遵循一些共识原则：

1）人类利益原则，即人工智能应以实现人类利益为终极目标。这一原则体现了对人权的尊重、对人类和自然环境利益最大化，以及降低技术风险和对社会的负面影响。在此原则下，政策和法律应致力于人工智能发展的外部社会环境的构建，推动对社会个体的人工智能伦理和安全意识教育，让社会警惕人工智能技术被滥用的风险。此外，还应该警惕人工智能系统做出与伦理道德偏差的决策。

2）责任原则，即在技术开发和应用两方面都建立明确的责任体系，以便在技术层面可以对人工智能技术开发人员或部门问责，在应用层面则可以建立合理的责任和赔偿体系。在责任原则下，在技术开发方面应遵循透明度原则，在技术应用方面则应当遵循权责一致原则。

18.2.5 强力保护个人隐私

人工智能的发展是建立在大量数据的信息技术应用之上的，不可避免地涉及个人信息的合理使用问题，因此对于隐私应该有明确且可操作的定义。人工智能技术的发展也让侵犯个人隐私的行为更为便利，因此相关法律和标准应该为个人隐私提供更强有力的保护。

此外，人工智能技术的发展使得政府对于公民个人数据信息的收集和使用更加便利。大量的个人数据信息能够帮助政府各个部门更好地了解所服务人群的状态，确保个性化服务的机会和质量。但随之而来的是，政府部门和政府工作人员不恰当地使用个人数据信息的风险和潜在的危害应当得到足够的重视。

人工智能语境下的个人数据的获取和知情同意应该重新进行定义。首先，相关政策、法律和标准应直接对数据的收集和使用进行规制，而不能仅仅征得数据所有者的同意；其次，应当建立实用的、可执行的、适应于不同使用场景的标准流程，以供设计者和开发者保护数据来源的隐私；再次，对于利用人工智能可能推导出超过公民最初同意披露的信息的行为应该进行规制；最后，政策、法律和标准对于个人数据的管理应该采取延伸式保护，鼓励发展相关技术，探索将算法工具作为个体在数字和现实世界中的代理人。

涉及的安全、伦理和隐私问题是人工智能发展面临的挑战。安全问题是让技术能够持续发展的前提。技术的发展给社会信任带来了风险，如何增加社会信任，让技术发展遵循伦理要求，保障隐私不会被侵犯是亟待解决的问题。为此，需要制定合理的政策、法律、标准基础，并与国际社会协作。建立令人工智能技术造福于社会、保护公众利益的环境，是人工智能技术持续、健康发展的重要前提。

18.2.6 机器人权利

机器人应该享受哪些权利，这一问题十分重要。

虚构类文学作品中经常考虑机器人人格的问题：从皮格马利翁到葛佩莉亚，再到匹诺曹，再到电影《人工智能》和《机器管家》，我们都听过一个机器人获得生命，并努力被接受为一个有人权的人的故事。

为逃避机器人意识这一困境，厄尼·戴维斯主张永远不要造出可能被认为有意识的机器人。约瑟夫·维森鲍姆在1976年出版的《计算机与人类理性》一书中曾提出过这一论点，而在此之前，朱利安·德·拉梅特丽在《人是机器》一书中也提出过这一论点。机器人是人们创造出来用以完成指令的工具，如果人们授予它们人格，那么其实是拒绝为自己财产的行为负责，如"我的自动驾驶汽车的车祸不是我的错，是汽车自己造成的"。

如果我们开发出人与机器人的混合体，这个问题又将不同。当然，我们已经通过隐形眼镜、起搏器和人工髋关节等技术增强了人类机体的功能。但是，计算概念的加入可能会模糊人和机器之间的界限。

18.3 人工智能的极限

1980年，哲学家约翰·希尔勒提出了弱人工智能和强人工智能的区别。弱人工智能的机器可以表现得智能，而强人工智能的机器是真正的有意识地在思考（而非仅模拟思考）。随着时间的推移，强人工智能的定义转而指代"人类级别的人工智能"或"通用人工智能"等，可以解决各种各样的任务，包括各种新奇的任务，并且可以完成得像人类一样好。

然而，近年来的飞速进展并不能说明人工智能的成就可以无所不及。艾伦·图灵是第一个定义人工智能的人,也是第一个对人工智能提出可能的异议的人,他预见了后来人提出的几乎所有的意见。

18.3.1 由非形式化得出的论据

图灵在由行为的非形式化得出的论据中提到,人类的行为太复杂了,任何一个形式化的规则集都无法完全捕捉到。人们必须使用一些非形式化的准则,这些准则永远无法由形式化的规则集捕捉,因此也永远无法在计算机程序中编码。

休伯特·德雷福斯是这一观点的主要支持者。同样,哲学家肯尼斯·萨瑞说:"在对计算主义的狂热推崇中追求人工智能,是根本不可能有任何长久的结果的。"他们所批评的技术后来被称为老式人工智能。

老式人工智能对应的简单逻辑智能体设计确实很难在一个充要的逻辑规则集里捕捉适当行为的每一种可能性,我们称之为资格问题。

德雷福斯最有力的论据之一是针对情景式智能体,而不是无实体的逻辑推理机。相比于那些看过狗奔跑、和狗一起玩过的智能体来说,对"狗"的理解仅来自一组有限的如"Dog(x)= Mannal(x)"这样的逻辑语句的智能体是处于劣势的。

总的来说,德雷福斯看到了人工智能还未能完全解决的领域,并由此声称人工智能是不可能的。现在,我们看到许多科研人员正在这些领域进行持续的研究和开发,提高了人工智能的能力,降低了其不可能性。

18.3.2 衡量人工智能

艾伦·图灵在他那篇著名论文《计算与智能》中提出,与其问机器能否思考,不如问机器能否通过行为测试,即图灵测试。图灵测试需要一个计算机程序与测试者进行 5 min 的对话(通过输入消息的方式)。然后,测试者必须猜测与其对话的是人还是程序,如果程序让测试者做出的误判超过 30%,那么它就通过了测试。对图灵来说,关键不在于测试的具体细节,而应该通过在某种开放式行为任务上的表现来衡量。

图灵曾推测,到 2000 年,拥有 10 亿存储单元的计算机可以通过图灵测试。但 2000 年已经过去了,我们仍不能就是否有程序通过图灵测试达成一致。许多人都不知道他们在聊天时被计算机程序欺骗了。ELIZA 程序、网络聊天机器人 MGoNZ 和纳塔恰塔多次欺骗了与它们交谈的人,而聊天机器人赛博爱好者引起了执法部门的注意,因为它热衷于诱导聊天对象泄露足够多的个人信息,致使他们的身份被盗用。

2014 年,一款名为尤金·古斯特曼的聊天机器人在图灵测试中令 33% 未受训练的业余评测者做出误判。这款程序声称自己是一名来自乌克兰的男孩,英语水平有限,这点让它在出现语法错误时有了解释。或许图灵测试是关于人类易受骗性的测试。到目前为止,聊天机器人还不能骗过受过良好训练的评测者。

图灵测试竞赛吸引了更优秀的聊天机器人,但这还没成为人工智能领域的研究重点。相反,追逐竞赛的研究者更倾向于下国际象棋、下围棋、玩网络游戏、参加八年级科学考试或在图像中识别物体。在许多这类竞赛中,程序已经达到或超过人类水平,但这并不意味着程序在这些特定任务之外也能够像人类一样。人工智能研究的关键点在于改进基础科学技术和提供有用的工具,而不是让评测者上当。

18.4 人工智能架构

在人工智能领域中，反射型响应适用于时间是重要因素的情形。基于知识的深思熟虑，允许智能体提前做准备。当数据充足时，机器学习比较方便；但当环境发生变化或人类设计者在相关领域的知识不足时，机器学习就是必要的了。

长期以来，人工智能一直分为符号系统（基于逻辑和概率推断）和连接系统（基于大量参数的损失函数最小化）两个方向。如何取两家之长是人工智能的一个持续性的挑战。符号系统可以拼接长推理链，并利用结构化表示的表达能力。连接系统在数据有噪声的情况下也能识别出模式。

同时，智能体也需要控制自己的思考过程。它们必须充分利用时间，在需要做出决策前结束思考。比如，一个出租车驾驶智能体在看到前方事故时，必须在一瞬间决定是刹车（制动）还是转向。它需要在瞬间考虑最重要的问题，如左右两侧车道是否畅通、后方是否紧跟着一辆大卡车，而不是考虑该去哪接下一位乘客。这些问题通常在实时人工智能课题下进行研究。随着人工智能系统转向更加复杂的领域，智能体永远不会有足够长的时间来精确解决问题，因此所有问题都将变为实时问题。

18.4.1 传感器与执行器

观察人工智能技术的发展可以发现，大多数时候，人工智能装置并没有直接接触外界。除少数例外，人工智能系统都建立在人工提供输入并解释输出的基础上。同时，机器人系统专注于低层级任务，这些任务通常不涉及高层级的推理和规划，对感知的要求也极低。这种状况一部分是因为真正的机器人工作所需要的费用和工程量很大，另一部分是因为处理能力和算法有效性不足以处理高带宽的视觉输入。

近年来，随着可编程机器人技术的成熟，情况迅速转变。而可编程机器人的进步得益于可靠的小型电动机驱动和改进的传感器。自动驾驶汽车中激光雷达的成本大幅度下降，而单芯片版本的传感器成本已经很便宜。

手机摄像头对更优秀图像处理性能的需求降低了用在机器人上的高分辨率摄像头的成本。MEMS（微机电系统）技术提供了小型化加速度计、陀螺仪，以及可以植入人工飞行昆虫中的处理器。我们可以将百万个 MEMS 设备结合成强大的大型执行器。3D 打印技术和生物打印技术使得用原型进行实验更为容易。

由此可以看出，人工智能系统正处在从最初的纯软件系统转变为有效的嵌入式机器人系统的关键时期，灵活、智能的机器人很可能最先在工业领域（环境更可控、任务重复度更高、投资价值更易衡量）而非民用领域（环境与任务的变化更复杂）取得进步。

18.4.2 通用人工智能

从 21 世纪初到目前为止，人工智能的大多数进展都由特定任务上的竞赛驱动，如 DARPA 举办的自动驾驶汽车大挑战赛、ImageNet 对象识别竞赛，或者与世界冠军比赛下国际象棋、下围棋、打扑克、玩网络游戏。对于每项任务，我们通常使用专门为此任务收集的数据，使用独立的机器学习模型从零开始训练，构造独立的人工智能系统。但一个真正智能的智能体，能完成的应该不止一件事。

一些通用人工智能或人类级别人工智能（HLAI）的支持者坚持认为，继续在特定任务或单独组件上进行研究不足以让人工智能精通各项任务，我们需要一种全新的方法。大规模的新突破是必要的，但总的来说，人工智能领域在探索和开发之间已经做出了合理的平衡，在组装一系列组件、改进特定任务的同时，也探索了一些有前途的甚至是遥远的想法。

如果在1903年时就告诉莱特兄弟停止研究单任务飞机，去设计一种可以垂直起飞、超越声速、可载客数百名、能登陆月球的"人工通用飞行器"，这种做法是不可行的。在他们首次飞行后，每年举办竞赛以促进云杉木双翼飞机的改进也是不现实的。1903年，莱特兄弟制造的人类历史上第一架能自由飞行且可操纵的动力飞机"飞行者一号"（见图18-1）就是用结实的云杉木制成的双翼飞机。

对组件的研究可以激发新的想法，例如，生成对抗网络（GAN）和Transformer语言模型都开启了研究的新领域。我们也看到了迈向"行为多

图18-1 莱特兄弟制造的"飞行者一号"

样性"的脚步。例如，20世纪90年代，机器翻译为每一个语言对（如法语到英语）建立一个系统，而如今仅用一个系统就可以识别输入文本属于100种语言中的哪一种，并将其翻译为100种目标语言中的任一种。还有一种自然语言系统，可以用一个联合模型执行5个不同的任务。

18.4.3 人工智能工程

计算机编程领域始于几位非凡的先驱，但直到软件工程发展起来，有了大量可用工具，并形成了一个由多个社会层面构成的欣欣向荣的生态系统后，它才成为一个重要产业。

人工智能产业尚未达到这种成熟度。我们已经拥有各种强大的工具和框架，如TensorFlow、Keras、PyTorch、Caffe、Scikit-Learn和SciPy。遗憾的是，已经证明许多最有前途的方法（如GAN和深度强化学习）都难以使用，因为需要经验和一定程度的调试才能让这些方法在一个新领域上训练好。我们缺少足够的专家在所有需要的领域上完成这些工作，也缺少工具和生态系统让不太专业的从业者成功。

谷歌公司的杰夫·迪安认为，在未来，我们希望机器学习能处理数百万个任务。从零开始开发每个系统是不切实际的，所以他建议不如构建一个大型系统，对每个新任务，从系统中抽取出与任务相关的部分。我们已经看到这方面的一些进展，比如有数十亿个参数的Transformer语言模型（如BERT、GPT-2）、"非常大的"集成神经网络架构、在一个实验中的参数数量可达680亿个，但依然有许多工作要做。

18.5 未来的人工智能

从自动驾驶到个性化推荐，从金融分析到法务咨询，人工智能正赋能各行各业，加速融入我们的生活（见图18-2）。

扫码看视频

以 ChatGPT 为代表的生成式人工智能已带来颠覆性体验，和人类聊天、撰写论文、编程写代码、创作音乐均"不在话下"。美国 OpenAI 公司计划在 2024 年发布下一代人工智能模型 GPT-5，谷歌公司的人工智能模型"双子座"版本也备受关注。

英国"深度思维"公司的人工智能工具"阿尔法折叠"能以原子精度模拟蛋白质、核酸和其他分子之间的相互作用，助力药物研发，测试人工智能能否用于肺癌早期诊断的临床试验等。

量子计算与超级计算机的发展将为人工智能提供强大支撑。2024 年，量子计算有望从理论走向实际应用。多台算力强大的超级计算机也将投

图 18-2　参观者与仿真机器人索菲亚互动

入使用，如欧洲的首台百亿亿次超级计算机"木星"，美国的百亿亿次超级计算机"极光"和"酋长岩"。在澳大利亚投用的全面模拟人脑网络的"深南"神经形态超级计算机每秒能进行 228 万亿次突触操作，与人类大脑的估计操作次数相当。

同样带来伦理风险和治理挑战的还有脑机接口技术。美国企业家埃隆·马斯克旗下的脑机接口公司"神经连接"将开始为人类志愿者植入脑机接口设备。在"人工智能+"时代，脑机接口与人工智能的融合值得期待，也引发担忧。

18.5.1　意识与感质

现在的人工智能技术并不是为了创造思考的机器，还只不过是利用大量规则来假装智能而已。然而，强人工智能将一路进步，从眼下的仿甲虫机器人，沿着进化的阶梯直到创造出像哺乳动物般智能的设备，可能是一只狗或是一只松鼠。这些设备可以用于应对灾害以及处理一些危险但技术含量低的难题。

用几十年的时间，人们可以创建出拥有人脑般处理能力的计算机。或许有一天，我们已经制造出能在现实世界中运作的机器人，它至少具备一名不那么聪明的人类的行为能力。它们将利用与人类神经系统相同的方法来实现低级别功能，其他的则更多地依靠计算机科学而不是神经生物学。正是因为如此，它们没有生命，也不具备自我意识。这类机器人可以用于完成重复性工作，工作场景必须相对固定且遭遇突发情况的概率较低。

创造真正的人工智能需要的绝不仅仅只是内存大、速度快的计算机，它需要研究大脑的运作，要求更先进的扫描和探测工具，也需要研究各类技术，要求大量实验及错误构建原型。所有这些都需要时间，没有人能确定到底需要多久。这样的人工智能可以用于完成许多人类力所不能及的任务，比如太空探索，但它们也将面临与人类一样的缺点的困扰。几乎可以肯定，那种在不同物体之间建立联系的能力，有助于人们很好地解决一些意料之外的问题。同人脑类似的思维也将会胡思乱想，会拥有各种情感，因为这是我们思维运作不可或缺的特点。像人类一样，人工智能设备也会犯错，需要高效地学习不同技能。

贯穿所有关于强人工智能争论的主题是意识：对外部世界、自我、生活的主观体验的认识。经验的内在本质的专业术语是感质（源于拉丁语，大意是"什么样的"）。最大的问题是"机器是否有感质"。在电影《2001 太空漫游》中，当宇航员戴维·鲍曼断开计算机哈

尔的"认知电路"时,屏幕上写着"戴夫,我害怕。戴夫,我的脑子正在消失,我能感觉到"。哈尔真的有感情(且值得同情)吗?又或者这个回复只是一种算法响应,与"404错误:未找到"没有任何区别?

对动物也有类似的问题:宠物的主人确信他们的猫狗有意识,但不是所有科学家都认同这一点。蟋蟀会根据温度改变自己的行为,但几乎没人会说蟋蟀能体验到温暖或寒冷的感觉。

意识问题难以解决的一个原因是,即使经过几个世纪的争论,它的定义依然不明确。近来,在坦普顿基金会的赞助下,哲学家和神经科学家合作开展了一系列能解决部分问题的实验,解决可能不远了。两种主流意识理论(全球工作空间理论和整合信息理论)的支持者都认为这些实验可以证明一种理论优于另一种,这在哲学史上实属罕见。

图灵承认意识问题是一个困难的问题,但他否认它与人工智能的实践有很大的关联:"我不想给人留下我认为意识并不神秘这样的印象……但我认为,我们不一定需要在回答本文所关注的问题之前先揭开这些奥秘。"意识的各个方面,包括认知、自我认知、注意力等,都可以通过编程成为智能机器的一部分。让机器拥有和人类一模一样的意识,这一附加项目并不是我们想要做的。我们认同做出智能行为需要一定程度的认知,这个程度在不同任务中是不同的,而涉及与人类互动的任务,需要关于人类主观经验的模型。

在对经验建模这方面,人类明显比机器有优势,因为人们可以靠自身去主观感受他人的客观体验。例如,如果你想知道别人用锤子敲拇指是什么感觉,你就可以用锤子敲自己的拇指。但机器没有这种能力,尽管它们可以运行彼此的代码。

18.5.2 机器能思考吗

一些哲学家声称,一台能做出智能行为的机器实际上并不会思考,而只是在模拟思考。但大多数人工智能研究者并不关心这一区别,计算机科学家艾兹格·迪杰斯特拉曾说过:"机器能否思考……就像潜艇能否游泳这个问题一样重要"。《美国传统英语词典》中对游泳的第一条定义是"通过四肢、鳍或尾巴在水中移动"。大多数人都认同潜艇是无肢的,不能游泳。该词典也定义飞行为"通过翅膀或翅膀状的部件在空中移动"。大多数人都认同飞机有翅膀状部件,能够飞行。然而,无论是问题还是答案,都与飞机和潜艇的设计或性能没有任何关系,而是与英语中的单词用法有关。

图灵再次解决了这一问题。他指出,关于他人的内在心理状态如何,我们从未有任何直接证据。图灵主张,如果我们和能做出智能行为的机器相处过,那么也应该将这一礼貌惯例的使用范围延伸到机器上。然而,现在我们确实有了一些经验,但看起来在对感知归因时,类人的外表和声音至少与纯粹的智力因素同样重要。

18.5.3 从模仿到理解

从模仿到理解,计算模型可能真的是大脑的归宿。在人类探索的历史中,大脑仿佛是宇宙留给人类的最后一块版图。长期以来,神经科学家们一直致力于勾勒出这块版图上的线条,试图解答大脑如何执行那些看似不可能的复杂任务。尽管我们取得了一些进展,但大脑的高度复杂性和惊人的效率仍然让人望尘莫及。于是,受大脑结构及其信息处理方式的启发,人们设计出了神经网络,以帮助解决现实世界中的复杂问题。

但随着技术尤其是深度学习的飞速发展,这种模仿与理解的关系正在经历一场根本性的转变。神经网络,特别是深度学习模型,已不再局限于单纯模仿大脑的工具,它们正成为理解大脑之谜的关键钥匙。这些模型以其高度复杂和精细的处理能力,正在帮助我们揭开大脑是如何在多变和复杂的环境中学习和做出决策的秘密。这种从单向模仿到双向理解的转变,不仅在神经科学领域开辟了新的探索之路,更为我们提供了一个独特的窗口,通过它,我们就能更深入地洞察那个蕴藏在我们头颅中包含着无限可能的"宇宙"。

1. 大脑与计算模型的基本结构

神经元,是大脑的核心构成单元。它们通过相互连接并发射电信号的方式,共同参与对事物的解释、推理和决策等复杂功能的执行,以帮助大脑处理不同信息,并灵活应对多变环境。神经元学习的关键在于突触的可塑性。当神经元之间频繁传递信号时,相关的突触连接会强化,形成记忆和学习。这种神经可塑性使得大脑能够根据经验调整神经网络的连接权重,从而适应不同的环境和任务。

1943 年,麦卡洛克和皮兹就发现,神经元的脉冲及其开关状态是一种逻辑门。他们认识到,大脑是一种由细胞组成的机器。10 年后,心理学家弗兰克·罗森布拉特提出了感知器的概念,这是一种单层简易神经网络,旨在通过监督学习模拟大脑的学习过程。通过调整权重,感知器使模型学会从输入到输出的映射关系。这类似于大脑中神经细胞之间的突触连接调整过程。

罗森布拉特的感知器由 3 种不同类型的"细胞"(单元)组成,分别代表"投射""关联"和"响应"。它通过将权重与特征向量结合,使用线性预测函数进行预测,并从样本数据中学习权重,以应用于新数据。然而,这种方式很快在非线性问题上遇到了局限。

为了克服这一局限,研究人员引入了"隐藏层"和"激活函数"等概念。这些神经元可用于解决早期构建感知器时遇到的一些基本问题,特别是在接收大量神经元的馈送和训练数据时,它们解决了感知器在处理非线性问题上的局限性。由此,研究人员发现了一个能够有效解决非线性问题的"公式"——以深度学习(DL)为核心的神经网络。

虽然人工神经网络和生物神经网络在行为层面上具有相似之处,它们的学习方法却大不相同。人工神经网络使用梯度下降来最小化损失函数并达到全局最小值。其梯度下降需要反向传播,而反向传播只能在生物神经网络中的一个神经元的范围内进行。相比之下,生物神经网络采用的是赫布学习原则,通过尽可能多地学习实例,提高一个神经元激活另一个神经元的效率,进而增强连接,使其更容易传递信号。这种基于时间顺序的连接强化是生物神经网络学习和形成记忆的基础。反之,如果这种激活模式不再发生,那么连接可能会减弱,表现为我们所说的"遗忘"。

尽管方式不一,但行为的相似也足以帮助我们借用人工神经网络类比和理解生物神经网络。

2. 自监督学习模型与大脑活动相似

麻省理工学院的 K. 杨丽莎与计算神经科学中心的研究人员发布的两项实验,为人脑可能使用类似于人工神经网络运作(自监督学习)的方式来理解世界的观点提供了新证据。他们发现,当他们使用特定的自监督学习模型时,模型能够从未标记的数据中理解环境,表现出强大的迁移学习能力和可重用性,从多种层面展现出了与哺乳动物大脑相似的活动模式。

更引人注目的是,这些自监督模型能够学习到物理世界的表征,从而准确预测物理世界将要发生的事情。他们认为，哺乳动物的大脑可能具有相同的学习策略。例如，哺乳动物的大脑也会通过观察环境来学习和理解环境，而无须外部的指导或标签。这种学习方式使得哺乳动物能够适应各种各样的环境，并在面对新的挑战时，能够利用过去的经验来做出反应。

3. 视觉模型

在视觉处理领域，早期的神经网络模型主要依赖于监督学习，即在大量有标签的图像上进行训练以学习分类。这种方法虽然在特定任务上的表现良好，但它的一个主要局限在于对大量人工标记数据的依赖。因此，自监督模型逐渐成为更有效的替代方案。

自监督模型，旨在从未标记的数据中学习有用的表示，摆脱了对外部注释或标签的依赖。其核心在于让模型自行从输入数据中生成目标，并优化生成目标与原始输入之间的关系，从而实现对数据潜在表示的学习。这种学习方式的独特优势在于，它能够有效地利用大量未标记的数据。由于不需要人工进行烦琐的标注工作，因此自监督学习成为在数据稀缺或标注成本高昂的情况下的理想选择。

在麻省理工学院的一项新研究中，研究人员使用数十万描述日常场景的视频训练了一个自监督模型，该模型可以预测未来场景的状态。与传统的难以适应不同任务的模型不同，他们发现通过对自然数据进行自监督学习，可以使模型成功推广到其他任务。

研究人员将训练完成的自监督模型应用于一个名为"精神乒乓球"的任务中，这是一种类似于用球拍击球的视频游戏。在这个任务中，球在即将被击中前会突然消失，玩家需要通过预测球的轨迹来成功击中它。研究人员发现，他们的自监督模型能够准确地追踪隐藏球的轨迹，模型能够模拟看不见的球的轨迹，表现出类似于人类进行"心理模拟"的认知现象。

4. 空间导航

无独有偶，由科纳、谢弗和菲特领导的另一项研究，通过自监督学习模拟了网格细胞的行为，暗示着大脑可能采用类似的自监督机制来训练神经元，以学习和理解其所处的世界。

在先前的研究中，研究人员训练了一种自监督模型来模拟网格细胞的功能，即根据动物的起点和速度自主预测下一位置，完成这一"路径整合"任务。然而，这类模型始终需要绝对空间的信息，而这是动物所不具备的。

受这项研究的启发，Khona 等人训练了一种对比自监督网络，执行相同的路径积分并以此表示空间。与之前的研究不同，该模型可以像网格细胞一样，通过位置的相似与不同来相对地区分位置。"这类似于图像训练模型。如果两张图像都是猫，那么它们的编码应该相似，但如果一张是猫，另一张是卡车，那么它们的编码应该互斥。而我们采用同样的想法，但将之用于空间轨迹。"Khona 解释道。

在网格细胞与计算模型的早期研究中，麻省理工学院的团队也曾调整模型，使位置编码单元更贴近生物的位置细胞。在这个过程中，虽然模型仍然能够执行路径整合任务，但却不再产生类似网格细胞的活动。当研究人员要求模型生成不同类型的位置输出时，如在网格上的 x 轴和 y 轴位置，或相对于起始点的距离和角度的位置时，类似网格细胞的活动也消失了。

Fiete 曾指出："如果你要求这个网络唯一要做的事情是路径整合，并且对单元施加了一套非常具体而非生理的要求，那么就有可能获得网格细胞。但如果你放松对读出单元的这些要求，那么网络产生网格细胞的能力就会大幅降低。"

最终，通过引入分离损失、路径不变性损失和容量损失 3 种损失函数，研究者优化神经网络，使其能够形成多种不同的网格图案，与网格细胞的自然活动相似，并能在训练分布之外良好地泛化。此外，他们还通过一系列数学属性，如代数编码、高容量表示、快速去相关性等，将网格细胞的编码理论属性表征出来。这都代表着大脑的复杂空间表征不是通过外部监督学习获得的，而是通过一种内在的、自主的学习过程（自监督学习）形成的。

除视觉、空间导航外，Edward Chang 等人利用自监督模型研究了语音模型与人脑听觉通路的相似性；而在认知功能和精神障碍的机制上，相关模型也发挥着重要作用。它们都暗示着大脑活动与自监督学习的相似性。

因此，神经网络不仅是一种强大的预测工具，更是我们解读和模拟生物神经网络的关键窗口。我们可以通过训练一个模拟生物神经网络的计算神经网络并观察其活动来解释和类比生物神经网络的运作方式。同时，生物神经网络也能指导我们考虑更多已知的生物层面的限制，使计算模型更加接近现实。

模仿大脑设计神经网络，使得计算模型具有生物特征；借由自监督学习探究大脑原理，以期发现大脑的计算特征。这一探索过程使得机械与生物之间的界限正变得越来越模糊。正如凯文·凯利在其著作《必然》中所指出的，"机械的终点是生物，而生物的终点是机械"。在这个交错的领域，究竟是否存在明确的分界线？随着我们不断地探索，这个问题的答案也将越发清晰。

18.5.4 未来已来

强人工智能的实现与否并不妨碍机器人正在变得像人类一样智能，它们只是缺乏自我意识而已。只要计算机功能足够强大，弱人工智能和实用型人工智能对满足我们可能的所有需求来说已经足够。如果人造思维能做到所有人类可以做到的事，那么不管它有没有自我意识都无关紧要。我们可以派机器人来完成持续几十年的星际探索，因为它们可以轻易进入休眠模式之后再被唤醒。我们也可以让机器人来完成危险系数高的工作，因为即便它们死亡也不会涉及任何伦理困境。

如果我们清楚地知道人脑如何运作，就可以在计算机中进行模拟，使其以与天然大脑完全一致的方式工作。也许几十年后这一目标可以实现，但现在我们对大脑的认识还不够，无法编写相应的程序。当然，我们还需要传感器和传动器来模拟身体的其他部位，而这一点仅凭现在的技术能力也无法实现。我们不能简单地将真实的或是模拟人脑与激光测距器、电荷耦合器摄像机、麦克风、气缸和电动机相连，大脑已经进化到可以利用眼睛和耳朵来处理数据及精准控制肌肉。也许我们不应该期待在计算机中建设人脑，而是创造出全新的智能，拥有完全不同的传感器和传动器。这样的思维对我们来说将是完全陌生的，不同于现存的任何生物。从某种意义上讲，即使将印刷术、管道工程、航空旅行和电话通信系统的技术提高到其逻辑极限，也不会对人类的世界霸权产生任何威胁，但人工智能会。

总之，人工智能在其短暂的历史中取得了巨大的进步，然而艾伦·图灵在 1950 年发表的论文《计算与智能》中的最后一句话时至今日依然有效：

我们只能看到前方的一小段距离，但我们知道依然有很长一段路要走。

【作业】

1. 人们已经不再把"繁重的科学和工程计算"看作是"需要人类智能才能完成的复杂

任务"。（　　）的定义随着时代的发展和技术的进步而变化。
   A. 复杂工作　　　B. 程序设计　　　C. 数值计算　　　D. 概率统计
2. 用来研究人工智能的主要物质基础以及能够实现人工智能技术平台的机器就是（　　），人工智能的发展和很多科学的发展联系在一起。
   A. 神经网络　　　B. 自动机　　　C. 计算机　　　D. 计算机器
3. 人工智能学科的研究包括很多方面。但一般认为，人工智能最关键的难题还是机器（　　）思维能力的塑造与提升。
   A. 情绪推理　　　B. 自主创造性　　　C. 计算复杂性　　　D. 自动化编程
4. 人们研究了各种不同的智能体设计，主要包括（　　）。人们在科学认识和技术能力上都取得了长足的进步。
   ① 反射型智能体　　　　　　② 基于知识的决策论智能体
   ③ 基于理解的开放型智能体　④ 使用强化学习的深度学习智能体
   A. ②③④　　　B. ①②③　　　C. ①③④　　　D. ①②④
5. 将各种智能体设计组合起来的技术也是多样的：可以使用（　　），对各种类型的数据使用不同的学习算法，以及使用多种与外界交互的传感器和执行器。
   ① 数学推理　　　② 逻辑推理　　　③ 概率推理　　　④ 神经推理
   A. ①③④　　　B. ①②④　　　C. ②③④　　　D. ①②③
6. 总体上看，人工智能的发展具有"四新"特征，即人工智能的广泛应用给人类社会带来法律法规、道德伦理、社会治理等一系列新挑战，以及（　　）。
   ① 以深度学习为代表的人工智能核心技术取得新突破
   ② 各种算法所基于的非冯理论取得新发展
   ③ "智能+"模式的普适应用为经济社会发展注入新动能
   ④ 人工智能成为世界各国竞相战略布局的新高地
   A. ①③④　　　B. ①②④　　　C. ①②③　　　D. ②③④
7. 尊重发展规律是推动学科健康发展的前提。人工智能学科发展需要基础理论、（　　）的协同驱动，当条件不具备时很难实现重大突破。
   ① 数据资源　　　② 计算平台　　　③ 应用场景　　　④ 群体智能
   A. ②③④　　　B. ①②③　　　C. ①③④　　　D. ①②④
8. （　　）是科技创新的不竭之源。人工智能发展的驱动力除了知识与技术体系的内在矛盾外，贴近应用、解决用户需求是创新的最大源泉与动力。
   A. 丰富财力　　　B. 偶然机遇　　　C. 个人意志　　　D. 应用需求
9. 学科交叉是创新突破的"捷径"。人工智能研究涉及信息科学、脑科学、心理科学等，（　　）等一些基本科学问题正在孕育重大突破，对人工智能学科发展具有重要的促进作用。
   ① 生物化学　　　② 智能本源　　　③ 意识本质　　　④ 数理推测
   A. ①②　　　B. ③④　　　C. ②③　　　D. ①④
10. （　　）是支持创新的题中应有之义。任何学科的发展都不可能一帆风顺，任何创新目标的实现都不会一蹴而就。没有过去发展历程中的"寒冬"，就没有人工智能发展新的春天。
    A. 宽容失败　　　B. 自主创造　　　C. 复杂计算　　　D. 自动编程

11. （　　）地设定发展目标是制定学科发展规划的基本原则。人工智能发展过程中的几次低谷皆因不切实际的发展目标所致。
　　A. 宽容失败　　　　B. 实事求是　　　　C. 复杂计算　　　　D. 自动编程

12. 从技术维度来看，人工智能技术突破集中在（　　）智能，但是（　　）智能发展水平仍处于起步阶段。
　　A. 逻辑　实用　　　B. 实用　逻辑　　　C. 通用　专用　　　D. 专用　通用

13. 真正意义上完备的人工智能系统应该是一个通用的智能系统。人们把人工智能发展分为（　　）3个阶段，认为当前主流水平仍然处于第二阶段。
　　① 规则智能　　　② 数理智能　　　③ 统计智能　　　④ 自主智能
　　A. ②③④　　　　B. ①②③　　　　C. ①③④　　　　D. ①②④

14. 人工智能的发展突破了（　　）"三算"方面的制约因素，拓展了互联网、物联网等广阔的应用场景，开始进入蓬勃发展的黄金时期。
　　① 算子　　　　　② 算法　　　　　③ 算力　　　　　④ 算料
　　A. ②③④　　　　B. ①②③　　　　C. ①②④　　　　D. ①③④

15. 弗朗西斯·培根是一位被誉为创造科学方法的哲学家，他指出："机械艺术的用途是模糊的，它既可用于治疗，也可用于伤害。"随着人工智能在经济、社会、科学、医疗、金融和军事领域发挥越来越重要的作用，我们应该考虑它可能带来的（　　）措施。
　　A. 发展与稳定　　　B. 服务与代价　　　C. 成本和盈利　　　D. 伤害和补救

16. 对创造超级智能机器的想法产生普遍的不安感觉是自然的，被称为（　　）问题。试想，如果放弃对未来的控制是成功创造出超级人工智能的结果，那么人类也许应该停止对人工智能的研究。
　　A. 非自然　　　　B. 大猩猩　　　　C. 大熊猫　　　　D. 外太空

17. 许多文化都有关于人类向神灵、精灵、魔术师或魔鬼索取东西的神话。在米达斯国王问题中，如果米达斯遵循基本的安全原则，并在他的愿望中包括（　　）按钮，他会过得更好。
　　A. 停止和离开　　　B. 启动和发展　　　C. 撤销和暂停　　　D. 结束和取消

18. 所有科学家和工程师都面临着伦理考量，哪些项目应该做，哪些项目不应该进行，以及如何确保项目执行是安全且有益的。其中最常被提到的准则包括（　　）等。
　　① 确保安全性　　② 确保经济性　　③ 建立问责制　　④ 尊重隐私
　　A. ①③④　　　　B. ①②④　　　　C. ①②③　　　　D. ②③④

19. 设定人工智能技术的伦理要求，要依托于社会和公众对人工智能伦理的深入思考和广泛共识，并遵循一些共识原则。其中，（　　）原则是指人工智能应以实现人类利益为终极目标。
　　A. 环境保护　　　　B. 人类利益　　　　C. 万物生长　　　　D. 正向发展

20. 涉及的（　　）问题是人工智能发展面临的挑战，为此需要制定合理的政策、法律、标准基础，并与国际社会协作。建立一个令人工智能技术造福于社会、保护公众利益的环境，是人工智能技术持续、健康发展的重要前提。
　　① 安全　　　　　② 伦理　　　　　③ 隐私　　　　　④ 利益
　　A. ①③④　　　　B. ①②④　　　　C. ①②③　　　　D. ②③④

附录 作业参考答案

第1章

1. D	2. A	3. B	4. D	5. C	6. B
7. A	8. B	9. B	10. A	11. D	12. B
13. A	14. C	15. D	16. C	17. B	18. D
19. A	20. C				

第2章

1. B	2. C	3. A	4. C	5. D	6. B
7. A	8. D	9. C	10. B	11. A	12. D
13. B	14. C	15. C	16. A	17. D	18. B
19. A	20. D				

第3章

1. C	2. A	3. B	4. A	5. D	6. C
7. B	8. A	9. D	10. B	11. C	12. D
13. A	14. D	15. B	16. C	17. A	18. D
19. B	20. D				

第4章

1. D	2. A	3. C	4. B	5. A	6. D
7. C	8. B	9. C	10. A	11. B	12. C
13. D	14. A	15. B	16. C	17. D	18. A
19. B	20. C				

第5章

1. A	2. D	3. B	4. A	5. C	6. B
7. A	8. B	9. C	10. A	11. B	12. D
13. A	14. C	15. B	16. D	17. C	18. A
19. D	20. B				

第6章

1. B	2. A	3. D	4. C	5. B	6. A
7. C	8. D	9. A	10. C	11. B	12. C
13. B	14. D	15. A	16. D	17. C	18. B
19. A	20. D				

第7章

1. A	2. C	3. D	4. B	5. A	6. D
7. B	8. C	9. D	10. C	11. A	12. B

13. B　　14. C　　15. D　　16. A　　17. B　　18. D
19. C　　20. A

第 8 章

1. C　　2. A　　3. D　　4. B　　5. C　　6. A
7. D　　8. B　　9. C　　10. A　　11. D　　12. B
13. A　　14. C　　15. D　　16. B　　17. A　　18. C
19. D　　20. B

第 9 章

1. C　　2. B　　3. D　　4. A　　5. B　　6. C
7. A　　8. D　　9. C　　10. B　　11. A　　12. D
13. C　　14. B　　15. C　　16. D　　17. A　　18. B
19. C　　20. D

第 10 章

1. B　　2. A　　3. C　　4. B　　5. B　　6. A
7. C　　8. D　　9. B　　10. A　　11. C　　12. D
13. A　　14. B　　15. D　　16. A　　17. D　　18. B
19. C　　20. A

第 11 章

1. B　　2. A　　3. D　　4. B　　5. C　　6. B
7. A　　8. B　　9. A　　10. D　　11. B　　12. A
13. D　　14. A　　15. B　　16. C　　17. B　　18. A
19. A　　20. B

第 12 章

1. D　　2. C　　3. A　　4. B　　5. A　　6. D
7. B　　8. C　　9. A　　10. D　　11. C　　12. D
13. B　　14. C　　15. A　　16. B　　17. C　　18. D
19. C　　20. A

第 13 章

1. C　　2. D　　3. A　　4. C　　5. B　　6. A
7. D　　8. A　　9. B　　10. C　　11. D　　12. B
13. C　　14. A　　15. B　　16. D　　17. C　　18. B
19. D　　20. A

第 14 章

1. D　　2. B　　3. A　　4. D　　5. C　　6. A
7. C　　8. D　　9. A　　10. D　　11. B　　12. D
13. A　　14. B　　15. D　　16. B　　17. C　　18. D
19. A　　20. B

第 15 章

1. B　　2. D　　3. A　　4. C　　5. B　　6. D

7. A	8. B	9. D	10. C	11. A	12. B
13. D	14. C	15. A	16. B	17. C	18. D
19. A	20. B				

第16章

1. D	2. C	3. A	4. B	5. D	6. C
7. B	8. C	9. A	10. B	11. C	12. D
13. A	14. B	15. D	16. C	17. A	18. B
19. D	20. C				

第17章

1. B	2. C	3. A	4. D	5. C	6. D
7. A	8. B	9. D	10. C	11. A	12. B
13. D	14. C	15. A	16. B	17. D	18. C
19. A	20. C				

第18章

1. A	2. C	3. B	4. D	5. C	6. A
7. B	8. D	9. C	10. A	11. B	12. D
13. C	14. A	15. D	16. B	17. C	18. A
19. B	20. A				

参考文献

［1］罗素，诺维格．人工智能现代方法：第4版［M］．张博雅，等译．北京：人民邮电出版社，2022.
［2］卢奇，科佩克．人工智能：第2版［M］．林赐，译．北京：人民邮电出版社，2018.
［3］温．极简人工智能［M］．有道人工翻译组，译．北京：电子工业出版社，2018.
［4］周苏，王文．人工智能概论［M］．北京：中国铁道出版社，2019.
［5］周苏，张泳．人工智能导论［M］．北京：机械工业出版社，2020.
［6］周苏．大数据导论：微课版［M］．2版．北京：清华大学出版社，2022.
［7］周苏．大数据分析［M］．北京：清华大学出版社，2020.
［8］杨武剑，周苏．大数据可视化［M］．2版．北京：机械工业出版社，2024.
［9］周斌斌，周苏．智能机器人技术与应用［M］．北京：中国铁道出版社，2022.
［10］孟广斐，周苏．智能制造技术与应用［M］．北京：中国铁道出版社，2022.
［11］周苏．创新思维与TRIZ创新方法：创新工程师版［M］．北京：清华大学出版社，2023.